从零开始学 Redis

高洪涛 刘河飞 编著

电子工业出版社
Publishing House of Electronics Industry
北京·BEIJING

内 容 简 介

Redis 数据库是目前比较热门的数据库，拥有巨大的用户量。本书主要分 3 部分讲解 Redis 数据库。第一部分 Redis 初始篇，详细介绍了 Redis 的数据类型，以及 Redis 的大部分命令，并结合实际操作进行了演示。第二部分 Redis 进阶篇，深入讲解了 Redis 的客户端、服务器端、数据结构的底层，以及 Redis 的排序、事务、持久化、集群等相关功能，同时讲解了 Redis 的其他高级功能，如慢查询、流水线、地理位置、位图等，并结合实际操作，步步演示。第三部分 Redis 实战篇，分别介绍了使用 Java、SpringBoot、Python 来操作 Redis 的实例，以帮助读者更好地学习 Redis。通过阅读本书，读者可以快速掌握 Redis 的相关命令及功能用法，同时结合实战学习，可以将 Redis 熟练应用于实际的生产开发中。

本书面向大多数软件开发者，如 Redis 初学者，或者具有相关后台开发经验的开发者。

未经许可，不得以任何方式复制或抄袭本书之部分或全部内容。
版权所有，侵权必究。

图书在版编目（CIP）数据

从零开始学 Redis / 高洪涛，刘河飞编著. —北京：电子工业出版社，2019.5
ISBN 978-7-121-36311-5

Ⅰ. ①从… Ⅱ. ①高… ②刘… Ⅲ. ①数据库－基本知识 Ⅳ. ①TP311.138

中国版本图书馆 CIP 数据核字（2019）第 068268 号

策划编辑：李　冰
责任编辑：李　冰　　　　特约编辑：田学清
印　　刷：北京捷迅佳彩印刷有限公司
装　　订：北京捷迅佳彩印刷有限公司
出版发行：电子工业出版社
　　　　　北京市海淀区万寿路 173 信箱　　邮编：100036
开　　本：787×1092　1/16　　印张：24.75　　字数：634 千字
版　　次：2019 年 5 月第 1 版
印　　次：2024 年 1 月第 4 次印刷
定　　价：89.00 元

凡所购买电子工业出版社图书有缺损问题，请向购买书店调换。若书店售缺，请与本社发行部联系，联系及邮购电话：（010）88254888，88258888。
质量投诉请发邮件至 zlts@phei.com.cn，盗版侵权举报请发邮件到 dbqq@phei.com.cn。
本书咨询联系方式：libing@phei.com.cn。

前　言

2016 年 10 月，在工作的过程中我偶然接触到 Redis，便开始自学，从学习 Redis 的安装，到熟悉它的数据类型及相关命令，再到它的实际应用。在企业工作的这段时间里，我也时常用到 Redis 做缓存系统，实现高并发的存储与读/写，以及 Redis 相关的高级功能，觉得非常实用。经过不断整理与总结，2018 年我决定写本书，与诸位爱好 Redis 并能实际应用 Redis 的读者进行分享。

有所得，必有所失。通常我白天正常上班，晚上或周末开始撰写本书。感谢坚持不懈的自己，多少个日夜的坚持，才换来本书的完稿。在得到的同时，我也失去了许多。为了完成本书的编写，我放弃了大量的休息时间，也很少锻炼身体，以致常常生病，同时变成了一个"宅男"，缺少了与人交流沟通的机会。一句话总结就是：沉迷写书，日渐消瘦。

在写作本书的过程中，我深刻地体会到：做事之所以会半途而废，往往不是因为难度较大，而是因为觉得成功离我们较远。确切地说，我们不是因为失败而放弃，而是因为倦怠而失败。在人生的旅途中，我们多思考一下，多坚持一下，同时也多鼓励一下自己，一生中也许会少许多懊悔与惋惜，我们离成功也就会越来越近。在此，我希望阅读本书的读者坚持学习，不断进步。累了，就休息一下，但是不要懈怠；迷茫了，就调整一下自己努力的方向，但是不要放弃努力。既然选择了，就要坚持下去，相信未来的自己一定会感谢现在努力的自己。

夜已深，茶已凉，就不再多叙，望诸君谨记：学虽易，学好难，且学且珍惜。

到目前为止，Redis 还在不断更新，用户量也在不断扩大，这也足以说明 Redis 的强大之处。希望诸君学习愉快，技术更上一层楼。

本书内容简介

全书分 3 部分。

第一部分（第 1～5 章）为 Redis 初始篇，首先介绍了对 NoSQL 的认识，然后介绍了 Redis 环境的搭建与启动，以及它的相关客户端，最后介绍了 Redis 的数据类型命令、必备命令及 Redis 数据库的相关知识。

第二部分（第 6～13 章）为 Redis 进阶篇，首先讲解了 Redis 客户端与服务器的相关属性与函数，然后结合 Redis 的底层源码深入讲解了 Redis 的底层实现和相关的 API 函数，最后讲解了 Redis 的相关功能，如排序、事务、消息订阅、持久化、集群，以及其他高级功能，如慢查询、流水线、地理位置、位图等，旨在帮助读者深入理解 Redis，并掌握其精髓。

第三部分（第 14~16 章）为 Redis 实战篇，这部分结合实际应用，讲解了对 Redis 数据库的操作，以 Java 语言、最流行的 SpringBoot 框架及 Python 语言为主，并提供了大量的实例代码，旨在提高读者的动手能力，帮助读者真正掌握 Redis 数据库。

本书的特点

本书以模块化为主，从了解、熟悉 Redis，到 Redis 的进阶学习，最后结合实际应用，为读者展示了 Redis 数据库的使用。本书前面的章节详细介绍了关于 Redis 的 200 多个命令，并结合实际操作为读者演示；后面的章节结合相关的原理图、流程图，为读者介绍了 Redis 的相关功能，如排序、事务、消息订阅、持久化、集群，以及其他高级功能，如慢查询、流水线、地理位置、位图等。最后以实际应用为主，提供了 Java、SpringBoot、Python 操作 Redis 等相关实例。

致谢

首先，非常感谢张增强老师对我的肯定与支持，并给予我宽松的时间，让我得以完成本书的编写。其次，感谢坚持不懈的自己，在多少个黑夜与周末，我不断地坚持，换来了此书的完稿。最后，感谢郭豪、闫凯峰等好友的帮助，在他们的支持下，我不断地向前，不断地进步着。

目 录

第一部分 Redis 初始篇

第 1 章 初识 NoSQL 2
1.1 什么是 NoSQL 2
1.2 NoSQL 与传统关系型数据库的比较 3
1.3 在什么应用场景下使用 NoSQL 4
1.4 NoSQL 的数据模型 5
1.5 NoSQL 数据库的分类 6
    1.5.1 NoSQL 数据库分类简介 6
    1.5.2 各类 NoSQL 数据库的比较 6

第 2 章 认识 Redis 8
2.1 Redis 简介 8
    2.1.1 Redis 的由来 8
    2.1.2 什么是 Redis 8
    2.1.3 Redis 的特性 8
    2.1.4 Redis 的使用场景 9
2.2 搭建 Redis 环境 10
    2.2.1 在 Window 环境下搭建 10
    2.2.2 在 Linux 环境下搭建 13
2.3 Redis 客户端 14
    2.3.1 命令行客户端 14
    2.3.2 可视化客户端 15
    2.3.3 编程客户端 17
2.4 Redis 的启动方式 18
    2.4.1 在 Window 环境下的启动方式 18
    2.4.2 在 Linux 环境下的启动方式 19

第 3 章 Redis 数据类型 21
3.1 Redis 数据类型之字符串（String）命令 21

3.1.1 设置键值对 22
3.1.2 获取键值对 24
3.1.3 键值对的偏移量 26
3.1.4 设置键的生存时间 26
3.1.5 键值对的值操作 27
3.1.6 键值对的计算 29
3.1.7 键值对的值增量 31
3.2 Redis 数据类型之哈希（Hash）命令 34
3.2.1 设置哈希表域的值 34
3.2.2 获取哈希表中的域和值 36
3.2.3 哈希表统计 38
3.2.4 为哈希表中的域加上增量值 39
3.2.5 删除哈希表中的域 40
3.3 Redis 数据类型之列表（List）命令 41
3.3.1 向列表中插入值 41
3.3.2 获取列表元素 44
3.3.3 删除列表元素 46
3.3.4 移动列表 50
3.3.5 列表模式 52
3.4 Redis 数据类型之集合（Set）命令 53
3.4.1 向集合中添加元素 53
3.4.2 获取集合元素 54
3.4.3 集合运算 57
3.4.4 删除集合元素 60
3.5 Redis 数据类型之有序集合（Sorted Set）命令 61
3.5.1 添加元素到有序集合中 62
3.5.2 获取有序集合元素 63
3.5.3 有序集合排名 69
3.5.4 有序集合运算 71
3.5.5 删除有序集合元素 72

第4章 Redis 必备命令 76
4.1 键（key）命令 76
4.1.1 查询键 76
4.1.2 修改键 79
4.1.3 键的序列化 81
4.1.4 键的生存时间 82
4.1.5 键值对操作 85

        4.1.6 删除键 89
   4.2 HyperLogLog 命令 90
        4.2.1 添加键值对到 HyperLogLog 中 90
        4.2.2 获取 HyperLogLog 的基数 91
        4.2.3 合并 HyperLogLog 92
   4.3 脚本命令 92
        4.3.1 缓存中的 Lua 脚本 92
        4.3.2 对 Lua 脚本求值 93
        4.3.3 杀死或清除 Lua 脚本 95
   4.4 连接命令 96
        4.4.1 解锁密码 96
        4.4.2 断开客户端与服务器的连接 97
        4.4.3 查看服务器的运行状态 97
        4.4.4 输出打印消息 97
        4.4.5 切换数据库 98
   4.5 服务器命令 98
        4.5.1 管理客户端 98
        4.5.2 查看 Redis 服务器信息 101
        4.5.3 修改并查看相关配置 108
        4.5.4 数据持久化 111
        4.5.5 实现主从服务 112
        4.5.6 服务器管理 114

第 5 章 Redis 数据库 116
   5.1 Redis 数据库切换 116
   5.2 Redis 数据库中的键操作 117
        5.2.1 添加键 118
        5.2.2 修改键 118
        5.2.3 删除键 120
        5.2.4 取键值 121
   5.3 Redis 数据库通知 121
        5.3.1 数据库通知分类 122
        5.3.2 数据库通知的实现原理 124

第二部分 Redis 进阶篇

第 6 章 Redis 客户端与服务器 126
   6.1 Redis 客户端 126

        6.1.1　客户端的名字、套接字、标志和时间属性 126
        6.1.2　客户端缓冲区 129
        6.1.3　客户端的 authenticated 属性 131
        6.1.4　客户端的 argv 和 argc 属性 131
        6.1.5　关闭客户端 132
    6.2　Redis 服务器 132
        6.2.1　服务器处理命令请求 132
        6.2.2　服务器发送命令 133
        6.2.3　服务器执行命令 134
        6.2.4　服务器返回命令结果 135
    6.3　服务器函数 136
        6.3.1　serverCron 函数 136
        6.3.2　trackOperationsPerSecond 函数 137
        6.3.3　sigtermHandler 函数 137
        6.3.4　clientsCron 函数 138
        6.3.5　databasesCron 函数 138
    6.4　服务器属性 138
        6.4.1　cronloops 属性 138
        6.4.2　rdb_child_pid 与 aof_child_pid 属性 138
        6.4.3　stat_peak_memory 属性 139
        6.4.4　lruclock 属性 140
        6.4.5　mstime 与 unixtime 属性 141
        6.4.6　aof_rewrite_scheduled 属性 141
    6.5　Redis 服务器的启动过程 141
        6.5.1　服务器状态结构的初始化 142
        6.5.2　相关配置参数的加载 142
        6.5.3　服务器数据结构的初始化 142
        6.5.4　数据库状态的处理 143
        6.5.5　执行服务器的循环事件 144

第 7 章　Redis 底层数据结构 145
    7.1　Redis 简单动态字符串 145
        7.1.1　SDS 的实现原理 145
        7.1.2　SDS API 函数 147
    7.2　Redis 链表 148
        7.2.1　链表的实现原理 148
        7.2.2　链表 API 函数 150

7.3 Redis 压缩列表ㅤ151
7.3.1 压缩列表的实现原理ㅤ151
7.3.2 压缩列表 API 函数ㅤ153
7.4 Redis 快速列表ㅤ154
7.4.1 快速列表的实现原理ㅤ154
7.4.2 快速列表 API 函数ㅤ156
7.5 Redis 字典ㅤ157
7.5.1 字典的实现原理ㅤ157
7.5.2 字典 API 函数ㅤ160
7.6 Redis 整数集合ㅤ161
7.6.1 整数集合的实现原理ㅤ161
7.6.2 整数集合 API 函数ㅤ163
7.7 Redis 跳表ㅤ164
7.7.1 跳表的实现原理ㅤ164
7.7.2 跳表 API 函数ㅤ166
7.8 Redis 中的对象ㅤ167
7.8.1 对象类型ㅤ167
7.8.2 对象的编码方式ㅤ171

第 8 章 Redis 排序ㅤ174
8.1 SORT 排序命令ㅤ174
8.2 升序（ASC）与降序（DESC）ㅤ176
8.3 BY 参数的使用ㅤ177
8.4 LIMIT 参数的使用ㅤ180
8.5 GET 与 STORE 参数的使用ㅤ181
8.6 多参数执行顺序ㅤ185

第 9 章 Redis 事务ㅤ187
9.1 Redis 事务简介ㅤ187
9.2 Redis 事务的 ACID 特性ㅤ188
9.2.1 事务的原子性ㅤ188
9.2.2 事务的一致性ㅤ190
9.2.3 事务的隔离性ㅤ192
9.2.4 事务的持久性ㅤ193
9.3 Redis 事务处理ㅤ194
9.3.1 事务的实现过程ㅤ194
9.3.2 悲观锁和乐观锁ㅤ197
9.3.3 事务的 WATCH 命令ㅤ198

第 10 章 Redis 消息订阅ㅤ202

- 10.1 消息订阅发布概述ㅤ202
- 10.2 消息订阅发布实现ㅤ203
  - 10.2.1 消息订阅发布模式命令ㅤ203
  - 10.2.2 消息订阅功能之订阅频道ㅤ208
  - 10.2.3 消息订阅功能之订阅模式ㅤ210
- 10.3 Redis 消息队列ㅤ211
  - 10.3.1 消息订阅发布模式的原理ㅤ211
  - 10.3.2 消息生产者/消费者模式的原理ㅤ212

第 11 章 Redis 持久化ㅤ213

- 11.1 Redis 持久化操作概述ㅤ213
- 11.2 Redis 持久化机制 AOFㅤ214
  - 11.2.1 AOF 持久化的配置ㅤ214
  - 11.2.2 AOF 持久化的实现ㅤ215
  - 11.2.3 AOF 文件重写ㅤ216
  - 11.2.4 AOF 文件处理ㅤ220
  - 11.2.5 AOF 持久化的优劣ㅤ221
- 11.3 Redis 持久化机制 RDBㅤ222
  - 11.3.1 RDB 持久化ㅤ222
  - 11.3.2 RDB 文件ㅤ224
  - 11.3.3 RDB 文件的创建与加载ㅤ226
  - 11.3.4 创建与加载 RDB 文件时服务器的状态ㅤ228
  - 11.3.5 RDB 持久化的配置ㅤ228
  - 11.3.6 RDB 持久化的优劣ㅤ229
- 11.4 AOF 持久化与 RDB 持久化抉择ㅤ230

第 12 章 Redis 集群ㅤ231

- 12.1 Redis 集群的主从复制模式ㅤ231
  - 12.1.1 什么是主从复制ㅤ231
  - 12.1.2 主从复制配置ㅤ234
  - 12.1.3 复制功能的原理ㅤ237
  - 12.1.4 复制功能的实现步骤ㅤ242
  - 12.1.5 Redis 读写分离ㅤ245
  - 12.1.6 Redis 心跳机制ㅤ246
- 12.2 Redis 集群的高可用哨兵模式ㅤ247
  - 12.2.1 什么是高可用哨兵模式ㅤ248

      12.2.2　哨兵模式的配置 249
      12.2.3　Sentinel 的配置选项 255
      12.2.4　哨兵模式的实现原理 256
      12.2.5　选择"合适"的 slave 节点作为 master 节点 263
      12.2.6　Sentinel 的下线状态 266
      12.2.7　Sentinel 内部的定时任务 267
   12.3　Redis 集群搭建 268
      12.3.1　什么是 Redis 集群 268
      12.3.2　集群中的节点和槽 269
      12.3.3　集群搭建 274
      12.3.4　使用 Redis 集群 285
      12.3.5　集群中的错误 287
      12.3.6　集群的消息 289

第 13 章　Redis 高级功能 291
   13.1　慢查询 291
      13.1.1　配置慢查询 291
      13.1.2　慢查询的生命周期 293
      13.1.3　慢查询日志 294
      13.1.4　慢查询命令 296
   13.2　流水线 297
      13.2.1　什么是 Pipeline 技术 297
      13.2.2　如何使用 Pipeline 技术 298
   13.3　地理位置的应用 298
      13.3.1　存储地理位置 298
      13.3.2　获取地理位置的经纬度信息 299
      13.3.3　计算两地间的距离 300
      13.3.4　获取指定范围内的位置信息 300
   13.4　位图 302
      13.4.1　二进制位数组 302
      13.4.2　位数组的表示 304
      13.4.3　位数组的实现 305

第三部分　Redis 实战篇

第 14 章　Java 操作 Redis 310
   14.1　Java 客户端 Jedis 310

14.1.1　Jedis 的获取 310
14.1.2　Jedis 的使用 311
14.1.3　Jedis 常用 API 311
14.1.4　Jedis 事务 313
14.1.5　Jedis 主从复制 316
14.1.6　Jedis 的连接池 318
14.2　Java 操作 Redis 数据类型 321
14.2.1　Java 操作 Redis 字符串类型 322
14.2.2　Java 操作 Redis 列表类型 323
14.2.3　Java 操作 Redis 集合类型 325
14.2.4　Java 操作 Redis 哈希表类型 326
14.2.5　Java 操作 Redis 有序集合类型 328
14.3　Java 操作 Redis 实现排行榜 329
14.4　Java 操作 Redis 实现秒杀功能 332
14.5　Java 操作 Redis 实现消息队列 335
14.6　Java 操作 Redis 实现故障转移 338

第 15 章　SpringBoot 操作 Redis 343
15.1　在 SpringBoot 中应用 Redis 343
15.1.1　Redis 依赖配置 343
15.1.2　Redis 配置文件 344
15.2　SpringBoot 连接 Redis 345
15.3　SpringBoot 整合 Redis 实现缓存 352

第 16 章　Python 操作 Redis 364
16.1　在 Python 中应用 Redis 364
16.1.1　在 PyCharm 中配置 Redis 364
16.1.2　Python 连接 Redis 365
16.2　Python 操作 Redis 数据类型 367
16.2.1　Python 操作 Redis String 类型 367
16.2.2　Python 操作 Redis List 类型 370
16.2.3　Python 操作 Redis Set 类型 372
16.2.4　Python 操作 Redis Hash 类型 374
16.2.5　Python 操作 Redis SortedSet 类型 376
16.2.6　Python 操作 Redis 的其他 key 378
16.3　Python 操作 Redis 实现消息订阅发布 380

第一部分 Redis 初始篇

- ▶ 第 1 章 初识 NoSQL
- ▶ 第 2 章 认识 Redis
- ▶ 第 3 章 Redis 数据类型
- ▶ 第 4 章 Redis 必备命令
- ▶ 第 5 章 Redis 数据库

第 1 章 初识 NoSQL

相信各位读者都知道数据库的概念，即用来存储数据的仓库。本书主要讲解数据库中的 NoSQL。与 NoSQL 接触，大家是不是很兴奋呢？不用着急，本章将为大家讲述什么是 NoSQL、NoSQL 的使用场景、数据模型及 NoSQL 的分类。通过对本章的学习，读者将会更加清晰地了解 NoSQL，为以后的工作、学习奠定基础。话不多说，就让我们与 NoSQL 亲密接触吧！

1.1 什么是 NoSQL

NoSQL 不仅仅是 SQL，它是 Not Only SQL 的缩写，也是众多非关系型数据库的统称。NoSQL 和关系型数据库一样，也是用来存储数据的仓库。

为什么需要使用 NoSQL？

随着互联网的高速发展，数据量、访问量呈爆发式增长，人们对网络的需求逐渐多样化。比如，通过 QQ、微信、微博等进行聊天互动，刷朋友圈，点赞，互评；又如，通过各大视频网站、音乐网站看视频、看直播、听音乐等，这么多数据都是需要存储的。然而，传统的关系型数据库面对这些海量数据的存储，以及实现高访问量、高并发读/写，就会显得力不从心，尤其是当面对超大规模、高并发、高吞吐量的大型动态网站的时候，就会暴露出很多难以克服的问题，影响用户体验。为了满足对海量数据的高速存储需求，实现高并发、高吞吐量，NoSQL 应运而生。NoSQL 的出现可以解决传统关系型数据库所不能解决的问题。

1. NoSQL 的出现解决了高并发读/写问题

Web 2.0 动态网站需要根据用户的个性化信息来实时生成动态页面和提供动态信息，而无法使用动态页面的静态化技术，因此数据库的并发负载就会非常高。比如，微博、朋友圈的实时更新，就会出现每秒上万次的读/写需求。关系型数据库在面对每秒上万次的 SQL 查询操作时还能应对自如，但是在面对每秒上万次的 SQL 写操作时就难以胜任了。普通的 BBS 系统网站也存在高并发读/写的需求，比如，实时统计在线人数、记录热门帖子的浏览次数等，当面对这些需求时，传统的关系型数据库就会出现大量问题。

2. NoSQL 的出现解决了海量数据的高效率存储和访问问题

面对实时产生的大数据量的存储与查询，关系型数据库是难以应付的，会显得效率非常低；而利用 NoSQL 的高效存储与查询能力，就能解决这个问题。

3. NoSQL 的出现实现了高可用性及高可扩展性

在基于 Web 的架构中，关系型数据库难以进行横向扩展。当一个网站系统的用户量和访问量与日俱增的时候，数据库没有办法像 Web 服务器或应用服务器那样通过添加更多的硬件来搭建负载均衡的服务器。对于很多提供 24 小时不间断服务的网站来说，对数据库系统的维护升级和扩展是非常折磨人的一件事，往往需要停机维护和数据迁移。

NoSQL 的出现解决了大规模数据库集中和数据种类不同所带来的各种问题，尤其是大数据实现的困难。

常见的 NoSQL 如图 1.1 所示。

图 1.1　常见的 NoSQL

NoSQL 具有如下特点：
- 容易扩展，方便使用，数据之间没有关系。
- 数据模型非常灵活，无须提前为要存储的数据建立字段类型，随时可以存储自定义的数据格式。
- 适合大数据量、高性能的存储。
- 具有高并发读/写、高可用性。

1.2　NoSQL 与传统关系型数据库的比较

相信大家对传统关系型数据库都不陌生，我们常常使用的关系型数据库有 MySQL、Oracle、SQL Server、SQLite、DB2、Teradata、Infomix、Sybase、PostgreSQL、Access、FoxPro 等。

我们将通过以下几个方面来比较 NoSQL 与传统关系型数据库。

1. 使用成本

NoSQL：NoSQL 使用简单，易搭建，大部分是开源软件，比较廉价，任何人都可以使用。

关系型数据库：相对于 NoSQL，关系型数据库通常需要安装部署，开源的比较少，使用成本比较昂贵。尤其是 Oracle 数据库，需要花费大量资金购买，使用成本比较高。

2．存储形式

NoSQL：NoSQL 具有丰富的存储形式，如 key-value（键值对）形式、图结构形式、文档形式、列簇形式等，因此，它可以存储各种类型的数据。

关系型数据库：关系型数据库是采用关系型数据模型来组织的，它是行列表结构，通过行与列的二元形式表示出来，数据之间有很强的关联性。它采用二维表结构的形式对数据进行持久存储。

3．查询速度

NoSQL：NoSQL 将数据存储在系统的缓存中，不需要经过 SQL 层的解析，因此查询效率很高。

关系型数据库：关系型数据库将数据存储在系统的硬盘中，在查询的时候需要经过 SQL 层的解析，然后读入内存，实现查询，因此查询效率较低。

4．扩展性

NoSQL：NoSQL 去掉了传统关系型数据库表与字段之间的关系，实现了真正意义上的扩展。它采用键值对的形式存储数据，消除了数据之间的耦合性，因此易扩展。

关系型数据库：由于关系型数据库采用关系型数据模型来存储数据，数据与数据之间的关联性较强，存在耦合性，因此不易扩展。尤其是存在多表连接（join）查询机制的限制，使得扩展很难实现。

5．是否支持 ACID 特性

ACID 特性是指数据库事务的执行要素，包括原子性、一致性、隔离性、持久性。

NoSQL：NoSQL 一般不支持 ACID 特性，它实现最终一致性。

关系型数据库：关系型数据库支持 ACID 特性，具有严格的数据一致性。

6．是否支持 SQL 语句

NoSQL：SQL 语句在 NoSQL 中是不被支持的，NoSQL 没有声明性查询语言，且没有预定义的模式。

关系型数据库：关系型数据库支持 SQL 语句，也支持复杂查询。SQL 是结构化查询语言、数据操纵语言、数据定义语言。

NoSQL 与传统关系型数据库是互补的关系，对方的劣势就是自己的优势，反之亦然。

1.3 在什么应用场景下使用 NoSQL

NoSQL 的应用场景比较广泛，下面简单说一下比较适合使用 NoSQL 的几个场景。

- 对于大数据量、高并发的存储系统及相关应用。
- 对于一些数据模型比较简单的相关应用。
- 对数据一致性要求不是很高的业务场景。
- 对于给定 key 来映射一些复杂值的环境。
- 对一些大型系统的日志信息的存储。
- 存储用户信息，如大型电商系统的购物车、会话等。
- 对于多数据源的数据存储。
- 对易变化、热点高频信息、关键字等信息的存储。

以上这些相关业务场景都可以使用 NoSQL 来存储。NoSQL 还有很多其他应用，在此不再细述，请读者自行参考其他相关资料。

1.4　NoSQL 的数据模型

我们知道，关系型数据库的数据模型由数据结构、数据操作及完整性约束条件组成。同样，NoSQL 也有其相关的数据模型。

NoSQL 的 4 种数据模型如下。

1. 键值对数据模型

键值对数据模型就是采用键值对形式将数据存储在一张哈希表中的一类数据库，这张哈希表具有一个特定的键和一个指向特定数据的指针。键值对存储中的值可以是任意类型的值，如数字、字符串，也可以是封装在对象中的新的键值对。

2. 列数据模型

列数据模型就是将数据按照列簇形式来存储的一类数据库，通常用于存储分布式系统的海量数据。它也有键，这些键指向多个列，由数据库的列簇来统一安排。

3. 文档数据模型

文档数据模型以文档形式进行存储，它是键值对数据模型的升级版，是版本化的文档。它可以使用模式来指定某个文档结构，通常采用特定格式来存储半结构化的文档，最常使用的存储格式是 XML、JSON。每个文档都是自包含的数据单元，是一系列数据项的集合。

4. 图数据模型

图数据模型采用图结构形式存储数据，它是最复杂的 NoSQL，常被用于存储一些社交网络的社交关系，适用于存储高度互联的数据。它由多个节点和多条边组成，节点表示实体，边表示两个实体之间的关系。

其中，键值对数据模型、列数据模型、文档数据模型统称为聚合模型，它们有一个共同特点：可以把一组相互关联的对象看作一个整体单元来操作，通常把这个单元称为一个聚合。

1.5 NoSQL 数据库的分类

NoSQL 数据库的种类繁多，它所存储的数据类型也是各异的。在实际应用中，企业往往会根据不同的业务场景来选择不同的 NoSQL 数据库，比如一个大型社交系统，可能需要使用多种 NoSQL 数据库才能满足业务需求。本节我们就详细介绍一下 NoSQL 数据库的分类，以便帮助读者在实际应用中选择不同的 NoSQL 数据库来实现不同的业务需求。

1.5.1 NoSQL 数据库分类简介

NoSQL 数据库大致可以分为四大类，分别如下。

1. 键值对存储数据库

主要采用键值对形式存储数据的一类数据库。

典型代表：Redis（由 C/C++ 语言开发）、Memcached、Voldemort、Berkeley DB、Tokyo Cabinet/Tyrant 等。当采用该类数据库存储数据时，需要定义数据结构（半结构化）才能进行存储。

2. 面向列存储数据库

主要按照列存储数据的一类数据库。

典型代表：HBase（由 Java 语言开发）、Cassandra（由 Java 语言开发）、Riak（由 Erlang 语言、C 语言及 JavaScript 组合开发）等。当采用该类数据库存储数据时，需要定义数据结构（半结构化）才能进行存储。

3. 面向文档数据库

主要用于存储文档的一类数据库。文档也是它的最小单元，同一张表中存储的文档属性可以是多样化的，数据可以采用 XML、JSON、JSONB 等多种格式存储。

典型代表：MongoDB（由 C++ 语言开发）、CouchDB（由 Erlang 语言开发）、RavenDB 等。当采用该类数据库存储数据时，不需要定义数据结构（非结构化）就可以存储。

4. 面向图形数据库

主要用于存储图片信息的一类数据库。

典型代表：Neo4j（由 Java 语言开发）、InfoGrid、Infinite Graph 等。

目前，NoSQL 数据库的使用场景比较广泛，很多企业都会根据自己相关的业务场景来使用各类 NoSQL 数据库，或者混合使用它们。

1.5.2 各类 NoSQL 数据库的比较

前面说了那么多关于 NoSQL 数据库的相关知识，本小节我们就来比较一下各类 NoSQL

数据库的优缺点，以方便在实际应用中正确选择合适的数据库，如表 1.1 所示。

表 1.1 各类 NoSQL 数据库的比较

分类	数据模型	优点	缺点	适用场景	不适用场景
键值对存储数据库	一系列 key 指向 value 的键值对，通常采用哈希表来实现	（1）查询速度快 （2）保存速度快 （3）兼具临时性和永久性	（1）数据无结构，通常只被当作字符串或二进制数据 （2）当进行临时性保存时，数据有可能丢失	（1）做高速缓存，实现大数据量的存储与访问 （2）缓存日志，做日志缓存系统 （3）存储用户信息，如购物车、会话等	（1）不适用于通过值来查询的业务 （2）不适用于需要存储数据之间关系的业务 （3）需要对事务提供支持，在遇到故障时事务不可以回滚
面向列存储数据库	采用列簇形式存储，将同一列数据存放在一起	（1）查询速度快 （2）擅长以列为单位读入数据 （3）可扩展性强，尤其是分布式扩展	功能相对局限	（1）做分布式文件系统 （2）存储日志信息	不适用于需要实现 ACID 相关事务的业务
面向文档数据库	采用文档形式存储，也可以看作一系列键值对，它的每个数据项都有对应的名称和值	（1）无须定义表结构，表结构可变 （2）对数据结构要求不严格 （3）可以使用复杂的查询条件	（1）查询性能不高 （2）缺乏统一的查询语法	（1）Web 应用，与 key-value 类似，value 是结构化的，不同的是数据库可以了解 value 的内容 （2）存储日志信息，做相关业务的分析	在存储文档数据时，需要在不同的文档上添加事务时不适用
面向图形数据库	采用图结构形式存储，实体是一个节点，节点之间的关系是边	具有很多图结构算法的支持，如最短路径算法、最小生成树算法等	（1）为了得到结果，需要对整个图形进行计算 （2）不利于做分布式应用 （3）适用范围有限	（1）应用于大型社交网络 （2）做相关推荐系统 （3）面对一些关系性强的数据	不适用于存储非图结构的数据

本章我们对 NoSQL 的相关知识有了一定的了解，知道了 NoSQL 是什么、NoSQL 与传统关系型数据库的对比，以及其应用场景、数据模型等。在后面的章节中，我们将对 NoSQL 数据库中的 Redis 进行重点讲解。

第 2 章 认识 Redis

第 1 章介绍了 NoSQL 的相关知识，使读者对 NoSQL 数据库有了初步的认识。从本章开始，将为大家讲述期待已久的 Redis 数据库，带领大家从认识 Redis 开始，到如何搭建 Redis 环境，再到学习与 Redis 相关的客户端工具，了解 Redis 的具体应用场景及 Redis 的相关特性。

2.1 Redis 简介

2.1.1 Redis 的由来

Redis 是由意大利的一家创业公司 Merzia 的创始人 Salvatore Sanfilippo 于 2009 年开发的一款数据库，最初是为了解决公司内部的一个实时统计系统的性能，后来 Salvatore Sanfilippo 希望有更多人能够使用它。同年，Salvatore Sanfilippo 将 Redis 开源发布，然后继续与 Pieter Noordhuis（Redis 代码贡献者）开发 Redis，并不断地完善至今。现在，使用 Redis 数据库的用户已经不计其数。

2.1.2 什么是 Redis

Redis 是由 Salvatore Sanfilippo 用 C 语言开发的一款开源的、高性能的键值对存储数据库，它采用 BSD 协议，为了适应不同场景下的存储需求，提供了多种键值数据类型。

到目前为止，Redis 支持的键值数据类型有字符串、列表、有序集合、散列及集合等。正是因为它有如此丰富的数据类型的支持，才会有庞大的用户群体。它内置复制、Lua 脚本、LRU 收回、事务及不同级别磁盘持久化功能，同时通过 Redis Sentinel 实现高可用，通过 Redis Cluster 提供自动分区等相关功能。

2.1.3 Redis 的特性

成功的人各有所长，一个成功的人必然是在某个领域比较成功的，而不可能面面俱到。

NoSQL 数据库也是一样的，一款成功的 NoSQL 数据库必然特别适合某些业务领域。

Redis 是一款功能强大、支持多种数据类型的数据库，它具有许多优秀的特性，具体如下。

- 支持多种计算机编程语言，如 Java、C、C++、Python、PHP、Lua、Ruby、Node.js、C#、GoLand 等。
- 具有丰富的数据类型，如 String、List、Set、Hash、Sorted Set 等。
- 支持多种数据结构，如哈希、集合、位图（多用于活跃用户数等的统计）、HyperLogLog（超小内存唯一值计数，由于只有 12KB，因而是有一定误差范围的）、GEO（地理信息定位）。
- 读/写速度快，性能高。官方给出的数据是：Redis 能读的速度是 110 000 次/s，写的速度是 81 000 次/s。之所以有这么快的读/写速度，是因为这些数据都存储在内存中。
- 支持持久化。Redis 的持久化也就是备份数据，它每隔一段时间就将内存中的数据保存在磁盘中，在重启的时候会再次加载到内存中，从而实现数据持久化。Redis 的持久化方式是 RDB 和 AOF，在后面的章节中将会详细讲述。
- 简单且功能强大。如利用 Redis 可以实现消息订阅发布、Lua 脚本、数据库事务、Pipeline（管道，即当指令达到一定数量后，客户端才会执行）。同时 Redis 是单线程的，它不依赖外部库，它的所有操作都是原子性的，使用简单。
- 实现高可用主从复制，主节点做数据副本。
- 实现分布式集群和高可用。Redis Cluster 支持分布式，进而可以实现分布式集群；Redis Sentinel 支持高可用。

2.1.4 Redis 的使用场景

Redis 是一款功能强大的数据库，在实际应用中，不管是什么架构的网站或系统，我们都可以将 Redis 引入项目，这样就可以解决很多关系型数据库无法解决的问题。比如，现有数据库处理缓慢的任务，或者在原有的基础上开发新的功能，都可以使用 Redis 来完成。接下来，我们一起来看看 Redis 的典型使用场景。

- 做缓存。这是 Redis 使用最多的场景。Redis 能够替代 Memcached。使用 Redis，不需要每次都重新生成数据，而且它的缓存速度和查询速度比较快，使用也比较方便。比如，实现数据查询、缓存新闻消息内容、缓存商品内容或购物车等。
- 做计数器应用。Redis 的命令具有原子性，它提供了 INCR、DECR、GETSET、INCRBY 等相关命令来构建计数器系统。可以使用 Redis 来记录一个热门帖子的转发数、评论数。通过 Redis 的原子递增，可以实现在任何时候封锁一个 IP 地址等。
- 实现消息队列系统。Redis 运行稳定，速度快，支持模式匹配，也可以实现消息订阅发布。Redis 还有阻塞队列的命令，能够让一个程序在执行时被另一个程序添加到队列中。比如，实现秒杀、抢购等。

- 做实时系统、消息系统。可以利用 Redis 的 set 功能做实时系统，来查看某个用户是否进行了某项操作，对其行为进行统计对比。也可以利用 Redis 的 Pub/Sub 构建消息系统，如在线聊天系统。
- 实现排行榜应用。排行榜的实现利用了 Redis 的有序集合。比如，对上百万个用户的排名，采用其他数据库来实现是非常困难的，而利用 Redis 的 ZADD、ZREVRANGE、ZRANK 等命令可以轻松实现排名并获取排名的用户。
- 做数据过期处理。我们可以将 sorted set 的 score 值设置成过期时间的时间戳，然后通过过期时间排序，找出过期的数据进行删除。可以采用过期属性来确认一个关键字在什么时候应该被删除。也可以利用 UNIX 时间作为关键字,将列表按时间排序。对 currenttime 和 timeto_live 进行检索，查询出过期的数据，进而删除。
- 做大型社交网络。任何架构的系统或网站都可以与 Redis 很好地结合，同样，采用 Redis 可以很好地与社交网络相结合，如新浪微博、Twitter 等。比如，我们在使用 QQ 时，进行实时聊天就需要 Redis 的支持；又如，我们在浏览微博时，实现信息的刷新、浏览查看等也需要 Redis 的支持。
- 分布式集群架构中的 session 分离。采用分布式集群部署，可以满足一个 Web 应用系统被大规模访问的需要。而要实现分布式集群部署，就要解决 session 统一的问题。通常可以采用 Redis 来实现 session 共享机制，以达到 session 统一的目的。

通过 Redis 的实际使用场景，可以看出 Redis 的应用是非常广泛的，而且在实际使用中是非常有价值的。可以采用 Redis 做新闻消息系统、广告系统，来实时向众多用户推送各种信息，实时显示最新的项目列表，统计网站的在线人数、帖子转发次数，实现游戏排名及其他相关排名等。Redis 的出现，避免了传统关系型数据库的弊端，让开发变得更加简单和高效，获得了更加实时的用户体验，同时帮助众多大型网站实现了高并发、高可用、高可扩展。

2.2 搭建 Redis 环境

在搭建 Redis 环境之前，我们需要下载与 Redis 相关的安装包，下载地址如下。
- Window 环境下载地址：https://github.com/MicrosoftArchive/redis/releases。
- Linux 环境下载地址：http://www.redis.net.cn/download/。

Redis 支持 32 位和 64 位系统，请读者根据自己所使用计算机的情况下载安装包。下面我们进行 Redis 在不同系统上的安装。

2.2.1 在 Window 环境下搭建

将 Window 环境下载地址在浏览器中打开，将会看到如图 2.1 所示的页面，然后根据需要自行下载安装包。

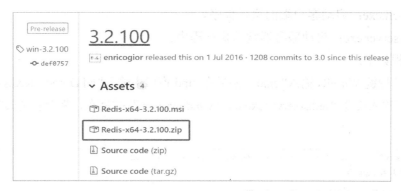

图 2.1　Redis 下载页面

在 Window 环境下，将下载的安装包解压，将会看到如图 2.2 所示的目录结构。

图 2.2　Redis 解压缩目录

其中，32bit 文件表示支持 32 位操作系统；64bit 文件表示支持 64 位操作系统。

由于笔者使用的计算机是 64 位的，因此安装的是 64 位的 Redis。进入 64bit 文件夹下，将会看到如图 2.3 所示的目录结构。

图 2.3　Redis 目录结构

在这里，我们解释一下这个目录结构。

- redis.conf：Redis 的配置文件。
- redis-benchmark.exe：Redis 的压测工具。
- redis-check-aof.exe：Redis 的 AOF 文件校验、修复工具。

- redis-check-dump.exe：Redis 的 RDB 文件校验、修复工具。
- redis-cli.exe：启动客户端的执行程序。
- redis-server.exe：启动服务器端的执行程序。

安装过程如下：

（1）按快捷键 Win+R，输入"cmd"，然后在 cmd 窗口中输入"cd D:\redis\Redis-x64-3.2.100"并回车，接着输入命令"redis-server.exe redis.windows.conf"并回车，将会看到如图 2.4 所示的效果。

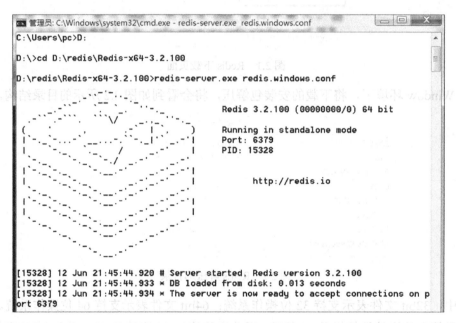

图 2.4　Redis 安装过程效果图

（2）接着再启动一个 cmd 命令窗口，切换到 Redis 目录下，先输入命令"redis-cli.exe -h 127.0.0.1 -p 6379 "并回车，再输入命令"set name liuhefei"并回车，然后输入"get name"，将会看到如图 2.5 所示的效果图，表示已经成功安装 Redis。

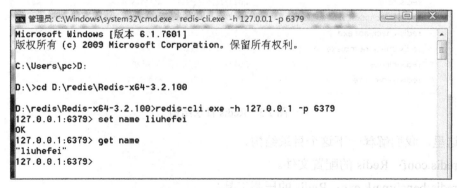

图 2.5　Redis 成功安装效果图

2.2.2 在 Linux 环境下搭建

在 Linux 环境下搭建 Redis 环境很简单，首先在系统的目录下创建一个存放 Redis 的文件夹（命令为 mkdir redis），之后进入这个文件夹下，开始安装 Redis。

（1）输入"wget http://download.redis.io/releases/redis-4.0.9.tar.gz"并回车，系统就会快速下载 Redis 的安装包，如图 2.6 所示。

```
[root@localhost home]# mkdir redis
[root@localhost home]# cd redis/
[root@localhost redis]# wget http://download.redis.io/releases/redis-4.0.9.tar.gz
--2018-06-12 21:50:28--  http://download.redis.io/releases/redis-4.0.9.tar.gz
正在解析主机 download.redis.io... 109.74.203.151
正在连接 download.redis.io|109.74.203.151|:80... 已连接。
已发出 HTTP 请求，正在等待回应... 200 OK
长度：1737022 (1.7M) [application/x-gzip]
正在保存至："redis-4.0.9.tar.gz"

15% [====================>
16% [=====================>
17% [======================>
18% [=======================>
18% [========================>
19% [=========================>
20% [==========================>
20% [===========================>
```

图 2.6　Linux 环境下载 Redis 安装包

（2）下载完成后，查看下载的文件，将会看到刚才下载的 Redis 安装包已经存在，然后使用命令"tar -zxvf redis-4.0.9.tar.gz"解压缩这个安装包，如图 2.7 所示。

```
2018-06-12 21:51:40 (23.6 KB/s) - 已保存 "redis-4.0.9.tar.gz" [1737022/1737022])

[root@localhost redis]# ll
总用量 1700
-rw-r--r-- 1 root root 1737022 3月  27 00:04 redis-4.0.9.tar.gz
[root@localhost redis]# ls
redis-4.0.9.tar.gz
[root@localhost redis]# tar -zxvf redis-4.0.9.tar.gz
```

图 2.7　解压缩 Redis 安装包

（3）解压完成之后，输入命令"cd redis-4.0.9"进入这个文件夹下，然后输入命令"make"进行安装，如图 2.8 所示。

```
[root@localhost redis]# cd redis-4.0.9
[root@localhost redis-4.0.9]# make
```

图 2.8　安装 Redis

（4）安装完成后，在 redis-4.0.9 目录下会出现编译后的 Redis 服务程序 redis-server，以及用于测试的客户端程序 redis-cli。

（5）进入 src 目录，输入命令"./redis-server"来启动 Redis 服务，如图 2.9 所示。

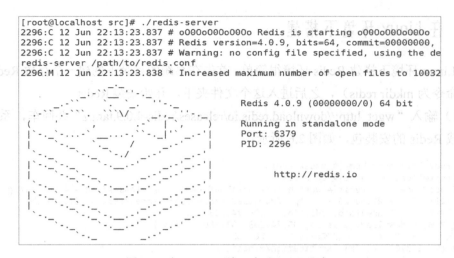

图 2.9 在 Linux 环境下启动 Redis 服务

至此，Redis 已经成功安装。

注意：在使用 make 命令安装 Redis 时，有可能会报错，要根据控制台输出的错误信息来解决。

错误一：找不到 gcc 命令，原因是没有安装 GCC 编译器。

因为 Redis 是由 C 语言开发的，所以需要 C 语言的编译环境，这就需要安装 GCC 编译器。

GCC 是 GNU Compiler Collection 的缩写，它是 Linux 环境下的一个编译器集合，是 C 语言或 C++ 语言的编译器。

为了解决这个错误，需要使用 yum 命令安装 GCC 编译器，命令格式如下：

```
yum install gcc -y
```

安装完 GCC 编译器之后，需要再次执行 make 命令。在执行 make 命令之前，先清理一下上次执行 make 命令所产生的文件，命令格式如下：

```
make distclean
```

错误二：error: jemalloc/jemalloc.h: No such file or directory。

这个错误表示没有找到 jemalloc.h 这个头文件。可以使用如下命令解决：

```
make MALLOC=libc
```

2.3 Redis 客户端

2.3.1 命令行客户端

Redis 的命令行客户端 redis-cli（Redis Command Line Interface）是 Redis 自带的基于命令行的客户端，主要用于与服务器端进行交互，可以使用该客户端来操作 Redis 的各种命令。

切换到 redis/redis-4.0.9/src 目录下，输入命令启动 Redis 的命令行客户端，如图 2.10 所示。有 3 种形式的启动命令。
- 命令 1：./redis-cli（不指定启动端口）。
- 命令 2：./redis-cli -p 6379（指定启动端口）。
- 命令 3：./redis-cli -h 127.0.0.1 -p 6379（指定 IP 和启动端口）。

```
[root@localhost ~]# cd /home/redis/redis-4.0.9/src
[root@localhost src]# ./redis-cli -h 127.0.0.1 -p 6379
127.0.0.1:6379> set name beijing
OK
127.0.0.1:6379> get name
"beijing"
127.0.0.1:6379>
```

图 2.10　Redis 的命令行客户端

2.3.2　可视化客户端

Redis 的可视化客户端也称远程客户端，它可以连接远程 Redis 数据库进行操作。学习 Redis 不能没有可视化工具的辅助，在这里为大家介绍两款 Redis 可视化工具。

1. Redis Desktop Manager

Redis Desktop Manager（RDM）可视化工具能够帮助用户很好地查看 Redis 数据库中的数据，辅助学习再好不过了。

下载地址：https://redisdesktop.com/download。

输入链接之后，将会看到如图 2.11 所示的界面，然后根据自己的操作系统进行下载安装即可。

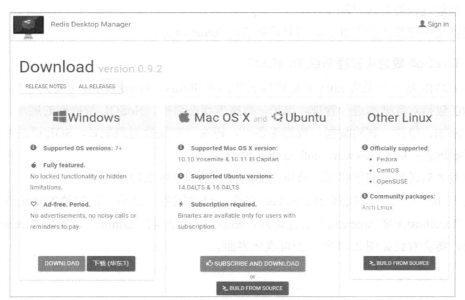

图 2.11　RDM 可视化工具下载界面

在 Window 环境下，这个可视化工具的安装过程比较简单，在此不再介绍。安装成功之后，启动该工具，将会看到如图 2.12 所示的界面。

图 2.12　RDM 可视化工具启动界面

在使用 RDM 图形客户端远程连接 Redis 服务器时，需要修改 Redis 主目录下的 redis.conf 配置文件，修改如下。

- bind 127.0.0.1：表示只能连接本机 Redis 服务，除此之外不能连接，需要注释掉。
- protected -mode yes：表示受保护模式，不能连接外界客户端。直接将 yes 改为 no，就能连接外界客户端了。

配置文件修改并保存以后，需要重新启动 Redis 服务。

2. TreeSoft 数据库管理系统 TreeDMS

TreeDMS 是一款采用 Java 开发并基于 Web 的 Redis、Memcached 可视化客户端工具，它的功能包括对数据库进行管理、维护，数据库状态监控，NoSQL 数据库的展示，库表的展示，添加、修改、删除数据，数据库备份、还原，在线数据源配置，SQL 语法帮助等。

下载地址：http://www.treesoft.cn/dms.html。

下载之后进行安装包解压，解压之后的目录结构如图 2.13 所示。

进入 bin 目录下，找到 startup.bat 文件，启动服务，之后在浏览器的地址栏中输入"http://localhost:8085/treenms"进行访问，然后输入用户名"admin"、密码"treesoft"进行登录，将会看到如图 2.14 所示的可视化界面。

图 2.13　TreeDMS 可视化工具解压缩目录

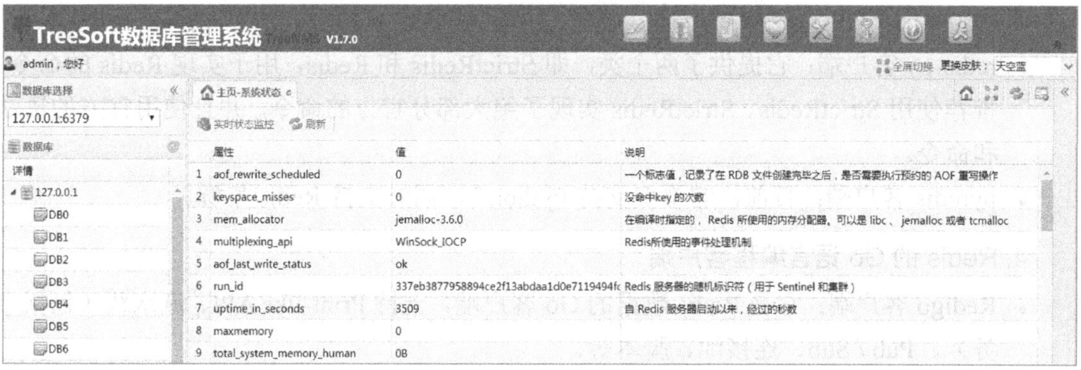

图 2.14　TreeDMS 可视化界面

在以后的开发和实际应用中，我们可以使用这两款工具来管理和操作 Redis。

2.3.3　编程客户端

Redis 将数据以键值对的形式存储在服务器上。各类计算机语言（Java、Python、PHP、Go、C、C++等）为了读取 Redis 的键值对中的值，就需要一套程序，专门去连接 Redis 服务器。这套程序就像驱动程序一样，我们使用它提供的相关 API 就能访问服务器上的 Redis 并对它进行各种操作。

Redis 客户端通过网络协议与 Redis 服务器建立通信，这个通信过程必须遵循网络协议的规范，让用户的调用更加符合特定计算机语言的使用规则。在这里，我们简单介绍几款常用的 Redis 编程客户端。

1. Redis 的 Java 编程客户端

- Jedis：它是一个很小、很健全的 Redis 客户端，Java 借助 Jedis 客户端实现对 Redis 的各种操作。推荐使用。

Jedis 是开源的，源代码地址：https://github.com/xetorthio/jedis。

Jedis 的 API 文档地址：http://xetorthio.github.io/jedis/。
- Lettuce：它是一个可伸缩、线程安全的 Redis 客户端，多个线程可以共享同一个 redisConnection。它利用优秀的 Netty NIO 框架来高效管理 Redis 的多个连接。

Lettuce 源代码地址：https://github.com/lettuce-io/lettuce-core。

2. Redis 的 PHP 编程客户端
- Predis 客户端：这是一款特性齐全且灵活的 PHP 编程客户端，它支持自定义，可以定义客户端的命令集，同时支持持续连接。
- Phpredis 客户端：这是一款二进制版本的 PHP 编程客户端，它使用方便、灵活，比 Predis 客户端的效率高；缺点是不易扩展。

3. Redis 的 Python 编程客户端
- redis-py 客户端：它提供了两个类，即 StrictRedis 和 Redis，用于实现 Redis 的命令。推荐使用 StrictRedis。StrictRedis 实现了绝大部分官方的命令，并且使用官方的语法和命令。
- pyredis 客户端：目前，它不仅支持 Python 3，同时支持 Redis 集群。

4. Redis 的 Go 语言编程客户端
- Redigo 客户端：它是 Redis 数据的 Go 客户端，支持 Print-like API、流水线（包括事务）、Pub / Sub、连接池、脚本等。
- Go-Redis 客户端：它是一款基于 Go 语言的操作库，封装了对 Redis 的各种操作。

Redis 针对各种计算机语言都有其对应的编程客户端，种类繁多，在这里就不再一一列举了，感兴趣的读者可以到 Redis 的官网查看，地址为 https://redis.io/clients。

2.4 Redis 的启动方式

2.4.1 在 Window 环境下的启动方式

在使用 Redis 数据库之前，需要先启动 Redis 服务（redis-server.exe），然后启动 Redis 客户端（redis-cli.exe）。下面通过写批处理文件的形式来实现 Redis 服务的启动与使用。

Redis 服务的批处理文件 redis-start.bat 的源代码如下：

```
1 @echo off
2 echo 启动redis服务
3 D:\redis\Redis-x64-4.0.9\redis-server.exe D:\redis\Redis-x64-4.0.9\redis.windows.conf
4 echo redis服务启动成功
```

其中，第三行是 Redis 服务与配置所在的路径。

Redis 客户端的批处理文件 redis-client.bat 的源代码如下：

```
1 @echo off
2 echo 欢迎使用redis
3 echo 使用之前请确保启动redis服务
4 @rem D:\redis\Redis-x64-4.0.9\redis-server.exe D:\redis\Redis-x64-4.0.9\redis.
windows.conf
5 echo 启动redis客户端
6 echo ************************************************************
7 redis-cli.exe -h 127.0.0.1 -p 6379
8 echo redis成功运行
```

其中，第四行是 Redis 服务与配置所在的路径。

这两个批处理文件写好之后，将其放到桌面上，这样使用 Redis 就比较方便了。这就是 Redis 在 Window 环境下的启动方式。

2.4.2 在 Linux 环境下的启动方式

1. 前台启动

输入 "cd" 命令切换到 Redis 的 src 目录下（使用 "pwd" 命令查看当前目录地址），输入命令 "./redis-server" 启动 Redis，如图 2.15 所示。

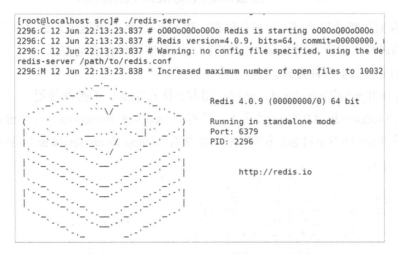

图 2.15 在 Linux 环境下启动 Redis（前台启动）

开启一个新窗口，输入命令 "ps -ef | grep redis" 查看 Redis 的进程，如图 2.16 所示。

```
[root@localhost ~]# ps -ef | grep redis
root      2296  2260  0 22:13 pts/8    00:00:00 ./redis-server *:6379
root      2327  2312  0 22:15 pts/5    00:00:00 ./redis-cli -h 127.0.0.1 -p 6379
root      2366  2347  0 22:18 pts/10   00:00:00 grep redis
[root@localhost ~]#
```

图 2.16 在 Linux 环境下查看 Redis 的进程

在前台启动 Redis，一旦按 Ctrl+C 组合键退出，或者直接关闭了连接，Redis 也就被关闭了，再查看 Redis 的进程就没有了。

2. 后台启动

输入“cd”命令切换到 Redis 的 src 目录下，输入命令“./redis-server &”启动 Redis，如图 2.17 所示。

```
[root@localhost src]# ./redis-server &
[2] 2380
[1]   Exit 127                ./redis-sercer
[root@localhost src]# 2380:C 12 Jun 22:20:22.947 # oO0OoO0OoO0Oo Redis
2380:C 12 Jun 22:20:22.947 # Redis version=4.0.9, bits=64, commit=00000
2380:C 12 Jun 22:20:22.947 # Warning: no config file specified, using t
redis-server /path/to/redis.conf
2380:M 12 Jun 22:20:22.948 * Increased maximum number of open files to

                                        Redis 4.0.9 (00000000/0) 64 bit

                                        Running in standalone mode
                                        Port: 6379
                                        PID: 2380

                                             http://redis.io
```

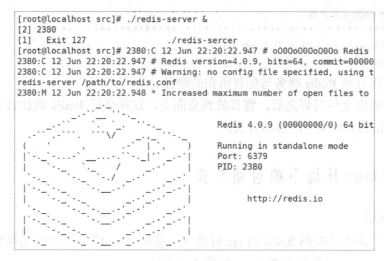

图 2.17　在 Linux 环境下启动 Redis（后台启动）

此时，我们就能看到 Redis 的相关进程。按 Ctrl+C 组合键退出，或者关闭连接，再次查看 Redis 的进程，也能看到 Redis 正在运行。推荐使用后台启动方式。

关闭 Redis 有如下两种方式。

- 命令：kill pid 或 kill -9 pid。这种关闭方式比较粗暴，不推荐使用。
- 切换到 redis/redis-4.0.9/src 目录下，执行“./redis-cli shutdown”命令进行关闭。

后台启动 Redis 并输出日志到指定文件，命令为“nohup ./redis-server &”，如图 2.18 所示。

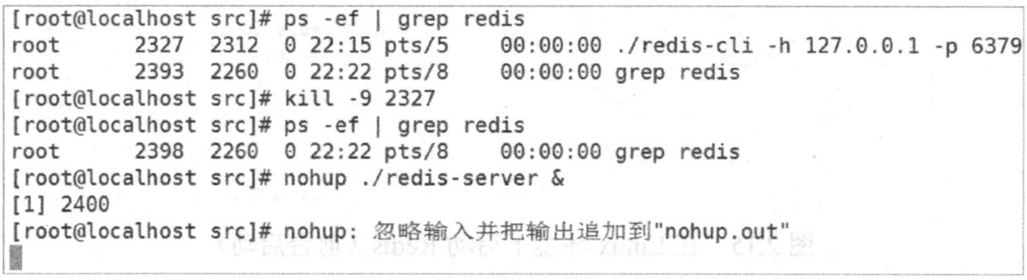

```
[root@localhost src]# ps -ef | grep redis
root      2327  2312  0 22:15 pts/5    00:00:00 ./redis-cli -h 127.0.0.1 -p 6379
root      2393  2260  0 22:22 pts/8    00:00:00 grep redis
[root@localhost src]# kill -9 2327
[root@localhost src]# ps -ef | grep redis
root      2398  2260  0 22:22 pts/8    00:00:00 grep redis
[root@localhost src]# nohup ./redis-server &
[1] 2400
[root@localhost src]# nohup: 忽略输入并把输出追加到"nohup.out"
```

图 2.18　在 Linux 环境下输出 Redis 启动日志到指定文件

然后使用“ls”命令查看，将会看到 nohup.out 文件。使用“cat nohup.out”命令打开并查看启动日志，后面产生的操作日志也会输出到这个文件中。

至此，我们已经全面认识了 Redis，包括什么是 Redis，Redis 的特性、使用场景，以及在不同的操作系统下安装 Redis，并且为大家介绍了 Redis 的客户端、启动方式等。下一章我们将带领大家深入学习 Redis 的数据类型。

第 3 章 Redis 数据类型

前面为大家介绍了 Redis 的特性、使用场景、安装及相关客户端，本章着重讲解与 Redis 的数据类型相关的命令。目前 Redis 数据库支持 5 种数据类型，分别是 String（字符串）、Hash（哈希）、List（列表）、Set（集合）及 Sorted Set（有序集合）。接下来我们逐个讲解其相关命令操作。

需要说明的是，Redis 命令名称的大小写并不会影响命令表的查找结果。Redis 的命令表使用的是与大小写无关的查找算法，输入的命令名称只要是正确的，无论大小写，都能得到正确的结果，命令表就能返回相同的 redisCommand 结构。关于命令表和 redisCommand 结构的详细说明参见后面的章节。在后面的相关命令的操作过程中，不严格区分大小写。

注意：在获取键值对中的值时，如果值是中文的，则会返回编码后的字符串。如果你希望返回值是中文的，那么在客户端连接服务器端时，可以使用命令"redis-cli -raw"将底层编码的字符串转换为中文。演示一下：

```
[root@localhost src]# ./redis-cli
127.0.0.1:6379> GET className
"\xe8\xbd\xaf\xe4\xbb\xb6\xe5\xb7\xa5\xe7\xa8\x8b1\xe7\x8f\xad"
[root@localhost src]# ./redis-cli -raw
127.0.0.1:6379> GET className
刘河飞
```

3.1 Redis 数据类型之字符串（String）命令

字符串类型是 Redis 中最基本的数据类型，它是二进制安全的，任何形式的字符串都可以存储，包括二进制数据、序列化后的数据、JSON 化的对象，甚至是一张经 Base64 编码后的图片。String 类型的键最大能存储 512MB 的数据。

Redis 字符串类型的相关命令用于管理 Redis 的字符串值。下面以一张学生表为例，来讲解 String 类型的相关命令，如表 3.1 所示。

表 3.1 学生表

stuName	stuID	age	sex	height	weigth	birthday	className
刘河飞	20180001	22	男	171	75	1996-02-14	软件工程 1 班
赵雨梦	20181762	24	女	175	73	1994-04-23	网络工程 1 班
宋飞	20180023	23	男	168	67	1995-08-18	软件工程 2 班
陈慧	20181120	23	女	170	64	1995-03-15	信息管理 1 班
孙玉	20180097	22	女	166	63	1996-09-10	软件工程 2 班

为了避免键值对出现覆盖的现象，我们统一在每个学生的键后面加上序号，如 stuName-1、stuID-1。下面来看具体操作。

3.1.1 设置键值对

1. SET 命令：设置键值对

命令格式：

```
SET key value [EX seconds] [PX milliseconds] [NX|XX]
```

使用 SET 命令将字符串值 value 设置到 key 中。如果 key 中已经存在其他值，则在执行 SET 命令后，将会覆盖旧值，并且忽略类型。针对某个带有生存时间的 key 来说，当 SET 命令成功执行时，这个 key 上的生存时间会被清除。

SET 命令的可选参数如下。

- EX seconds：用于设置 key 的过期时间为多少秒（seconds）。其中，SET key value EX seconds 等价于 SETEX key seconds value。
- PX milliseconds：用于设置 key 的过期时间为多少毫秒（milliseconds）。其中，SET key value PX milliseconds 等价于 PSETEX key milliseconds value。
- NX：表示当 key 不存在时，才对 key 进行设置操作。其中，SET key value NX 等价于 SETNX key value。
- XX：表示当 key 存在时，才对 key 进行设置操作。

返回值：如果 SET 命令设置成功，则会返回 OK。如果设置了 NX 或 XX，但因为条件不足而设置失败，则会返回空批量回复（NULL Bulk Reply）。

使用 SET 命令将一条学生信息添加到数据库中，操作如下：

```
127.0.0.1:6379> SET stuName-1 '刘河飞'
OK
127.0.0.1:6379> SET stuID-1 20180001
OK
127.0.0.1:6379> SET age-1 22
OK
127.0.0.1:6379> SET sex-1 '男'
OK
127.0.0.1:6379> SET height-1 171
```

```
OK
127.0.0.1:6379> SET weight-1 75
OK
127.0.0.1:6379> SET birthday-1 1996-02-14
OK
127.0.0.1:6379> SET className-1 '软件工程1班'
OK
```

2. MSET 命令：设置多个键值对

命令格式：

```
MSET key value [key value...]
```

使用 MSET 命令同时设置多个键值对。如果某个 key 已经存在，那么 MSET 命令会用新值覆盖旧值。MSET 命令是一个原子性操作，所有给定 key 都会在同一时间内被设置更新，不存在某些 key 被更新了而另一些 key 没有被更新的情况。

返回值：总是返回 OK，因为 MSET 命令不可能设置失败。

使用 SET 命令来逐个添加学生信息到数据库中会比较麻烦，下面使用 MSET 命令来一次性添加多个键值对，操作如下：

```
127.0.0.1:6379> MSET stuName-2 '赵雨梦' stuID-2 20181762 age-2 24 sex-2 '女' height-2 175
weight-2 73 birthday-2 1994-04-23 className-2 '网络工程1班'
OK
127.0.0.1:6379> MSET stuName-3 '宋飞' stuID-3 20180023 age-3 23 sex-3 '男' height-3 168 weight-3 67 birthday-3 1995-08-18 className-3 '软件工程2班'
OK
127.0.0.1:6379> MSET stuName-4 '陈慧' stuID-4 20181120 age-4 23 sex-4 '女' height-4 170 weight-4 64 birthday-4 1995-03-15 className-4 '信息管理1班'
OK
127.0.0.1:6379> MSET stuName-5 '孙玉' stuID-5 20180097 age-5 22 sex-5 '女' height-5 166 weight-5 63 birthday-5 1996-09-10 className-5 '软件工程2班'
OK
```

3. SETNX 命令：设置不存在的键值对

命令格式：

```
SETNX key value
```

SETNX 是 set if not exists 的缩写。如果 key 不存在，则设置值，当且仅当 key 不存在时。如果 key 已经存在，则 SETNX 什么也不做。

返回值：SETNX 命令设置成功返回 1，设置失败返回 0。

设置学院名称，操作如下：

```
127.0.0.1:6379> SETNX collegeName '计算机学院'          #设置学院名称为"计算机学院"
1
127.0.0.1:6379> SETNX collegeName '计算机工程学院'      #更名为"计算机工程学院"
0
```

4. MSETNX 命令：设置多个不存在的键值对

命令格式：

```
MSETNX key value [key value...]
```

使用 MSETNX 命令同时设置多个键值对，当且仅当所有给定 key 都不存在时设置。与 MSET 命令类似，如果有一个给定 key 已经存在，那么 MSETNX 命令也会拒绝执行所有给定 key 的设置操作。MSETNX 命令是原子性的，它可以用来设置多个不同 key 表示不同字段的唯一性逻辑对象，所有字段要么全部被设置，要么全部设置失败。

返回值：所有 key 设置成功返回 1；如果所有给定 key 都设置失败，则返回 0。

为学生分配多名专业课老师，操作如下：

```
127.0.0.1:6379> MSETNX Chinese-teacher '郭涛' Math-teacher '杨艳' English-teacher '吴芳'   #为学生分配语文、数学、英语老师
1
127.0.0.1:6379> MSETNX Chinese-teacher '陈诚' Math-teacher '杨小艳'   #更换语文、数学老师
0
```

3.1.2 获取键值对

1. GET 命令：获取键值对的值

命令格式：

```
GET key
```

使用 GET 命令获取 key 中设置的字符串值。如果 key 中存储的值不是字符串类型的，则会返回一个错误，因为 GET 命令只能用于处理字符串的值；当 key 不存在时，返回 nil。

返回值：当 key 存在时，返回 key 所对应的值；如果 key 不存在，则返回 nil；如果 key 不是字符串类型的，则返回错误。

使用 GET 命令查看学生的基本信息，操作如下：

```
127.0.0.1:6379> GET stuName-1
刘河飞
127.0.0.1:6379> GET stuID-1
20180001
127.0.0.1:6379> GET age-1
22
127.0.0.1:6379> GET sex-1
男
127.0.0.1:6379> GET height-1
171
127.0.0.1:6379> GET weight-1
75
127.0.0.1:6379> GET birthday-1
1996-02-14
127.0.0.1:6379> GET className-1
软件工程1班
```

2. MGET 命令：获取多个键值对的值

命令格式：

```
MGET key [key...]
```

使用 MGET 命令同时返回多个给定 key 的值，key 之间使用空格隔开。如果在给定的 key 中有不存在的 key，那么这个 key 返回的值为 nil。

返回值：一个包含所有给定 key 的值的列表。

使用 MGET 命令来获取多名学生的信息，操作如下：

```
127.0.0.1:6379> MGET stuName-1 stuID-1 age-1 sex-1 height-1 weight-1 birthday-1 className-1 #获取第一名学生的信息
刘河飞
20180001
22
男
171
75
1996-02-12
软件工程1班
#获取5名学生的姓名
127.0.0.1:6379> MGET stuName-1 stuName-2 stuName-3 stuName-4 stuName-5
刘河飞
赵雨梦
宋飞
陈慧
孙玉
```

3. GETRANGE 命令：获取键的子字符串值

命令格式：

```
GETRANGE key start end
```

使用 GETRANGE 命令来获取 key 中字符串值从 start 开始到 end 结束的子字符串，下标从 0 开始（字符串截取）。start 和 end 参数是整数，可以取负值。当取负值时，表示从字符串最后开始计数，-1 表示最后一个字符，-2 表示倒数第二个字符，以此类推。

返回值：返回截取的子字符串。

```
127.0.0.1:6379> SET motto-2 '一个人只有全面回忆自己,才能认识真正的自己' #设置学生2的座右铭
OK
127.0.0.1:6379> GETRANGE motto-2 0 100 #截取座右铭的子字符串
一个人只有全面回忆自己,才能认识真正的自己
127.0.0.1:6379> GETRANGE motto-2 -8 -1
自己
127.0.0.1:6379> GETRANGE motto-2 0 -3
一个人只有全面回忆自己,才能认识真正的自
127.0.0.1:6379> GETRANGE motto-2 0 -5
一个人只有全面回忆自己,才能认识真正的
```

3.1.3 键值对的偏移量

1. SETBIT 命令：设置键的偏移量

命令格式：

```
SETBIT key offset value
```

使用 SETBIT 命令对 key 所存储的字符串值设置或清除指定偏移量上的位（bit）。value 参数值决定了位的设置或清除，value 值取 0 或 1。当 key 不存在时，自动生成一个新的字符串值。这个字符串是动态的，它可以扩展，以确保将 value 保存到指定的偏移量上。当这个字符串扩展时，使用 0 来填充空白位置。offset 参数必须是大于或等于 0，并且小于 2^{32}（bit 映射被限制在 512MB 之内）的正整数。在默认情况下，bit 初始化为 0。

返回值：返回指定偏移量原来存储的位。

设置学生 1 姓名及学院名的偏移量，操作如下：

```
127.0.0.1:6379> SETBIT stuName-1 6 1
0
127.0.0.1:6379> SETBIT stuName-1 7 0
1
127.0.0.1:6379> SETBIT collegeName 100 0
1
```

2. GETBIT 命令：获取键的偏移量值

命令格式：

```
GETBIT key offset
```

对 key 所存储的字符串值，使用 GETBIT 命令来获取指定偏移量上的位（bit）。当 offset 的值超过了字符串的最大长度，或者 key 不存在时，返回 0。

返回值：返回字符串值指定偏移量上的位（bit）。

获取学生 1 姓名及学院名的偏移量值，操作如下：

```
127.0.0.1:6379> GETBIT stuName-1 6
1
127.0.0.1:6379> GETBIT stuName-1 7
0
127.0.0.1:6379> GETBIT collegeName 100
0
```

3.1.4 设置键的生存时间

1. SETEX 命令：为键设置生存时间（秒）

命令格式：

```
SETEX key seconds value
```

使用 SETEX 命令将 value 值设置到 key 中，并设置 key 的生存时间为多少秒（seconds）。

如果 key 已经存在,则 SETEX 命令将覆写旧值。

它等价于:

```
SET key value
EXPIRE key seconds
```

SETEX 命令是一个原子性命令,它设置 value 与设置生存时间是在同一时间完成的。

返回值:设置成功时返回 OK;当 seconds 参数不合法时,返回错误。

为不存在的键(学校名)设置生存时间,操作如下:

```
127.0.0.1:6379> SETEX schoolName 100 '清华大学'  #设置学校名为"清华大学",生存时间为100 秒
OK
127.0.0.1:6379> GET schoolName   #获取学校名
清华大学
127.0.0.1:6379> TTL schoolName   #查看剩余生存时间,剩余55 秒
55
127.0.0.1:6379> GET schoolName   #55 秒后查看,键值为空
```

2. PSETEX 命令:为键设置生存时间(毫秒)

命令格式:

```
PSETEX key milliseconds value
```

使用 PSETEX 命令设置 key 的生存时间,以毫秒为单位。设置成功时返回 OK。

以毫秒的形式,设置键(学校地址)的生存时间,操作如下:

```
127.0.0.1:6379> PSETEX school-address 30000 '北京'  #设置学校地址为"北京",生存时间为
30000 毫秒
OK
127.0.0.1:6379> GET school-address       #获取学校地址
北京
127.0.0.1:6379> PTTL school-address      #查看学校地址剩余多少生存时间(毫秒)
17360
127.0.0.1:6379> GET school-address
```

3.1.5 键值对的值操作

1. SETRANGE 命令:替换键的值

命令格式:

```
SETRANGE key offset value
```

使用 SETRANGE 命令从指定的位置(offset)开始将 key 的值替换为新的字符串。比如旧值为 hello world,执行命令 SETRANGE 5 Redis,表示从第 5 个下标位置开始替换为新的字符串 Redis,其结果为 helloredis。如果有不存在的 key,就当作空白字符串处理。

SETRANGE 命令会确保字符串足够长,以便将 value 设置在指定的偏移量上。如果

给定 key 原来存储的字符串长度比偏移量小（比如，字符串只有 4 个字符长，但设置的 offset 是 9），那么原字符和偏移量之间的空白将用零字节（Zerobytes，"\x00"）来填充。

注意：offset 的最大偏移量是 2^29-1（536870911），因为 Redis 字符串的大小被限制在 512MB 以内。假如需要使用比这更大的空间，则可以使用多个 key 来存储。

返回值：返回执行 SETRANGE 命令之后的字符串的长度。

替换学生 2、学生 3 的座右铭，操作如下：

```
127.0.0.1:6379> GET motto-2    #查看学生2的座右铭
一个人只有全面回忆自己，才能认识真正的自己
127.0.0.1:6379> SETRANGE motto-2 21 '美好过去'   #替换学生2的座右铭，从偏移量21开始
63
127.0.0.1:6379> GET motto-2
一个人只有全面美好过去，才能认识真正的自己
127.0.0.1:6379> EXISTS motto-3    #学生3的座右铭不存在（对一个不存在的键进行替换）
0
127.0.0.1:6379> SETRANGE motto-3 12 'hello world'   #替换学生3的座右铭，从偏移量12开始
(integer) 23
127.0.0.1:6379> GET motto-3
"\x00\x00\x00\x00\x00\x00\x00\x00\x00\x00\x00\x00hello world"
```

2. GETSET 命令：为键设置新值

命令格式：

```
GETSET key value
```

使用 GETSET 命令将给定 key 的值设置为 value，并返回 key 的旧值。当 key 存在但不是字符串类型时，将会返回错误。

返回值：返回给定 key 的旧值。如果 key 不存在，则返回 nil；如果 key 存在但不是字符串类型的，则返回错误。

先为学生 1 设置座右铭，再修改，操作如下：

```
127.0.0.1:6379> EXISTS motto-1    #检查键motto-1是否存在
0
127.0.0.1:6379> GETSET motto-1 '没有存款，就是拼的理由'    #没有旧值，返回空

127.0.0.1:6379> GET motto-1    #获取值
没有存款，就是拼的理由
127.0.0.1:6379> GETSET motto-1 '拼个春夏秋冬，赢个无悔人生'   #为键motto-1设置新值
没有存款，就是拼的理由
127.0.0.1:6379> GET motto-1
拼个春夏秋冬，赢个无悔人生
```

3. APPEND 命令：为键追加值

命令格式：

```
APPEND key value
```

如果 key 存在且是字符串类型的，则将 value 值追加到 key 旧值的末尾。如果 key 不存

在，则将 key 设置值为 value。

返回值：返回追加 value 之后，key 中字符串的长度。

为学生 1 的座右铭追加新值，操作如下：

```
127.0.0.1:6379> GET motto-1    #获取键 motto-1 的值
拼个春夏秋冬,赢个无悔人生
127.0.0.1:6379> APPEND motto-1 ',努力过,'  #追加新值
50
127.0.0.1:6379> GET motto-1
拼个春夏秋冬,赢个无悔人生,努力过,
127.0.0.1:6379> APPEND motto-1 '此生无憾'  #追加新值
62
127.0.0.1:6379> GET motto-1
拼个春夏秋冬,赢个无悔人生,努力过,此生无憾
```

3.1.6 键值对的计算

1. BITCOUNT 命令：计算比特位数量

命令格式：

```
BITCOUNT key [start] [end]
```

使用 BITCOUNT 命令计算在给定的字符串中被设置为 1 的比特位数量。它有两个参数：start 和 end。如果不设置这两个参数，则表示它会对整个字符串进行计数；如果指定了这两个参数值，则可以让计数只在特定的位上进行。start 和 end 参数都是整数值，可以取负数，比如，-1 表示字符串的最后一个字节，-2 表示字符串的倒数第二个字节，以此类推。如果被计数的 key 不存在，就会被当成空字符串来处理，其计数结果为 0。

返回值：执行 BITCOUNT 命令之后，返回被设置为 1 的位的数量。

计算学生 3 姓名的比特位数量，操作如下：

```
127.0.0.1:6379> BITCOUNT stuName-3       #计算学生 3 姓名的比特位数量,为 28
28
127.0.0.1:6379> BITCOUNT stuName-3 0 10  #计算学生 3 姓名在 0~10 之间的比特位数量
28
127.0.0.1:6379> BITCOUNT stuName-3 0 3
19
127.0.0.1:6379> SETBIT stuName-3 100 1   #设置学生 3 姓名在偏移量为 100 处的比特位
0
127.0.0.1:6379> BITCOUNT stuName-3 #28+1
29
```

2. BITOP 命令：对键进行位元运算

命令格式：

```
BITOP operation destkey key [key...]
```

使用 BITOP 命令对一个或多个保存二进制位的字符串 key 进行位元运算，并将运算结

果保存到 destkey 中。operation 表示位元操作符，它可以是 AND、OR、NOT、XOR 这 4 种操作中的任意一种。具体操作如下。

- BITOP AND destkey key [key...]：表示对一个或多个 key 求逻辑并，并将结果保存到 destkey 中。
- BITOP OR destkey key [key...]：表示对一个或多个 key 求逻辑或，并将结果保存到 destkey 中。
- BITOP NOT destkey key：表示对给定 key 求逻辑非，并将结果保存到 destkey 中。
- BITOP XOR destkey key [key...]：表示对一个或多个 key 求逻辑异或，并将结果保存到 destkey 中。

除 NOT 操作之外，其余的操作都可以接收一个或多个 key 作为参数。当使用 BITOP 命令来进行不同长度的字符串的位元运算时，较短的那个字符串所缺少的部分将会被看作 0。空的 key 也被看作包含 0 的字符串序列。

返回值：返回保存到 destkey 中的字符串的长度，这个长度和输入 key 中最长的字符串的长度相等。

对学生 1 和学生 2 的年龄进行位元操作，操作如下：

```
127.0.0.1:6379> SETBIT age-1 0 1  #设置学生1年龄的比特位
0
127.0.0.1:6379> SETBIT age-2 3 1  #设置学生2年龄的比特位
1
127.0.0.1:6379> BITOP AND result age-1 age-2  #逻辑与运算
2
127.0.0.1:6379> BITOP OR result1 age-1 age-2  #逻辑或运算
2
127.0.0.1:6379> BITOP NOT result2 age-1 age-2  #逻辑非运算
ERR BITOP NOT must be called with a single source key.
127.0.0.1:6379> BITOP NOT result3 age-1
2
127.0.0.1:6379> BITOP NOT result4 age-2
2
127.0.0.1:6379> BITOP XOR result5 age-1 age-2  #逻辑异或运算
2
127.0.0.1:6379> GETBIT age-1 0  #获取偏移量为0的值
1
127.0.0.1:6379> BITCOUNT age-1  #统计比特位数量
7
127.0.0.1:6379> BITCOUNT age-2
6
```

3. STRLEN 命令：统计键的值的字符长度

命令格式：

```
STRLEN key
```

使用命令 STRLEN 统计 key 的值的字符长度。当 key 存储的不是字符串时，返回一个错误。当 key 不存在时，返回 0。

统计学生 1 和学生 2 的座右铭的长度，操作如下：

```
127.0.0.1:6379> GET motto-1
拼个春夏秋冬，赢个无悔人生,努力过,此生无憾
127.0.0.1:6379> STRLEN motto-1
62
127.0.0.1:6379> GET motto-2
一个人只有全面美好过去，才能认识真正的自己
127.0.0.1:6379> STRLEN motto-2
63
```

3.1.7 键值对的值增量

1. DECR 命令：让键的值减 1

命令格式：

```
DECR key
```

使用 DECR 命令将 key 中存储的数字值减 1。如果 key 不存在，则 key 的值先被初始化为 0，再执行 DECR 操作减 1。注意，这个命令只能对数字类型的数据进行操作（自减）。如果 key 对应的值包含错误类型，或者字符串类型的值不能表示为数字，则将返回一个错误。DECR 操作的值限制在 64 位（bit）有符号数字表示范围之内。

返回值：返回执行 DECR 操作之后 key 的值。

让学生 2 的年龄、身高、体重、生日都减 1，操作如下：

```
127.0.0.1:6379> MGET stuName-2 age-2 sex-2 height-2 weight-2 birthday-2 className-2
赵雨梦
24
女
175
73
1994-04-23
网络工程 1 班
127.0.0.1:6379> DECR age-2              #年龄减 1
23
127.0.0.1:6379> DECR height-2           #身高减 1
174
127.0.0.1:6379> DECR weight-2           #体重减 1
72
127.0.0.1:6379> DECR birthday-2         #类型错误
ERR value is not an integer or out of range
```

2. DECRBY 命令：键的值减去减量值

命令格式：

```
DECRBY key decrement
```

使用 DECRBY 命令将 key 所存储的值减去减量值 decrement。如果 key 不存在，则 key

的值先被初始化为 0，再执行 DECRBY 命令。如果 DECRBY 命令操作的值包含错误的类型，或者字符串类型的值不能表示为数字，则将返回一个错误。DECRBY 操作的数值限制在 64 位（bit）有符号数字表示范围之内。

返回值：返回减去减量值 decrement 的 key 的新值。

让学生 3 的学号、年龄、身高、体重都减去减量值 5，操作如下：

```
127.0.0.1:6379> MGET stuName-3 stuID-3 age-3 sex-3 height-3 weight-3 birthday-3 className-3
宋飞
20180023
23
男
168
67
1995-08-18
软件工程 2 班
127.0.0.1:6379> DECRBY stuID-3 5
20180018
127.0.0.1:6379> DECRBY age-3 5
18
127.0.0.1:6379> DECRBY height-3 5
163
127.0.0.1:6379> DECRBY weight-3 5
62
```

3. INCR 命令：让键的值加 1

命令格式：

```
INCR key
```

使用 INCR 命令将 key 中存储的数字值加 1。如果 key 不存在，则 key 的值先被初始化为 0，再执行 INCR 操作加 1。注意，这个命令只能对数字类型的数据进行操作（自增）。如果 INCR 操作的值包含错误的类型，或者字符串类型的值不能表示为数字，则将返回一个错误。INCR 操作的值限制在 64 位（bit）有符号数字表示范围之内。

返回值：返回执行 INCR 命令之后 key 的新值。

让学生 4 的学号、年龄、身高、体重都加 1，操作如下：

```
127.0.0.1:6379> MGET stuName-4 stuID-4 age-4 sex-4 height-4 weight-4 birthday-4 className-4
陈慧
20181120
23
女
170
64
1995-03-15
信息管理 1 班
127.0.0.1:6379> INCR stuID-4
```

```
20181121
127.0.0.1:6379> INCR age-4
24
127.0.0.1:6379> INCR height-4
171
127.0.0.1:6379> INCR weight-4
65
```

4. INCRBY 命令：让键的值加上增量值

命令格式：

```
INCRBY key increment
```

使用 INCRBY 命令将 key 所存储的值加上增量值 increment。如果 key 不存在，则 key 的值先被初始化为 0，再执行 INCRBY 命令。如果 INCRBY 操作的值包含错误的类型，或者字符串类型的值不能表示为数字，则将返回一个错误。INCRBY 操作的值限制在 64 位（bit）有符号数字表示范围之内。

返回值：返回加上增量值 increment 之后的 key 的新值。

让学生 5 的学号、年龄、身高、体重都加上增量值 3，操作如下：

```
127.0.0.1:6379> MGET stuName-5 stuID-5 age-5 sex-5 height-5 weight-5 birthday-5 className-5
孙玉
20180097
22
女
166
63
1996-09-10
软件工程2班
127.0.0.1:6379> INCRBY stuID-5 3
20180100
127.0.0.1:6379> INCRBY age-5 3
25
127.0.0.1:6379> INCRBY height-5 3
169
127.0.0.1:6379> INCRBY weight-5 3
66
```

5. INCRBYFLOAT 命令：让键的值加上浮点数增量值

命令格式：

```
INCRBYFLOAT key increment
```

使用 INCRBYFLOAT 命令将 key 所存储的值加上浮点数增量值 increment。如果 key 不存在，则 key 的值先被初始化为 0，再执行 INCRBYFLOAT 命令。如果 INCRBYFLOAT 命令执行成功，那么 key 的值会被更新为命令执行后的新值，并且新值以字符串的形式返回给调用者。产生的新值和浮点数增量值 increment 都可以使用像 3.0e9、4e7、8e-3 这样的指数符号来表示。

在执行 INCRBYFLOAT 命令之后，产生的值会以相同的形式存储，都是由一个数字、一个可选的小数点、一个任意位数的小数部分组成的。小数部分末尾的 0 会被忽略掉。在有特定需要时，浮点数也会转化为整数，比如，2.0 会被保存为 2。如果 INCRBYFLOAT 操作的 key 的值不是字符串类型的，或者 key 所对应的值、给定的浮点数增量值 increment 不能表示为双精度浮点数，则会返回一个错误。

返回值：返回执行 INCRBYFLOAT 命令之后 key 的新值。

注意：在执行 INCRBYFLOAT 命令之后，无论产生的浮点数的实际精度有多长，计算结果最多也只能保留小数点后 17 位。

对圆周率 PI 加上浮点数增量值，操作如下：

```
127.0.0.1:6379> SET PI 3.1415
OK
127.0.0.1:6379> INCRBYFLOAT PI 0.002
3.1435
127.0.0.1:6379> SET PI-1 31415e-4
OK
127.0.0.1:6379> GET PI-1
31415e-4
127.0.0.1:6379> INCRBYFLOAT PI-1 0.0001
3.1416
127.0.0.1:6379> SET PI-2 314
OK
127.0.0.1:6379> INCRBYFLOAT PI-2 0.15
314.14999999999999999
127.0.0.1:6379> SET PI-3 314.0
OK
127.0.0.1:6379> INCRBYFLOAT PI-3 1.000000000000000000
315
```

3.2 Redis 数据类型之哈希（Hash）命令

Redis 的 Hash 类型是一个 String 类型的域（field）和值（value）的映射表，Hash 数据类型常常用来存储对象信息。在 Redis 中，每个哈希表可以存储 $2^{32} - 1$ 个键值对，也就是 40 多亿个数据。

下面仍以学生表 3.1 为例，切换到 1 号数据库，讲解 Redis 数据库的哈希命令。

3.2.1 设置哈希表域的值

1. HSET 命令：为哈希表的域设值

命令格式：

```
HSET key field value
```

使用 HSET 命令将哈希表 key 中的 field 的值设置为 value。当这个 key 不存在时，将会创建一个新的哈希表并进行 HSET 操作。如果 field 已经存在于哈希表中，那么新值将会覆盖旧值。

返回值：在哈希表中，如果 field 是一个新建域，并且 HSET 操作成功了，则将会返回 1；如果哈希表中已经存在 field，那么在新值覆盖旧值后，将会返回 0。

添加学生 1 到哈希表 student1 中，操作如下：

```
127.0.0.1:6379[1]> HSET student1 stuName '刘河飞'
1
127.0.0.1:6379[1]> HSET student1 stuID 20180001
1
127.0.0.1:6379[1]> HSET student1 age 22
1
127.0.0.1:6379[1]> HSET student1 sex '男'
1
127.0.0.1:6379[1]> HSET student1 height 171
1
127.0.0.1:6379[1]> HSET student1 weight 75
1
127.0.0.1:6379[1]> HSET student1 birthday 1996-02-14
1
127.0.0.1:6379[1]> HSET student1 className '软件工程1班'
1
```

2. HSETNX 命令：为哈希表不存在的域设值

命令格式：

```
HSETNX key field value
```

使用 HSETNX 命令当且仅当域 field 不存在时，将哈希表 key 中的 field 的值设置为 value。如果 field 已经存在，那么 HSETNX 命令将会执行无效。如果 key 不存在，则会首先创建一个新 key，然后执行 HSETNX 命令。

返回值：设置成功则返回 1；如果 field 已经存在，设置失败，则将会返回 0。

为学生 1 设置座右铭，操作如下：

```
127.0.0.1:6379[1]> HSETNX student1 motto '拼个春夏秋冬，赢个无悔人生'
1
127.0.0.1:6379[1]> HSETNX student1 motto '拼个春夏秋冬，赢个无悔人生'
0
```

3. HMSET 命令：设置多个域和值到哈希表中

命令格式：

```
HMSET key field value [field value ...]
```

HMSET 命令用于将一个或多个域-值（field-value）对设置到哈希表 key 中。执行该命令后，将会覆盖哈希表 key 中原有的域。当 key 不存在时，会创建一个空的哈希表并执行 HMSET 操作。

返回值：当 HMSET 命令执行成功时，返回 OK；当 key 不是哈希类型时，直接返回错误。

分别添加多名学生信息到哈希表中，操作如下：

```
127.0.0.1:6379[1]> HMSET student2 stuName '赵雨梦' stuID 20181762 age 24 sex '女' height 175 weight 73 birthday '1994-04-23' className '网络工程1班'
OK
127.0.0.1:6379[1]> HMSET student3 stuName '宋飞' stuID 20180023 age 23 sex '男' height 168 weight 67 birthday '1995-08-18' className '软件工程2班'
OK
127.0.0.1:6379[1]> HMSET student4 stuName '陈慧' stuID 20181120 age 23 sex '女' height 170 weight 64 birthday '1995-03-15' className '信息管理1班'
OK
127.0.0.1:6379[1]> HMSET student5 stuName '孙玉' stuID 20180097 age 22 sex '女' height 166 weight 63 birthday '1996-09-10' className '软件工程2班'
OK
```

3.2.2 获取哈希表中的域和值

1. HGET 命令：获取哈希表中域的值

命令格式：

```
HGET key field
```

使用 HGET 命令获取哈希表 key 中 field 的值。

返回值：返回 field 的值；如果这个 key 不存在，或者 field 不存在，则将返回 nil。

获取哈希表 student1 中域的值，操作如下：

```
127.0.0.1:6379[1]> HGET student1 stuName
刘河飞
127.0.0.1:6379[1]> HGET student1 stuID
20180001
127.0.0.1:6379[1]> HGET student1 age
22
127.0.0.1:6379[1]> HGET student1 sex
男
127.0.0.1:6379[1]> HGET student1 height
171
127.0.0.1:6379[1]> HGET student1 weight
75
127.0.0.1:6379[1]> HGET student1 birthday
1996-02-14
127.0.0.1:6379[1]> HGET student1 className
软件工程1班
```

2. HGETALL 命令：获取哈希表中所有的域和值

命令格式：

```
HGETALL key
```

使用 HGETALL 命令获取哈希表 key 中所有的 field 和 value。

返回值：执行该命令后，将会以列表的形式返回哈希表中的域（field）和值（value）。此时返回值的长度是哈希表长度的两倍。如果这个 key 不存在，则将返回空列表。

获取哈希表 student2 中所有的域和值，操作如下：

```
127.0.0.1:6379[1]> HGETALL student2
stuName
赵雨梦
stuID
20181762
age
24
sex
女
height
175
weight
73
birthday
1994-04-23
className
网络工程1班
```

3. HMGET 命令：获取多个域的值

命令格式：

```
HMGET key field [field ...]
```

HMGET 命令用于获取哈希表 key 中一个或多个 field 的值。如果哈希表 key 中不存在这个 field，则返回 nil。而如果 key 不存在，则将会被当作一个空哈希表来处理，也会返回 nil。

返回值：执行 HMGET 命令后，将会返回一个包含多个指定域（field）的关联值的表，表中值的顺序与给定域参数的请求顺序保持一致。

获取学生 3 的姓名、学号、年龄、生日及班级，操作如下：

```
127.0.0.1:6379[1]> HMGET student3 stuName stuID age birthday className
宋飞
20180023
23
1995-08-18
软件工程2班
```

4. HKEYS 命令：获取哈希表中的所有域

命令格式：

```
HKEYS key
```

HKEYS 命令用于获取哈希表 key 中的所有域（field）。

返回值：执行该命令后，将会返回包含这个哈希表 key 中的所有域的表。当 key 不存在时，返回一个空表。

获取哈希表 student1 中的所有域，操作如下：

```
127.0.0.1:6379[1]> HKEYS student1
stuName
stuID
age
sex
height
weight
birthday
className
motto
```

5. HVALS 命令：获取哈希表中所有域的值

命令格式：

```
HVALS key
```

HVALS 命令用于返回哈希表 key 中所有域的值。

返回值：返回一个包含哈希表 key 中所有域的值的表。当 key 不存在时，返回一个空表。

获取哈希表 student1 中所有域的值，操作如下：

```
27.0.0.1:6379[1]> HVALS student1
刘河飞
20180001
22
男
171
75
1996-02-14
软件工程1班
拼个春夏秋冬，赢个无悔人生
```

3.2.3 哈希表统计

1. HLEN 命令：统计哈希表中域的数量

命令格式：

```
HLEN key
```

HLEN 命令用于统计哈希表 key 中域的数量。

返回值：返回哈希表 key 中域的数量，是一个数值。如果 key 不存在，则返回 0，表示一个域也没有。

统计哈希表 student1 中域的数量，操作如下：

```
127.0.0.1:6379[1]> HKEYS student1
stuName
stuID
```

```
age
sex
height
weight
birthday
className
motto
127.0.0.1:6379[1]> HLEN student1
9
```

2. HSTRLEN 命令：统计域的值的字符串长度

命令格式：

`HSTRLEN key field`

HSTRLEN 命令用于统计哈希表 key 中与给定域（field）相关联的值的字符串长度。当 key 或 field 不存在时，该命令返回 0。

返回值：执行该命令后，将会返回一个整数，这个整数大于或等于 0。

统计哈希表 student1 中域的值的字符串长度，操作如下：

```
127.0.0.1:6379[1]> HSTRLEN student1 stuName      #统计学生姓名的长度
9
127.0.0.1:6379[1]> HSTRLEN student1 stuID        #统计学生学号的长度
8
127.0.0.1:6379[1]> HSTRLEN student className     #统计一个不存在的哈希表中域的值的长度
0
127.0.0.1:6379[1]> HSTRLEN student1 className    #统计
16
127.0.0.1:6379[1]> HSTRLEN student1 motto
39
```

3.2.4 为哈希表中的域加上增量值

1. HINCRBY 命令：为哈希表中的域加上增量值

命令格式：

`HINCRBY key field increment`

HINCRBY 命令用于为哈希表 key 中 field 的值加上增量值（increment）。这个增量值可以是一个负数，这相当于对这个 field 的值进行减法操作。如果 key 不存在，则将会创建一个新的哈希表 key，然后继续执行 HINCRBY 命令。而如果 field 不存在，则将会把 field 的值初始化为 0，然后执行命令。在执行 HINCRBY 命令时，必须保证 field 是数值类型的。如果对一个存储字符串的 field 执行 HINCRBY 命令，则将会报错。HINCRBY 命令操作的值被限制在 64 位（bit）有符号数字表示范围之内。

返回值：返回执行命令之后的新值，也就是哈希表 key 中域（field）的值。

为哈希表 student1 中的年龄、身高、体重、班级加上增量值 3，操作如下：

```
127.0.0.1:6379[1]> HINCRBY student1 age 3
25
127.0.0.1:6379[1]> HINCRBY student1 height 3
174
127.0.0.1:6379[1]> HINCRBY student1 weight 3
78
127.0.0.1:6379[1]> HINCRBY student1 className 3    #为字符串类型的值加上增量值，将会报错
ERR hash value is not an integer
```

2. HINCRBYFLOAT 命令：为哈希表中的域加上浮点数增量值

命令格式：

```
HINCRBYFLOAT key field increment
```

HINCRBYFLOAT 命令用于为哈希表 key 中 field 的值加上浮点数增量值（increment）。如果 key 不存在，则该命令会先创建一个新的哈希表 key，再创建 field，最后执行浮点数加法操作。而如果 field 不存在，则该命令会先将 field 的值初始化为 0，再执行浮点数加法操作。

在 Redis 中，数字和浮点数都以字符串的形式进行保存。

当域（field）的值不是字符串类型时，执行该命令将会报错。

当域（field）的当前值或给定的增量值（increment）不是双精度浮点数时，执行该命令将会报错。

返回值：返回执行该命令之后 field 的新值。

为哈希表 student1 中的身高、体重、班级加上浮点数增量值，操作如下：

```
127.0.0.1:6379[1]> HINCRBYFLOAT student2 height 3.56
178.56
127.0.0.1:6379[1]> HINCRBYFLOAT student2 weight 4.61
77.61
127.0.0.1:6379[1]> HINCRBYFLOAT student2 className 2.54   #为字符串类型的值加上浮点数增量值，将会报错
ERR hash value is not a float
```

3.2.5 删除哈希表中的域

1. HDEL 命令：删除哈希表中的多个域

命令格式：

```
HDEL key field [field ...]
```

HDEL 命令用于删除哈希表 key 中的一个或多个指定域（field），它会忽略不存在的域。

返回值：执行该命令后，将会返回被删除的域的数量，其中不包括被忽略的域。

删除哈希表 student5 中的身高、体重、生日、班级等信息，操作如下：

```
127.0.0.1:6379[1]> HDEL student5 height weight
2
```

```
127.0.0.1:6379[1]> HDEL student5 birthday className
2
127.0.0.1:6379[1]> HDEL student5 birthday className
0
```

2. HEXISTS 命令：判断哈希表中的域是否存在

命令格式：

```
HEXISTS key field
```

HEXISTS 命令用于判断哈希表 key 中的 field 是否存在。

返回值：如果这个 field 存在，则返回 1；如果这个哈希表 key 不存在，或者 field 不存在，则返回 0。

判断哈希表 student5 中的姓名、年龄、身高、班级等信息是否存在，操作如下：

```
127.0.0.1:6379[1]> HEXISTS student5 stuName
1
127.0.0.1:6379[1]> HEXISTS student5 age
1
127.0.0.1:6379[1]> HEXISTS student5 height
0
127.0.0.1:6379[1]> HEXISTS student5 className
0
```

3.3 Redis 数据类型之列表（List）命令

Redis 的列表（List）数据类型可以被看作简单的字符串列表。列表按照插入顺序排序。在操作 Redis 的列表时，可以将一个元素插入这个列表的头部或尾部。一个列表大约可以存储 2^32 - 1 个元素。

我们仍以学生表 3.1 为例，切换到 2 号数据库，将学生信息以列表的形式添加到 Redis 数据库中，来逐个学习与 List 类型相关的命令。

3.3.1 向列表中插入值

1. LPUSH 命令：将多个值插入列表头部

命令格式：

```
LPUSH key value [value ...]
```

LPUSH 命令用于将一个或多个 value 值插入列表 key 的头部。如果同时插入多个 value 值，那么各个 value 值将会按照从左到右的顺序依次插入表头。例如，对于空列表 list，执行命令 LPUSH list a b c，列表 key 的值将是 c b a。可以把列表想象成一只箱子，往里面装书（顺序是 a、b、c），拿书时从上往下拿，顺序就是 c、b、a。学过数据结构的读者应该很清楚，这个列表就相当于一个栈。

当列表 key 不存在时，将会创建一个空列表，然后执行 LPUSH 命令。

如果 key 存在，但它不是列表类型的，则执行 LPUSH 命令将会报错。

返回值：执行 LPUSH 命令后，返回列表的长度。

将学生 1~5 的学号、年龄、性别、身高分别插入列表 student1~student5 中。为了保证顺序性，我们将学生的信息逆序插入。操作如下：

```
127.0.0.1:6379[2]> LPUSH student1 171 '男' 22 20180001
4
127.0.0.1:6379[2]> LPUSH student2 175 '女' 24 20181762
4
127.0.0.1:6379[2]> LPUSH student3 168 '男' 23 20180023
4
127.0.0.1:6379[2]> LPUSH student4 170 '女' 23 20181120
4
127.0.0.1:6379[2]> LPUSH student5 166 '女' 22 20180097
4
```

2. RPUSH 命令：将多个值插入列表尾部

命令格式：

```
RPUSH key value [value …]
```

RPUSH 命令用于将一个或多个 value 值插入列表 key 的表尾。如果同时插入多个 value 值，那么各个 value 值将会按照从左到右的顺序依次插入表尾。比如，对于空列表 list，执行 RPUSH list a b c 命令之后，列表 key 的值将是 a b c。

RPUSH list a b c 命令相当于 RPUSH list a、RPUSH list b、RPUSH list c。

如果 key 不存在，则将会创建一个空列表，然后执行 RPUSH 命令。

如果 key 存在，但它不是列表类型的，则执行 RPUSH 命令将会返回一个错误。

返回值：执行 RPUSH 命令后，返回列表的长度。

将学生 1~5 的体重、生日分别插入列表 student1~student5 的表尾，操作如下：

```
127.0.0.1:6379[2]> RPUSH student1 75 1996-02-14
6
127.0.0.1:6379[2]> RPUSH student2 73 1994-04-23
6
127.0.0.1:6379[2]> RPUSH student3 67 1995-08-18
6
127.0.0.1:6379[2]> RPUSH student4 64 1995-03-15
6
127.0.0.1:6379[2]> RPUSH student5 63 1996-09-10
6
```

3. LINSERT 命令：插入一个值到列表中

命令格式：

```
LINSERT key BEFORE | AFTER pivot value
```

LINSERT 命令用于向列表中插入一个值，也就是将值 value 插入列表 key 当中，这个值的位置在值 pivot 之前或之后。在列表 key 中，当 pivot 这个值不存在时，执行该命令无效。当列表 key 不存在时，key 将被看作空列表，执行该命令无效。而当 key 不是列表类型时，将返回一个错误。

返回值：执行该命令，如果成功，则返回插入操作完成之后的列表长度。如果只有 pivot 不存在，则返回-1。而如果 key 不存在，或者是空列表，则返回 0。

将学生 1～5 的班级信息分别插入列表 student1～student5 的年龄的后面，操作如下：

```
127.0.0.1:6379[2]> LINSERT student1 AFTER 22 '软件工程1班'
7
127.0.0.1:6379[2]> LINSERT student2 AFTER 24 '网络工程1班'
7
127.0.0.1:6379[2]> LINSERT student3 AFTER 23 '软件工程2班'
7
127.0.0.1:6379[2]> LINSERT student4 AFTER 23 '信息管理1班'
7
127.0.0.1:6379[2]> LINSERT student5 AFTER 22 '软件工程2班'
7
```

4. LPUSHX 命令：将值插入列表头部

命令格式：

```
LPUSHX key value
```

LPUSHX 命令用于将 value 值插入列表 key 的头部，此时 key 必须存在，并且是列表类型的。LPUSHX 命令与 LPUSH 命令相反，当 key 不存在时，LPUSHX 命令不会创建一个新的空列表，它什么也不做。

返回值：LPUSHX 命令执行成功之后，返回列表 key 的长度。

将学生 1～5 的姓名分别插入列表 student1～student5 的表头，操作如下：

```
127.0.0.1:6379[2]> LPUSHX student1 '刘河飞'
8
127.0.0.1:6379[2]> LPUSHX student2 '赵雨梦'
8
127.0.0.1:6379[2]> LPUSHX student3 '宋飞'
8
127.0.0.1:6379[2]> LPUSHX student4 '陈慧'
8
127.0.0.1:6379[2]> LPUSHX student5 '孙玉'
8
```

5. RPUSHX 命令：将值插入列表尾部

命令格式：

```
RPUSHX key value
```

RPUSHX 命令用于当且仅当 key 存在并且是列表类型时，将 value 值插入列表 key 的表尾。RPUSHX 命令与 RPUSH 命令恰好相反，当 key 不存在时，它什么也不做，也不会创建空列表。

返回值：执行 RPUSHX 命令后，返回列表 key 的长度。

将学生 1～5 的个人爱好信息分别插入列表 student1～student5 的表尾，操作如下：

```
127.0.0.1:6379[2]> RPUSHX student1 '游泳'
9
127.0.0.1:6379[2]> RPUSHX student2 '旅游'
9
127.0.0.1:6379[2]> RPUSHX student3 '绘画'
9
127.0.0.1:6379[2]> RPUSHX student4 '音乐'
9
127.0.0.1:6379[2]> RPUSHX student5 '电影'
9
```

6. LSET 命令：修改列表元素值

命令格式：

```
LSET key index value
```

LSET 命令用于设置下标为 index 的列表 key 的值为 value。当下标 index 参数超出范围时，将会返回错误；当列表 key 为空时，也会返回错误。

返回值：如果 LSET 操作成功，则返回 OK；否则返回错误。

修改学生 1 的年龄、身高信息，修改学生 3 的学号、班级信息，操作如下：

```
127.0.0.1:6379[2]> LSET student1 2 25           #学生1的年龄下标为2
OK
127.0.0.1:6379[2]> LSET student1 5 175          #学生1的身高下标为5
OK
127.0.0.1:6379[2]> LSET student3 1 20181123     #学生3的学号下标为1
OK
127.0.0.1:6379[2]> LSET student3 3 '车辆工程1班' #学生3的班级下标为3
OK
```

3.3.2 获取列表元素

1. LLEN 命令：统计列表的长度

命令格式：

```
LLEN key
```

LLEN 命令用于统计列表 key 的长度。当 key 不存在时，key 将被视为空列表，返回 0。当 key 不是列表类型时，返回一个错误。

返回值：执行该命令后，将会返回列表 key 的长度。

分别统计学生列表 student1～student5 的长度，操作如下：

```
127.0.0.1:6379[2]> LLEN student1
9
127.0.0.1:6379[2]> LLEN student2
9
```

```
127.0.0.1:6379[2]> LLEN student3
9
127.0.0.1:6379[2]> LLEN student4
9
127.0.0.1:6379[2]> LLEN student5
9
```

学生 1~5 的信息都是由姓名、学号、年龄、性别、身高、体重、生日、班级、爱好组成的，因此列表的长度都是 9。

2. LINDEX 命令：获取列表元素的值

命令格式：

```
LINDEX key index
```

LINDEX 命令用于获取列表 key 中下标为 index 的元素。index 参数以 0 表示列表中的第一个元素，以 1 表示列表中的第二个元素，以此类推。index 参数可以为负数，为-1 时表示列表中的最后一个元素，为-2 时表示列表中的倒数第二个元素，以此类推。当 key 不是列表类型时，返回一个错误。

返回值：当列表存在时，执行该命令后，返回列表中下标为 index 的元素。当 index 参数不在列表的范围之内（大于或小于列表范围）时，执行该命令后，将会返回 nil。

获取列表 student1 中下标为 2 和 5 的值，获取列表 student3 中下标为 1 和 3 的值，操作如下：

```
127.0.0.1:6379[2]> LINDEX student1 2
25
127.0.0.1:6379[2]> LINDEX student1 5
175
127.0.0.1:6379[2]> LINDEX student3 1
20181123
127.0.0.1:6379[2]> LINDEX student3 3
车辆工程1班
```

获取到的值信息正是我们使用 LSET 命令修改后的值信息。

3. LRANGE 命令：获取列表指定区间内的元素

命令格式：

```
LRANGE key start end
```

LRANGE 命令用于获取列表 key 指定区间内的元素，区间从 start 开始，到 end 结束。参数 start 和 end 都以 0 为底，即 0 表示列表中的第一个元素，1 表示列表中的第二个元素，以此类推。参数 start 和 end 也可以是负数，即-1 表示列表中的最后一个元素，-2 表示列表中的倒数第二个元素，以此类推。

- 当参数 start 和 end 的值超出列表的下标值时，不会引起错误。
- 当参数 start 的值大于列表的最大下标 end 值时，执行 LRANGE 命令会返回一个空列表。
- 当设定的参数值比下标 end 值还要大时，Redis 将会把这个设定的参数作为列表的 end 值（最大值）。

返回值：返回一个包含指定区间内的元素的列表。

获取列表 student1、student3 指定区间内的元素，操作如下：

```
127.0.0.1:6379[2]> LRANGE student1 0 -1  #获取列表student1中的所有元素
刘河飞
20180001
25
软件工程1班
男
175
75
1996-02-14
游泳
127.0.0.1:6379[2]> LRANGE student1 3 9  #获取列表student1中下标为3~9的元素
软件工程1班
男
175
75
1996-02-14
游泳
127.0.0.1:6379[2]> LRANGE student1 0 -5  #获取列表student1中下标为0~-5的元素
刘河飞
20180001
25
软件工程1班
男
127.0.0.1:6379[2]> LRANGE student3 10 20  #获取超出列表student3之外的元素，返回空
127.0.0.1:6379[2]> LRANGE student3 5 -1  #获取列表student3中下标为5~-1的元素
168
67
1995-08-18
绘画
```

3.3.3 删除列表元素

1. LPOP 命令：返回并删除列表的头元素

命令格式：

```
LPOP key
```

LPOP 命令用于返回列表 key 的头元素，同时把这个头元素删除。

返回值：执行该命令后，将会返回列表的头元素。如果 key 不存在，则将会返回 nil。

删除学生列表 student5 的头元素，操作如下：

```
127.0.0.1:6379[2]> LRANGE student5 0 -1  #获取列表student5中的所有元素
孙玉
20180097
22
```

软件工程2班
女
166
63
1996-09-10
电影
127.0.0.1:6379[2]> LPOP student5   #删除列表student5的头元素
孙玉
127.0.0.1:6379[2]> LPOP student5   #删除列表student5的头元素
20180097
127.0.0.1:6379[2]> LRANGE student5 0 -1   #查看删除头元素后的剩余元素
22
软件工程2班
女
166
63
1996-09-10
电影

2. RPOP命令：返回并删除列表的尾元素

命令格式：

```
RPOP key
```

RPOP命令用于返回列表key的尾元素，并把这个尾元素删除。

返回值：当列表key存在时，执行RPOP命令将会返回表尾的元素。当列表key不存在时，将会返回nil。

删除学生列表student5的尾元素，操作如下：

127.0.0.1:6379[2]> LRANGE student5 0 -1   #获取列表student5中的所有元素
22
软件工程2班
女
166
63
1996-09-10
电影
127.0.0.1:6379[2]> RPOP student5   #删除列表student5的尾元素
电影
127.0.0.1:6379[2]> RPOP student5
1996-09-10
127.0.0.1:6379[2]> LRANGE student5 0 -1   #查看删除尾元素后的剩余元素
22
软件工程2班
女
166
63

3. BLPOP命令：在指定时间内删除列表的头元素

命令格式：

```
BLPOP key [key ...] timeout
```

BLPOP 命令是列表的阻塞式弹出原语，它是命令 LPOP 的阻塞版本。当列表中没有任何元素 key 被弹出时，连接将被命令 BLPOP 阻塞，直到等待超时或有可弹出元素为止。当设定多个参数 key 时，将会按照参数 key 出现的先后顺序来依次检查各个列表，弹出第一个非空列表的头元素。

返回值：如果给定的列表为空，则返回 nil。如果给定的列表不为空，则将会返回一个包含两个元素的列表，列表中的第一个元素是要被弹出元素所对应的 key，第二个元素是被弹出元素的值。

BLPOP 命令存在两种行为：阻塞行为和非阻塞行为。

阻塞行为：当所有给定的 key 都不存在或包含空列表时，该命令将会阻塞连接，直到等待超时，或者在另一个客户端中对给定的 key 执行 RPUSH 或 LPUSH 命令为止。其中，参数 timeout 是一个以秒为单位的超时时间值，当 timeout 取值为 0 时，这个阻塞时间可以无限延长。

在指定时间内，删除列表 student5 的头元素，操作如下：

```
127.0.0.1:6379[2]> LRANGE student5 0 -1    #获取列表 student5 中的所有元素
22
软件工程 2 班
女
166
63
127.0.0.1:6379[2]> BLPOP student5 5    #在 5 秒内，删除列表 student5 的头元素
student5
22
127.0.0.1:6379[2]> EXISTS student6    #判断列表 student6 是否存在
0
127.0.0.1:6379[2]> BLPOP student6 300    #在 300 秒内，删除列表 student6 的头元素。开启另一
个客户端，使用 LPUSH 命令添加元素到列表 student6 中；否则 BLPOP 命令会被阻塞
student6
一个好人
127.0.0.1:6379[2]> BLPOP student6 200
student6
20180103
```

4. BRPOP 命令：在指定时间内删除列表的尾元素

命令格式：

```
BRPOP key [key...] timeout
```

BRPOP 命令是列表 key 的阻塞式命令。当给定列表内没有任何元素可以返回时，连接将被 BRPOP 命令阻塞，直到等待超时或发现可返回的元素为止。BRPOP 命令是 RPOP 命令的阻塞版本。当同时给定多个参数 key 时，将会按照参数 key 的先后顺序检查各个列表，返回第一个非空列表的尾元素。

timeout 参数用于设定时长。

返回值：如果在指定的 timeout 时间内没有返回任何元素，则将会返回 nil 和等待时长。而如果在 timeout 时间内返回一个列表，那么这个列表中的第一个元素表示被返回元素所属的 key，第二个元素表示被返回元素的值。

在指定时间内，删除列表 student5 的尾元素，操作如下：

```
127.0.0.1:6379[2]> LRANGE student5 0 -1
软件工程 2 班
女
166
63
127.0.0.1:6379[2]> BRPOP student5 20    #在20秒内，删除列表student5的尾元素
student5
63
127.0.0.1:6379[2]> BRPOP student5 200
student5
166
```

5. LREM 命令：删除指定个数的元素

命令格式：

```
LREM key count value
```

LREM 命令用于根据参数 count 的值，删除列表 key 中与指定参数 value 相等的元素。

- 当 count 等于 0 时，表示删除列表 key 中所有与 value 相等的元素。
- 当 count 大于 0 时，表示从列表 key 的表头开始向表尾搜索，删除与 value 相等的元素，删除的数量为 count 个。
- 当 count 小于 0 时，表示从列表 key 的表尾开始向表头搜索，删除与 value 相等的元素，删除的数量为 count 的绝对值个。

返回值：当列表 key 存在时，执行该命令后，返回被删除的元素数量。当列表 key 不存在时，就是一个空列表，该命令始终返回 0。

分别删除列表 student5 的 1 个、2 个元素，操作如下：

```
127.0.0.1:6379[2]> LRANGE student5 0 -1
软件工程 2 班
女
127.0.0.1:6379[2]> LREM student5 1 '女'
1
127.0.0.1:6379[2]> LREM student5 2 '女'
0
```

6. LTRIM 命令：在指定区间内修剪列表

命令格式：

```
LTRIM key start stop
```

LTRIM 命令用于对一个列表进行修剪（trim），比如，去除不必要的空格，让列表 key 只保留指定区间内的元素，不在这个区间内的元素将会被删除。

比如，执行命令 LTRIM list 0 5，表示只保留列表 list 中的前 6 个元素，其余元素将会被删除。

参数 start 和 stop 的默认值都是 0，用 0 表示列表中的第一个元素，用 1 表示列表中的第二个元素，以此类推。参数 start 和 stop 也可以是负数，用-1 表示列表中的最后一个元素，用-2 表示列表中的倒数第二个元素，以此类推。

如果 key 不是列表类型的，则将会返回一个错误。

当参数 start 和 stop 的值超出列表的下标值时，不会引起错误。

如果参数 start 的值比列表下标的最大值还要大，或者 start 大于 stop，那么执行 LTRIM 命令将会清空这个列表，返回一个空列表。

如果参数 stop 的值比列表下标的最大值还要大，则 Redis 会将 stop 的值作为这个列表下标的最大值。

返回值：返回 OK 表示 LTRIM 命令执行成功。

修剪列表 student4，操作如下：

```
127.0.0.1:6379[2]> LTRIM student4 0 50  #在0~50区间内修剪列表，因为50远远大于原列表的大小，因此列表元素并不会被删除
OK
127.0.0.1:6379[2]> LRANGE student4 0 -1
陈慧
20181120
23
信息管理1班
女
170
64
1995-03-15
音乐
127.0.0.1:6379[2]> LTRIM student4 0 6  #在0~6区间内修剪列表，将会删除下标大于6的其他元素
OK
127.0.0.1:6379[2]> LRANGE student4 0 -1
陈慧
20181120
23
信息管理1班
女
170
64
```

3.3.4 移动列表

1. RPOPLPUSH 命令：将列表元素移动到另一列表中

命令格式：

```
RPOPLPUSH source destination
```

RPOPLPUSH 命令在一个原子时间内，会将列表 source 中的最后一个元素弹出，并返回给客户端。这个被返回的元素将会插入列表 destination 中，作为该列表的头元素。当列表 source 不存在时，将会返回一个 nil 值，同时后面的操作将不会执行。如果列表 source 与列表 destination 相同，那么列表的尾元素将被移动到表头，并返回该元素。这种情况就是列表的旋转操作。

返回值：执行该命令后，返回被弹出的元素。

将列表 student1 中的元素移动到列表 student6 中，操作如下：

```
127.0.0.1:6379[2]> LRANGE student1 0 -1   #获取列表student1中的所有元素
刘河飞
20180001
25
软件工程1班
男
175
75
1996-02-14
游泳
127.0.0.1:6379[2]> RPOPLPUSH student1 student6   #将列表 student1 的尾元素移动到列表 student6 中
游泳
127.0.0.1:6379[2]> LRANGE student6 0 -1   #获取列表student6中的所有元素
游泳
127.0.0.1:6379[2]> RPOPLPUSH student1 student6
1996-02-14
127.0.0.1:6379[2]> LRANGE student6 0 -1
1996-02-14
游泳
```

2. BRPOPLPUSH 命令：在指定时间内移动列表元素到另一列表中

命令格式：

```
BRPOPLPUSH source destination timeout
```

BRPOPLPUSH 命令是 RPOPLPUSH 命令的阻塞版本。当列表 source 不存在（为空）时，BRPOPLPUSH 命令将阻塞连接，直到等待超时，或者被另一个客户端对列表 source 执行 RPUSH 或 LPUSH 命令为止。当列表 source 不为空时，BRPOPLPUSH 命令执行的效果和 RPOPLPUSH 命令执行的效果一样。

参数 timeout 表示超时时间，单位为秒。当 timeout 值为 0 时，表示阻塞时间可以无限期延长。

返回值：如果在指定时间内，没有任何元素被弹出，则将会返回 nil 和等待时长。如果返回一个列表，那么列表中的第一个元素是被弹出元素的值，第二个元素是等待时长。

在指定时间内，将列表 student1 中的元素移动到列表 student6 中，操作如下：

```
127.0.0.1:6379[2]> LRANGE student1 0 -1
刘河飞
```

```
20180001
25
软件工程1班
男
175
75
127.0.0.1:6379[2]> BRPOPLPUSH student1 student6 200   #在200秒内，将列表student1中的
元素移动到列表student6中
75
127.0.0.1:6379[2]> BRPOPLPUSH student1 student6 200
175
127.0.0.1:6379[2]> BRPOPLPUSH student1 student6 200
男
127.0.0.1:6379[2]> LRANGE student1 0 -1    #列表student1移动完元素后，查看剩余元素
刘河飞
20180001
25
软件工程1班
```

3.3.5 列表模式

1. 安全队列

Redis 的列表经常被看作一个队列，用于在不同程序之间有序交换消息。一个客户端通过 LPUSH 命令将一条消息放入这个队列中，然后开启另一个客户端通过 RPOP 或 BRPOP 命令取出这个队列中等待时间最长的消息。但是，这个队列是不安全的，当一个客户端在取出一条消息之后遇到错误或其他原因导致客户端崩溃时，还没有处理完的消息就会丢失。

为了保证未处理完的消息不再丢失，可以使用命令 RPOPLPUSH 来解决。RPOPLPUSH 命令在返回一条消息的同时会将这条消息保存到另一个列表中，这样就保证了没有处理完的消息不会丢失。在处理完这条消息之后，可以使用命令 LREM 从这个备份列表中将其删除。

我们可以添加一个客户端来监视这个备份列表，这个客户端会自动将超过一定处理时间的消息备份到这个列表中，以此来保证消息不会丢失。

2. 循环列表

使用 RPOPLPUSH 命令可以实现循环列表。使用相同的 key 作为 RPOPLPUSH 命令的两个参数，客户端采用逐个获取列表元素的方式，取出列表中的所有元素。这样就避免了像使用 LRANGE 命令那样同时取出列表中的所有元素。

当有多个客户端同时对同一个列表进行旋转操作来获取不同元素，直到所有元素被读取完，之后又开始循环时，这个循环列表可以正常工作。

当有客户端向列表尾部添加新元素时，这个循环列表也能正常工作。

基于以上两种情况，我们可以借助 Redis 实现服务器监控系统，实现在短时间内连续不断地处理一些消息。

循环列表模式是安全的，它易于扩展，当遇到处理消息的客户端突然崩溃的情况时，消息也不会因此而丢失，等下一次循环时，其他客户端也能处理这些消息。

3.4 Redis 数据类型之集合（Set）命令

Redis 的数据类型集合（Set）是 String 类型的无序集合。集合无序且不存在重复的元素，每个元素都是唯一的。集合是通过哈希表来实现的，所以使用集合进行增加、删除、查询操作时的效率特别高，复杂度为 $O(1)$。一个集合所能存储的最大容量为 $2^{32}-1$ 个元素。

下面我们以一张城市表为例，切换到 3 号数据库，来讲解 Redis 的集合类型相关命令。城市表如表 3.2 所示。

表 3.2 城市表

一线城市（citys1）	北京、上海、广州、深圳、杭州、苏州、南京、成都
二线城市（citys2）	昆明、哈尔滨、济南、厦门、合肥、佛山、南昌、兰州
三线城市（citys3）	银川、丽江、保定、三亚、桂林、襄阳

3.4.1 向集合中添加元素

1. SADD 命令：添加多个元素到集合中

命令格式：

```
SADD key member [member ...]
```

SADD 命令用于将一个或多个 member 元素添加到集合 key 中。如果这个集合 key 中已经存在这个 member 元素，那么它将会被忽略。如果集合 key 不存在，就创建一个集合，这个集合中只包含这里设置的 member 元素。当 key 不是集合类型时，返回一个错误。

返回值：执行命令成功后，返回被添加到集合中的新元素的数量，不包含被忽略的元素。

分别将一线、二线、三线城市添加到集合 citys1、citys2、citys3 中，操作如下：

```
127.0.0.1:6379[3]> SADD citys1 '北京' '上海' '广州' '深圳' '杭州' '苏州' '南京' '成都'
8
127.0.0.1:6379[3]> SADD citys2 '昆明' '哈尔滨' '济南' '厦门' '合肥' '佛山' '南昌' '兰州'
8
127.0.0.1:6379[3]> SADD citys3 '银川' '丽江' '保定' '三亚' '桂林' '襄阳'
6
```

2. SMOVE 命令：移动集合元素到另一个集合中

命令格式：

```
SMOVE source destination member
```

SMOVE 命令用于将集合 source 中的 member 元素移动到集合 destination 中。SMOVE 命令是原子性操作，要么执行成功，要么不执行。如果集合 source 不存在，或者集合 source 中不存在 member 元素，则 SMOVE 命令不执行任何操作，将返回 0；如果集合 source 中包含 member 元素，那么 SMOVE 命令会将 member 元素从集合 source 移动到集合 destination 中。

当集合 destination 中已经包含 member 元素时，SMOVE 命令只是简单地将集合 source 中的 member 元素删除，而不会移动。

当 source 和 destination 不是集合类型时，返回一个错误。

返回值：当 member 元素成功地从集合 source 移动到集合 destination 中时，返回 1；当集合 source 中没有 member 元素，或者集合 source 不存在时，返回 0，表示 SMOVE 命令不做任何事情。

将集合 citys2 中的"昆明"移动到集合 citys1 中，操作如下：

```
127.0.0.1:6379[3]> SMOVE citys2 citys1 '昆明'
1
127.0.0.1:6379[3]> SMOVE citys2 citys1 '昆明'
0
```

3. SUNIONSTORE 命令：保存多个集合元素到新集合中

命令格式：

```
SUNIONSTORE destination key [key ...]
```

SUNIONSTORE 命令用于获取一个或多个集合 key 中的全部元素，并将这些元素保存到集合 destination 中，这个集合中的元素是给定的集合 key 元素的交集。该命令与 SUNION 命令类似。当只有一个集合 key 时，执行该命令后，产生的集合 destination 就是这个集合 key 本身。

返回值：该命令成功执行后，返回这个交集集合 destination 中的元素数量。

将集合 citys1、citys2、citys3 中的全部元素添加到集合 citys 中，操作如下：

```
127.0.0.1:6379[3]> SUNIONSTORE citys citys1 citys2 citys3
22
```

3.4.2 获取集合元素

1. SISMEMBER 命令：判断某个元素是否在集合中

命令格式：

```
SISMEMBER key number
```

SISMEMBER 命令用于判断元素 number 是否在集合 key 中，换句话说，就是判断这个元素 number 是不是集合 key 的成员。

返回值：如果集合 key 中存在元素 number，则返回 1；如果集合 key 中不存在元素 number，或者集合 key 不存在，就返回 0。

分别判断"北京""深圳"是否在集合 citys、citys2 中，操作如下：

```
127.0.0.1:6379[3]> SISMEMBER citys '北京'
1
127.0.0.1:6379[3]> SISMEMBER citys '深圳'
```

```
1
127.0.0.1:6379[3]> SISMEMBER citys2 '北京'
0
127.0.0.1:6379[3]> SISMEMBER citys2 '深圳'
0
```

2. SCARD 命令：获取集合中元素的数量

命令格式：

```
SCARD key
```

SCARD 命令用于获取集合 key 中元素的数量。

返回值：返回集合 key 中的元素个数。当集合 key 不存在时，返回 0。

分别获取集合 citys、citys1、citys2、citys3 中的元素数量，操作如下：

```
127.0.0.1:6379[3]> SCARD citys
22
127.0.0.1:6379[3]> SCARD citys1
9
127.0.0.1:6379[3]> SCARD citys2
7
127.0.0.1:6379[3]> SCARD citys3
6
```

3. SMEMBERS 命令：获取集合中的所有元素

命令格式：

```
SMEMBERS key
```

SMEMBERS 命令用于获取集合 key 中的所有元素。如果这个集合 key 不存在，则会被看作空集合。

返回值：该命令成功执行后，返回这个集合中的所有元素。

获取集合 citys 中的所有元素，操作如下：

```
127.0.0.1:6379[3]> SMEMBERS citys
苏州
合肥
济南
佛山
南昌
兰州
哈尔滨
成都
保定
南京
广州
昆明
银川
深圳
襄阳
杭州
```

三亚
上海
厦门
北京
丽江
桂林

4. SRANDMEMBER 命令：随机获取集合中的一个元素

命令格式：

```
SRANDMEMBER key [count]
```

SRANDMEMBER 命令用于随机返回集合 key 中的一个元素，当且仅当只有参数 key 时。在后来的版本中，添加了参数 count。参数 count 可以是一个正数，也可以是一个负数。

当 count 为正数，且小于集合基数（集合元素个数的最大值）时，执行该命令后返回一个包含 count 个元素的数组，数组中的元素各不相同。当 count 大于等于集合基数时，返回整个集合。当 count 为负数时，执行该命令后，返回一个元素可能重复多次的数组，这个数组的长度是 count 的绝对值。

该命令与 SPOP 命令的功能类似，命令 SPOP 在从集合中随机删除元素的同时返回这个元素；而 SRANDMEMBER 命令只随机返回元素，并不会改动这个集合的内容。

返回值：如果集合为空，则返回 nil；如果只设置了 key 参数，则将会随机返回一个元素。如果设置了 count 参数，则将会返回一个数组；如果集合为空，则将会返回一个空数组。

随机获取集合 citys、citys1、citys2 中的几个元素，操作如下：

```
127.0.0.1:6379[3]> SRANDMEMBER citys 5
济南
佛山
南京
苏州
昆明
127.0.0.1:6379[3]> SRANDMEMBER citys 5
兰州
成都
广州
银川
厦门
127.0.0.1:6379[3]> SRANDMEMBER citys1 5
广州
昆明
上海
深圳
北京
127.0.0.1:6379[3]> SRANDMEMBER citys2 3
合肥
南昌
兰州
```

5. SUNION 命令：获取多个集合中的所有元素

命令格式：

```
SUNION key [key ...]
```

SUNION 命令用于获取一个或多个集合 key 中的全部元素，这个返回的集合是所有给定集合 key 的并集。如果集合 key 不存在，则会被看作空集。

返回值：SUNION 命令成功执行后，返回并集元素列表。

注意：SUNION 命令只是单纯地返回并集元素列表，并不会保存这些元素。如果多个集合中含有相同的元素，那么，SUNION 命令执行后，会忽略重复的元素。

获取集合 citys、citys1、citys2、citys3 中的所有元素，操作如下：

```
127.0.0.1:6379[3]> SUNION citys citys1 citys2 citys3
保定
南京
广州
昆明
银川
襄阳
深圳
济南
佛山
兰州
杭州
三亚
上海
厦门
北京
苏州
合肥
丽江
桂林
南昌
哈尔滨
成都
```

从这个实例中可以看出，Redis 的集合元素是无序的、不可重复的。

3.4.3 集合运算

1. SDIFF 命令：获取多个集合元素的差集

命令格式：

```
SDIFF key [key ...]
```

SDIFF 命令用于获取一个或多个集合的全部元素，该集合是所有给定集合之间的差集。集合 key 不存在就视为空集合。

返回值：SDIFF 命令执行成功后，返回一个包含多个集合 key 的差集成员的列表。

获取集合 citys1 和 citys2 的差集，操作如下：

```
127.0.0.1:6379[3]> SDIFF citys1 citys2
杭州
南京
北京
深圳
苏州
广州
上海
成都
昆明
127.0.0.1:6379[3]> SADD citys2 '北京' '上海' '广州' '深圳'
4
127.0.0.1:6379[3]> SDIFF citys1 citys2
杭州
南京
苏州
成都
昆明
127.0.0.1:6379[3]> SDIFF citys2 citys1
合肥
厦门
济南
佛山
兰州
南昌
哈尔滨
```

解释：之所以 SDIFF citys1 citys2 命令与 SDIFF citys2 citys1 命令产生的结果不同，是因为集合在进行差集运算时的顺序不同。

2. SDIFFSTORE 命令：获取多个集合差集的元素个数

命令格式：

```
SDIFFSTORE destination key [key ...]
```

SDIFFSTORE 命令用于获取一个或多个集合 key 的全部元素，并将获取的元素保存到集合 destination 中，这个集合是给定的多个集合 key 的元素差集。如果集合 destination 已经存在，则会被新的集合覆盖。如果给定的集合 key 是一个而不是多个，那么这个 destination 集合就是给定的集合 key 本身。

返回值：SDIFFSTORE 命令成功执行后，返回新集合 destination 中的元素数量。

获取集合 citys、citys1、citys2、citys3 之间的差集元素个数，并保存到新的集合中，操作如下：

```
127.0.0.1:6379[3]> SDIFFSTORE citys4 citys citys1 citys2
6
127.0.0.1:6379[3]> SMEMBERS citys4
```

```
三亚
襄阳
银川
保定
丽江
桂林
127.0.0.1:6379[3]> SDIFFSTORE citys5 citys citys3
9
127.0.0.1:6379[3]> SMEMBERS citys5
杭州
深圳
北京
南京
苏州
广州
昆明
成都
上海
```

3. SINTER 命令：获取多个集合元素的交集

命令格式：

```
SINTER key [key ...]
```

SINTER 命令用于获取给定的一个或多个集合 key 中的全部元素，该集合是所有给定集合的交集。如果集合 key 不存在，则会被看作空集合。如果给定的多个集合 key 中有一个是空集合，那么执行该命令后的结果集就是一个空集合。

返回值：SINTER 命令成功执行后，返回交集中的元素列表。

注意：这个被返回的交集中的元素并不会被保存。

获取集合 citys 与 citys4，集合 citys3 与 citys5，集合 citys 与 citys1、citys2，集合 citys 与 citys1、citys2、citys3、citys6 的交集，操作如下：

```
127.0.0.1:6379[3]> SINTER citys citys4
三亚
襄阳
银川
保定
丽江
桂林
127.0.0.1:6379[3]> SINTER citys3 citys5    #集合citys3与citys5没有交集，返回空

127.0.0.1:6379[3]> SINTER citys citys1 citys2
广州
上海
深圳
北京
127.0.0.1:6379[3]> SINTER citys citys1 citys2 citys3 citys6  #集合citys6是空集合，
因此交集为空
```

4. SINTERSTORE 命令：获取多个集合交集的元素个数

命令格式：

```
SINTERSTORE destination key [key ...]
```

SINTERSTORE 命令用于获取给定的一个或多个集合 key 中的全部元素，并将这些元素保存到集合 destination 中，而不像命令 SINTER 那样只是简单地返回。如果集合 destination 已经存在，则会被新产生的集合覆盖。当有一个集合 key 时，执行该命令后，这个 destination 集合就是集合 key 本身。

返回值：SINTERSTORE 命令执行后，返回结果集 destination 中的成员数量。

获取集合 citys、citys1、citys2、citys3……相互之间的交集元素个数，并存入新的集合中，操作如下：

```
127.0.0.1:6379[3]> SINTERSTORE citys6 citys citys4
6
127.0.0.1:6379[3]> SINTERSTORE citys7 citys citys1 citys2
4
127.0.0.1:6379[3]> SINTERSTORE citys8 citys6 citys7
0   #返回的成员数量为 0，表示没有交集
127.0.0.1:6379[3]> SINTERSTORE citys9 citys citys1 citys2 citys3 citys4 citys5
0
127.0.0.1:6379[3]> SINTERSTORE citys10 citys3 citys5 citys7
0
127.0.0.1:6379[3]> SINTERSTORE citys11 citys citys2
11
```

3.4.4 删除集合元素

1. SPOP 命令：删除集合中的元素

命令格式：

```
SPOP key [count]
```

SPOP 命令用于随机删除集合 key 中的一个或多个元素。

返回值：SPOP 命令成功执行后，返回被删除的随机元素。如果集合 key 不存在，或者集合 key 是空集合，则返回 nil。

随机删除集合 citys5 中的一个元素，操作如下：

```
127.0.0.1:6379[3]> SPOP citys5
苏州
127.0.0.1:6379[3]> SPOP citys5 2
广州
成都
127.0.0.1:6379[3]> SPOP citys 3
丽江
兰州
南昌
```

```
127.0.0.1:6379[3]> SMEMBERS citys5
杭州
南京
昆明
上海
北京
深圳
127.0.0.1:6379[3]> SPOP citys12    #集合citys12不存在，返回空
```

2. SREM 命令：删除集合中的多个元素

命令格式：

```
SREM key member [member ...]
```

SREM 命令用于删除集合 key 中的一个或多个 member 元素。该命令在执行过程中会忽略不存在的 member 元素。如果 key 不是集合类型的，则返回一个错误。

删除集合 citys5 中的多个元素，操作如下：

```
127.0.0.1:6379[3]> SMEMBERS citys5
杭州
南京
昆明
上海
北京
深圳
127.0.0.1:6379[3]> SREM citys5 '杭州' '深圳'    #删除"杭州""深圳"
2
127.0.0.1:6379[3]> SREM citys5 '杭州' '深圳'    #之前已被删除，再次删除失败
0
127.0.0.1:6379[3]> SREM citys5 '北京' '上海' '广州' '武汉'  #"广州""武汉"不在集合中，
删除失败
2
```

3.5 Redis 数据类型之有序集合（Sorted Set）命令

Redis 的数据类型有序集合（Sorted Set）也是 String 类型的集合。有序集合中不存在重复的元素，每个集合元素都有一个对应的 double 类型的分数。Redis 就是通过这个元素对应的分数来为集合元素进行从小到大的排序的。集合中的元素是唯一的，但是集合元素所对应的分数值不唯一，可以重复。

有序集合采用哈希表实现，当面对增加、删除、查询操作时，效率特别高，复杂度为 $O(1)$。有序集合中所能存储的最大元素数量是 $2^{32}-1$ 个。

我们以一张城市 GDP 表为例，切换到 4 号数据库，来介绍 Redis 有序集合的相关命令用法。城市 GDP 表如表 3.3 所示。

表 3.3 城市 GDP 表

citys	GDP（亿元）	citys	GDP（亿元）
北京	15892	昆明	7651
上海	15754	桂林	2351
广州	13240	南京	10246
深圳	11562	贵阳	8653
武汉	9854		

3.5.1 添加元素到有序集合中

1. ZADD 命令：添加多个元素到有序集合中

命令格式：

```
ZADD key score member [[score member] [score member] ...]
```

ZADD 命令用于将一个或多个 member 元素及它对应的 score（分数）值加入有序集合 key 中。如果有序集合 key 中已经存在某个 member 元素，那么只更新这个 member 元素的 score 值，然后重新插入 member 元素，以此来确保 member 元素在正确的位置上。

score（分数）值：它可以是 double 类型的浮点数，也可以是整数值。

如果有序集合 key 不存在，则创建一个新的有序集合，然后执行 ZADD 操作。如果 key 存在，但它不是有序集合类型的，则返回一个错误。

返回值：ZADD 命令成功执行后，将会返回被成功添加的新元素的数量，不包括那些被更新的、已经存在的元素。

将表 3.3 中的城市及它对应的 GDP 数据添加到有序集合 citys-GDP 中，城市 GDP 为有序集合元素（城市）的分数值，操作如下：

```
127.0.0.1:6379[4]> ZADD citys-GDP 15892 '北京' 15754 '上海' 13240 '广州' 11562 '深圳' 9854 '武汉'
5
127.0.0.1:6379[4]> ZADD citys-GDP 7651 '昆明' 2351 '桂林' 10246 '南京' 8653 '贵阳'
4
```

2. ZINCRBY 命令：为分数值加上增量

命令格式：

```
ZINCRBY key increment member
```

ZINCRBY 命令用于为有序集合 key 中的 member 元素的 score 值加上增量 increment。当 increment 是一个负数时，表示让 score 减去相应的值。当 key 不存在，或者有序集合 key 中没有 member 元素时，ZINCRBY key increment member 命令等价于 ZADD key increment member 命令。当 key 不是有序集合类型时，返回一个错误。

参数 score 值可以是 double 类型的浮点数，也可以是整数值（正负数）。

返回值：ZINCRBY 命令成功执行后，会以字符串的形式返回有序集合 key 中的 member 元素的 score 值。

为"昆明""贵阳""桂林"的 GDP 加上增量，操作如下：

```
127.0.0.1:6379[4]> ZINCRBY citys-GDP 100 '昆明'        #为集合元素的分数值加上整数增量
7751
127.0.0.1:6379[4]> ZINCRBY citys-GDP -20 '贵阳'
8633
127.0.0.1:6379[4]> ZINCRBY citys-GDP 100.55 '桂林'     #为集合元素的分数值加上浮点数增量
2451.5500000000002
127.0.0.1:6379[4]> ZINCRBY citys-GDP -24.81 '昆明'
7726.1899999999996
```

3.5.2 获取有序集合元素

1. ZCARD 命令：获取有序集合中的元素数量

命令格式：

```
ZCARD key
```

ZCARD 命令用于获取有序集合 key 中的元素数量。

返回值：当 key 存在并且是有序集合时，返回有序集合中的元素个数。当 key 不存在时，返回 0。

获取有序集合 citys-GDP 中的元素数量，操作如下：

```
127.0.0.1:6379[4]> ZCARD citys-GDP
9
127.0.0.1:6379[4]> ZCARD citys-GDP1    #不存在的有序集合
0
```

2. ZCOUNT 命令：获取在分数区间内的元素数量

命令格式：

```
ZCOUNT key min max
```

ZCOUNT 命令用于获取有序集合 key 中，score 值在 min 和 max 之间（默认包含 score 值等于 min 或 max）的元素数量。

返回值：ZCOUNT 命令成功执行后，返回介于 min 和 max 值之间的元素数量。

获取有序集合元素分数在指定范围内的元素数量，操作如下：

```
127.0.0.1:6379[4]> ZCOUNT citys-GDP 7000 9000
2
127.0.0.1:6379[4]> ZCOUNT citys-GDP 10000 13000
2
127.0.0.1:6379[4]> ZCOUNT citys-GDP 10000 20000
5
```

3. ZLEXCOUNT 命令：获取在指定区间内的元素数量

命令格式：

```
ZLEXCOUNT key min max
```

ZLEXCOUNT 命令用于获取有序集合 key 中介于 min 和 max 范围内的元素数量，这个有序集合 key 中的所有元素的 score 值都相等。

参数 min 和 max 是一个区间，区间一般使用 "(" 或 "[" 表示，其中，"(" 表示开区间，"(" 指定的值不会被包含在范围之内；"[" 表示闭区间，"[" 指定的值会被包含在范围之内。另外，特殊值 + 和 - 在参数 min 和 max 中具有特殊含义，其中，+ 表示正无穷，- 表示负无穷。我们向一个元素分数相同的有序集合发送命令 ZLEXCOUNT <zset> - +，将会返回这个有序集合中的所有元素。

返回值：ZLEXCOUNT 命令成功执行后，返回一个整数值，表示在指定范围内的元素数量。

获取有序集合 citys-GDP1 在指定区间内的元素数量，操作如下：

```
127.0.0.1:6379[4]> ZADD citys-GDP1 12000 '北京' 12000 '上海' 12000 '广州' 12000 '深圳' 12000 '武汉' 12000 '昆明'   #有序集合citys-GDP1中的所有元素分数值都相等
6
127.0.0.1:6379[4]> ZLEXCOUNT citys-GDP1 - +   #获取有序集合中的所有元素数量
6
127.0.0.1:6379[4]> ZLEXCOUNT citys-GDP1 (上海 [深圳
5
127.0.0.1:6379[4]> ZLEXCOUNT citys-GDP1 [上海 [上海
1
127.0.0.1:6379[4]> ZLEXCOUNT citys-GDP1 (上海 (昆明
2
```

4. ZRANGE 命令：获取在指定区间内的元素（升序）

命令格式：

```
ZRANGE key start stop [WITHSCORES]
```

ZRANGE 命令用于返回有序集合 key 中指定区间内的元素。返回的元素按照 score 值从小到大的顺序排序。具有相同 score 值的元素会按照字典序排序。

参数 start 和 stop 的默认值为 0。0 表示有序集合 key 中的第一个元素，1 表示有序集合 key 中的第二个元素，以此类推。使用 -1 表示有序集合 key 中的最后一个元素，使用 -2 表示有序集合 key 中的倒数第二个元素，以此类推。

超出有序集合的下标不会引起错误。

当 start 的值大于有序集合 key 的最大下标，或者 start 大于 stop 时，ZRANGE 命令什么也不做，只是简单地返回一个空列表。当 stop 的值大于有序集合 key 的最大下标时，Redis 会将这个 stop 的值作为有序集合 key 的新下标。

可以使用 WITHSCORES 选项来实现同时返回集合元素和这些元素所对应的 score 值，返回的格式是：value1, score1, …, valueN, scoreN。返回的元素的数据类型可能会很复杂，如元组、数组等。

返回值：ZRANGE 命令成功执行后，会返回指定区间内带有 score 值的列表元素集合。

获取有序集合 citys-GDP 在指定区间内的元素，操作如下：

```
127.0.0.1:6379[4]> ZRANGE citys-GDP 0 -1
桂林
昆明
贵阳
武汉
南京
深圳
广州
上海
北京
127.0.0.1:6379[4]> ZRANGE citys-GDP 0 -1 WITHSCORES
桂林
2451.5500000000002
昆明
7726.1899999999996
贵阳
8633
武汉
9854
南京
10246
深圳
11562
广州
13240
上海
15754
北京
15892
127.0.0.1:6379[4]> ZRANGE citys-GDP 4 -1
南京
深圳
广州
上海
北京
```

5. ZREVRANGE 命令：获取在指定区间内的元素（降序）

命令格式：

```
ZREVRANGE key start stop [WITHSCORES]
```

ZREVRANGE 命令用于返回有序集合 key 中指定区间内的元素。返回的元素按照 score 值从大到小的顺序排序。如果有相同 score 值的元素，则按照字典序的逆序排序。

使用 WITHSCORES 选项来返回元素的 score 值。

ZREVRANGE 命令与 ZRANGE 命令相反，ZRANGE 命令按照 score 值从小到大的顺序返回有序集合元素。

返回值：ZREVRANGE 命令成功执行后，返回指定区间内的有序集合元素。

获取有序集合 citys-GDP 在指定区间内的元素，操作如下：

```
127.0.0.1:6379[4]> ZREVRANGE citys-GDP 0 -1 WITHSCORES
北京
15892
上海
15754
广州
13240
深圳
11562
南京
10246
武汉
9854
贵阳
8633
昆明
7726.1899999999996
桂林
2451.5500000000002
```

6. ZSCORE 命令：获取元素的分数值

命令格式：

```
ZSCORE key member
```

ZSCORE 命令用于返回有序集合 key 中 member 元素的 score 值。

如果有序集合 key 中不存在 member 元素，或者 key 不存在，则返回 nil。

返回值：ZSCORE 命令成功执行后，以字符串的形式返回 member 元素的 score 值。

获取有序集合 citys-GDP 中元素的分数值，操作如下：

```
127.0.0.1:6379[4]> ZSCORE citys-GDP '北京'
15892
127.0.0.1:6379[4]> ZSCORE citys-GDP '上海' '武汉'
ERR wrong number of arguments for 'zscore' command

127.0.0.1:6379[4]> ZSCORE citys-GDP '上海'
15754
127.0.0.1:6379[4]> ZSCORE citys-GDP '昆明'
7726.1899999999996
```

7. ZRANGEBYLEX 命令：获取集合在指定范围内的元素

命令格式：

```
ZRANGEBYLEX key min max [LIMIT offset count]
```

ZRANGEBYLEX 命令用于返回有序集合 key 中，元素 score 值介于 min 和 max 之间的元素，这个有序集合 key 中的所有元素具有相同的 score 值，它们按照字典序排序。如果有序集合 key 中的元素对应的 score 值不同，则在执行该命令后，返回的结果是未指定的（unspecified）。

可选的 LIMIT offset count 参数用于获取指定范围内的匹配元素。此时，需要注意，如果 offset 参数的值非常大，那么该命令在返回结果之前，需要先遍历到 offset 所指定的位置。

参数 min 和 max 是一个区间，区间一般使用 "(" 或 "[" 表示，其中，"(" 表示开区间，"(" 指定的值不会被包含在范围之内；"[" 表示闭区间，"[" 指定的值会被包含在范围之内。另外，特殊值 + 和 - 在参数 min 和 max 中具有特殊含义，其中，+ 表示正无穷，- 表示负无穷。我们向一个元素分数相同的有序集合发送命令 ZRANGEBYLEX <zset> - +，将会返回这个有序集合中的所有元素。

返回值：ZRANGEBYLEX 命令成功执行后，将会返回有序集合在指定范围内的元素。

按指定的分数区间返回有序集合 citys-GDP1 中的元素，前提是有序集合 citys-GDP1 元素的分数值都相等，操作如下：

```
127.0.0.1:6379[4]> ZRANGEBYLEX citys-GDP1 - +
上海
北京
广州
昆明
武汉
深圳
127.0.0.1:6379[4]> ZLEXCOUNT citys-GDP1 (上海 (昆明
2
127.0.0.1:6379[4]> ZRANGEBYLEX citys-GDP1 (上海 +
北京
广州
昆明
武汉
深圳
127.0.0.1:6379[4]> ZRANGEBYLEX citys-GDP1 - [深圳
上海
北京
广州
昆明
武汉
深圳
127.0.0.1:6379[4]> ZRANGEBYLEX citys-GDP1 (广州 (武汉
昆明
```

8. ZRANGEBYSCORE 命令：获取在指定分数区间内的元素

命令格式：

```
ZRANGEBYSCORE key min max [WITHSCORES] [LIMIT offset count]
```

ZRANGEBYSCORE 命令用于返回有序集合 key 中，所有 score 值介于 min 和 max 之

间（包含等于 min 和 max）的元素。有序集合 key 中的元素按照 score 值从小到大的顺序排序。当你不知道 min 和 max 参数的具体值时，可以使用-inf 来表示 min 值，使用+inf 来表示 max 值。在默认情况下，min 与 max 区间是闭区间（小于等于或大于等于），也可以在参数前面添加"("符号来使用可选的开区间（小于或大于）。

当具有相同 score 值的元素时，有序集合元素会按照字典序排序。

使用 WITHSCORES 选项来返回元素的 score 值。

可选的 LIMIT offset count 参数用于获取指定范围内的匹配元素。如果 offset 参数的值非常大，那么该命令在返回结果之前，需要先遍历到 offset 所指定的位置。

返回值：ZRANGEBYSCORE 命令成功执行后，返回在指定分数区间内的有序集合元素。

返回在指定分数区间内的有序集合 citys-GDP 中的元素，操作如下：

```
127.0.0.1:6379[4]> ZRANGEBYSCORE citys-GDP 7000 12000 WITHSCORES
昆明
7726.1899999999996
贵阳
8633
武汉
9854
南京
10246
深圳
11562
127.0.0.1:6379[4]> ZRANGEBYSCORE citys-GDP 9000 +inf
武汉
南京
深圳
广州
上海
北京
127.0.0.1:6379[4]> ZRANGEBYSCORE citys-GDP 9000 +inf WITHSCORES
武汉
9854
南京
10246
深圳
11562
广州
13240
上海
15754
北京
15892
127.0.0.1:6379[4]> ZRANGEBYSCORE citys-GDP (11000 (13240 WITHSCORES
深圳
11562
127.0.0.1:6379[4]> ZRANGEBYSCORE citys-GDP (8000 (13240
```

```
贵阳
武汉
南京
深圳
```

9. ZREVRANGEBYSCORE 命令：获取在指定区间内的所有元素

命令格式：

```
ZREVRANGEBYSCORE key max min [WITHSCORES] [LIMIT offset count]
```

ZREVRANGEBYSCORE 命令用于返回有序集合 key 中，score 值介于 max 和 min 之间（包含等于 max 和 min）的所有元素。返回的元素按照 score 值从大到小的顺序排序。具有相同 score 值的元素按照字典序的逆序排序。

使用 WITHSCORES 选项来同时返回有序集合元素所对应的 score 值。

可选的 LIMIT offset count 参数用于获取指定范围内的匹配元素。如果 offset 参数的值非常大，那么该命令在返回结果之前，需要先遍历到 offset 所指定的位置。

ZREVRANGEBYSCORE 命令除 score 值按照从大到小的顺序排序之外，其他都与 ZRANGEBYSCORE 命令相同。

返回值：返回在指定区间内的所有有序集合元素。

获取有序集合 citys-GDP 在指定区间内的所有元素，操作如下：

```
127.0.0.1:6379[4]> ZREVRANGEBYSCORE citys-GDP 8000 1100 WITHSCORES
昆明
7726.1899999999996
桂林
2451.5500000000002
127.0.0.1:6379[4]> ZREVRANGEBYSCORE citys-GDP 15000 10000 WITHSCORES
广州
13240
深圳
11562
南京
10246
127.0.0.1:6379[4]> ZREVRANGEBYSCORE citys-GDP (15000 (11000 WITHSCORES
广州
13240
深圳
11562
```

3.5.3 有序集合排名

1. ZRANK 命令：获取有序集合元素的排名

命令格式：

```
ZRANK key member
```

ZRANK 命令用于获取有序集合 key 中 member 元素的排名。其中，有序集合元素会按照 score 值从小到大的顺序排序。排名以 0 为底，换句话说，就是 score 值最小的元素排名为 0。

返回值：如果 member 不是有序集合 key 中的元素，则返回 nil；反之，如果 member 是有序集合 key 中的元素，则在执行该命令后，返回 member 元素的排名。

获取有序集合 citys-GDP 中元素的排名，操作如下：

```
127.0.0.1:6379[4]> ZRANGE citys-GDP 0 -1
桂林
昆明
贵阳
武汉
南京
深圳
广州
上海
北京
127.0.0.1:6379[4]> ZRANK citys-GDP '桂林'
0
127.0.0.1:6379[4]> ZRANK citys-GDP '上海'
7
127.0.0.1:6379[4]> ZRANK citys-GDP '南京'
4
```

2. ZREVRANK 命令：获取有序集合元素的倒序排名

命令格式：

```
ZREVRANK key member
```

ZREVRANK 命令用于返回有序集合 key 中 member 元素的排名，其中，有序集合元素按照 score 值从大到小的顺序排序。排名以 0 为底，换句话说，就是 score 值最大的成员排名为 0。

返回值：如果有序集合 key 中存在 member 元素，则返回 member 元素的排名；如果有序集合 key 中不存在 member 元素，则返回 nil。

获取有序集合 citys-GDP 中元素的倒序排名，操作如下：

```
127.0.0.1:6379[4]> ZREVRANGE citys-GDP 0 -1
北京
上海
广州
深圳
南京
武汉
贵阳
昆明
桂林
127.0.0.1:6379[4]> ZREVRANK citys-GDP '北京'
0
127.0.0.1:6379[4]> ZREVRANK citys-GDP '上海'
```

```
1
127.0.0.1:6379[4]> ZREVRANK citys-GDP '桂林'
8
```

3.5.4 有序集合运算

1. ZINTERSTORE 命令：保存多个有序集合的交集

命令格式：

```
ZINTERSTORE destination numkeys key [key ...] [WEIGHTS weight [weight ...]] [AGGREGATE
SUM | MIN | MAX]
```

ZINTERSTORE 命令用于计算给定的一个或多个有序集合 key 的交集，其中给定 key 的数量必须和 numkeys 相等，并将该交集存储到 destination 中。

在默认情况下，交集（结果集）中的某个元素的 score 值是所有给定有序集合中该元素的 score 值之和。

返回值：ZINTERSTORE 命令成功执行后，返回保存到 destination 结果集中的元素个数。

计算有序集合 citys-GDP3、citys-GDP4 的交集，并存入有序集合 citys-GDP5 中，操作如下：

```
127.0.0.1:6379[4]> ZADD citys-GDP3 6783 '北京' 5000 '上海' 5439 '广州' 7012 '深圳' 9423 '武汉'
5
127.0.0.1:6379[4]> ZADD citys-GDP4 7651 '北京' 5000 '上海' 6130 '广州' 3791 '深圳' 8759 '昆明'
5
127.0.0.1:6379[4]> ZINTERSTORE citys-GDP5 2 citys-GDP3 citys-GDP4    #有序集合交集运算
4
127.0.0.1:6379[4]> ZRANGE citys-GDP5 0 -1 WITHSCORES
上海
10000
深圳
10803
广州
11569
北京
14434
```

2. ZUNIONSTORE 命令：保存多个有序集合的并集

命令格式：

```
ZUNIONSTORE destination numkeys key [key ...] [WEIGHTS weight [weight ...]] [AGGREGATE
SUM | MIN | MAX]
```

ZUNIONSTORE 命令用于计算给定的一个或多个有序集合 key 的并集，其中给定 key 的数量必须等于 numkeys，并将计算的并集结果存入 destination 中。在默认情况下，这个并集结果中的某个元素的 score 值是所有指定集合中该元素的 score 值之和。

使用 WEIGHTS 选项来为每个给定的有序集合分别指定一个乘数，每个给定的有序集合中的所有元素的 score 值在传递给聚合函数之前都会乘以这个乘数（weight）。如果没有指定 WEIGHTS 选项，则乘数默认设置为 1。

使用 AGGREGATE 选项来指定计算并集结果的聚合方式。具体如下。

- SUM：默认的聚合方式，它可以将所有有序集合中某个元素的 score 值之和作为结果集中该元素的 score 值。
- MIN：这种聚合方式可以将所有有序集合中某个元素的最小 score 值作为结果集中该元素的 score 值。
- MAX：这种聚合方式可以将所有有序集合中某个元素的最大 score 值作为结果集中该元素的 score 值。

返回值：ZUNIONSTORE 命令成功执行后，返回保存到 destination 结果集中的元素数量。

计算有序集合 citys-GDP6、citys-GDP7 的并集，并将结果存入有序集合 citys-GDP8 中，操作如下：

```
127.0.0.1:6379[4]> ZADD citys-GDP6 3415 '北京' 2500 '上海' 3201 '苏州' 2893 '杭州'
4
127.0.0.1:6379[4]> ZADD citys-GDP7 5438 '北京' 3700 '上海' 5422 '贵阳' 4391 '昆明'
4
127.0.0.1:6379[4]> ZUNIONSTORE citys-GDP8 2 citys-GDP6 citys-GDP7 WEIGHTS 4 1.5
AGGREGATE MIN #citys-GDP6 * 4, citys-GDP7 * 1.5, 并集结果取最小分数值
6
127.0.0.1:6379[4]> ZRANGE citys-GDP8 0 -1 WITHSCORES
上海
5550    #3700 * 1.5
昆明
6586.5  #4391 * 1.5
贵阳
8133    #5422 * 1.5
北京
8157    #5438 * 1.5
杭州
11572   #2893 * 4
苏州
12804   #3201 * 4
```

3.5.5 删除有序集合元素

1. ZREM 命令：删除有序集合中的多个元素

命令格式：

```
ZREM key member [member ...]
```

ZREM 命令用于删除有序集合 key 中的一个或多个元素，不存在的元素会被忽略。

当 key 存在，但它不是有序集合类型时，返回一个错误。

返回值：ZREM 命令成功执行后，返回被删除元素的数量，不包括被忽略的元素。

删除有序集合 citys-GDP2 中的多个元素，操作如下：

```
127.0.0.1:6379[4]> ZRANGE citys-GDP2 0 -1
杭州
苏州
上海
昆明
贵阳
北京
127.0.0.1:6379[4]> ZREM citys-GDP2 '贵阳'
1
127.0.0.1:6379[4]> ZREM citys-GDP2 '贵阳'
0
127.0.0.1:6379[4]> ZREM citys-GDP2 '北京' '上海' '贵阳' '昆明'
Invalid argument(s)
127.0.0.1:6379[4]> ZREM citys-GDP2 '北京' '上海' '昆明'
3
```

2. ZREMRANGEBYLEX 命令：删除有序集合在指定区间内的元素

命令格式：

```
ZREMRRANGEBYLEX key min max
```

ZREMRANGEBYLEX 命令用于删除有序集合 key 中，介于 min 和 max 范围内的 score 值相同的所有元素。该命令的 min 和 max 参数的意义与 ZRANGEBYLEX 命令的 min 和 max 参数的意义相同。

返回值：ZREMRANGEBYLEX 命令成功执行后，返回被删除元素的数量。

删除有序集合 citys-GDP9 在指定区间内的元素，有序集合 citys-GDP9 的元素分数值相同，操作如下：

```
127.0.0.1:6379[4]> ZADD citys-GDP9 12000 '北京' 12000 '苏州' 12000 '杭州' 12000 '深圳' 12000 '合肥' 12000 '昆明'
6
127.0.0.1:6379[4]> ZREMRANGEBYLEX citys-GDP9 - [北京
1
127.0.0.1:6379[4]> ZREMRANGEBYLEX citys-GDP9 (昆明 +
3
127.0.0.1:6379[4]> ZRANGE citys-GDP9 0 -1
合肥
昆明
127.0.0.1:6379[4]> ZREMRANGEBYLEX citys-GDP9 - +    #删除有序集合中的全部元素
2
127.0.0.1:6379[4]> ZRANGE citys-GDP9 0 -1
```

3. ZREMRANGEBYRANK 命令：删除有序集合在指定排名区间内的元素

命令格式：

```
ZREMRANGEBYRANK key start stop
```

ZREMRANGEBYRANK 命令用于删除有序集合 key 在指定排名（rank）区间内的所有

元素。区间范围由下标参数 start 和 stop 给出，包含 start 和 stop 在内。下标参数 start 和 stop 的用法与命令 ZRANGE 中下标参数 start 和 stop 的用法相同，在此不再说明。

返回值：返回被删除元素的数量。

删除有序集合 citys-GDP 在指定排名区间内的元素，操作如下：

```
127.0.0.1:6379[4]> ZRANGE citys-GDP2 0 -1
杭州
苏州
上海
昆明
贵阳
北京
127.0.0.1:6379[4]> ZREMRANGEBYRANK citys-GDP2 0 3   #删除有序集合citys-GDP2的元素排名在0~3之间的元素
4
127.0.0.1:6379[4]> ZREMRANGEBYRANK citys-GDP2 3 20  #排名区间超过了有序集合排名，删除失败
0
127.0.0.1:6379[4]> ZRANGE citys-GDP2 0 -1
贵阳
北京
```

4. ZREMRANGEBYSCORE 命令：删除有序集合在指定分数区间内的元素

命令格式：

```
ZREMRANGEBYSCORE key min max
```

ZREMRANGEBYSCORE 命令用于删除有序集合 key 中，所有 score 值介于 min 和 max 之间（包含等于 min 或 max）的元素。

返回值：ZREMRANGEBYSCORE 命令成功执行后，返回被删除元素的数量。

删除有序集合 citys-GDP 在指定分数区间内的元素，操作如下：

```
127.0.0.1:6379[4]> ZRANGE citys-GDP 0 -1 WITHSCORES
桂林
2451.5500000000002
昆明
7726.1899999999996
贵阳
8633
武汉
9854
南京
10246
深圳
11562
广州
13240
上海
15754
北京
```

```
15892
127.0.0.1:6379[4]> ZREMRANGEBYSCORE citys-GDP 3000 4000
0  #为0，表示在3000~4000区间内没有元素
127.0.0.1:6379[4]> ZREMRANGEBYSCORE citys-GDP 2000 4000
1
127.0.0.1:6379[4]> ZREMRANGEBYSCORE citys-GDP 8000 10000
2  #表示成功删除两个元素
127.0.0.1:6379[4]> ZRANGE citys-GDP 0 -1 WITHSCORES
昆明
7726.1899999999996
南京
10246
深圳
11562
广州
13240
上海
15754
北京
15892
```

至此，与 Redis 数据库的数据类型相关的命令就介绍完了。命令比较多，希望读者多动手实践，这样才能记住相关命令的用法。同时也希望读者坚持学习，提高自己的技术，在实际应用中将其发挥到极致，成就自我。

第 4 章

Redis 必备命令

第 3 章讲解了 Redis 的 5 种数据类型的相关命令，本章讲解 Redis 的其他相关命令，具体包括 Redis 的键命令、HyperLogLog 命令、脚本命令、连接命令、服务器命令等。通过对这些命令相关作用的讲解，结合实际操作，让读者更加熟练地操作 Redis。

4.1 键（key）命令

Redis 的键命令主要用于管理 Redis 的键，如删除键、查询键、修改键及设置某个键等。

我们以一张学生信息表为例，切换到 5 号数据库，来讲解 Redis 的键命令。学生信息表如表 4.1 所示。

表 4.1 学生信息表

name	password	age	sex	score	mobile	address	className
刘河飞	123456	24	男	98	18293314444	深圳	软件工程 1 班
赵小雨	453762	23	女	87	13542130000	北京	金融 1 班
武恬	549871	22	女	94	13678543229	武汉	英语 3 班
周明	765892	25	男	63	13577889000	广州	建筑工程 2 班
王丽	842132	23	女	77	18397777555	上海	日语 1 班

4.1.1 查询键

1. EXISTS 命令：判断键是否存在

命令格式：

```
EXISTS key
```

EXISTS 命令用于判断指定的 key 是否存在。

返回值：EXISTS 命令成功执行后，如果 key 存在，则返回 1；如果 key 不存在，则返回 0。

判断学生的 name 键、password 键、age 键、sex 键、score 键、mobile 键是否存在，操作如下：

```
127.0.0.1:6379> SELECT 5    #切换到 5 号数据库
```

```
OK
127.0.0.1:6379[5]> EXISTS name
0   #返回0,表示键不存在
127.0.0.1:6379[5]> EXISTS password age sex score
0
127.0.0.1:6379[5]> EXISTS mobile
0
```

2. KEYS 命令:查找键

命令格式:

```
KEYS pattern
```

KEYS 命令用于按照指定的模式(pattern)查找所有的 key。参数 pattern 类似于正则表达式。

- KEYS *:表示匹配查找数据库中的所有 key。
- KEYS r?dis:表示匹配 radis、redis、rxdis 等。
- KEYS r*dis:表示匹配 rdis、redis、reeedis 等。
- KEYS r[ae]dis:表示匹配 radis 和 redis,但是不会匹配 ridis。

遇到特殊符号需要使用 "\" 隔开(转义)。

返回值:KEYS 命令成功执行后,返回一个符合模式(pattern)的 key 列表。

查找 5 号数据库中的键,操作如下:

```
127.0.0.1:6379> SELECT 5   #切换到5号数据库
OK
127.0.0.1:6379[5]> keys *   #查找数据库中的所有键,为空,表示数据库中没有任何键

127.0.0.1:6379[5]> SET red '红色'    #设置多个键值对
OK
127.0.0.1:6379[5]> SET redis '数据库'
OK
127.0.0.1:6379[5]> SET reduce '减少'
OK
127.0.0.1:6379[5]> SET read '阅读'
OK
127.0.0.1:6379[5]> SET really '事实上'
OK
127.0.0.1:6379[5]> KEYS red*    #查找以"red"开头的所有键
red
redis
reduce
127.0.0.1:6379[5]> KEYS re*   #查找以"re"开头的所有键
really
read
red
redis
reduce
127.0.0.1:6379[5]> KEYS *    #再次查找5号数据库中的键
really
read
red
```

```
redis
reduce
```

3. OBJECT 命令：查看键的对象

命令格式：

```
OBJECT subcommand [arguments [arguments]]
```

OBJECT 命令用于从内部查看给定 key 的 Redis 对象。该命令通常用在除错或者为了节省空间而对 key 使用特殊编码的情况下。如果要用 Redis 来实现与缓存相关的功能，则可以使用 OBJECT 命令来决定是否清除 key。

OBJECT 命令有如下子命令：

- OBJECT REFCOUNT key 用于返回给定 key 引用所存储的值的次数，多用于除错。
- OBJECT ENCODING key 用于返回给定 key 所存储的值所使用的底层数据结构。
- OBJECT IDLETIME key 用于返回给定 key 自存储以来的空闲时间，以秒为单位。

Redis 对象具有多种编码格式。

- 针对字符串可以被编码为 raw（一个字符串）或 int（Redis 会将字符串表示的 64 位有符号整数编码为整数来存储，以此来节约内存）。
- 针对列表可以被编码为 ziplist 或 linkedlist。ziplist 是压缩列表，用来表示占用空间较小的列表。
- 针对集合可以被编码为 intset 或 hashtable。intset 是只存储数字的小集合的特殊表示。
- 针对哈希表可以被编码为 zipmap 或 hashtable。zipmap 是小哈希表的特殊表示。
- 针对有序集合可以被编码为 ziplist 或 skiplist。ziplist 主要用于表示小的有序集合；而 skiplist 可以表示任意大小的有序集合。

返回值：OBJECT 命令的子命令 REFCOUNT 和 IDLETIME 会返回数字，而 ENCODING 会返回相对应的编码类型。

查看学生 name 键的对象信息，操作如下：

```
127.0.0.1:6379[5]> SET name '刘河飞'          #设置学生的姓名
OK
127.0.0.1:6379[5]> OBJECT REFCOUNT name       #返回name键引用所存储的值的次数
1
127.0.0.1:6379[5]> OBJECT IDLETIME name       #返回name键的空闲时间
35
127.0.0.1:6379[5]> GET name
刘河飞
127.0.0.1:6379[5]> OBJECT IDLETIME name
25
127.0.0.1:6379[5]> OBJECT ENCODING name       #返回name键所存储的值所使用的底层数据结构
embstr
```

4. RANDOMKEY 命令：随机返回一个键

命令格式：

```
RANDOMKEY
```

RANDOMKEY 命令用于随机返回当前数据库中的一个 key，并且不会删除这个 key。

返回值：如果这个数据库不为空，则将会返回一个随机 key；如果这个数据库为空，则返回 nil。

随机返回 5 号数据库中的一个键，操作如下：

```
127.0.0.1:6379[5]> KEYS *    #查看数据库中的所有键
really
read
name
red
redis
reduce
127.0.0.1:6379[5]> RANDOMKEY    #随机返回一个键
really
127.0.0.1:6379[5]> RANDOMKEY 3
ERR wrong number of arguments for 'randomkey' command

127.0.0.1:6379[5]> RANDOMKEY
read
127.0.0.1:6379[5]> RANDOMKEY
red
```

4.1.2 修改键

1. RENAME 命令：修改键的名称

命令格式：

```
RENAME key newkey
```

RENAME 命令用于修改 key 的名称，将 key 的名称修改为 newkey。如果这个 key 不存在，则返回一个错误。如果 newkey 已经存在，则 RENAME 命令执行后将会覆盖旧值。

返回值：RENAME 命令成功执行后，返回 OK，表示 key 的名称修改成功；当执行失败时，返回一个错误。

修改 5 号数据库中学生 name 键的名称，操作如下：

```
127.0.0.1:6379[5]> GET name    #获取 name 键的值
刘河飞
127.0.0.1:6379[5]> RENAME name stuName    #修改 name 键的名称为"stuName"
OK
127.0.0.1:6379[5]> GET name

127.0.0.1:6379[5]> GET stuName
刘河飞
127.0.0.1:6379[5]> RENAME stuName username    #再次修改 stuName 键的名称为"username"
OK
127.0.0.1:6379[5]> GET username
刘河飞
```

```
127.0.0.1:6379[5]> EXISTS password
0
127.0.0.1:6379[5]> RENAME password userPassword    #修改一个不存在的键的名称，将会报错
ERR no such key
```

2. RENAMENX 命令：修改键的名称

命令格式：

```
RENAMENX key newkey
```

RENAMENX 命令用于修改 key 的名称，将 key 的名称修改为 newkey，当且仅当 newkey 不存在时才能修改。如果 key 不存在，则返回一个错误。

返回值：RENAMENX 命令成功执行后，返回 1，表示 key 的名称修改成功；如果 newkey 已经存在，则返回 0。

修改 5 号数据库中学生 name 键、className 键的名称，操作如下：

```
127.0.0.1:6379[5]> SET className '软件工程1班'    #设置className键值对
OK
127.0.0.1:6379[5]> GET className
软件工程1班
127.0.0.1:6379[5]> RENAMENX className class-name #修改className键的名称为"class-name"
1
127.0.0.1:6379[5]> GET className

127.0.0.1:6379[5]> GET class-name
软件工程1班
127.0.0.1:6379[5]> RENAMENX class-name class-name-1 #再次修改为"class-name-1"
1
127.0.0.1:6379[5]> GET class-name

127.0.0.1:6379[5]> EXISTS mobile
0
127.0.0.1:6379[5]> RENAMENX mobile phone    #修改一个不存在的键的名称，将会报错
ERR no such key

127.0.0.1:6379[5]> GET name

127.0.0.1:6379[5]> SET name '赵小雨'
OK
127.0.0.1:6379[5]> KEYS *
really
class-name-1
read
name
userName
red
redis
reduce
```

```
127.0.0.1:6379[5]> RENAMENX name username   #将 name 键的名称修改为一个已经存在的键名称，
将会失败
0
127.0.0.1:6379[5]> RENAMENX name girl-name
1
127.0.0.1:6379[5]> GET girl-name
赵小雨
```

4.1.3 键的序列化

1. DUMP 命令：序列化键

命令格式：

```
DUMP key
```

DUMP 命令用于序列化给定的 key，并返回被序列化的值。反之，我们可以使用 RESTORE 命令来反序列化这个 key。

使用 DUMP 命令序列化生成的值具有以下特点：

- 这个值具有 64 位的校验和，用于检测错误。RESTORE 命令在进行反序列化之前，会先检查校验和。
- 这个值的编码格式和 RDB 文件的编码格式保持一致。
- RDB 版本会被编码在序列化值中。如果 Redis 的版本不同，那么这个 RDB 文件会存在不兼容，Redis 也就无法对这个值进行反序列化。
- 这个序列化的值中没有生存时间信息。

返回值：如果 key 不存在，则返回 nil；如果 key 存在，则 DUMP 命令成功执行后将会返回这个序列化的值。

对学生的班级名 className 进行序列化，操作如下：

```
127.0.0.1:6379[5]> GET className   #获取 className 键的值，为空
(nil)
127.0.0.1:6379[5]> DUMP className   #序列化一个空值的键，返回空
(nil)
127.0.0.1:6379[5]> SET className '软件工程1班'   #为 className 键设置值
OK
127.0.0.1:6379[5]> GET className   #获取 className 键的值
"\xe8\xbd\xaf\xe4\xbb\xb6\xe5\xb7\xa5\xe7\xa8\x8b1\xe7\x8f\xad"
127.0.0.1:6379[5]> DUMP className   #序列化 className 键
"\x00\x10\xe8\xbd\xaf\xe4\xbb\xb6\xe5\xb7\xa5\xe7\xa8\x8b1\xe7\x8f\xad\b\x00\xdb\xe7\xd5\xed\xdd\x85\xc9\xd8"
```

2. RESTORE 命令：对序列化值进行反序列化

命令格式：

```
RESTORE key ttl serialized-value [REPLACE]
```

RESTORE 命令用于将一个给定的序列化值反序列化，并为它关联给定的 key。参数 ttl

用于为 key 设置生存时间，单位为毫秒。如果参数 ttl 的值为 0，则不设置生存时间。

RESTORE 命令在执行反序列化操作之前，会先对序列化的 RDB 版本和数据校验和进行检查。如果 RDB 版本不相同或者数据不完整，那么反序列化会失败，RESTORE 拒绝进行反序列化，并返回一个错误。

如果 key 已经存在，并且给定了 REPLACE 参数，那么使用反序列化得出的值来替换 key 的旧值；但是，如果 key 已经存在，而没有设置 REPLACE 参数，则将会返回一个错误。

返回值：当 RESTORE 命令执行反序列化操作成功时，返回 OK；失败时，返回一个错误。

对前面序列化的 className 键进行反序列化，操作如下：

```
127.0.0.1:6379[5]> DUMP className
"\x00\x10\xe8\xbd\xaf\xe4\xbb\xb6\xe5\xb7\xa5\xe7\xa8\x8b1\xe7\x8f\xad\b\x00\xdb\xe7\xd5\xed\xdd\x85\xc9\xd8"
127.0.0.1:6379[5]> RESTORE className 0 "\x00\x10\xe8\xbd\xaf\xe4\xbb\xb6\xe5\xb7\xa5\xe7\xa8\x8b1\xe7\x8f\xad\b\x00\xdb\xe7\xd5\xed\xdd\x85\xc9\xd8"
(error) BUSYKEY Target key name already exists.
127.0.0.1:6379[5]> RESTORE className 0 "\x00\x10\xe8\xbd\xaf\xe4\xbb\xb6\xe5\xb7\xa5\xe7\xa8\x8b1\xe7\x8f\xad\b\x00\xdb\xe7\xd5\xed\xdd\x85\xc9\xd8" REPLACE
OK
127.0.0.1:6379[5]> GET className
"\xe8\xbd\xaf\xe4\xbb\xb6\xe5\xb7\xa5\xe7\xa8\x8b1\xe7\x8f\xad"
```

4.1.4 键的生存时间

1. PTTL 命令：获取键的生存时间（毫秒）

命令格式：

```
PTTL key
```

PTTL 命令用于以毫秒的形式返回 key 的剩余生存时间，与 TTL 命令相似。

返回值：PTTL 命令成功执行后，会返回 key 的剩余生存时间，单位为毫秒。

如果 key 不存在，则返回-2；如果 key 存在，但是并没有设置生存时间，则返回-1。

获取学生 name 键、age 键的生存时间，操作如下：

```
127.0.0.1:6379[5]> PTTL name
(integer) -2  # -2 表示 name 键不存在
127.0.0.1:6379[5]> PTTL age
(integer) -1  # -1 表示 age 键存在，但是没有设置生存时间
```

2. TTL 命令：获取键的生存时间（秒）

命令格式：

```
TTL key
```

TTL 命令用于返回 key 的剩余生存时间，以秒为单位。

返回值：TTL 命令成功执行后，会返回 key 的剩余生存时间，单位为秒。如果 key 不存在，则返回-2；如果 key 存在，但是并没有设置生存时间，则返回-1。

获取学生 name 键、age 键的生存时间，操作如下：

```
127.0.0.1:6379[5]> TTL name
(integer) -2   # -2 表示 name 键不存在
127.0.0.1:6379[5]> TTL age
(integer) -1   # -1 表示 age 键存在，但是没有设置生存时间
```

3. EXPIRE 命令：设置键的生存时间（秒）

命令格式：

```
EXPIRE key seconds
```

EXPIRE 命令用于设置 key 的生命周期（生存时间）。当 key 的生存时间为 0（过期）时，这个 key 将会被删除。

如果想删除这个 key 的生存时间，则可以使用 DEL 命令连同这个 key 一起删除。

如果想修改这个带有生存时间的 key 的值，则可以使用 SET 或 GETSET 命令来实现。SET 或 GETSET 命令仅仅用于修改这个 key 的值，它的生存时间不会被修改。

如果使用 RENAME 命令来修改一个 key 的名称，那么改名后的 key 的生存时间和改名前的 key 的生存时间一样。

如果只想删除某个 key 的生存时间，而不想删除这个 key，则可以使用 PERSIST 命令来实现让这个 key 成为一个持久的 key。

还可以使用 EXPIRE 命令来修改一个已经带有生存时间的 key 的生存时间，旧的生存时间会被新的生存时间替换（更新生存时间）。

返回值：当 key 存在时，EXPIRE 命令成功执行后，返回 1；如果 key 不存在，或者不能为 key 设置生存时间（Redis 版本过低），则返回 0。

以秒的形式设置学生 name 键、age 键的生存时间，操作如下：

```
127.0.0.1:6379[5]> GET name   #获取 name 键的值，返回空，说明 name 键不存在
(nil)
127.0.0.1:6379[5]> GET age
"23"
127.0.0.1:6379[5]> EXPIRE name 60   #为 name 键设置生存时间为 60 秒
(integer) 0    #返回 0，说明 name 键不存在或不能为 name 键设置生存时间
127.0.0.1:6379[5]> EXPIRE age 60   #为 age 键设置生存时间为 60 秒
(integer) 1
127.0.0.1:6379[5]> TTL name
(integer) -2
127.0.0.1:6379[5]> TTL age
(integer) 44
127.0.0.1:6379[5]> PTTL age
(integer) 29827
127.0.0.1:6379[5]> GET age   #再次获取 age 键的值为空，说明生存时间已过，age 键被删除了
(nil)
```

4. PEXPIRE 命令：设置键的生存时间（毫秒）

命令格式：

```
PEXPIRE key milliseconds
```

PEXPIRE 命令用于以毫秒的形式设置 key 的生存时间，与 EXPIRE 命令相似。

返回值：当 PEXPIRE 命令为 key 设置生存时间成功时，返回 1；如果 key 不存在，或者设置失败，则返回 0。

以毫秒的形式设置学生 score 键的生存时间，操作如下：

```
127.0.0.1:6379[5]> SET score 98        #设置score键的值为98
OK
127.0.0.1:6379[5]> PTTL score          #获取score键的生存时间
(integer) -1  # -1表示score键存在，但是没有设置生存时间
127.0.0.1:6379[5]> PEXPIRE score 35000 #设置score键的生存时间为35000毫秒
(integer) 1
127.0.0.1:6379[5]> PTTL score          #获取score键的剩余生存时间为30232毫秒
(integer) 30232
127.0.0.1:6379[5]> TTL score           #获取score键的剩余生存时间为16秒
(integer) 16
127.0.0.1:6379[5]> GET score
(nil)
```

5. EXPIREAT 命令：设置键的生存 UNIX 时间戳（秒）

命令格式：

```
EXPIREAT key timestamp
```

EXPIREAT 命令用于为 key 设置生存时间，参数 timestamp 是 UNIX 时间戳。该命令的用法与 EXPIRE 命令的用法类似。

返回值：如果生存时间设置成功，则返回 1；当 key 不存在，或者不能为 key 设置生存时间时，返回 0。

以秒为单位设置学生 name 键的生存 UNIX 时间戳，操作如下：

```
127.0.0.1:6379[5]> SET name '王丽'
OK
127.0.0.1:6379[5]> TTL name
(integer) -1
127.0.0.1:6379[5]> EXPIREAT name 12629762426  #设置name键的生存UNIX时间戳
(integer) 1
127.0.0.1:6379[5]> TTL name
(integer) 11087592233
127.0.0.1:6379[5]> TTL name
(integer) 11087592213
127.0.0.1:6379[5]> GET name
"\xe7\x8e\x8b\xe4\xb8\xbd"
```

6. PEXPIREAT：设置键的生存 UNIX 时间戳（毫秒）

命令格式：

```
PEXPIREAT key milliseconds - timestamp
```

PEXPIREAT 命令用于以毫秒为单位设置 key 的过期 UNIX 时间戳，与 EXPIREAT 命令相似。

返回值：当 PEXPIREAT 命令为 key 设置生存时间成功时，返回 1；如果 key 不存在，

或者不能为 key 设置生存时间，则返回 0。

以毫秒为单位设置学生 mobile 键的生存 UNIX 时间戳，操作如下：

```
127.0.0.1:6379[5]> SET mobile 18293314444
OK
127.0.0.1:6379[5]> PEXPIREAT mobile 1500000000000    #设置mobile键的生存UNIX时间戳
(integer) 1
127.0.0.1:6379[5]> PTTL mobile
(integer) -2    #设置的生存UNIX时间戳毫秒时间过短
127.0.0.1:6379[5]> SET mobile 18293314444
OK
127.0.0.1:6379[5]> PEXPIREAT mobile 1500000000000000
(integer) 1
127.0.0.1:6379[5]> PTTL mobile
(integer) 1498457829364592
127.0.0.1:6379[5]> GET mobile
"18293314444"
```

4.1.5 键值对操作

1. MIGRATE 命令：转移键值对到远程目标数据库

命令格式：

```
MIGRATE host port key destination-db timeout [COPY] [REPLACE]
```

MIGRATE 命令用于将 key 原子性地从当前数据库转移（复制）到指定的目标数据库中，一旦转移成功，key 就会出现在目标数据库中，当前数据库中的 key 就会被删除。

MIGRATE 命令是原子操作，它在执行的时候会阻塞进行转移的两个数据库，直到转移成功，或转移失败，又或者出现等待超时。

MIGRATE 命令的实现原理为：在当前数据库（源数据库）中，对给定的 key 执行 DUMP 命令，将它序列化后，转移到目标数据库中，目标数据库再使用 RESTORE 命令对数据进行反序列化，将反序列化后的结果保存到数据库中；源数据库就好像目标数据库的客户端一样，只要遇到 RESTORE 命令返回 OK，就会调用 DEL 命令删除自己数据库中的 key。

- 参数 timeout：用于设置当前数据库与目标数据库进行转移时的最大时间间隔，单位为毫秒。当转移的时间超过了 timeout 时，就会报请求超时。

MIGRATE 命令需要在 timeout 时间范围内完成 I/O 操作。如果在转移数据的过程中发生了 I/O 操作，或者达到了超时时间，那么该命令将会终止执行，并返回一个特殊的错误：IOERR。出现 IOERR 错误有两种情况：

- 源数据库和目标数据库中可能同时存在这个 key。
- key 也可能只在源数据库中存在。

此时读者可能会问：会不会存在 key 丢失的情况？答案是：key 丢失的情况是不可能发生的。如果 MIGRATE 命令在执行的过程中出现了其他错误，那么该命令可以保证这个 key

只存在于源数据库中。
- 参数 COPY：如果在 MIGRATE 命令中设置了 COPY 参数，则表示在转移之后不会删除源数据库中的 key。
- 参数 REPLACE：如果在 MIGRATE 命令中设置了 REPLACE 参数，则表示在转移过程中会替换目标数据库中已经存在的 key。

返回值：转移成功时返回 OK；转移失败时返回相应的错误。

操作实例：

先启动两个数据库实例（6379 和 6380），命令如下：

```
./redis-server --port 6379 &
./redis-server --port 6380 &
```

然后开启两个客户端分别连接 6379 和 6380，命令如下：

```
./redis-cli -p 6379
./redis-cli -p 6380
```

在客户端 6379 中输入如下命令：

```
[root@localhost src]# ./redis-cli -p 6379
127.0.0.1:6379> SET article 'Sometimes all this is just hard to believe.'
OK
127.0.0.1:6379> MIGRATE 127.0.0.1 6380 article 0 10   #将article键值对转移到127.0.0.1 6380数据库的0号数据库中，转移的最大时间间隔为10毫秒
OK
127.0.0.1:6379> SET article1 'Thank you, my love, for coming into my life.'
OK
127.0.0.1:6379> MIGRATE 127.0.0.1 6380 article1 2 10 COPY   #将article1键值对转移到127.0.0.1 6380数据库的2号数据库中，转移的最大时间间隔为10毫秒，同时不删除源数据库中的键值对
OK
127.0.0.1:6379> EXISTS article article1
(integer) 1   #表示article1键值对已存在
```

然后到 6380 客户端查看，操作如下：

```
[root@localhost src]# ./redis-cli -p 6380
127.0.0.1:6380> GET article
(nil)
127.0.0.1:6380> GET article
"Sometimes all this is just hard to believe."
127.0.0.1:6380> GET article1
(nil)
127.0.0.1:6380> SELECT 2
OK
127.0.0.1:6380[2]> GET article1
"Thank you, my love, for coming into my life."
```

2. MOVE 命令：转移键值对到本地目标数据库

命令格式：

```
MOVE key db
```

MOVE 命令用于将当前数据库中的 key 转移到指定的数据库 db 中。如果当前数据库中没有指定的 key，那么 MOVE 命令什么也不做。如果当前数据库和给定数据库 db 中存在相同的 key，那么 MOVE 命令没有任何效果。我们可以将 MOVE 命令的这一特性看作锁原语。

返回值：MOVE 命令执行成功返回 1，失败返回 0。

将 article1 键值对先后转移到 3 号、5 号数据库中，操作如下：

```
127.0.0.1:6379> keys *
1) "article1"
127.0.0.1:6379> GET article1
"Thank you, my love, for coming into my life."
127.0.0.1:6379> MOVE article1 3     #将article1键值对转移到3号数据库中
(integer) 1
127.0.0.1:6379> GET article1
(nil)
127.0.0.1:6379> SELECT 3    #切换到3号数据库
OK
127.0.0.1:6379[3]> GET article1
"Thank you, my love, for coming into my life."
127.0.0.1:6379[3]> MOVE article1 5   #将3号数据库中的article1键值对转移到5号数据库中
(integer) 1
127.0.0.1:6379[3]> GET article1
(nil)
127.0.0.1:6379[3]> SELECT 5    #切换到5号数据库
OK
127.0.0.1:6379[5]> GET article1
"Thank you, my love, for coming into my life."
```

3. SORT 命令：对键值对进行排序

命令格式：

```
SORT key [BY pattern] [LIMIT offset count] [GET pattern [GET pattern ...]] [ASC | DESC] [ALPHA] [STORE destination]
```

SORT 命令主要用于排序，它返回或保存给定列表、集合、有序集合 key 中经过排序的元素。排序默认以数字作为对象，值会被解释为 double 类型的浮点数，然后进行比较。

SORT 命令的参数众多，后面将会详细讲解，在这里先略过。

返回值：如果没有使用 STORE 参数，那么排序结果将会以列表的形式返回；如果使用了 STORE 参数，则将会返回排序结果的元素数量。

将学生的分数（score）添加到列表 score-list 中，然后对分数（score）进行排序，操作如下：

```
127.0.0.1:6379[5]> LPUSH score-list 98 87 94 63 77
(integer) 5
127.0.0.1:6379[5]> SORT score-list   #升序排序
1) "63"
2) "77"
3) "87"
```

```
4) "94"
5) "98"
127.0.0.1:6379[5]> SORT score-list DESC    #降序排序
1) "98"
2) "94"
3) "87"
4) "77"
5) "63"
```

4. TYPE 命令：获取键对应值的类型

命令格式：

```
TYPE key
```

TYPE 命令用于返回 key 所对应值的类型。

返回值：

- 如果 key 不存在，则返回 none。
- 如果 key 所对应的值是字符串类型的，则返回 string。
- 如果 key 所对应的值是列表类型的，则返回 list。
- 如果 key 所对应的值是集合类型的，则返回 set。
- 如果 key 所对应的值是有序集合类型的，则返回 zset。
- 如果 key 所对应的值是哈希类型的，则返回 hash。

获取 5 号数据库中键对应值的类型，操作如下：

```
127.0.0.1:6379[5]> SADD age-set 24 23 22 25 23    #将学生的年龄添加到集合age-set中
(integer) 4
127.0.0.1:6379[5]> HMSET student name '武恬' password '549871' age '22'    #添加学生信息到哈希表student中
OK
127.0.0.1:6379[5]> KEYS *    #获取5号数据库中所有的键
 1) "age-set"
 2) "student"
 3) "read"
 4) "red"
 5) "article1"
 6) "age"
 7) "massage"
 8) "name"
 9) "really"
10) "mobile"
11) "reduce"
12) "className"
13) "class-name-1"
14) "girl-name"
15) "userName"
16) "redis"
17) "score-list"
127.0.0.1:6379[5]> TYPE mobile
string       #键mobile是字符串类型的
```

```
127.0.0.1:6379[5]> TYPE age-set
set        #键age-set是集合类型的
127.0.0.1:6379[5]> TYPE score-list
list       #键score-list是列表类型的
127.0.0.1:6379[5]> TYPE student
hash       #键student是哈希类型的
```

4.1.6 删除键

1. DEL 命令：删除键

命令格式：

```
DEL key [key ...]
```

DEL 命令用于删除给定的一个或多个 key。如果这个 key 不存在，则会被忽略。

返回值：DEL 命令成功执行后，返回被删除 key 的数量。

删除 5 号数据库中的学生信息，操作如下：

```
127.0.0.1:6379[5]> KEYS *
 1) "age-set"
 2) "student"
 3) "read"
 4) "red"
 5) "article1"
 6) "age"
 7) "massage"
 8) "name"
 9) "really"
10) "mobile"
11) "reduce"
12) "className"
13) "class-name-1"
14) "girl-name"
15) "userName"
16) "redis"
17) "score-list"
127.0.0.1:6379[5]> DEL student
(integer) 1
127.0.0.1:6379[5]> DEL age name userName
(integer) 3
```

2. PERSIST 命令：删除键的生存时间

命令格式：

```
PERSIST key
```

PERSIST 命令用于删除给定 key 的生存时间，将这个带有生存时间的 key 转化为一个不带生存时间的永久 key（永不过期）。

返回值：当 PERSIST 命令成功删除给定 key 的生存时间时，返回 1；如果 key 不存在，或者 key 并没有生存时间，则返回 0，表示该命令执行失败。

先设置学生的姓名、年龄的生存时间，然后删除它们的生存时间，操作如下：

```
127.0.0.1:6379[5]> SET name '赵小雨'
OK
127.0.0.1:6379[5]> SET age 23
OK
127.0.0.1:6379[5]> EXPIRE name 180    #设置 name 键的过期时间为 180 秒
(integer) 1
127.0.0.1:6379[5]> EXPIRE age 160     #设置 age 键的过期时间为 160 秒
(integer) 1
127.0.0.1:6379[5]> TTL name
(integer) 161
127.0.0.1:6379[5]> TTL age
(integer) 149
127.0.0.1:6379[5]> PERSIST name      #删除 name 键的过期时间
(integer) 1
127.0.0.1:6379[5]> TTL name          #获取 name 键的过期时间，为 -1 表示 name 键的过期时间已被删除
(integer) -1
127.0.0.1:6379[5]> PERSIST age       #删除 age 键的过期时间
(integer) 1
127.0.0.1:6379[5]> TTL age           #获取 age 键的过期时间，为 -1 表示 age 键的过期时间已被删除
(integer) -1
```

4.2 HyperLogLog 命令

HyperLogLog 是 Redis 用来做基数统计的算法。当 Redis 数据库中的数据量非常庞大时，使用 HyperLogLog 命令来计算相关基数时，它具有所需空间固定、所占空间小的优点。在 Redis 中，每个 HyperLogLog 键只需要耗费 12KB 的内存，就可以计算接近 2^{64} 个不同元素的基数。HyperLogLog 不会存储输入的元素，它仅仅根据输入的元素来计算基数，因此它不会返回输入的元素。

这时，聪明的读者也许会问：到底什么是基数？基数有什么特点呢？

举一个例子，有数据集{1, 3, 5, 8, 5, 8, 9}，去掉重复数据之后，得到这个数据集的基数集为{1, 3, 5, 8, 9}，这个基数集的基数就是 5。

基数的特点：基数不可重复，且基数估计在误差允许的范围内。

我们使用学生信息表 4.1 作为实例，来介绍 HyperLogLog 命令，具体如下。

4.2.1 添加键值对到 HyperLogLog 中

PFADD 命令：向 HyperLogLog 中添加键值对。

命令格式：

```
PFADD key element [element ...]
```

PFADD 命令用于将一个或多个指定的 key 添加到 HyperLogLog 中。HyperLohLog 内部可能会更新添加进来的 key，来反映一个不同的唯一元素估计数量，这个数量就是集合的基数。

如果 HyperLogLog 估计的近似基数在命令执行后发生了变化，那么命令返回 1；否则返回 0。如果命令在执行时，这个给定的 key 不存在，那么命令将会先创建一个空的 HyperLogLog，再执行命令。

在执行 PFADD 命令时，我们可以只设置 key，而不设置这个 key 所对应的元素。PFADD 命令在执行时，如果给定的键（key）已经是一个 HyperLogLog，那么这个命令将什么也不做；如果给定的键（key）不存在，那么该命令会先创建一个空的 HyperLogLog，再返回 1。

返回值：PFADD 命令成功执行后，如果 HyperLogLog 的内部更新了，那么返回 1；否则返回 0。

使用 PFADD 命令将学生的姓名、年龄分别添加到 name-log、age-log 中，操作如下：

```
127.0.0.1:6379[5]> PFADD name-log '刘河飞' '赵小雨' '武恬' '周明' '王丽'
(integer) 1
127.0.0.1:6379[5]> PFADD age-log 24 23 25 22 23
(integer) 1
```

4.2.2 获取 HyperLogLog 的基数

PFCOUNT 命令：获取 HyperLogLog 的基数。

命令格式：

```
PFCOUNT key [key ...]
```

PFCOUNT 命令用于返回 HyperLogLog 的近似基数。当给定的 key 只有一个时，返回存储在给定键的 HyperLogLog 的近似基数；如果 key 不存在，则返回 0。当给定的 key 有多个时，PFCOUNT 命令返回给定 HyperLogLog 的并集的近似基数，这个近似基数是通过将所有给定的 HyperLogLog 合并到一个临时的 HyperLogLog 中计算出来的。

利用 HyperLogLog，用户可以使用较小的固定大小的内存来存储集合中的唯一元素。每个 HyperLogLog 只需要使用 12KB 的内存，以及几个字节的内存来存储键本身。

使用 PFCOUNT 命令获得的基数并不是准确的，它是一个带有 0.81%标准错误的近似值。

返回值：PFCOUNT 命令成功执行后，返回一个整数，这个整数是给定 HyperLogLog 包含的唯一元素的近似数量。

使用 PFCOUNT 命令获取添加到 HyperLogLog 中的键的基数，操作如下：

```
127.0.0.1:6379[5]> PFCOUNT name-log
(integer) 5
127.0.0.1:6379[5]> PFCOUNT age-log
(integer) 4
127.0.0.1:6379[5]> PFCOUNT score-log
(integer) 0
```

4.2.3 合并 HyperLogLog

PFMERGE 命令：合并多个 HyperLogLog 为一个新的 HyperLogLog。

命令格式：

```
PFMERGE destkey sourcekey [sourcekey ...]
```

PFMERGE 命令用于将多个 HyperLogLog 合并为一个新的 HyperLogLog，这个新的 HyperLogLog 的基数接近于所有输入 HyperLogLog 的可见集合的并集。

合并之后的 HyperLogLog 将会被存储在 destkey 键中。在执行 PFMERGE 命令之前，会先检查 destkey 键是否存在，如果不存在，则会先创建一个空的 HyperLogLog，再执行命令。

返回值：PFMERGE 命令成功执行后，将会返回 OK。

将学生年龄、分数分别添加到 HyperLogLog 中，然后合并它们，操作如下：

```
127.0.0.1:6379[5]> PFADD age-logs 24 23 25 22 23   #添加键值对到 HyperLogLog 中
(integer) 1
127.0.0.1:6379[5]> PFADD score-log 98 87 94 63 77
(integer) 1
127.0.0.1:6379[5]> PFMERGE age-score age-logs score-log   #合并 age-logs、score-log 到 age-score 中
OK
127.0.0.1:6379[5]> PFCOUNT age-score   #获取 age-score 的基数
(integer) 9
127.0.0.1:6379[5]> PFCOUNT age-logs score-log age-score
(integer) 9
```

4.3 脚本命令

Redis 脚本使用 Lua 解释器来执行。使用 Redis 脚本可以一次性将多个请求命令发送出去，以减少网络的开销；使用 Redis 脚本实现原子操作，Redis 会将整个脚本作为一个整体执行，中间不会有其他命令被执行，以此来保证原子性；使用 Redis 脚本可以达到复用的目的，因为 Redis 会永久保存客户端发送的脚本，所以其他客户端可以直接复用这个脚本。

Redis 脚本命令用于操作 Redis 脚本。

下面为大家介绍与 Redis Lua 脚本相关的几个命令。

4.3.1 缓存中的 Lua 脚本

1. SCRIPT LOAD 命令：添加 Lua 脚本到缓存中

命令格式：

```
SCRIPT LOAD script
```

SCRIPT LOAD 命令用于将脚本 script 添加到脚本缓存中，但是并不会立即执行这个脚

本。该命令与 EVAL 命令相似，但是 EVAL 命令在将脚本添加到缓存中后，会立即对输入的脚本进行求值操作。如果给定的脚本已经在缓存中存在，那么这个命令什么也不做。脚本被加入缓存中以后，可以通过 EVALSHA 命令使用脚本的 SHA1 校验和来调用这个脚本。

Lua 脚本可以在 Redis 的缓存中长时间保存，直到遇到 SCRIPT FLUSH 命令为止。

返回值：SCRIPT LOAD 命令成功执行后，返回给定 script 的 SHA1 校验和。

切换到 6 号数据库，将多个脚本添加到数据库中，操作如下：

```
127.0.0.1:6379[6]> SCRIPT LOAD "return {20-6, 3*4+8, 'hello redis'}"
"d224a65120a5e3360132b84dbb42a756c2ff6fd8"
127.0.0.1:6379[6]> SCRIPT LOAD "return {1+2+3+4, 8-(3*4)/2+7, (2*4)/3, 'good luck'}"
"98b71ff89d44a50a32772c7601fa8b43ba0a418c"
127.0.0.1:6379[6]> SCRIPT LOAD "return {abc + bcd, a * 3, bcdef + efd}"
"1dc86b853ee4d9dd3f41f27c218fa074fdbc5888"
```

2. SCRIPT EXISTS 命令：判断脚本是否已在缓存中

命令格式：

```
SCRIPT EXISTS sha1 [sha1 ...]
```

SCRIPT EXISTS 命令用于判断给定的一个或多个脚本的 SHA1 校验和所指定的脚本是否已经被保存到 Redis 的缓存中。

返回值：SCRIPT EXISTS 命令成功执行后，返回一个列表，包含 0 和 1，0 表示缓存中不存在脚本，1 表示缓存中存在脚本。返回的这个列表中的元素和给定的 SHA1 校验和一一对应。

判断上面添加的 3 个 Lua 脚本是否已在缓存中，操作如下：

```
127.0.0.1:6379[6]> SCRIPT EXISTS 'd224a65120a5e3360132b84dbb42a756c2ff6fd8'
1) (integer) 1
127.0.0.1:6379[6]> SCRIPT EXISTS '98b71ff89d44a50a32772c7601fa8b43ba0a418c'
1) (integer) 1
127.0.0.1:6379[6]> SCRIPT EXISTS '1dc86b853ee4d9dd3f41f27c218fa074fdbc5888'
1) (integer) 1
127.0.0.1:6379[6]> SCRIPT EXISTS '1dc86b853ee4d9dd3f41f27c218fa074fdbc5999'
1) (integer) 0
```

4.3.2 对 Lua 脚本求值

1. EVAL 命令：对 Lua 脚本求值

命令格式：

```
EVAL script numkeys key [key ...] arg [arg ...]
```

EVAL 命令用于对 Lua 脚本求值。在 Redis 的高版本（2.6.0 以后）中，嵌入了 Lua 解释器，使得 Redis 可以操作 Lua 脚本。

- 参数 script 是一段 Lua 脚本程序，它运行在 Redis 的服务器中。
- 参数 numkeys 用于指定键名参数的个数。
- 键名参数 key [key...]从 EVAL 命令的第三个参数开始算起，表示脚本中所用到的那些 Redis 键（key）。在 Lua 脚本中，可以使用全局变量 KEYS 数组（下标从 1 开始）来访问这些键名参数。
- 参数 arg [arg ...]是附加参数。在 Lua 脚本中，可以使用 ARGV 数组（下标从 1 开始）来访问这些附加参数。

与 Lua 脚本语言相关的知识，请读者自行查阅学习。

使用 EVAL 命令对 Lua 脚本求值，操作如下：

```
127.0.0.1:6379[6]> SET score-sum '80+90,100+90'
OK
127.0.0.1:6379[6]> EVAL "return redis.call('get', 'score-sum')" 1
(error) ERR Number of keys can't be greater than number of args
127.0.0.1:6379[6]> EVAL "return redis.call('get', 'score-sum')" 0
"80+90,100+90"
127.0.0.1:6379[6]> EVAL "return {2*7+2-3, 100/3.0, 34/2-7, {9, 'hello redis'}}" 0
1) (integer) 13
2) (integer) 33
3) (integer) 10
4) 1) (integer) 9
   2) "hello redis"
127.0.0.1:6379[6]> EVAL "return {KEYS[1], KEYS[2], ARGV[1], ARGV[2]}" 2 name age '刘河飞' 23
1) "name"
2) "age"
3) "\xe5\x88\x98\xe6\xb2\xb3\xe9\xa3\x9e"
4) "23"
127.0.0.1:6379[6]> EVAL "return redis.call('PING')" 0    #Lua 脚本执行 PING 命令
PONG
```

2. EVALSHA 命令：对缓存中的脚本求值

命令格式：

```
EVALSHA sha1 numkeys key [key ...] arg [arg ...]
```

EVALSHA 命令用于根据给定的 SHA1 校验码来对缓存在服务器中的脚本求值。

使用 SCRIPT LOAD 命令将脚本缓存到服务器中。

使用 EVALSHA 命令对前面添加的 3 个 Lua 脚本求值，操作如下：

```
127.0.0.1:6379[6]> EVALSHA d224a65120a5e3360132b84dbb42a756c2ff6fd8 0
1) (integer) 14
2) (integer) 20
3) "hello redis"
127.0.0.1:6379[6]> EVALSHA 98b71ff89d44a50a32772c7601fa8b43ba0a418c 0
1) (integer) 10
2) (integer) 9
3) (integer) 2
4) "good luck"
127.0.0.1:6379[6]> EVALSHA 1dc86b853ee4d9dd3f41f27c218fa074fdbc5888 0    #Lua 脚本存
在语法错误
```

```
(error) ERR Error running script (call to f_1dc86b853ee4d9dd3f41f27c218fa074fdbc5888):
@enable_strict_lua:15: user_script:1: Script attempted to access nonexistent global
variable 'abc'
127.0.0.1:6379[6]> EVALSHA 1dc86b853ee4d9dd3f41f27c218fa074fdbc5999 0    #对不存在的
```
Lua 脚本求值
```
(error) NOSCRIPT No matching script. Please use EVAL.
```

4.3.3 杀死或清除 Lua 脚本

1. SCRIPT KILL 命令：杀死正在运行的 Lua 脚本

命令格式：

```
SCRIPT KILL
```

针对一个正在运行且没有执行过任何写操作的 Lua 脚本，可以使用 SCRIPT KILL 命令来杀死它。SCRIPT KILL 命令主要用于终止运行时间过长的脚本。该命令执行之后，当前正在运行的脚本会被杀死，执行这个脚本的客户端会从 EVAL 命令的阻塞当中退出，并收到一个错误的返回值。

如果这个正在运行的脚本执行过写操作，那么使用 SCRIPT KILL 命令是无法杀死它的。Lua 脚本是原子性执行的。如果你非要杀死这个运行中的 Lua 脚本，则可以使用 SHUTDOWN NOSAVE 命令来直接关闭整个 Redis 进程，进而停止这个脚本的运行，并防止不完整的数据写入数据库中。

返回值：如果 SCRIPT KILL 命令成功杀死这个脚本，就返回 OK；相反，如果失败，则返回一个错误。

杀死前面添加并正在运行的 Lua 脚本，操作如下：

```
127.0.0.1:6379[6]> SCRIPT KILL
(error) NOTBUSY No scripts in execution right now.    #表示没有脚本在运行
127.0.0.1:6379[6]> SCRIPT KILL
OK    #表示成功杀死脚本
127.0.0.1:6379[6]> SCRIPT KILL
(error) ERR Sorry the script already executed write commands against the dataset.
You can either wait the script termination or kill the server in an hard way using the
SHUTDOWN NOSAVE command.    #表示想杀死一个已经完成写操作的 Lua 脚本，失败
```

2. SCRIPT FLUSH 命令：清除缓存中的 Lua 脚本

命令格式：

```
SCRIPT FLUSH
```

SCRIPT FLUSH 命令用于清除 Redis 服务器中的所有 Lua 脚本缓存。

返回值：总是返回 OK。

使用 SCRIPT FLUSH 命令清除缓存中的 Lua 脚本，操作如下：

```
127.0.0.1:6379[6]> SCRIPT EXISTS d224a65120a5e3360132b84dbb42a756c2ff6fd8
1) (integer) 1   #表示缓存中存在该 Lua 脚本
127.0.0.1:6379[6]> SCRIPT EXISTS '98b71ff89d44a50a32772c7601fa8b43ba0a418c'
```

```
1) (integer) 1
127.0.0.1:6379[6]> SCRIPT FLUSH    #清除Lua脚本
OK
127.0.0.1:6379[6]> SCRIPT EXISTS d224a65120a5e3360132b84dbb42a756c2ff6fd8
1) (integer) 0      #Lua脚本清除成功
127.0.0.1:6379[6]> SCRIPT EXISTS '98b71ff89d44a50a32772c7601fa8b43ba0a418c'
1) (integer) 0
```

4.4 连接命令

Redis 连接命令主要用于连接 Redis 的服务，如查看服务状态、切换数据库等，具体如下。

4.4.1 解锁密码

AUTH 命令：用于解锁密码。

命令格式：

```
AUTH password
```

我们通过修改 Redis 配置文件中 requirepass 项的值，来为 Redis 设置密码，进而使用密码来保护 Redis 服务器。命令为：

```
CONFIG SET requirepass password
```

在成功设置密码之后，我们每次连接 Redis 服务器都需要使用 AUTH 命令来解锁密码，解锁成功之后才能使用 Redis 的其他命令。如果 AUTH 命令给定的密码 password 和配置文件设置的密码相同，则服务器会返回 OK，同时开始接收其他命令的输入。如果输入的密码错误或者不匹配，则服务器会返回一个错误，并要求客户端重新输入。

返回值：当 AUTH 命令给定的密码与配置文件设置的密码匹配成功时，服务器将会返回 OK；匹配失败会返回一个错误。

为数据库设置密码，并使用 AUTH 命令解锁密码，操作如下：

```
127.0.0.1:6379> CONFIG SET requirepass 123456    #设置数据库的密码为123456
OK
127.0.0.1:6379> EXIT
[root@localhost src]# ./redis-cli
127.0.0.1:6379> SET key value
(error) NOAUTH Authentication required.
127.0.0.1:6379> AUTH 123456              #使用AUTH命令解锁密码
OK
127.0.0.1:6379> SET key value
OK
127.0.0.1:6379> CONFIG GET requirepass   #查看数据库的密码
1) "requirepass"
2) "123456"
```

可以使用 CONFIG SET requirepass "" 命令来将密码设置为空，也就是清空密码。

4.4.2 断开客户端与服务器的连接

QUIT 命令：断开客户端与服务器的连接。

命令格式：

```
QUIT
```

QUIT 命令用于断开当前客户端与服务器的连接。一旦所有等待中的回复顺序写入客户端，这个连接就会被断开。

返回值：QUIT 命令执行后，总是返回 OK。

使用 QUIT 命令断开客户端与服务器的连接，操作如下：

```
127.0.0.1:6379> PING
PONG
127.0.0.1:6379> QUIT
[root@localhost src]#
```

4.4.3 查看服务器的运行状态

PING 命令：查看服务器的运行状态。

命令格式：

```
PING
```

PING 命令主要用于查看 Redis 服务器是否正常运行。我们使用客户端向 Redis 服务器发送一个 PING 命令，如果服务器正常运行，则会返回一个 PONG。我们常常使用 PING 命令来测试客户端与服务器的连接是否正常，或者用于测量服务器的延迟值。

返回值：如果客户端与服务器连接正常，就返回一个 PONG；否则返回一个错误。

使用 PING 命令查看服务器的运行状态，操作如下：

```
127.0.0.1:6379> PING
PONG    #说明服务器正常运行
127.0.0.1:6379> PING
Could not connect to Redis at 127.0.0.1:6379: Connection refused    #说明服务器已被杀死(kill)
not connected>
```

4.4.4 输出打印消息

ECHO 命令：输出打印消息。

命令格式：

```
ECHO message
```

ECHO 命令用于输出打印消息，主要在测试时使用。

返回值：ECHO 命令成功执行后，将会返回 message（消息）。

使用 ECHO 命令输出打印消息，操作如下：

```
127.0.0.1:6379> ECHO 'hello world'
"hello world"
127.0.0.1:6379> ECHO 1+2
"1+2"
127.0.0.1:6379> ECHO 3.141592657431652
"3.141592657431652"
```

4.4.5 切换数据库

SELECT 命令：切换数据库。

命令格式：

```
SELECT index
```

SELECT 命令用于切换数据库，其中 index 是数字值，是数据库的索引，从 0 开始。默认使用 0 号数据库。

返回值：SELECT 命令执行后总是返回 OK，表示数据库切换成功。

使用 SELECT 命令切换数据库，操作如下：

```
127.0.0.1:6379> SELECT 0
OK
127.0.0.1:6379> SELECT 2
OK
127.0.0.1:6379[2]> SELECT 16    #Redis 数据库默认从 0 号到 15 号，超过了将会报错
(error) ERR DB index is out of range
127.0.0.1:6379[2]> SELECT 15
OK
```

4.5 服务器命令

Redis 服务器命令主要用于操作管理 Redis 服务，比如，管理 Redis 的日志，保存数据，修改相关配置等。

Redis 服务器命令具体如下。

4.5.1 管理客户端

1. CLIENT LIST 命令：获取客户端相关信息

命令格式：

```
CLIENT LIST
```

CLIENT LIST 命令用于获取所有连接到服务器的客户端信息和统计数据。

返回值：CLIENT LIST 命令执行后，会以字符串形式打印输出所有连接到服务器的客

户端信息，一行字符串对应一个已连接的客户端，而每行字符串由一系列"属性=值"形式的域组成，域与域之间用空格分开。

返回的域含义如下。

- id：表示客户端编号。
- addr：表示客户端的地址（IP 地址+端口）。
- fd：表示套接字所使用的文件描述符。
- age：表示已连接时长，单位为秒。
- idle：表示连接空闲时长，单位为秒。
- flags：表示客户端 flag（见下文）。
- db：指明该客户端正在使用的数据库，数值表示数据库的索引号。
- sub：表示已订阅的消息频道数量。
- psub：表示已订阅模式的数量。
- multi：表示在事务中被执行的命令数量。
- qbuf：表示查询缓冲区的长度，0 表示没有分配查询缓冲区，单位为字节。
- qbuf-free：表示查询缓冲区剩余空间的长度，0 表示没有剩余空间，单位为字节。
- obl：表示输出缓冲区的长度，0 表示没有分配输出缓冲区，单位为字节。
- oll：表示输出列表中包含的对象数量。如果输出缓冲区没有剩余空间，则命令回复会以字符串对象的形式被添加到这个队列中。
- omem：表示输出缓冲区和输出列表占用的内存总量。
- events：表示文件描述符事件。
    - ➢ r：在 loop 事件中，表示套接字是可读的。
    - ➢ w：在 loop 事件中，表示套接字是可写的。
- cmd：表示最近一次执行的命令。

客户端 flag 可以由以下几部分组成。

- O：客户端是 MONITOR 模式下的附属节点（slave）。
- S：客户端是一般模式下（normal）的附属节点。
- M：客户端是主节点（master）。
- x：客户端正在执行事务。
- b：客户端正在等待阻塞事件。
- i：客户端正在等待 VM I/O 操作（已废弃）。
- d：一个受监视（watched）的键已被修改，EXEC 命令将执行失败。
- c：在将回复完整地写出来之后，关闭连接。
- u：客户端未被阻塞（unblocked）。
- A：尽可能快地关闭连接。
- N：未设置任何 flag。

使用 CLIENT LIST 命令获取客户端相关信息，操作如下：

```
127.0.0.1:6379> CLIENT LIST
    id=3 addr=127.0.0.1:54547 fd=8 name= age=11736 idle=0 flags=N db=0 sub=0 psub=0
multi=-1 qbuf=0 qbuf-free=32768 obl=0 oll=0 omem=0 events=r cmd=client   #客户端3的信息
    id=4 addr=127.0.0.1:55324 fd=9 name= age=5 idle=5 flags=N db=0 sub=0 psub=0 multi=-1
qbuf=0 qbuf-free=0 obl=0 oll=0 omem=0 events=r cmd=command   #客户端4的信息
```

2. CLIENT GETNAME 命令：获取客户端名字

命令格式：

```
CLIENT GETNAME
```

CLIENT GETNAME 命令用于获取连接设置的名字。如果是新创建的连接，则它是没有名字的，CLIENT GETNAME 命令将会返回空值。

返回值：如果连接没有设置名字，则命令执行后返回空值；如果连接设置了名字，则命令执行后将会返回这个名字。

使用 CLIENT GETNAME 命令获取客户端的名字，操作如下：

```
127.0.0.1:6379> CLIENT GETNAME
(nil)    #表示客户端没有名字
```

3. CLIENT SETNAME 命令：设置客户端名字

命令格式：

```
CLIENT SETNAME connection-name
```

CLIENT SETNAME 用于为当前连接设置一个名字。执行 CLIENT LIST 命令后的结果中会有这个连接的名字，它可以用来区分当前正在与服务器连接的客户端。使用字符串类型来保存这个连接的名字，它最多可以占用 512MB 的空间。注意，在为连接设置名字的时候，名字中要尽量避免出现空格。

可以通过将一个连接的名字设置为空字符串，来实现删除这个连接的名字。在默认情况下，新创建的连接没有名字。

返回值：CLIENT SETNAME 命令成功执行后，会返回 OK。

使用 CLIENT SETNAME 命令为客户端设置名字，操作如下：

```
127.0.0.1:6379> CLIENT SETNAME MyRedis
OK
127.0.0.1:6379> CLIENT GETNAME
"MyRedis"
127.0.0.1:6379> CLIENT SETNAME MyRedis1
OK
127.0.0.1:6379> CLIENT GETNAME
"MyRedis1"
```

4. CLIENT PAUSE 命令：在指定时间范围内停止运行来自客户端的命令

命令格式：

```
CLIENT PAUSH timeout
```

CLIENT PAUSH 命令用于在指定时间范围内停止运行来自客户端的命令。参数 timeout

是一个正整数，以毫秒为单位。

返回值：CLIENT PAUSH 命令成功执行后返回 OK；如果 timeout 参数类型非法，则将会返回一个错误。

在指定时间范围内，使用 CLIENT PAUSE 命令停止运行来自客户端的命令，操作如下：

```
127.0.0.1:6379> CLIENT PAUSE 100000
OK
127.0.0.1:6379> CLIENT GETNAME
"MyRedis1"
(96.12s)
```

5. CLIENT KILL 命令：关闭客户端连接

命令格式：

```
CLIENT KILL ip:port
```

CLIENT KILL 命令用于杀死（关闭）一个客户端连接，ip:port 是这个客户端的 IP 地址和端口。Redis 是单线程的，当一个 Redis 命令正在执行时，不会有客户端被断开连接。

返回值：如果 CLIENT KILL 命令中指定的客户端存在，并且该客户端连接被成功关闭，就返回 OK。

使用 CLIENT KILL 命令关闭客户端连接，操作如下：

```
127.0.0.1:6379> CLIENT KILL 127.0.0.1:6379    #没有找到这个客户端，关闭失败
(error) ERR No such client
127.0.0.1:6379> CLIENT LIST    #查看客户端信息
id=3 addr=127.0.0.1:54547 fd=8 name=MyRedis1 age=12561 idle=0 flags=N db=0 sub=0 psub=0 multi=-1 qbuf=0 qbuf-free=32768 obl=0 oll=0 omem=0 events=r cmd=client
id=4 addr=127.0.0.1:55324 fd=9 name= age=830 idle=830 flags=N db=0 sub=0 psub=0 multi=-1 qbuf=0 qbuf-free=0 obl=0 oll=0 omem=0 events=r cmd=command
127.0.0.1:6379> CLIENT KILL 127.0.0.1:55324    #关闭客户端连接
OK
127.0.0.1:6379> CLIENT KILL 127.0.0.1:54547
OK
127.0.0.1:6379> CLIENT LIST
id=5 addr=127.0.0.1:55351 fd=8 name= age=0 idle=0 flags=N db=0 sub=0 psub=0 multi=-1 qbuf=0 qbuf-free=32768 obl=0 oll=0 omem=0 events=r cmd=client
```

4.5.2 查看 Redis 服务器信息

1. COMMAND 命令：查看 Redis 命令的详细信息

命令格式：

```
COMMAND
```

COMMAND 命令以数组的形式返回 Redis 的所有命令的详细信息。

返回值：COMMAND 命令执行后，以随机列表的形式返回 Redis 的所有命令的详细信息。

使用 COMMAND 命令查看 Redis 命令的详细信息（由于篇幅有限，在这里只展示后面

几个命令的信息），操作如下：

```
177) 1) "discard"
     2) (integer) 1
     3) 1) noscript
        2) fast
     4) (integer) 0
     5) (integer) 0
     6) (integer) 0
178) 1) "hlen"
     2) (integer) 2
     3) 1) readonly
        2) fast
     4) (integer) 1
     5) (integer) 1
     6) (integer) 1
179) 1) "bitpos"
     2) (integer) -3
     3) 1) readonly
     4) (integer) 1
     5) (integer) 1
     6) (integer) 1
180) 1) "georadiusbymember_ro"
     2) (integer) -5
     3) 1) readonly
        2) movablekeys
     4) (integer) 1
     5) (integer) 1
     6) (integer) 1
```

2. COMMAND COUNT 命令：统计 Redis 的命令个数

命令格式：

```
COMMAND COUNT
```

COMMAND COUNT 命令用于统计 Redis 的所有命令个数。

返回值：返回一个数值，表示 Redis 的命令个数。

使用 COMMAND COUNT 命令统计 Redis 的命令个数，操作如下：

```
127.0.0.1:6379> COMMAND COUNT
(integer) 180
```

3. COMMAND GETKEYS 命令：获取指定的所有键

命令格式：

```
COMMAND GETKEYS
```

COMMAND GETKEYS 命令用于获取指定的所有键。

返回值：COMMAND GETKEYS 命令执行后，返回键的列表。

使用 COMMAND GETKEYS 命令获取指定的键值对的所有键，操作如下：

```
127.0.0.1:6379> COMMAND GETKEYS MSET userName '刘河飞' age 22 sex '男' birthday
```

```
        '1994-11-11' height 172
1) "userName"
2) "age"
3) "sex"
4) "birthday"
5) "height"
127.0.0.1:6379> COMMAND GETKEYS SET stuName '小明'
1) "stuName"
127.0.0.1:6379> COMMAND GETKEYS HMSET student name '李四' age 23
1) "student"
```

4. COMMAND INFO 命令：查看 Redis 命令的描述信息

命令格式：

```
COMMAND INFO key [key …]
```

COMMAND INFO 命令用于获取 Redis 命令的描述信息。

返回值：COMMAND INFO 命令执行后，返回命令的描述信息，是一个嵌套的列表。

使用 COMMAND INFO 命令查看几个 Redis 命令的描述信息，操作如下：

```
127.0.0.1:6379> COMMAND INFO
(empty list or set)
127.0.0.1:6379> COMMAND INFO SET SADD ZADD HSET LPUSH
1) 1) "set"
   2) (integer) -3
   3) 1) write
      2) denyoom
   4) (integer) 1
   5) (integer) 1
   6) (integer) 1
2) 1) "sadd"
   2) (integer) -3
   3) 1) write
      2) denyoom
      3) fast
   4) (integer) 1
   5) (integer) 1
   6) (integer) 1
3) 1) "zadd"
   2) (integer) -4
   3) 1) write
      2) denyoom
      3) fast
   4) (integer) 1
   5) (integer) 1
   6) (integer) 1
4) 1) "hset"
   2) (integer) -4
   3) 1) write
      2) denyoom
      3) fast
```

```
      4) (integer) 1
      5) (integer) 1
      6) (integer) 1
5) 1) "lpush"
   2) (integer) -3
   3) 1) write
      2) denyoom
      3) fast
   4) (integer) 1
   5) (integer) 1
   6) (integer) 1
```

5. DBSIZE 命令：统计当前数据库中键的数量

命令格式：

```
DBSIZE
```

DBSIZE 命令用于统计当前数据库中键的数量。

返回值：返回一个数值，表示当前数据库中键的数量。

使用 DBSIZE 命令统计 0 号、4 号数据库中键的数量，操作如下：

```
127.0.0.1:6379> DBSIZE
(integer) 0   #0 表示 0 号数据库为空，没有任何键
127.0.0.1:6379> MSET stuName '刘河飞' age 23 sex '男' height 172 weight 65
OK
127.0.0.1:6379> DBSIZE
(integer) 5
127.0.0.1:6379> SELECT 4   #切换到 4 号数据库
OK
127.0.0.1:6379[4]> DBSIZE
(integer) 8   #返回 8，表示 4 号数据库中有 8 个键
```

6. INFO 命令：查看服务器的各种信息

命令格式：

```
INFO [section]
```

INFO 命令用于查看 Redis 服务器的各种信息及统计相关数值。

参数 section 的设置可以让 INFO 命令只返回某一部分的信息。

INFO 命令执行后，会返回如下几部分的信息。

- server 部分：该部分主要说明 Redis 的服务器信息。
- clients 部分：该部分记录了已连接客户端的信息。
- memory 部分：该部分记录了 Redis 服务器的内存相关信息。
- persistence 部分：该部分记录了与持久化（RDB 持久化和 AOF 持久化）相关的信息。
- stats 部分：该部分记录了相关的统计信息。
- replication 部分：该部分记录了 Redis 数据库主从复制信息。
- cpu 部分：该部分记录了 CPU 的计算量统计信息。

- commandstats 部分：该部分记录了 Redis 各种命令的执行统计信息，如执行命令消耗的 CPU 时间、执行次数等。
- cluster 部分：该部分记录了与 Redis 集群相关的信息。
- keyspace 部分：该部分记录了与 Redis 数据库相关的统计信息，如键的数量。

参数 section 除可以取上面的值以外，它的值还可以是 all（表示返回所有信息）和 default（表示返回默认选择的信息）。

如果 INFO 命令不带任何参数，则默认以 default 作为参数。

以上各部分相关的详细信息，会在后面的章节中做补充说明。

返回值：返回以上各部分相关的信息。

使用 INFO 命令查看服务器的详细信息，操作如下：

```
127.0.0.1:6379> INFO
# Server    #服务器信息
redis_version:4.0.9
redis_git_sha1:00000000
redis_git_dirty:0
redis_build_id:c706c7a026bd863d
redis_mode:standalone
os:Linux 2.6.32-431.el6.x86_64 x86_64
arch_bits:64
multiplexing_api:epoll
atomicvar_api:sync-builtin
gcc_version:4.4.7
process_id:18573
run_id:27719c508d875bd6462c6b768f691174f8431300
tcp_port:6379
uptime_in_seconds:381
uptime_in_days:0
hz:10
lru_clock:15484498
executable:/home/redis/redis-4.0.9/src/./redis-server
config_file:

# Clients   #客户端信息
connected_clients:1
client_longest_output_list:0
client_biggest_input_buf:0
blocked_clients:0

# Memory    #服务器内存信息
used_memory:853064
used_memory_human:833.07K
used_memory_rss:2682880
used_memory_rss_human:2.56M
used_memory_peak:853064
used_memory_peak_human:833.07K
used_memory_peak_perc:100.11%
```

```
used_memory_overhead:838038
used_memory_startup:786472
used_memory_dataset:15026
used_memory_dataset_perc:22.56%
total_system_memory:16725729280
total_system_memory_human:15.58G
used_memory_lua:37888
used_memory_lua_human:37.00K
maxmemory:0
maxmemory_human:0B
maxmemory_policy:noeviction
mem_fragmentation_ratio:3.14
mem_allocator:jemalloc-4.0.3
active_defrag_running:0
lazyfree_pending_objects:0

# Persistence   #服务器持久化信息
loading:0
rdb_changes_since_last_save:5
rdb_bgsave_in_progress:0
rdb_last_save_time:1542210773
rdb_last_bgsave_status:ok
rdb_last_bgsave_time_sec:-1
rdb_current_bgsave_time_sec:-1
rdb_last_cow_size:0
aof_enabled:0
aof_rewrite_in_progress:0
aof_rewrite_scheduled:0
aof_last_rewrite_time_sec:-1
aof_current_rewrite_time_sec:-1
aof_last_bgrewrite_status:ok
aof_last_write_status:ok
aof_last_cow_size:0

# Stats   #服务器统计信息
total_connections_received:1
total_commands_processed:17
instantaneous_ops_per_sec:0
total_net_input_bytes:464
total_net_output_bytes:10369
instantaneous_input_kbps:0.00
instantaneous_output_kbps:0.00
rejected_connections:0
sync_full:0
sync_partial_ok:0
sync_partial_err:0
expired_keys:0
expired_stale_perc:0.00
expired_time_cap_reached_count:0
evicted_keys:0
```

```
keyspace_hits:0
keyspace_misses:0
pubsub_channels:0
pubsub_patterns:0
latest_fork_usec:0
migrate_cached_sockets:0
slave_expires_tracked_keys:0
active_defrag_hits:0
active_defrag_misses:0
active_defrag_key_hits:0
active_defrag_key_misses:0

# Replication   #主从复制信息
role:master
connected_slaves:0
master_replid:1d4d0119e69cc8b63514dfcc486aeda695039dbd
master_replid2:0000000000000000000000000000000000000000
master_repl_offset:0
second_repl_offset:-1
repl_backlog_active:0
repl_backlog_size:1048576
repl_backlog_first_byte_offset:0
repl_backlog_histlen:0

# CPU   #CPU 统计信息
used_cpu_sys:0.20
used_cpu_user:0.10
used_cpu_sys_children:0.00
used_cpu_user_children:0.00

# Cluster   #集群信息
cluster_enabled:0

# Keyspace   #与数据库键相关的统计信息
db0:keys=5,expires=0,avg_ttl=0
db4:keys=8,expires=0,avg_ttl=0
db5:keys=20,expires=1,avg_ttl=1498457788849227
db6:keys=2,expires=0,avg_ttl=0
```

7. LASTSAVE 命令：获取最近一次保存数据的时间

命令格式：

```
LASTSAVE
```

LASTSAVE 命令用于获取最近一次 Redis 成功将数据保存到磁盘上的时间，时间格式是 UNIX 时间戳。

返回值：LASTSAVE 命令成功执行后，返回一个 UNIX 时间戳。

使用 LASTSAVE 命令查看服务器最近一次保存数据的时间，操作如下：

```
127.0.0.1:6379> LASTSAVE
```

```
(integer) 1542210773
127.0.0.1:6379> SELECT 4
OK
127.0.0.1:6379[4]> LASTSAVE
(integer) 1542210773
```

8. MONITOR 命令：实时打印服务器接收到的命令

命令格式：

```
MONITOR
```

MONITOR 命令常用于调试，它会实时打印出 Redis 服务器接收到的命令。

返回值：MONITOR 命令执行后总是返回 OK。

使用 MONITOR 命令实时打印服务器接收到的命令，操作如下：

```
127.0.0.1:6379> MONITOR
OK
1542212130.398047 [4 127.0.0.1:55460] "SELECT" "0"
1542212138.829973 [0 127.0.0.1:55460] "KEYS" "*"
1542212151.198057 [0 127.0.0.1:55460] "COMMAND"
1542212160.319084 [0 127.0.0.1:55460] "GET" "name"
1542212167.477071 [0 127.0.0.1:55460] "TIME"
1542212180.917999 [0 127.0.0.1:55460] "TIME"
```

9. TIME 命令：获取当前服务器的时间

命令格式：

```
TIME
```

TIME 命令用于获取当前服务器的时间。

返回值：TIME 命令执行后，会返回包含两个字符串的列表，第一个字符串是当前时间（UNIX 时间戳），第二个字符串是在当前这一秒内逝去的微秒数。

使用 TIME 命令查看当前服务器的时间，操作如下：

```
127.0.0.1:6379> TIME
1) "1542212167"
2) "477084"
127.0.0.1:6379> TIME
1) "1542212180"
2) "918034"
```

4.5.3 修改并查看相关配置

1. CONFIG SET 命令：修改 Redis 服务器的配置

命令格式：

```
CONFIG SET parameter value
```

CONFIG SET 命令用于修改 Redis 服务器的配置，修改之后不需要重新启动服务器也能生效。也可以使用该命令来修改 Redis 的持久化方式。

能被 CONFIG SET 命令所修改的 Redis 配置参数都可以在配置文件 redis.conf 中找到。

返回值：使用 CONFIG SET 命令修改 Redis 服务器配置成功时，返回 OK；否则返回一个错误。

使用 CONFIG SET 命令修改 Redis 服务器的配置信息，操作如下：

```
127.0.0.1:6379> CONFIG SET slowlog-max-len 1000      #修改服务器慢日志的最大长度为
1000个字符
OK
127.0.0.1:6379> CONFIG SET requirepass 123456        #修改服务器的登录密码为 123456
OK
```

2. CONFIG GET 命令：查看 Redis 服务器的配置

命令格式：

```
CONFIG GET parameter
```

CONFIG GET 命令用于获取运行中的 Redis 服务器的配置参数。

参数 parameter 是命令搜索关键字，用于查找所有匹配的配置参数，查找返回的参数和值以键值对的形式排列。

使用 CONFIG GET *命令来列出 Redis 服务器的所有配置参数及参数值。

使用 CONFIG GET a*命令来列出 Redis 服务器所有以 a 开头的配置参数及参数值。

返回值：CONFIG GER 命令执行后，返回给定配置参数的值。

使用 CONFIG GET 命令查看服务器的相关配置信息，操作如下：

```
127.0.0.1:6379> CONFIG GET requirepass          #查看服务器的密码信息
1) "requirepass"
2) "123456"
127.0.0.1:6379> CONFIG GET slowlog-max-len      #查看服务器慢日志的最大长度
1) "slowlog-max-len"
2) "1000"
127.0.0.1:6379> CONFIG GET au*                  #查看 AOF 的相关配置
1) "auto-aof-rewrite-percentage"
2) "100"
3) "auto-aof-rewrite-min-size"
4) "67108864"
```

3. CONFIG RESETSTAT 命令：重置 INFO 命令中的统计数据

命令格式：

```
CONFIG RESETSTAT
```

CONFIG RESETSTAT 命令用于重置 INFO 命令中的一些统计数据，具体如下。

- Keyspace hits：表示键空间命中次数。
- Keyspace misses：表示键空间不命中次数。
- Number of commands processed：表示执行命令的次数。
- Number of connections received：表示连接服务器的次数。
- Number of expired keys：表示过期 key 的数量。

- Number of rejected connections：表示被拒绝的连接数量。
- Latest fork(2) time：表示最后执行 fork(2)的时间。
- The aof_delayed_fsync counter：表示 aof_delayed_fsync 计数器的值。

返回值：CONFIG RESETSTAT 命令执行后，总是返回 OK。

使用 CONFIG RESETSTAT 命令重置 INFO 命令中的统计数据，操作如下：

```
127.0.0.1:6379> CONFIG RESETSTAT
OK
127.0.0.1:6379> INFO    #再次使用 INFO 命令查看服务器信息
# Server
redis_version:4.0.9
redis_git_sha1:00000000
redis_git_dirty:0
redis_build_id:c706c7a026bd863d
redis_mode:standalone
…
```

4. CONFIG REWRITE 命令：改写 Redis 配置文件

命令格式：

```
CONFIG REWRITE
```

在 Redis 服务器启动时，会用到 redis.conf 文件，可以使用 CONFIG REWRITE 命令来修改这个文件。说简单一点，CONFIG REWRITE 命令的作用就是通过尽可能少的修改，尽量保留最初的配置，将服务器当前正在使用的配置信息保存到 redis.conf 文件中。

假设在启动 Redis 服务器时所指定的 redis.conf 文件不存在，则可以使用 CONFIG REWRITE 命令来重新构建并生成一个新的 redis.conf 文件。

在启动 Redis 服务器时，如果没有加载 redis.conf 文件，则在执行 CONFIG REWRITE 命令时将会报错。

注意：对 redis.conf 文件的修改是原子性的，并且具有一致性，要么成功，要么失败。如果修改成功，那么 redis.conf 文件就是修改后的新文件。如果修改时出错，或者在修改时服务器崩溃，那么文件修改失败，最初的 redis.conf 文件不会被修改。

返回值：CONFIG REWRITE 命令如果修改配置文件成功，则返回 OK；修改失败，则返回一个错误。

使用 CONFIG REWRITE 命令改写 Redis 配置文件，操作如下：

```
127.0.0.1:6379> CONFIG GET appendonly
1) "appendonly"
2) "yes"
127.0.0.1:6379> CONFIG SET appendonly no
OK
127.0.0.1:6379> CONFIG GET appendonly
1) "appendonly"
2) "no"
127.0.0.1:6379> CONFIG REWRITE    #改写 Redis 配置文件
OK
```

4.5.4 数据持久化

1. BGREWRITEAOF 命令：执行 AOF 文件重写操作

命令格式：
```
BGREWRITEAOF
```

BGREWRITEAOF 命令用于执行一个 AOF 文件重写操作。该命令执行后，会创建一个当前 AOF 文件的优化版本。当 BGREWRITEAOF 命令执行失败时，AOF 文件数据并不会丢失。旧的 AOF 文件在 BGREWRITEAOF 命令执行成功之前是不会被修改的，因此不存在数据丢失问题。

在 Redis 的高版本（Redis 2.4 以后）中，AOF 文件的重写将由 Redis 自动触发，使用 BGREWRITEAOF 命令只是用于手动触发重写操作。

返回值：BGREWRITEAOF 命令执行后，返回反馈的信息。

使用 BGREWRITEAOF 命令执行 AOF 文件重写操作，操作如下：
```
127.0.0.1:6379> BGREWRITEAOF
18955:M 15 Nov 01:06:47.927 * Background append only file rewriting started by pid 18961
Background append only file rewriting started
```

2. SAVE 命令：将数据同步保存到磁盘中

命令格式：
```
SAVE
```

SAVE 命令用于保存数据到磁盘中。SAVE 命令具体执行的是一个同步保存操作，它以 RDB 文件的形式将当前 Redis 的所有数据快照保存到磁盘中。在生产环境中，不建议使用 SAVE 命令来保存数据，因为它在执行后会阻塞所有客户端。推荐使用 BGSAVE 命令来异步执行保存数据的任务。如果后台子进程保存数据失败，或者出现其他问题，则可以使用 SAVE 命令来做最后的保存。

返回值：当 SAVE 命令成功执行时，也就是保存数据成功时，会返回 OK。

执行 SAVE 命令将数据库中的数据保存到磁盘中，操作如下：
```
127.0.0.1:6379> SAVE
18955:M 15 Nov 01:08:48.059 * DB saved on disk
OK
```

3. BGSAVE 命令：将数据异步保存到磁盘中

命令格式：
```
BGSAVE
```

BGSAVE 命令用于在 Redis 服务后端采用异步的方式将数据保存到当前数据库的磁盘中。

BGSAVE 命令的执行原理：在 BGSAVE 命令执行后会返回 OK，之后 Redis 启动一个新的子进程，原来的 Redis 进程（父进程）继续执行客户端请求操作，而子进程则负责将数据保存到磁盘中，然后退出。

我们可以使用 LASTSAVE 命令来查看相关信息，进而判断 BGSAVE 命令是否将数据保存成功。

使用 BGSAVE 命令将数据异步保存到磁盘中，操作如下：

```
127.0.0.1:6379> BGSAVE
18955:M 15 Nov 01:10:04.661 * Background saving started by pid 18978
Background saving started
```

4.5.5 实现主从服务

1. SYNC 命令

命令格式：

```
SYNC
```

SYNC 命令是 Redis 复制功能的内部命令，在后面的章节中将会讲述。

返回值：SYNC 命令没有明确的返回值。

执行 SYNC 命令，操作如下：

```
127.0.0.1:6379> SYNC
Entering slave output mode... (press Ctrl-C to quit)
18955:M 15 Nov 01:14:01.560 * Slave 127.0.0.1:<unknown-slave-port> asks for synchronization
18955:M 15 Nov 01:14:01.561 * Starting BGSAVE for SYNC with target: disk
18955:M 15 Nov 01:14:01.561 * Background saving started by pid 19320
19320:C 15 Nov 01:14:01.563 * DB saved on disk
19320:C 15 Nov 01:14:01.564 * RDB: 0 MB of memory used by copy-on-write
18955:M 15 Nov 01:14:01.631 * Background saving terminated with success
SYNC with master, discarding 1595 bytes of bulk transfer...
18955:M 15 Nov 01:14:01.632 * Synchronization with slave 127.0.0.1:<unknown-slave-port> succeeded
SYNC done. Logging commands from master.
"PING"
"PING"
"PING"
…
```

2. PSYNC 命令

命令格式：

```
PSYNC <MASTER_RUN_ID> <OFFSET>
```

PSYNC 命令也是 Redis 复制功能的内部命令。

返回值：PSYNC 命令没有明确的返回值。

执行 PSYNC 命令，操作如下：

```
[root@localhost src]# ./redis-cli
127.0.0.1:6379> PSYNC
Entering slave output mode... (press Ctrl-C to quit)
```

```
18955:M 15 Nov 01:15:47.202 * Slave 127.0.0.1:<unknown-slave-port> asks for synchronization
18955:M 15 Nov 01:15:47.202 * Starting BGSAVE for SYNC with target: disk
18955:M 15 Nov 01:15:47.203 * Background saving started by pid 19328
19328:C 15 Nov 01:15:47.205 * DB saved on disk
19328:C 15 Nov 01:15:47.205 * RDB: 0 MB of memory used by copy-on-write
18955:M 15 Nov 01:15:47.253 * Background saving terminated with success
18955:M 15 Nov 01:15:47.253 * Synchronization with slave 127.0.0.1:<unknown-slave-port> succeeded
SYNC with master, discarding 1596 bytes of bulk transfer...
SYNC done. Logging commands from master.
ERROR,"ERR wrong number of arguments for 'psync' command"
"PING"
"PING"
"PING"
```

3. SLAVEOF 命令：修改复制功能

命令格式：

```
SLAVEOF host port
```

在 Redis 运行时，可以使用 SLAVEOF 命令动态修改复制功能的行为。我们利用 SLAVEOF host port 命令来修改当前服务器，使其转变为指定服务器的从属服务器（Slave Server）。如果当前服务器是某个主服务器的从属服务器，则在执行 SLAVEOF host port 命令后，会使当前服务器停止对旧主服务器的同步，并且将旧数据集丢弃，然后开始对新主服务器数据进行同步。

如果想在同步时不丢失数据集，则可以使用 SLAVEOF NO ONE 命令，该命令执行后不会丢弃同步数据集。当主服务器出现故障的时候，我们可以利用该命令将从属服务器用作新的主服务器，实现数据不丢失，不间断运行。

返回值：SLAVEOF 命令执行后，总是返回 OK。

使用 SLAVEOF 命令修改服务器的复制行为，操作如下：

```
127.0.0.1:6379> SLAVEOF 127.0.0.1 6380
OK
127.0.0.1:6379>SLAVEOF NO ONE
OK
```

4. ROLE 命令：查看主从服务器的角色

命令格式：

```
ROLE
```

ROLE 命令用于查看主从服务器的角色，角色有 master、slave、sentinel。

返回值：ROLE 命令成功执行后返回一个数组，该数组中记录的是主从服务器的角色。

使用 ROLE 命令查看主从服务器的角色，操作如下：

```
127.0.0.1:6379> ROLE
1) "master"
```

```
2) (integer) 0
3) (empty list or set)
```

4.5.6 服务器管理

1. SLOWLOG 命令：管理 Redis 的慢日志

命令格式：

```
SLOWLOG subcommand [argument]
```

Slow log（慢日志）是 Redis 的日志系统，用于记录查询执行时间。查询执行时间指的是执行一个查询命令所耗费的时间，它不包括客户端响应、发送信息等 I/O 操作。Slow log 保存在内存里面，读/写速度非常快。

返回值：SLOWLOG 命令有多个子命令，每个子命令的作用不一样，返回值也不同。关于 SLOWLOG 命令的其他相关用法，在后面的章节中会详细讲解。

使用 SLOWLOG 命令管理 Redis 的慢日志，操作如下：

```
127.0.0.1:6379> SLOWLOG GET 3      #查看日志信息
1) 1) (integer) 0
   2) (integer) 1542211154
   3) (integer) 11561
   4) 1) "INFO"
   5) "127.0.0.1:55460"
   6) ""
127.0.0.1:6379> SLOWLOG SET 2      #错误命令
(error) ERR Unknown SLOWLOG subcommand or wrong # of args. Try GET, RESET, LEN.
127.0.0.1:6379> SLOWLOG LEN        #查看当前慢日志的数量
(integer) 1
127.0.0.1:6379> SLOWLOG RESET      #清空慢日志
OK
127.0.0.1:6379> SLOWLOG GET 3
(empty list or set)
```

2. SHUTDOWN 命令：关闭 Redis 服务器或客户端

命令格式：

```
SHUTDOWN [SAVE|NOSAVE]
```

SHUTDOWN 命令具有多种作用，具体如下：

- 直接关闭 Redis 服务器。
- 关闭（停止）所有客户端。
- 在 AOF 选项被打开的情况下，执行 SHUTDOWN 命令将会更新 AOF 文件。
- 如果 Redis 服务中至少存在一个保存点在等待，则在执行 SHUTDOWN 命令的同时将会执行 SAVE 命令。

在持久化被打开的情况下，执行 SHUTDOWN 命令，它会保证服务器正常关闭，不会丢失任何数据。

SHUTDOWN SAVE 命令会强制 Redis 数据库执行保存命令，即使没有设置保存点，也会执行。

SHUTDOWN NOSAVE 命令的作用与 SHUTDOWN SAVE 命令的作用刚好相反，它会阻止 Redis 数据库执行保存操作，即使设置了一个或多个保存点，也会阻止。

返回值：SHUTDOWN 命令执行失败时返回错误；执行成功时什么信息也不返回，此时服务器和客户端的连接会断开，同时客户端自动退出。

使用 SHUTDOWN 命令关闭 Redis 服务器或客户端，操作如下：

```
127.0.0.1:6379> PING
PONG
127.0.0.1:6379> SHUTDOWN   #关闭Redis服务器或客户端
18573:M 15 Nov 01:02:48.572 # User requested shutdown...
18573:M 15 Nov 01:02:48.573 * Saving the final RDB snapshot before exiting.
18573:M 15 Nov 01:02:48.574 * DB saved on disk
18573:M 15 Nov 01:02:48.574 # Redis is now ready to exit, bye bye...
not connected> PING
Could not connect to Redis at 127.0.0.1:6379: Connection refused
not connected> exit
[1]+  Done                    ./redis-server
[root@localhost src]# ps -ef|grep redis    #查看Redis的进程，说明Redis服务器、客户端已被关闭
root     18943 18550  0 01:03 pts/0    00:00:00 grep redis
```

到这里为止，我们为大家介绍完了与 Redis 数据库相关的必备命令，希望大家多动手实践，熟练掌握相关命令，为以后的工作提供帮助。

第 5 章 Redis 数据库

通过对前面章节的学习，我们熟悉了 Redis 数据库的键命令，本章将为大家讲解 Redis 数据库。使用前面章节讲到的命令来操作 Redis 数据库，比如，切换 Redis 数据库，Redis 数据库中的键操作（添加、更新、删除、取值等），以及 Redis 数据库高版本（Redis 2.8）中的通知功能等。

5.1 Redis 数据库切换

Redis 数据库保存在 Redis 服务器状态 server.h/redisServer 结构的 db 数组中。这个 db 数组中的每个元素都是一个 server.h/redisDb 结构，而每个 redisDb 结构就代表一个 Redis 数据库。

Redis 服务器状态有一个 dbnum 属性，该属性用于在启动 Redis 服务器时，决定创建多少个数据库。Redis 服务器配置中的 database 选项决定了 dbnum 属性的值。在默认情况下，dbnum 属性的值为 16，也就是在启动 Redis 服务器时，会默认创建 16（0～15 号）个数据库，如图 5.1 所示。

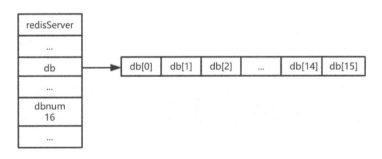

图 5.1　Redis 数据库

我们在操作数据库时，需要选择具体操作哪个数据库。每个 Redis 客户端都有其对应的目标数据库，在利用 Redis 客户端操作数据库时，目标数据库就是操作对象。通常，我们在操作 Redis 数据库时，默认操作的是 Redis 的 0 号数据库。如果我们想操作其他数据库，则可以使用 SELECT 命令来切换数据库，比如切换到 4 号数据库，操作如图 5.2 所示。

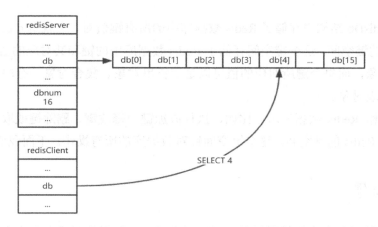

图 5.2　使用 SELECT 命令切换数据库

在 Redis 服务器内部，有一个 db 属性，这个属性是客户端状态 redisClient 中的属性，它是一个指向 redisDb 结构的指针，用于记录当前客户端操作的目标数据库。redisClient.db 指针指向 redisServer.db 数组中的某个元素，这个被指向的元素就是客户端的目标数据库。我们在启动 Redis 服务器与客户端时，默认的目标数据库是 0 号数据库，这个客户端指向的也是 0 号数据库，此时客户端与服务器状态之间的关系如图 5.3 所示。

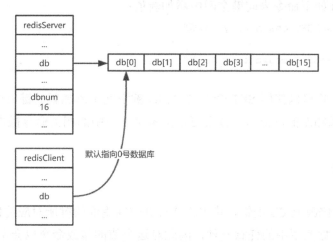

图 5.3　Redis 客户端与服务器状态之间的关系

命令 SELECT 的实现原理：我们在操作 Redis 数据库时，可以根据需要使用 SELECT index 命令来切换当前操作的 Redis 数据库，这个 index 就相当于 redisServer.db 数组的下标，这个下标从 0 开始，它也是 redisClient.db 指针的索引值，索引值从 0 开始。通过指定 index 的值，也就是修改 redisClient.db 指针，来指向服务器中的不同数据库，达到切换数据库的目的。

5.2　Redis 数据库中的键操作

Redis 是一个键值对数据库，在 Redis 服务器中使用 server.h/redisDb 结构来表示 Redis

数据库。在 redisDb 结构中存储了 Redis 数据库中的所有键值对，它就是 dict 字典，这个字典就是 Redis 的键空间。这个键空间存储了 Redis 数据库中的键和其对应的值，每个键就是一个字符串对象，而每个键所对应的值可以是字符串对象、集合对象、有序集合对象、列表对象或哈希表对象。

我们在操作 Redis 数据库时，比如，执行添加键、修改键、删除键或取键值操作，其实就是在操作 Redis 的键空间，这个键空间针对数据库的所有操作。下面我们来逐一说明。

5.2.1 添加键

向 Redis 数据库中添加新键值对，其实就是将一个新键值对插入键空间字典里面，这个键是一个字符串对象，而这个值可以是 Redis 数据类型中的任意一种。比如，当前数据库是一个空数据库，我们向数据库中添加两个新的键值对，命令如下：

```
127.0.0.1:6379>SET name "liuhefei"
OK
127.0.0.1:6379>SET age 18
OK
```

再比如，执行如下命令来向键空间中添加新值：

```
127.0.0.1:6379>HSET chain city "北京"
OK
127.0.0.1:6379>HSET chain city "上海"
OK
```

在 Redis 中，除可以使用 SET 命令向 Redis 键空间中添加新的键值对以外，还有许多命令也可以实现添加新的键值对，读者可以参考第 3 章中的相关命令操作。

5.2.2 修改键

在 Redis 中，修改 Redis 的键，其实就是对键空间里面的键所对应的值进行修改，这个值可以是 Redis 数据类型中的任意一种，因此对这个值的修改命令也会不同。

比如，之前我们已经向数据库中添加了一个键 name，我们来修改它的值，执行以下命令：

```
127.0.0.1:6379>SET name "Hello redis"
OK
```

执行命令之后，name 键所对应的值由最初的"liuhefei"修改为"Hello redis"。

针对 Redis 键值对的值的数据类型不同，会有相对应的修改键命令，在此不再赘述，请读者参考第 3 章中的相关命令操作。

除可以修改 Redis 键所对应的值之外，还可以修改这个键的时间（生存时间或过期时间）。

Redis 有 4 个命令可以设置键的生存时间，分别是 EXPIRE、PEXPIRE、EXPIREAT 及 PEXPIREAT。

使用 EXPIRE 命令来修改 Redis 键的生存时间，它以秒为单位；或者使用 PEXPIRE 命令来修改 Redis 键的生存时间，它以毫秒为单位。在经过指定的秒数或毫秒数（倒计时）之后，这个键对应的生存时间变为 0，此时服务器会自动删除生存时间为 0 的键。如果要为一个字符串类型的键值对设置过期时间，则可以在使用 SETEX 命令设置一个字符串键的同时，为这个键设置过期时间。操作如下：

```
127.0.0.1:6379>SET height 170
OK
127.0.0.1:6379>EXPIRE height 10        //设置height键的生存时间为10秒
(integer) 1
127.0.0.1:6379>GET height              //10秒之内height键还存在
"170"
127.0.0.1:6379>GET height              //10秒之后，height键的生存时间为0，被删除
(nil)
```

同理，PEXPIRE 命令也是如此。

与 EXPIRE 或 PEXPIRE 命令相似的还有 EXPIREAT 或 PEXPIREAT 命令，这两个命令分别以秒或毫秒精度来给数据库中的某个键设置过期时间，这个过期时间是 UNIX 时间戳，我们可以通过 TIME 命令来查看。当这个键的过期时间为 0 时，服务器会自动删除它。操作如下：

```
127.0.0.1:6379>SET width 100
OK
127.0.0.1:6379>EXPIREAT width 1527342900
(integer) 1
127.0.0.1:6379>TIME
1)"1527342821"
2)"504782"
127.0.0.1:6379>GET width     //UNIX 时间戳之前
"170"
127.0.0.1:6379>TIME
1)"1527342912"
2)"657996"
127.0.0.1:6379>GET width
(nil)
```

另外，也可以使用 TTL 或 PTTL 命令来接收一个设置了生存时间的键，用于获取这个键的剩余生存时间，返回的剩余生存时间值就是距离服务器删除这个键的剩余时间。操作如下：

```
127.0.0.1:6379> SET key1 value1
OK
127.0.0.1:6379>EXPIRE key1 1000
(integer) 1
127.0.0.1:6379>TTL key1
(integer) 600
```

上面的命令设置了很多键的生存时间，那么这些键的生存时间保存在哪里呢？

在 redisDb 结构中，有一个专门用来保存数据库中所有键的过期时间的字典，这个字典就是 expires 字典，它被称为过期字典。

过期字典的键是一个指针，它指向键空间中的某个对象；而过期字典的值是一个 long long 类型的整数，这个整数是一个毫秒精度的 UNIX 时间戳，即键的过期时间。

我们可以使用 PERSIST 命令来删除一个键的生存时间，操作如下：

```
127.0.0.1:6379>PEXPIREAT sms 15273490000    //设置 sms 键的生存时间
OK
127.0.0.1:6379>TTL sms                      //获取 sms 键的剩余生存时间
(integer) 13876
127.0.0.1:6379>PERSIST sms                  //删除 sms 键的生存时间
(integer) 1
127.0.0.1:6379>TTL ssm                      //返回-1，表示已经成功删除 sms 键的生存时间
(integer) -1
```

我们常常使用 TTL 命令来返回一个键的剩余生存时间，以秒为单位；也可以使用 PTTL 命令来返回一个键的剩余生存时间，以毫秒为单位。

5.2.3 删除键

如果数据库中的一个键不需要了，我们就会选择删除它。其实删除一个键也就是删除这个键所对应的键值对对象。我们使用 DEL 命令来删除一个键，操作如下：

```
127.0.0.1:6379>DEL name
(integer) 1     #表示删除成功
```

在实际应用中，针对过期的键，也需要删除。面对一个过期的键，有以下 3 种删除方式。

1．定时删除

在为一个键设置过期时间的同时为它设置一个定时器（Timer），当这个键的过期时间到来时，这个定时器会立即执行对键的删除操作。这种删除键的方式比较友好，利用定时器定时删除键可以保证过期的键不会长时间存留在数据库中，从而释放过期的键所占用的内存。定时删除键的缺点是：它会占用 CPU 的大量时间，如果过期的键比较多，同时 CPU 又比较繁忙，则会对服务器的吞吐量和响应时间产生很大影响，从而影响服务器的性能。

2．惰性删除

对数据库中的键持有放任态度，但是每次从键空间中获取键时，都会对获取的键进行检查，判断它是否过期，过期就删除它，没有过期就返回它。惰性删除方式不会像定时删除和定期删除方式那样及时删除过期键，只有当取出键时，它才会检查这个键是否过期，来决定是否删除这个键，并且删除的目标键就是用户正在操作的这个键。它不会在删除其他无关的过期键上消耗任何 CPU 时间。

惰性删除方式虽然不消耗 CPU 时间，但是它不会定时、定期地删除过期的键，因此过期的键会长期存留在内存中，就会占用大量的内存，这也是惰性删除方式的最大缺点。

3. 定期删除

采用算法实现每隔一段时间就对数据库进行一次检查，筛选出过期的键进而删除。在算法中可以设置检查多少个数据库，每检查一次具体删除多少过期的键。定期删除方式是定时删除和惰性删除的折中方案，它通过算法实现每隔一段时间检查数据库，筛选过期的键，然后删除，从而减少了对 CPU 时间的占用，同时对过期键的及时删除，使得过期键占用的内存得以释放。

其实，Redis 服务器只采用了惰性删除和定期删除两种方式，这两种方式的实现如下。

- 惰性删除方式的实现：Redis 的 db.c/expireIfNeeded 函数实现了对过期键的惰性删除。Redis 的所有读/写命令在读/写数据库之前都会调用 expireIfNeeded 函数对输入键进行检查。常见的读/写命令有 SET、SADD、LRANGE、HGET、KEYS 等。

如果输入的键已经过期，那么这个过期的键会被 expireIfNeeded 函数删除。

如果输入的键没有过期，那么 expireIfNeeded 函数不做任何处理。

- 定期删除方式的实现： Redis 的 server.c/activeExpireCycle 函数实现了对过期键的定期删除。前面说过，定期删除过期的键是采用算法实现的，算法会设置周期时间，每当 Redis 服务器周期性操作 server.c/serverCron 函数时，它会调用 activeExpireCycle 函数在规定的时间内开始遍历各个数据库，从数据库的过期（expires）字典中随机筛选出部分过期的键，随后删除。

5.2.4 取键值

结合实际生活中的例子，我们把钱存到银行，后期还是会取出来用的。同样，我们把键值对存入数据库，也会取出来用。对一个数据库中的键取值，其实就是从数据库的键空间中取出这个键所对应的键值对对象。针对 Redis 数据库的不同数据类型，有不同的取键值命令。

比如，取字符串类型的键值，使用 GET 命令，操作如下：

```
127.0.0.1:6379>SET news 你好！我是redis!
OK
127.0.0.1:6379>GET news
"你好！我是redis! "
```

关于其他 Redis 数据类型的取值方式，读者可以参考本书第 3 章中的相关命令操作，在此不再过多讲述。

5.3 Redis 数据库通知

在 Redis 2.8 版本以后，新增加了数据库通知功能。数据库通知功能实现了让客户端通过订阅指定的消息频道或消息模式，来动态获取数据库中键的变化，以及数据库中命令的执行情况。

5.3.1 数据库通知分类

1. 键空间通知

键空间通知主要关注某个键执行了什么命令。下面的例子就是键空间通知。

我们使用 SUBSCRIBE 命令来获取 1 号数据库中针对 message 键执行的所有命令,操作如下:

```
127.0.0.1:6379>SUBSCRIBE __keyspace@1__:message
Reading message... (press Ctrl-C to quit)
1) "subscribe"              #返回值的类型,表示消息订阅成功
2) "__keyspace@1__:message" #订阅的消息频道名称
3) (integer) 1              #表示已经订阅的频道数量
1) "message"                #返回值的类型:消息
2) "__keyspace@1__:message"
3) "sadd"                   #执行了 sadd 命令
1) "message"
2) "__keyspace@1__:news"
3) "srem"                   #执行了 srem 命令
...
```

2. 键事件通知

键事件通知主要关注某个命令被什么键执行了。下面的例子就是键事件通知。

我们使用 SUBSCRIBE 命令来查看 1 号数据库中 SET 命令被哪些键执行了,操作如下:

```
127.0.0.1:6379>SUBSCRIBE __keyevent@1__:set
Reading message... (press Ctrl-C to quit)
1) "subscribe"              #消息订阅成功
2) "__keyevent@1__:set"
3) (integer) 1
1) "message"                #键 name 执行了 SET 命令
2) "event:set"
3) "name"
...
```

键空间通知使得客户端可以通过订阅频道或模式来接收那些以某种方式修改了 Redis 数据集的事件,通过 Redis 的消息订阅发布功能实现事件的分发。因此,只要是支持消息订阅发布功能的客户端,都可以在不修改任何内容的情况下使用键空间通知功能。

目前,Redis 的消息订阅发布功能采取的是发送即忘的策略。当订阅事件的客户端断线时,所有在线期间分发给它的事件都会丢失。

键空间通知针对每个修改数据库的操作,都会发送两种不同类型的事件。比如,在 1 号数据库中键 name 执行了 SET 命令,系统会发送两条消息,相当于执行了 PUBLISH 命令:

```
PUBLISH __keyspace@1__:name set
PUBLISH __keyevent@1__:set name
```

频道 __keyspace@1__:name 可以接收 1 号数据库中所有修改 name 键的事件;而频道 __keyevent@1__:set 则可以接收 1 号数据库中所有执行 SET 命令的键。

键空间通知以 keyspace 为前缀;键事件通知以 keyevent 为前缀。

在执行 SET name 命令时：
- 键空间频道的订阅者将接收到被执行的事件的名字，这里为 SET。
- 键事件频道的订阅者将接收到被执行事件的键的名字，这里为 name。

在默认情况下，数据库通知功能是关闭的，因为它会占用 CPU 资源。

在实际应用中，如果需要开启数据库通知功能，则可以通过 CONFIG SET 命令来直接开启或关闭键空间通知功能，或者修改 Redis 的配置文件 redis.conf 中 notify-keyspace-events 参数的值。

其中，notify-keyspace-events 参数的值可以是以下字符的任意组合，它们规定了服务器会发送哪些类型的通知。

- K：表示键空间通知，所有键空间通知都以__keyspace@<db>__为前缀。
- E：表示键事件通知，所有键事件通知都以__keyevent@<db>__为前缀。
- g：表示 DEL、EXPIRE、RENAME 等类型无关的通知命令的通知。
- $：表示字符串命令的通知。
- h：表示哈希命令的通知。
- l：表示列表命令的通知。
- z：表示有序集合命令的通知。
- s：表示集合命令的通知。
- x：表示过期事件，当有过期的键被删除时触发发送通知。
- e：表示驱逐事件，当有键因为 maxmemory 政策而被删除时触发发送通知。
- A：表示 g$hlzsxe 的别名。

注意：在为 notify-keyspace-events 参数设置值时，至少要有一个 K 或 E，否则无论其余的参数值是什么，都不会发送任何通知。

常见的参数值组合形式有以下几种：
- 将参数值设置为 AKE，表示所有类型的通知都会被发送。
- 将参数值设置为 AK，表示让服务器发送所有类型的键空间通知。
- 将参数值设置为 AE，表示让服务器发送所有类型的键事件通知。
- 将参数值设置为 K$，表示让服务器只发送与字符串键相关的键空间通知。其他类型的也是如此。
- 将参数值设置为 El，表示让服务器只发送与列表键有关的键事件通知。其他类型的也是如此。

关于 notify-keyspace-events 参数更多的参数值组合，在这里就不多说了，请读者自行查阅与实践。

5.3.2 数据库通知的实现原理

数据库通知的发送功能是由 notify.c/notifyKeyspaceEvent 函数实现的，这个函数的定义如下：

```
void notifyKeyspaceEvent(int type, char *event, robj *key, int dbid);
```

- type 参数：表示要发送的通知类型，程序会按照这个值来判断通知是否就是服务器配置的 notify-keyspace-events 参数所设定的通知类型，然后决定是否发送通知。
- event 参数：表示发送事件的名称。
- key 参数：表示产生事件的键，也就是与该发送事件相关的键。
- dbid 参数：表示数据库 ID，也就是产生事件的数据库编号。

函数 notifyKeyspaceEvent 会根据它的参数来生成事件通知的内容，以及接收事件通知的频道名。

当一个 Redis 命令需要发送数据库通知的时候，该命令的实现函数就会调用 notifyKeyspaceEvent 函数，来实现发送通知功能。

当 Redis 命令对数据库进行修改之后，服务器就会根据相关配置文件的设置来向客户端发送数据库通知。

至此，Redis 的相关基础功能我们已经学习完了，后面将为读者讲述 Redis 的相关高级功能。

第二部分 Redis 进阶篇

- 第 6 章 Redis 客户端与服务器
- 第 7 章 Redis 底层数据结构
- 第 8 章 Redis 排序
- 第 9 章 Redis 事务
- 第 10 章 Redis 消息订阅
- 第 11 章 Redis 持久化
- 第 12 章 Redis 集群
- 第 13 章 Redis 高级功能

第 6 章 Redis 客户端与服务器

本章我们着重讲解与 Redis 的客户端和服务器相关的属性及函数。只有深入了解 Redis 的相关属性及函数的用法,才能更深层次地掌握 Redis 的相关原理,在实际生产中才能应用自如。Redis 的服务器同时负责与多个客户端进行网络连接,处理多个客户端发送过来的请求,并返回相应的请求结果,它是一个一对多的服务器程序。下面我们来分别介绍它们的相关知识。

6.1 Redis 客户端

在第 2 章中,我们为大家介绍了 Redis 的命令行客户端、可视化客户端及编程客户端,本章将深入学习 Redis 的客户端相关知识。

Redis 数据库采用 I/O 多路复用技术实现文件事件处理器,服务器采用单线程单进程的方式来处理多个客户端发送过来的命令请求,它同时与多个客户端建立网络通信。服务器会为与它相连接的客户端创建相应的 redis.h/redisClient 结构,在这个结构中保存了当前客户端的相关属性及执行相关功能时的数据结构。

下面将对客户端的各个属性进行讲解。

6.1.1 客户端的名字、套接字、标志和时间属性

客户端的属性大致可以分为两类:一类是与 Redis 特定功能相关的属性;另一类则是一些通用的属性,也就是无论客户端执行什么命令或进行什么操作,都会与这些属性相关。

1. 名字属性

在默认情况下,连接到 Redis 服务器的客户端是没有名字的,我们可以使用命令来查看这个连接服务器的客户端信息,操作如下:

```
127.0.0.1:6379> CLIENT list
id=3 addr=127.0.0.1:47601 fd=8 name= age=207 idle=0 flags=N db=0 sub=0 psub=0 multi=-1 qbuf=0 qbuf-free=32768 obl=0 oll=0 omem=0 events=r cmd=client
```

从上述代码中可以看出，属性 name 并没有属性值，为空。

我们可以使用 CLIENT setname 命令来为连接到服务器的客户端设置一个名字，让这个客户端变得有身份。在这里，我们将客户端的名字设置为 redis_name，之后再次使用 CLIENT list 命令，就能查看到这个客户端已经有了名字。操作如下：

```
127.0.0.1:6379> CLIENT setname redis_name
OK
127.0.0.1:6379> CLIENT list
   id=4 addr=127.0.0.1:47611 fd=8 name=redis_name age=44 idle=0 flags=N db=0 sub=0
psub=0 multi=-1 qbuf=0 qbuf-free=32768 obl=0 oll=0 omem=0 events=r cmd=client
```

如果没有为客户端设置名字，那么这个客户端的 name 属性将会指向 NULL 指针；而如果为这个客户端设置了名字，那么这个客户端的 name 属性将会指向一个字符串对象，这个对象中保存了客户端的名字，在这里客户端的名字为 "redis_name"。

2. 套接字属性

客户端套接字由客户端状态的 fd 属性记录，它记录了客户端正在使用的套接字的相关描述符。不同类型的客户端，fd 属性值也不同，它的值可能是-1，也可能是大于-1 的整数。

当 fd 属性值为-1 时，表示这个客户端是伪客户端。伪客户端的请求命令不是来源于网络的，而是来源于 Lua 脚本或 AOF 文件（后续详细介绍）的，所以伪客户端不需要套接字连接，它也没有套接字描述符。当我们执行的 Lua 脚本中含有 Redis 命令，或者使用 AOF 文件来还原数据库状态时，就会用到伪客户端。

当 fd 属性值是大于-1 的整数时，表示这个客户端是普通客户端。普通客户端采用相关套接字来实现与服务器的通信，因此服务器会利用 fd 属性来记录客户端套接字的描述符。合法的套接字描述符不能是-1，而如果这个套接字是合法的，那么 fd 属性值必然大于-1。

如果要查看连接到服务器的所有普通客户端，则可以使用 CLIENT list 命令，命令中的 fd 属性记录了服务器连接客户端所使用的套接字描述符。命令执行如下：

```
127.0.0.1:6379> CLIENT list
   id=4 addr=127.0.0.1:47611 fd=8 name=redis_name age=740 idle=0 flags=N db=0 sub=0
psub=0 multi=-1 qbuf=0 qbuf-free=32768 obl=0 oll=0 omem=0 events=r cmd=client
   id=5 addr=127.0.0.1:47636 fd=9 name= age=6 idle=6 flags=N db=0 sub=0 psub=0 multi=-1
qbuf=0 qbuf-free=0 obl=0 oll=0 omem=0 events=r cmd=command
```

3. 标志属性

客户端的标志属性 flags 用来记录客户端的角色（Role）及客户端目前所处的状态。

flags 属性的取值可以是单个标志，也可以是多个二进制或的组合标志，具体如下。

单个标志：flags = <flag>

组合标志：flags = <flag1> | <flag2> | <flag3> | ...

标志使用常量来表示。Redis 所具有的所有标志都定义在 redis.h 文件中。

记录客户端角色的标志有如下几个。

- 在利用 Redis 主从服务器实现复制时，主从服务器会相互成为对方的客户端，也就是从服务器是主服务器的客户端,同时主服务器也是从服务器的客户端。Redis 使用 REDIS_MASTER 标志来表示这个客户端是主服务器,而使用 REDIS_SLAVE 标志来表示另一个客户端是从服务器。

- Redis 使用 REDIS_LUA_CLIENT 标志来表示该客户端是一个专门用于处理 Lua 脚本的伪客户端,它主要用于执行 Lua 脚本中包含的 Redis 命令。
- Redis 使用 REDIS_PRE_PSYNC 标志来表示该客户端是一个低于 Redis 2.8 版本的从服务器,此时,对应的主服务器不能使用 PSYNC 命令实现与从服务器的数据同步。只有当 REDIS_SLAVE 标志处于打开状态时,才能使用 REDIS_PRE_PSYNC 标志。

记录客户端当前状态的标志有如下几个。

- REDIS_ASKING 标志表示客户端向运行在集群模式下的服务器节点发送了 ASKING 命令。
- REDIS_CLOSE_ASAP 标志表示客户端的输出缓冲区过大,超出了服务器所允许的范围。当服务器在下一次执行 serverCron 函数时,会关闭这个输出缓冲区过大的客户端,以此来保证服务器的稳定性不受这个客户端影响。在关闭的时候,存储在这个缓冲区中的数据也会被删除,并且不会给客户端返回任何信息。
- REDIS_CLOSE_AFTER_REPLY 标志表示客户端给服务器发送的命令请求中有错误的协议内容,或者用户在客户端中执行了 CLIENT kill 命令。此时服务器会将客户端输出缓冲区中存储的所有数据内容发送给客户端,然后关闭这个客户端。
- REDIS_DIRTY_CAS 标志表示事务使用 WATCH 命令监视的数据库键已经被修改。
- REDIS_DIRTY_EXEC 标志表示事务在命令入队时出现错误。

REDIS_DIRTY_CAS 和 REDIS_DIRTY_EXEC 标志的出现都表示 Redis 事务的安全性已被破坏。只要这两个标志中的任何一个被打开,EXEC 命令都会执行失败。而只有在客户端打开了 REDIS_MULTI 标志的情况下,才能使用这两个标志。

- REDIS_MULTI 标志表示客户端正处于执行事务的状态中。
- REDIS_MONITOR 标志表示客户端正处于执行 MONITOR 命令的状态中。
- REDIS_FORCE_AOF 标志表示让服务器将当前正在执行的命令强制写入 AOF 文件中。在执行 PUBSUB 命令时,会使客户端打开 REDIS_FORCE_AOF 标志。
- REDIS_FORCE_REPL 标志表示强制让主服务器将当前正在执行的命令复制给所有与它连接的从服务器。当执行 SCRIPT LOAD 命令时,会使客户端同时开启 REDIS_FORCE_AOF 和 REDIS_FORCE_REPL 标志。

如果要实现主从服务器可以正确地载入 SCRIPT LOAD 命令指定的脚本,那么服务器必须使用 REDIS_FORCE_REPL 标志,让主服务器强制将 SCRIPT LOAD 命令分发给相应的从服务器。

- REDIS_UNIX_SOCKET 标志表示服务器连接客户端使用的是 UNIX 套接字。
- REDIS_BLOCKED 标志表示客户端正处于被 BRPOP、BLPOP 等命令阻塞的状态中。

- REDIS_UNBLOCKED 标志表示客户端不再阻塞，它从 REDIS_BLOCKED 标志的阻塞状态中脱离出来。只有在 REDIS_BLOCKED 标志被打开的情况下，才能使用 REDIS_UNBLOCKED 标志。
- REDIS_MASTER_FORCE_REPLY 标志：在主从服务器进行命令交互的过程中，从服务器需要向主服务器发送 REPLICATION ACK 命令。但是，在发送此命令之前，从服务器必须开启主服务器对应的客户端的 REDIS_MASTER_FORCE_REPLY 标志；否则主服务器会拒绝执行从服务器发送的 REPLCATION ACK 命令。

4. 时间属性

与客户端时间相关的属性有如下几个。

- ctime 属性：该属性记录了客户端被创建的时间。利用这个时间可以计算出这个客户端与服务器相连接的时间，单位为秒。在执行 CLIENT list 命令后，返回的 age 域记录了连接秒数，如下：

```
127.0.0.1:6379> CLIENT LIST
    id=3 addr=127.0.0.1:47601 fd=8 name= age=25 idle=0 flags=N db=0 sub=0 psub=0 multi=-1 qbuf=0 qbuf-free=32768 obl=0 oll=0 omem=0 events=r cmd=client
```

这里 age 域的值为 25 秒。

- lastinteraction 属性：该属性记录了客户端与服务器最后一次交互的时间。交互就是两者之间互相发送命令请求与返回结果。利用 lastinteraction 属性可以计算出客户端的空转时间，也就是在进行最后一次交互之前过去了多少时间，单位为秒。CLIENT list 命令返回的 idle 域记录了这个时间。当 idle 的值为 0 时，表示空转时间为 0 秒。
- obuf_soft_limit_reached_time 属性：该属性记录了客户端输出缓冲区第一次达到软性限制的时间（后面的小节将详细介绍软性限制与硬性限制）。

6.1.2 客户端缓冲区

服务器采用软性限制（Soft Limit）和硬性限制（Hard Limit）两种模式来限制客户端缓冲区的大小。

1. 软性限制

如果软性限制所设置的大小小于输出缓冲区的大小，且输出缓冲区的大小不大于硬性限制所设置的大小，那么服务器会使用客户端状态结构的 obuf_soft_limit_reached_time 属性来记录客户端达到软性限制的起始时间。之后服务器会继续监视客户端，如果这个缓冲区的大小一直超出软性限制，并且持续时间超过服务器设定的时长，那么服务器将会关闭这个客户端。相反地，如果输出缓冲区的大小在指定时间范围之内没有超过软性限制，那么这个客户端不会被关闭，并且 obuf_soft_limit_reached_time 属性的值也会被设置为 0。

2. 硬性限制

当输出缓冲区的大小超过了硬性限制的大小时，这个客户端会被立即关闭。

我们可以使用 client-output-buffer-limit 选项来为普通客户端、从服务器客户端或执行消息订阅发布功能的客户端设置软性限制和硬性限制，具体的格式如下：

```
client-output-buffer-limit <class> <hard limit> <soft limit> <soft seconds>
```

比如：

```
client-output-buffer-limit normal 0 0 0  #设置普通客户端的硬性限制和软性限制均为0，表示这个客户端的输出缓冲区不限制大小
client-output-buffer-limit slave 512mb 128mb 120  #设置从服务器客户端的硬性限制为512MB，软性限制为128MB，软性限制的时长为120秒
client-output-buffer-limit pubsub 64mb 64mb 100  #设置执行消息订阅发布功能的客户端的硬性限制和软性限制均为64MB，软性限制的时长为100秒
```

客户端的缓冲区分为输入缓冲区和输出缓冲区。

- 输入缓冲区：用于保存客户端发送的命令请求。输入缓冲区的大小是动态变化的，它会根据输入的内容动态缩小或增大。1GB 是输入缓冲区的最大大小。如果输入缓冲区的大小超过了 1GB，那么这个客户端将会被关闭。
- 输出缓冲区：用于保存执行客户端请求命令返回的结果或返回值。每个客户端都有两个输出缓冲区，一个输出缓冲区的大小是固定的，另一个输出缓冲区的大小是可变的。
  - ➤ 固定输出缓冲区：用于保存那些长度比较小的返回值，比如常见的 OK、<nil>或者一些短字符串、整数值及错误值等。
  - ➤ 可变输出缓冲区：用于保存那些长度比较大的返回值，比如一个长度比较大的字符串、大列表、大集合等。

buf 和 bufpos 属性组成了客户端固定大小的缓冲区。

buf 属性是一个字节数组，数组大小为 REDIS_REPLY_CHUNK_BYTES 字节。REDIS_REPLY_CHUNK_BYTES 常量的默认值为 16×1024，即 buf 数组的默认大小为 16KB。

bufpos 属性记录了 buf 数组到目前为止已经使用的字节数量。

当 buf 数组已经存满或者回复因为太大而没有办法存入 buf 数组时，服务器就会使用可变大小的缓冲区。

链表 reply 和一个或多个字符串对象组成可变大小的输出缓冲区。通过使用链表来连接多个字符串对象，服务器可以为客户端保存一个非常长的命令返回值，而不会受到大小的限制。如图 6.1 所示为可变大小的输出缓冲区。

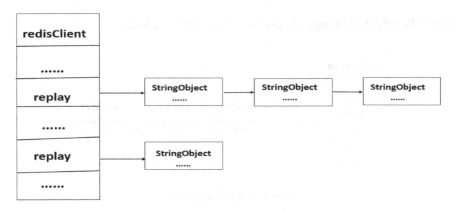

图 6.1　可变大小的输出缓冲区

6.1.3　客户端的 authenticated 属性

authenticated 属性是客户端身份验证属性，用于记录客户端是否通过了身份验证。这个属性的值为 0 和 1，默认值为 0。

当 authenticated 属性值为 0 时，表示这个客户端的身份验证失败，没有通过。而当 authenticated 属性值为 1 时，表示这个客户端的身份验证通过了。

只有当服务器启用了客户端身份验证功能时，才能使用 authenticated 属性。如果服务器启用了客户端身份验证功能，同时 authenticated 属性值为 0，那么对于客户端发送过来的所有命令，服务器都不会执行，除 AUTH 命令外。而如果服务器没有启动客户端身份验证功能，同时 authenticated 属性值为 0，那么服务器不会拒绝执行客户端发送过来的命令。

当 authenticated 属性值为 0 时，服务器除执行 AUTH 命令之外，将会拒绝执行客户端发送过来的其他所有命令。操作如下：

```
127.0.0.1 6379>PING
(error) NOAUTH Authentication required
127.0.0.1 6379>DEL name
(error) NOAUTH Authentication required
```

当客户端使用 AUTH 命令成功进行身份验证之后，authentication 属性值将会变为 1，此时服务器不会拒绝执行客户端发送过来的任何命令，并且会返回相应的结果。

6.1.4　客户端的 argv 和 argc 属性

argv 属性：这是一个数组，数组中的每个元素都是一个字符串对象，其中 argv[0]是要执行的命令，而之后的其他元素是传给这个命令的参数。

argc 属性：用于记录 argv 属性的数组长度。

当客户端向服务器发送命令时，服务器会将接收到的命令保存到客户端状态的 querybuf 属性中。保存之后，服务器会分析这个命令的内容，并将分析得出的命令参数及命令参数的个数分别保存到 argv 和 argc 属性中，如图 6.2 所示。

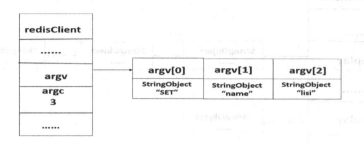

图 6.2　argv 和 argc 属性

6.1.5　关闭客户端

在这里再介绍一下普通客户端被关闭的几种方式。
- 当客户端执行了 CLIENT kill 命令时，客户端会被关闭。
- 当客户端进程被杀死时，客户端将会断开与服务器的连接，从而客户端被关闭。
- 当客户端向服务器发送的命令是错误协议格式时，客户端会被关闭。
- 当客户端发送的命令请求的大小超过了输入缓冲区的限制大小时，客户端会被关闭。
- 当发送给客户端的命令执行后返回结果的大小超过了输出缓冲区的限制大小时，客户端也会被关闭。
- 当为服务器设置了 timeout 参数值，同时客户端的空转时间又超过了 timeout 参数值时，客户端将会被关闭。而如果这个客户端是主服务器，而从服务器被 BLPOP、BRPOP 等相关命令阻塞，或者从服务器正在执行与订阅发布相关的命令，此时就算客户端的空转时间超过了 timeout 参数值，这个客户端也不会被关闭。

6.2　Redis 服务器

Redis 服务器实现与多个客户端的连接，并处理这些客户端发送过来的请求，同时保存客户端执行命令所产生的数据到数据库中。Redis 服务器依靠资源管理器来维持自身的运转，其主要作用是管理 Redis 服务。本节将讲解 Redis 服务器处理命令的过程，以及与服务器相关的属性、函数的用法，来进一步熟悉 Redis 服务器的工作过程。

6.2.1　服务器处理命令请求

在一条命令从客户端发送到服务器端，到服务器处理完这条命令请求，然后返回结果的这一过程中，客户端与服务器需要完成一系列的操作。

比如，我们向客户端发送了一条命令：SET city "beijing"；服务器接收到命令请求，处理完之后返回 OK。在这一过程中，客户端与服务器需要完成以下几个步骤。

（1）用户将命令 SET city "beijing"输入客户端，客户端接收到此命令。
（2）客户端将这条命令请求发送给服务器。
（3）服务器接收到客户端发送过来的命令请求并处理它，在数据库中进行操作，这里的操作为添加新键值对，成功之后返回 OK。
（4）服务器将命令结果 OK 返回给客户端。
（5）客户端接收到服务器返回的命令结果 OK，然后将这个结果展示给用户。

这个过程如图 6.3 所示。

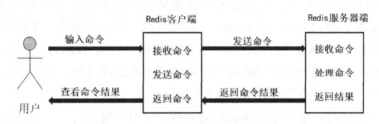

图 6.3　服务器处理命令请求的过程

6.2.2　服务器发送命令

Redis 客户端将一条命令请求发送给服务器，也就是说，服务器的命令请求来源于客户端。当用户将一条命令输入客户端后，客户端会先将接收到的命令转化为服务器可以识别的协议格式，然后利用连接到服务器的套接字，将转化为合法协议格式的命令请求发送给服务器。这一过程如图 6.4 所示。

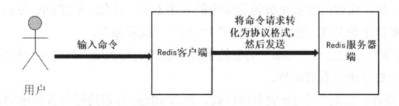

图 6.4　客户端发送命令的过程

比如，向客户端输入以下命令：
```
SET city "beijing"
```
客户端接收到这条命令之后，会将这条命令转化为服务器可以识别的协议格式。
```
*3\r\n$3\r\nSET\r\n$3\r\ncity\r\n$5\r\nbeijing\r\n
```
转化之后，将这个协议内容发送给服务器。

6.2.3 服务器执行命令

当服务器接收到客户端传递过来的协议数据时，客户端与服务器之间的连接套接字就会变得可读，此时，服务器将会调用命令请求处理器执行以下过程。

（1）服务器读取套接字中协议格式的命令请求，然后将读取到的命令请求保存到客户端状态的输入缓冲区中。

（2）对输入缓冲区中的命令请求进行分析，获取命令请求参数及参数个数，分别保存到客户端状态的 argv 和 argc 属性中。

（3）调用命令执行器，执行客户端发送过来的命令请求。

命令执行器在执行客户端发送过来的命令请求的过程中，会先根据客户端状态的 argv[0]参数，在命令表（Command Table）中查找参数所指定的命令，并将查找到的命令保存到客户端状态的 cmd 属性中，然后进行相关的判断，比如，判断客户端状态的 cmd 指针是否指向 NULL，或者检查客户端的身份，判断是否验证通过等，最后调用命令的实现函数执行相关命令，这就是命令执行器的执行过程。

命令表是一个字典，用于存放 Redis 的命令，字典的键就是一个个命令的名字，比如"set""sadd""zadd"等；而字典的值是一个个 redisCommand 结构，而每个 redisCommand 结构记录了对应命令的实现信息。redisCommand 结构具有多个属性，具体如下。

- name 属性：表示命令的名字，比如 SET、GET，它是 char *类型的。
- proc 属性：它是一个函数指针，用于指向命令的实现函数，比如，指向 SET 命令的实现函数 setCommand，它是 redisCommandProc *类型的，而 redisCommandProc 类型的定义为 typedef void redisCommandProc(redisClient *c)。
- arity 属性：它是一个 int 类型的整数，表示命令参数的个数，用于判断命令请求的格式是否正确。如果 arity 属性的值是一个负数-N，则表示命令参数的数量大于等于 N。请注意，这里所说的参数个数包含命令的名字本身，比如，SET city "beijing"，这条命令的参数个数是 3，分别是"SET""city""beijing"。
- sflags 属性：它是一个 char *类型的字符串形式的标识值，具有多个标识符，用于记录这个命令所具有的属性。
- flags 属性：它是一个 int 类型的整数，是对 sflags 标识进行分析得出的二进制标识，这个二进制标识由程序自动生成。当服务器对命令标识进行检查时，使用的是 flags 属性。
- calls 属性：该属性用于统计服务器共执行了多少次这个命令，它是一个 long long 类型的整数。
- milliseconds 属性：该属性用于统计服务器执行这个命令所耗费的总时长，它是一个 long long 类型的整数。

每个 Redis 命令都有其对应的 redisCommand 结构，都有上面的相关属性。

sflags 属性所具有的标识符具体如下。

- a：属性值为 a，表示这个命令是一个 Redis 管理命令。相关的命令有 SAVE、BGSAVE、SHUTDOWN 等。
- l：属性值为 l，表示这个命令常用于服务器载入数据的过程中。相关的命令有 INFO、PUBLISH、SUBSCRIBE 等。
- m：属性值为 m，说明这个命令在执行的过程中可能会占用大量内存。在执行之前，需要判断服务器的内存大小及使用情况，如果服务器的内存资源不足，则将会拒绝执行这个命令。相关的命令有 SET、SADD、APPEND、RPUSH、LPUSH 等。
- M：属性值为 M，表示这个命令在 Redis 监视器模式下不会被自动传播。相关的命令有 EXEC。
- p：属性值为 p，说明这个命令与 Redis 的消息订阅发布功能相关。相关的命令有 PUBLISH、PUBSUB、PSUBSCRIBE、PUNSUBSCRIBE、SUBSCRIBE、UNSUBSCRIBE 等。
- r：属性值为 r，只读，说明这是一个只读命令，用于获取相关数据，它不会修改数据库。相关的命令有 GET、STRLEN、EXISTS 等。
- R：属性值为 R，说明这是一个随机命令，在处理相同的数据集和相同的参数时，得到的结果是随机的。相关的命令有 SPOP、SSCAN、RANDOMKEY 等。
- s：属性值为 s，表示在 Lua 脚本中不能使用该命令。相关的命令有 BLPOP、BRPOP、SPOP、BRPOPLPUSH 等。
- S：属性值为 S，表示这个命令在 Lua 脚本中可以使用。在 Lua 脚本中使用这个命令时，输出的结果会被排序，也就是输出的结果是有序的。相关的命令有 KEYS、SUNION、SDIFF、SINTER、SMEMBERS 等。
- t：属性值为 t，表示这个命令允许从服务器在带有过期数据时使用。相关的命令有 PING、INFO、SLAVEOF 等。
- w：属性值为 w，可写，说明这是一个写入命令，它可以修改数据库。相关的命令有 SET、DEL、RPUSH 等。

6.2.4 服务器返回命令结果

命令执行器在执行完相关的实现函数之后，服务器会接着做一些后续工作，然后将命令结果返回给客户端。

服务器所做的后续工作具体过程如下。

（1）在命令执行的过程中会耗费一些时间，需要同步到该命令所对应的 redisCommand 结构中。修改 milliseconds 属性的值，同时将 redisCommand 结构中的 calls 计数器的值加 1。

（2）如果这台服务器启动了慢查询日志功能，那么慢查询日志模块会判断是否需要为刚执行完的命令添加一条慢查询日志。

（3）如果这台服务器启用了 AOF 持久化功能，那么 AOF 持久化模块会将这条执行完的命令请求写入 AOF 缓冲区里。

（4）如果有其他从服务器正在同步备份当前这台服务器的数据，那么这台服务器会将刚执行完的命令请求转发给与它相连的从服务器。

当服务器完成上述相关后续工作的处理之后，会调用命令回复处理器，此时客户端的套接字变为可写状态。服务器调用命令回复处理器将保存在客户端输出缓冲区中的协议格式的返回结果发送给客户端，客户端接收到返回结果之后，会转化为人类可识别的格式，打印给用户看。

当命令回复处理器将返回结果成功发送给客户端之后，它会删除客户端状态的输出缓冲区，为下一条命令请求的执行腾出空间。

上述这个服务器返回结果到客户端的过程如图 6.5 所示。

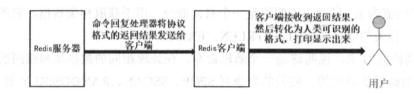

图 6.5　服务器返回结果到客户端的过程

前面我们用到了 SET 命令，在执行 SET city "beijing"命令之后，也就是在服务器调用命令执行器之后，会返回一个协议格式的 OK，存入客户端状态的输出缓冲区中，然后服务器调用命令回复处理器将协议格式的命令结果"+OK\r\n"发送给客户端，客户端成功接收并把它转化为"OK\n"，接着打印显示出来。

以上就是 Redis 服务器与客户端交互执行一条命令请求的过程。

6.3　服务器函数

服务器的正常运行离不开底层相关函数的执行。下面介绍几个与 Redis 服务器相关的函数，看看它们是如何调用执行的，来进一步了解 Redis 服务器的运行过程。

6.3.1　serverCron 函数

serverCron 函数是 Redis 服务器中的一个重要函数。在默认情况下，每隔 100 毫秒执行一次 serverCron 函数，它负责管理服务器的资源，并维持服务器的正常运行。在执行 serverCron 函数的过程中会调用相关的子函数，如 trackOperationsPerSecond、SigtermHandler、clientsCron、databasesCron 等函数，来实现对 Redis 服务器资源的管理。

6.3.2 trackOperationsPerSecond 函数

trackOperationsPerSecond 函数是 serverCron 函数的一个子函数，它以每 100 毫秒一次的频率被执行，采用抽样计算的方式，计算并记录服务器在最近 1 秒内处理的命令请求数量。可以通过 INFO stats 命令来查看。在返回的结果中，instantaneous_ops_per_sec 属性记录了服务器在最近 1 秒内处理的命令请求数量。INFO stats 命令操作如下所示：

```
127.0.0.1:6379> INFO stats
# Stats
total_connections_received:3
total_commands_processed:9
instantaneous_ops_per_sec:0
total_net_input_bytes:252
total_net_output_bytes:31451
instantaneous_input_kbps:0.00
instantaneous_output_kbps:0.00
rejected_connections:0
sync_full:0
sync_partial_ok:0
sync_partial_err:0
expired_keys:0
expired_stale_perc:0.00
expired_time_cap_reached_count:0
evicted_keys:0
keyspace_hits:0
keyspace_misses:0
pubsub_channels:0
pubsub_patterns:0
latest_fork_usec:0
migrate_cached_sockets:0
slave_expires_tracked_keys:0
active_defrag_hits:0
active_defrag_misses:0
active_defrag_key_hits:0
active_defrag_key_misses:0
```

其中，instantaneous_ops_per_sec 属性的值为 0，表示在最近 1 秒内服务器没有处理任何命令请求。instantaneous_ops_per_sec 属性的值是通过计算 REDIS_OPS_SEC_SAMPLES 次取样的平均值来计算的，是一个估算值，并不能很准确地统计出服务器在最近 1 秒内处理的命令请求数量。关于这个估算值的计算，感兴趣的读者可以自行查阅相关资料。

6.3.3 sigtermHandler 函数

sigtermHandler 函数是一个 Redis 服务器进程的 SIGTERM 信号关联处理器。在 Redis 服务器启动的时候会调用执行 sigtermHandler 函数，它负责在服务器接收到 SIGTERM 信号时，打开服务器状态的 shutdown_asap 标识。

在每次执行服务器资源管理函数 serverCron 的时候，都会先对服务器状态的 shutdown_asap 属性的值进行判断，再决定是否关闭服务器。当 shutdown_asap 属性的值为 1 时，关闭服务器；当 shutdown_asap 属性的值为 0 时，什么也不做。

6.3.4　clientsCron 函数

clientsCron 函数在每次执行服务器资源管理函数 serverCron 时被调用，它会对一定数量的客户端进行如下检查。

- 检查这个客户端与服务器的连接是否已经超时。如果连接已经超时（在很长一段时间内，客户端与服务器之间没有进行交互），则释放这个客户端的连接。
- 检查这个客户端的输入缓存区的大小，以便对服务器的内存进行管理。如果客户端在上一次执行命令请求后，输入缓冲区的大小超过了一定的限制，那么程序会释放这个客户端的输入缓存区，然后重新为这个客户端创建一个默认大小的输入缓冲区，以此来防止客户端的输入缓冲区消耗更多内存。

6.3.5　databasesCron 函数

databasesCron 函数在每次执行 serverCron 函数时被调用，它的作用是对服务器中的部分数据库进行检查，查找出过期的键，然后删除它们，并对 Redis 数据字典进行相关的收缩操作等。

6.4　服务器属性

服务器相关属性在服务器运行过程中扮演着重要的角色，它们会与服务器相关函数结合起来，共同维持服务器的正常运行。服务器的相关属性具体如下。

6.4.1　cronloops 属性

cronloops 属性是一个计数器，用于记录服务器的 serverCron 函数被执行的次数，是一个 int 类型的整数。每执行一次 serverCron 函数，cronloops 属性的值就加 1。

6.4.2　rdb_child_pid 与 aof_child_pid 属性

rdb_child_pid 和 aof_child_pid 属性用于检查 Redis 服务器持久化操作的运行状态，它们记录执行 BGSAVE 和 BGREWRITEAOF 命令的子进程的 ID。也常常使用这两个属性来判断 BGSAVE 和 BGREWRITEAOF 命令是否正在被执行。

当执行 serverCron 函数时，会检查 rdb_child_pid 和 aof_child_pid 属性的值，只要其中一个属性的值不等于-1，程序就会调用一次 wait3 函数来判断子进程是否发送信号到服务器中。

如果没有信号到达，则表示服务器持久化操作没有完成，程序不做任何处理。而如果有信号到达，那么，针对 BGSAVE 命令，表示新的 RDB 文件已经成功生成；针对 BGREWRITEAOF 命令，表示新的 AOF 文件生成完毕，然后服务器继续执行相应的后续操作。比如，将旧的 RDB 文件或 AOF 文件替换为新的 RDB 文件或 AOF 文件。

另外，当 rdb_child_pid 和 aof_child_pid 属性的值都为-1 时，表示此时的服务器没有执行持久化操作，这时程序会做出如下判断。

（1）判断 BGREWRITEAOF 命令的执行是否被延迟了。如果被延迟了，则重新执行一次 BGREWRITEAOF 命令。

（2）判断是否满足服务器的自动保存条件。如果满足服务器的自动保存条件，并且服务器没有执行其他持久化操作，那么服务器将开始执行 BGSAVE 命令。

（3）判断是否满足服务器设置的 AOF 重写条件。如果条件满足，同时服务器没有执行其他持久化操作，那么服务器将重新执行 BGREWRITEAOF 命令。

服务器执行持久化操作的过程如图 6.6 所示。

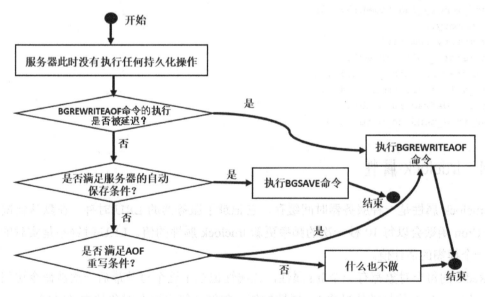

图 6.6　服务器执行持久化操作的过程

6.4.3　stat_peak_memory 属性

stat_peak_memory 属性用于记录 Redis 服务器的内存峰值大小。在每次执行 serverCron

函数时，程序都会检查服务器当前内存的使用情况，并与 stat_peak_memory 属性保存的上一次内存峰值大小进行比较。如果当前的内存峰值大小大于 stat_peak_memory 属性保存的值，就将当前最新的内存峰值大小赋给 stat_peak_memory 属性。

在执行 INFO memory 命令后，返回的 used_memory_peak 和 used_memory_peak_human 属性分别以两种格式记录了服务器的内存峰值大小。在执行 INFO memory 命令后，返回的结果如下所示：

```
127.0.0.1:6379> INFO memory
# Memory
used_memory:871216
used_memory_human:850.80K
used_memory_rss:2703360
used_memory_rss_human:2.58M
used_memory_peak:871216
used_memory_peak_human:850.80K
used_memory_peak_perc:100.01%
used_memory_overhead:853560
used_memory_startup:786472
used_memory_dataset:17656
used_memory_dataset_perc:20.83%
total_system_memory:16725729280
total_system_memory_human:15.58G
used_memory_lua:37888
used_memory_lua_human:37.00K
maxmemory:0
maxmemory_human:0B
maxmemory_policy:noeviction
mem_fragmentation_ratio:3.10
mem_allocator:jemalloc-4.0.3
active_defrag_running:0
lazyfree_pending_objects:0
```

6.4.4 lruclock 属性

lruclock 属性是一种服务器时间缓存，它记录了服务器的 LRU 时钟。在默认情况下，serverCron 函数会以每 10 秒一次的频率更新 lruclock 属性的值。LRU 时钟不是实时的，它只是一个模糊的估计值。

Redis 的每个对象都有一个 lru 属性，该属性记录了这个对象最后一次被命令访问的时间。使用 lruclock 属性的值减去 lru 属性的值，就能计算出这个对象的空转时间。

可以使用 INFO server 命令的 lru_clock 属性来查看当前 LRU 时钟的时间，操作如下：

```
127.0.0.1:6379> INFO server
# Server
redis_version:4.0.9
redis_git_sha1:00000000
```

```
redis_git_dirty:0
redis_build_id:c706c7a026bd863d
redis_mode:standalone
os:Linux 2.6.32-431.el6.x86_64 x86_64
arch_bits:64
multiplexing_api:epoll
atomicvar_api:sync-builtin
gcc_version:4.4.7
process_id:25154
run_id:047838576c9b61b823008a5d7d462bd1fb36d459
tcp_port:6379
uptime_in_seconds:2379
uptime_in_days:0
hz:10
lru_clock:13975323
executable:/home/redis/redis-4.0.9/src/./redis-server
config_file:
```

6.4.5 mstime 与 unixtime 属性

mstime 和 unixtime 属性记录了服务器当前的时间。在默认情况下，serverCron 函数会以每 100 毫秒一次的频率更新 mstime 和 unixtime 属性，它们记录的时间值并不是最准确的。

6.4.6 aof_rewrite_scheduled 属性

aof_rewrite_scheduled 属性用于记录服务器中 BGREWRITEAOF 命令执行是否被延迟。当 aof_rewrite_scheduled 属性的值为 1 时，表示执行 BGREWRITEAOF 命令超时了。在服务器执行 BGSAVE 命令时，如果客户端发送了 BGREWRITEAOF 命令请求，那么服务器在接收到命令请求之后，会将 BGREWRITEAOF 命令延迟到 BGSAVE 命令执行成功后再执行。

在每次执行 serverCron 函数时，都会判断 BGSAVE 或 BGREWRITEAOF 命令是否正在被执行。如果它们没有被执行，同时 aof_rewrite_scheduled 属性的值为 1，那么被延迟的 BGREWRITEAOF 命令将会被执行。

6.5 Redis 服务器的启动过程

一台 Redis 服务器从启动到能够接收客户端的命令请求，需要经过一系列的初始化和设置过程，大致需要经过以下几步。

6.5.1 服务器状态结构的初始化

服务器状态结构的初始化会创建一个 struct redisServer 类型的实例变量 server 作为服务器的状态，同时为结构中的其他属性设置默认值。由 redis.c/initServerConfig 函数来初始化 server 变量。initServerConfig 函数的主要任务是设置服务器的运行 ID、默认运行频率、默认配置文件路径、运行架构、默认端口、默认 RDB 持久化条件和 AOF 持久化条件及初始化 LRU 时钟，同时创建命令表，为服务器的后续运行做好准备。initServerConfig 函数设置的服务器属性都是最基本的，这些属性的值都是一些整数、浮点数或字符串值。该函数除创建命令表之外，并不会创建其他，比如，它不会创建数据库。

6.5.2 相关配置参数的加载

在服务器的 initServerConfig 函数完成 server 变量的初始化后，就会开始加载配置参数，同时根据用户指定的配置参数，对 server 变量的属性进行修改。比如，我们在启动 Redis 服务器之前，修改 redis.conf 配置文件，修改的内容如下：

```
#修改数据库的默认数量为20个
databases 20
#关闭RDB文件的压缩功能
rdbcompression no
```

在修改完配置文件之后，启动服务器，服务器中的数据库数量就会变为 20 个，同时 RDB 持久化压缩功能就会被关闭。

6.5.3 服务器数据结构的初始化

在加载完相关配置参数之后，服务器会调用 initServer 函数为以下服务器数据结构分配内存及设置初始化值。

- server.clients 链表：该链表用于记录所有与服务器相连的客户端的状态结构，链表的每个节点都包含一个 redisClient 结构的实例。
- server.pubsub_channels 字典：该字典用于保存频道订阅消息。
- server.pubsub_patterns 链表：该链表用于保存模式订阅消息。
- server.lua 属性：该属性用于执行 Lua 脚本的运行环境。
- server.slowlog 属性：该属性用于保存慢查询日志。

服务器在初始化的过程中，分别调用了 initServerConfig 和 initServer 函数，其中，initServerConfig 函数主要用于初始化一些基本属性，initServer 函数主要用于初始化一些数据结构。在初始化的过程中，要考虑到用户的输入情况，所以服务器必须先加载用户输入的配置信息，再按照用户的意愿来初始化相关的数据结构。而如果在执行 initServerConfig

函数时就对数据结构进行初始化，此时用户恰好修改了和数据结构有关的服务器状态属性，那么服务器又要重新修改已创建的数据结构。为了避免此类情况的发生，服务器将初始化过程拆分为两步。

服务器的 initServer 函数除初始化数据结构之外，还执行以下相关操作。

- 设置服务器的进程信号处理器。
- 初始化服务器的后台 I/O 模块，为 I/O 操作做准备。
- 创建相关的共享对象。这些共享对象在服务器中常常用到，比如，创建返回值为"OK"或"ERR"的字符串对象，创建包含整数 1～10000 的字符串对象等。这些共享对象的创建避免了服务器的反复创建。
- 打开服务器的监听端口，并为监听套接字关联连接应答事件处理器，等待服务器正式运行时接收客户端的连接。
- 为 serverCron 函数创建时间事件，等待服务器正式运行时执行 serverCron 函数。
- 为 AOF 文件的写入做好准备。如果已经打开了 AOF 持久化功能，那么直接打开已经存在的 AOF 文件；如果 AOF 文件不存在，则创建一个新的 AOF 文件，并打开它。

当 initServer 函数执行完这些操作之后，服务器将会采用 ASCII 字符在日志中打印出 Redis 的图标，以及 Redis 的版本号、端口号等信息，如图 6.7 所示。

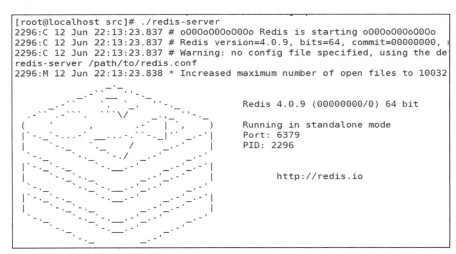

图 6.7　启动 Redis 服务器

6.5.4　数据库状态的处理

当服务器的 initServer 函数完成初始化工作之后，需要加载 RDB 文件或 AOF 文件，并按照文件记录的相关内容来还原数据库状态。根据是否启用了 AOF 持久化功能，服务器加载数据时所使用的目标文件也会不同。

- 如果 AOF 持久化功能被开启了，服务器就会使用 AOF 文件来还原数据库状态。

- 如果 AOF 持久化功能没有被开启，服务器就会使用 RDB 文件来还原数据库状态。

服务器在完成数据库状态还原之后，就会打印出加载目标文件及还原数据库状态所用的时间。日志信息如下：

```
20990:M 11 Jun 07:44:57.165 * DB loaded from disk: 0.000 seconds
```

6.5.5 执行服务器的循环事件

最后，服务器打印出如下日志：

```
20990:M 11 Jun 07:44:57.165 * Ready to accept connections
```

至此，表示服务器已经成功启动了，它将开始执行服务器的循环事件，并开始接收客户端的命令请求。

到这里，Redis 客户端与服务器的相关知识点就讲解完了，相信读者已经有了深入的了解。加油！你的付出不会白费，它将会以另一种形式回报给你！

第 7 章 Redis 底层数据结构

本章将深入 Redis 的底层实现,讲解 Redis 中字符串、链表、字典、对象的底层实现原理,剖析它们底层实现的数据结构,帮助读者熟悉它们的实现过程、相关的 API,以及对象的编码方式等。

7.1 Redis 简单动态字符串

我们已经知道,Redis 数据库是由 C 语言编写实现的,它底层实现的代码具有 C 语言的特点及语法。C 语言中具有字符串数据类型,Redis 数据库中也有。但是 Redis 数据库并没有直接使用 C 语言中的字符串表示,而是自己重新构建了一种名为简单动态字符串(SDS)的抽象类型,并将其用作 Redis 的默认字符串表示。

7.1.1 SDS 的实现原理

在 Redis 中,C 语言字符串通常用作字符串字面量,用在对字符串值不需要修改的地方,比如打印日志。当 Redis 需要一个可以被修改的字符串值时,它就会使用 SDS 来表示字符串值。Redis 数据库采用 SDS 实现底层字符串值的键值对。执行以下命令:

```
127.0.0.1:6379>SET userName "liuhefei"
OK
```

在将字符串 userName 的值添加到 Redis 数据库的过程中,会创建一个新的键值对,这个键值对的键是一个字符串对象,其底层实现是一个保存着字符串"userName"的 SDS;而这个键值对的值也是一个字符串对象,其底层实现是一个保存着字符串"liuhefei"的 SDS。

SDS 不仅可以用来保存数据库中的字符串值,还可以用于实现 AOF 模块下的 AOF 缓冲区(Buffer),以及实现客户端状态的输入缓冲区。

SDS 是一个 C 语言结构体,位于 Redis 安装包的 src 目录下,每个 sds.h/sdshdr 结构表示一个 SDS 值,它的底层源代码如下:

```
typedef char *sds;
```

```
/* Note: sdshdr5 is never used, we just access the flags byte directly.
 * However is here to document the layout of type 5 SDS strings. */
struct __attribute__ ((__packed__)) sdshdr5 {
    unsigned char flags; /* 3 lsb of type, and 5 msb of string length */
    char buf[];
};
struct __attribute__ ((__packed__)) sdshdr8 {
    uint8_t len; /* used */
    uint8_t alloc; /* excluding the header and null terminator */
    unsigned char flags; /* 3 lsb of type, 5 unused bits */
    char buf[];
};
struct __attribute__ ((__packed__)) sdshdr16 {
    uint16_t len; /* used */
    uint16_t alloc; /* excluding the header and null terminator */
    unsigned char flags; /* 3 lsb of type, 5 unused bits */
    char buf[];
};
struct __attribute__ ((__packed__)) sdshdr32 {
    uint32_t len; /* used */
    uint32_t alloc; /* excluding the header and null terminator */
    unsigned char flags; /* 3 lsb of type, 5 unused bits */
    char buf[];
};
struct __attribute__ ((__packed__)) sdshdr64 {
    uint64_t len; /* used */
    uint64_t alloc; /* excluding the header and null terminator */
    unsigned char flags; /* 3 lsb of type, 5 unused bits */
    char buf[];
};
```

通过 SDS 的底层源代码可以看出，它定义了多个不同类型的结构体，来适应不同场景的需求。它的结构体有 4 个参数，分别如下。

- len：len 属性记录了 buf 数组中已使用的字节数量，也就是 SDS 所保存字符串的长度。比如，len 属性值为 7，表示这个 SDS 中保存了一个 7 字节长的字符串。
- alloc：alloc 属性记录了 buf 数组中没有使用的字节数量。比如，alloc 属性值为 0，表示没有为这个 SDS 分配任何使用空间。
- flags：flags 属性是一个标识。
- buf[]：buf 属性是一个 char 类型的数组，用于以二进制的形式保存字符串。比如，保存的字符串是 "liuhefei"，buf 数组的保存形式是 'l'、'i'、'u'、'h'、'e'、'f'、'e'、'i' 8 个字符，而最后 1 字节用于保存空字符 '\0'。

SDS 采用了 C 语言中以空字符结尾的形式来保存字符串，保存空字符的 1 字节空间不计算到 SDS 的 len 属性中。在 Redis 中，SDS 函数会为这个空字符另外分配 1 字节空间，并且会将这个空字符添加到字符串的结尾。Redis 采用 C 语言字符串结尾添加空字符的优点是，SDS 函数可以直接使用一部分 C 语言字符串库函数中的函数。

C 语言字符串中的字符必须符合某种编码（如 ASCII）方式，并且字符串中除末尾可以有空字符之外，其他地方不能出现空字符。如果出现空字符，那么这个空字符将会被认为是一个字符串的结束标识。这些限制导致 C 语言字符串只能保存文本数据，而不能保存二进制文件，如音频、视频、图片及压缩文件等。因此，我们可以知道，C 语言是二进制不安全的。而 Redis 作为一个键值对存储数据库，为了适应不同的存储需求，它不能原模原样地采用 C 语言的字符串语法格式，而是自己重新构建了简单动态字符串（SDS）的抽象类型，所以 SDS 对应的 API 是二进制安全的。所有 SDS API 在处理数据时，都会以二进制的方式来处理 SDS 存储到 buf 数组中的数据，这些数据在保存的过程中不会受到任何限制、过滤，数据写入时是什么样的，读取出来就是什么样的。

C 语言字符串与 SDS 的区别总结如下：

（1）C 语言字符串的 API 是二进制不安全的，可能会存在缓冲区溢出；它只能保存文本数据；可以使用<string.h>库中的所有函数；每修改一次字符串长度就要重新分配一下内存，修改 N 次就需要重新分配 N 次内存；获取一个字符串长度的复杂度为 $O(N)$。

（2）SDS 的 API 是二进制安全的，它不会造成缓冲区溢出；它可以存储文本数据或二进制数据；可以使用<string.h>库中的一部分函数；修改字符串长度 N 次最多需要重新分配 N 次内存；获取一个字符串长度的复杂度为 $O(1)$。

7.1.2 SDS API 函数

SDS API 函数列举如下。
- sdsnew 函数：使用该函数创建一个 SDS，这个 SDS 中包含给定的 C 语言字符串。
- sdsempty 函数：使用该函数创建一个空的 SDS，它里面没有任何东西。
- sdslen 函数：该函数用于获取 SDS 中已经使用完的空间字节数。它可以通过 SDS 的 len 属性获取。
- sdsfree 函数：该函数用于释放指定的 SDS。
- sdsclear 函数：该函数用于清空（删除）SDS 中保存的字符串。
- sdsdup 函数：该函数用于创建一个指定的 SDS 的副本，也就是复制一份。
- sdscat 函数：该函数用于在 SDS 字符串的结尾拼接一个给定的 C 语言字符串。
- sdscatsds 函数：该函数用于将给定的 SDS 字符串拼接到另一个 SDS 字符串的结尾。
- sdsavail 函数：该函数用于获取 SDS 字符串空间未使用的字节数。这个值可以通过读取 SDS 的 alloc 属性来获取。
- sdscmp 函数：该函数用于比较两个 SDS 字符串是否相同。
- sdstrim 函数：该函数具有两个参数，一个参数是 SDS 字符串，另一个参数是 C 语言字符串。sdstrim 函数会从 SDS 字符串中移除所有在 C 语言字符串中出现过的字符。
- sdscpy 函数：该函数用于将指定的 C 语言字符串复制到 SDS 里面，它会覆盖原有的字符串。

- **sdsrange 函数**：该函数用于保留给定区间内的 SDS 数据，不在这个区间内的数据将会被删除或覆盖。
- **sdsgrowzero 函数**：该函数用于将 SDS 字符串扩展到指定的长度，采用空字符填充。

7.2 Redis 链表

链表是一种最常用的数据结构，它由多个离散分配的节点组成，节点之间通过指针相连，每个节点都有一个前驱节点和后继节点，但第一个头节点没有前驱节点，最后一个尾节点没有后继节点。很多计算机高级语言都内置了链表结构，但是 C 语言中没有内置链表结构，因此 Redis 自己构建了链表结构，用于适应不同的业务类型。

7.2.1 链表的实现原理

在 Redis 中，多处用到了链表结构，比如，列表键的底层实现，就是当一个列表键包含了许多元素，或者列表键包含的元素都是一些比较长的字符串时，Redis 就会使用链表结构来作为列表键的底层实现。又如，Redis 消息订阅发布、监视器、慢查询等相关功能的底层实现都采用了链表结构。除此之外，Redis 服务器也使用链表来保存多个客户端的状态信息，以及采用链表来构建客户端的输出缓冲区等。

下面我们将多个学生的姓名添加到列表键 students 中，列表键 students 所包含的内容底层就是采用链表结构实现的，操作如下：

```
127.0.0.1:6379> DEL students
(integer) 1
127.0.0.1:6379> LPUSH students "liuyi" "xiaoer" "zhangsan"   #添加多个学生
(integer) 3
127.0.0.1:6379> LPUSH students "lisi" "wangwu" "zhaoliu"
(integer) 6
127.0.0.1:6379> LPUSH students "tianqi" "huba" "lijiu"
(integer) 9
127.0.0.1:6379> LLEN students                 #获取学生的人数
(integer) 9
127.0.0.1:6379> LRANGE students 0 -1          #遍历所有的学生
1) "lijiu"
2) "huba"
3) "tianqi"
4) "zhaoliu"
5) "wangwu"
6) "lisi"
7) "zhangsan"
8) "xiaoer"
9) "liuyi"
```

1. 链表的实现

每个链表节点都使用一个 adlist.h/listNode 结构来表示。adlist.h 源码位于 Redis 安装目录的 src 文件夹下，部分源码为：

```
typedef struct listNode {
    struct listNode *prev;      //表示头节点，或者上一个节点
    struct listNode *next;      //表示下一个节点
    void *value;                //节点的值
} listNode;
```

多个 listNode 节点通过 prev 和 next 指针相连接，组成单向链表 list，它们也可以组成双向链表，Redis 采用的就是双向链表，如图 7.1 所示。

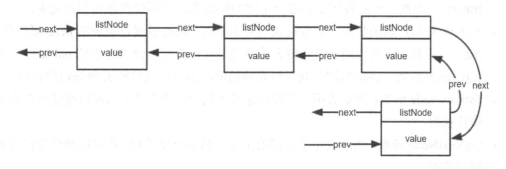

图 7.1 多个 listNode 节点组成一个双向链表

```
typedef struct list {
    listNode *head;                         //表示链表头节点
    listNode *tail;                         //表示链表尾节点
    void *(*dup)(void *ptr);                //链表节点值复制函数
    void (*free)(void *ptr);                //链表节点值释放函数
    int (*match)(void *ptr, void *key);     //对比函数，用于对比链表的节点值
    unsigned long len;                      //表示链表所含有的节点数量，也就是链表的长度
} list;
```

多个节点组成一个链表 list，这个链表中含有表头指针 head、表尾指针 tail、链表长度 len，以及 dup 函数、free 函数、match 函数。其中，

- dup 函数用于复制链表节点所保存的值。
- free 函数用于释放链表节点所保存的值。
- match 函数根据输入的值来和链表中保存的节点值进行比较，看是否相等。

2. 链表的特点

键表具有以下特点：

- 带有表头指针 head、表尾指针 tail 及链表长度计数器 len，这样获取链表的头节点、尾节点、长度就会比较方便。
- Redis 链表是双向链表，链表节点带有 prev 和 next 指针，可以很容易地获取到链表中的某个节点。

- 表头节点的 prev 指针和表尾节点的 next 指针都指向 NULL。在访问链表的过程中，如果遇到 NULLL，则表示链表访问结束。
- Redis 链表可以保存各种不同类型的值，链表节点使用 void*指针来保存节点的值，链表中的 dup、free、match 函数可以为节点值设置类型特定函数，实现节点值的复制、释放、比较操作。

7.2.2 链表 API 函数

链表 API 函数列举如下。
- listCreate 函数：该函数用于创建一个空的新链表，它不包含任何节点元素。
- listFirst 函数：该函数用于获取链表的表头节点，也可以通过链表的 head 属性获得。
- listLast 函数：该函数用于获取链表的表尾节点，也可以通过链表的 tail 属性获得。
- listLength 函数：该函数用于获取链表的长度，也可以通过链表的 len 属性获得。
- listPrevNode 函数：该函数用于获取给定节点的上一个节点，也可以通过节点的 prev 属性获得。
- listNextNode 函数：该函数用于获取给定节点的下一个节点，也可以通过节点的 next 属性获得。
- listNodeValue 函数：该函数用于获取给定节点中保存的值，也可以通过节点的 value 属性获得。
- listAddNodeHead 函数：该函数用于在指定链表的表头插入一个给定的节点。
- listAddNodeTail 函数：该函数用于在指定链表的表尾插入一个给定的节点。
- listInsertNode 函数：该函数用于将一个包含给定值的新节点插入指定节点的前面或后面。
- listIndex 函数：该函数用于返回链表在给定索引上的节点。
- listSearchKey 函数：该函数用于在链表中查找给定的节点，查找到就将它返回。
- listRotate 函数：该函数用于获取链表的表尾节点，然后将获取到的节点插入链表的表头，成为新的表头节点。
- listDelNode 函数：该函数用于删除链表中指定的节点。
- listDup 函数：该函数用于复制一个给定链表的副本。
- listRelease 函数：该函数用于释放指定的链表，包含这个链表的全部节点。
- listSetDupMethod 函数：该函数用于将指定的函数设置为链表的节点值复制函数。这个复制函数可以使用链表的 dup 属性获得。
- listGetDupMethod 函数：该函数用于获取链表中正在使用的节点值复制函数。
- listSetFreeMethod 函数：该函数用于将指定的函数设置为链表的节点值释放函数。这个释放函数可以使用链表的 free 属性获得。

- listGetFree 函数：该函数用于获取链表中正在使用的节点值释放函数。
- listSetMatchMethod 函数：该函数用于将指定的函数设置为链表的节点值对比函数。这个对比函数可以使用链表的 match 属性获得。
- listGetMatchMethod 函数：该函数用于获取链表中正在使用的节点值对比函数。

7.3 Redis 压缩列表

Redis 的压缩列表（ziplist）是列表键和哈希键的底层实现之一。

7.3.1 压缩列表的实现原理

当一个列表键包含的元素比较少时，且这些列表元素要么是小整数值，要么是短字符串，Redis 就会采用压缩列表来实现这个列表键的底层。

当一个哈希键包含的键值对比较少时，且每个键值对的键和值要么是小整数值，要么是短字符串，Redis 就会采用压缩列表来实现这个哈希键的底层。

向 Redis 数据库中添加一条用户信息，用于创建一个底层采用压缩列表实现的哈希键，操作如下：

```
127.0.0.1:6379> HMSET user userName "liuhefei" passWord "123456" age 24 height 172 weight 140    #向数据库中添加一条用户信息，包括用户名、密码、年龄、身高、体重
OK
127.0.0.1:6379> HMGET user userName passWord age height weight  #获取用户的用户名、密码、年龄、身高、体重
1) "liuhefei"
2) "123456"
3) "24"
4) "172"
5) "140"
127.0.0.1:6379> OBJECT ENCODING user   #查看键 user 的底层实现
"ziplist"    #压缩列表
```

1. 压缩列表模型图

在 Redis 中，压缩列表是一个顺序型数据结构，它由一系列特殊编码的连续内存块组成，它是为节省内存而开发的。一个压缩列表可以包含任意多个节点，每个节点都可以保存一个整数值或者一个字节数组。压缩列表模型图如图 7.2 所示。

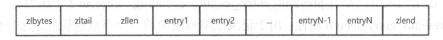

图 7.2 压缩列表模型图

- zlbytes 属性：该属性记录了整个压缩列表所占用的内存字节数，是一个 uint32_t 类型的

4 字节数值。压缩列表在进行内存分配或计算 zlend 的位置时，才会使用 zlbytes 属性。
- zltail 属性：该属性记录了压缩列表的表尾节点距离压缩列表的起始地址有多少字节，是一个 uint32_t 类型的 4 字节数值。通过 zltail 属性的值，程序不需要遍历整个压缩列表，就可以确定表尾节点的地址。
- zllen 属性：该属性记录了整个压缩列表所包含的节点数量，它是一个 uint16_t 类型的 2 字节数值。当 zllen 属性的值小于 UINT16_MAX(65535)时，这个属性的值就是压缩列表所包含的节点数量。当 zllen 属性的值等于 UINT16_MAX 时，需要遍历这个压缩列表才能计算出压缩列表所包含的节点数量。
- entry 属性：该属性表示压缩列表的节点，一个压缩列表有任意多个节点，节点的长度取决于节点保存的内容。
- zlend 属性：该属性是一个特殊值 0xFF（对应的十进制数是 255），用于标识压缩列表的末端，是一个 uint8_t 类型的 1 字节数值。

2. 压缩列表节点模型图

每个压缩列表节点都可以保存一个整数值或一个字节数组。

可以保存的整数值有多种，具体如下：
- 4 位长、介于 0～12 之间的无符号整数。
- 1 字节长的有符号整数。
- 3 字节长的有符号整数。
- int16_t 类型整数。
- int32_t 类型整数。
- int64_t 类型整数。

可以保存的字节数组可以是以下 3 种长度中的一种：
- 长度小于或等于 63（2^6-1）字节的字节数组。
- 长度小于或等于 16 383（2^14-1）字节的字节数组。
- 长度小于或等于 4 294 967 295（2^32-1）字节的字节数组。

如图 7.3 所示为压缩列表节点模型图。

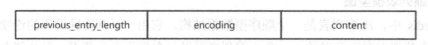

图 7.3　压缩列表节点模型图

每个压缩列表节点都有 previous_entry_length、encoding、content 3 个属性。
- previous_entry_length 属性：用于记录压缩列表中前一个节点的长度，这个长度可以是 1 字节，也可以是 5 字节。该属性以字节为单位。

当压缩列表的前一个节点的长度小于 254 字节时，previous_entry_length 属性的长度为 1 字节，这个字节保存了前一个节点的长度。

当压缩列表的前一个节点的长度大于或等于 254 字节时，previous_entry_length 属性的长度为 5 字节，其中第一个字节会被设置为 0xFF（对应十进制数 255），后面的 4 个字节用于保存前一个节点的长度。

- encoding 属性：该属性记录了节点的 content 属性所保存数据的类型及长度。
  > 1 字节、2 字节或 5 字节长，这些字节数组编码的值的最高位是 00、01 或 10。以这种编码方式表示节点的 content 属性保存的是字节数组，这个字节数组的长度由编码除去最高两位之后的其他位记录。

以 00 开头的编码方式，1 字节，表示 content 属性保存的值是长度小于或等于 63 字节的字节数组。

以 01 开头的编码方式，2 字节，表示 content 属性保存的值是长度小于或等于 16 383 字节的字节数组。

以 10 开头的编码方式，5 字节，表示 content 属性保存的值是长度小于或等于 4 294 967 295 字节的字节数组。

  > 1 字节长，值的最高位以 11 开头的整数编码，表示 content 属性保存的数据是整数数值，整数数值的类型和长度由编码除去最高两位之后的其他位记录。

编码方式不同，content 属性保存的整数值的类型也就不同。

如表 7.1 所示为 1 字节整数编码对应的 content 属性中保存的值类型。

表 7.1 1 字节整数编码对应的 content 属性中保存的值类型

编码	content 属性中保存的值类型
1100 0000	int16_t 类型的整数
1101 0000	int32_t 类型的整数
1110 0000	int64_t 类型的整数
1111 0000	24 位有符号整数
1111 1110	8 位有符号整数
1111 xxxx	表示这个压缩列表的节点没有 content 属性，编码本身的 xxxx 4 位已经保存了一个介于 0～12 之间的值

- content 属性：该属性用于保存压缩列表节点的值。节点的值可以是一个整数，也可以是一个字节数组，而节点的 encoding 属性决定了这个值的类型和长度。

7.3.2 压缩列表 API 函数

压缩列表 API 函数列举如下。

- ziplistNew 函数：该函数用于创建一个新的压缩列表。
- ziplistInsert 函数：该函数用于将包含给定值的新节点插入压缩列表指定节点的后面。
- ziplistPush 函数：该函数用于创建一个包含给定值的新节点，并将这个新节点插入压缩列表的表头或表尾。

- ziplistNext 函数：该函数用于获取压缩列表指定节点的下一个节点。
- ziplistPrev 函数：该函数用于获取压缩列表指定节点的上一个节点。
- ziplistIndex 函数：该函数用于获取压缩列表在给定索引上的节点。
- ziplistFind 函数：该函数用于在压缩列表中查找，并返回包含了指定值的节点。
- ziplistGet 函数：该函数用于获取给定节点所保存的值。
- ziplistDelete 函数：该函数用于在压缩列表中删除指定的值。
- ziplistDeleteRange 函数：该函数用于删除压缩列表在给定索引上的连续多个节点。
- ziplistLen 函数：该函数用于获取压缩列表所包含的节点数量。
- ziplistBlobLen 函数：该函数用于获取压缩列表目前所占用的内存字节数。

7.4 Redis 快速列表

在 Redis 3.2 版本中引入了新的数据结构——快速列表（quicklist），用于列表的底层实现。

7.4.1 快速列表的实现原理

将多个学生的数学成绩添加到数据库的列表 math-score 中，并使用命令查看列表的底层实现，操作如下：

```
127.0.0.1:6379> RPUSH math-score 79 100 99 76 88 67 84 91 78 88  #添加学生成绩到列表 math-score 中
(integer) 10
127.0.0.1:6379> LRANGE math-score 0 -1   #遍历学生成绩
 1) "79"
 2) "100"
 3) "99"
 4) "76"
 5) "88"
 6) "67"
 7) "84"
 8) "91"
 9) "78"
10) "88"
127.0.0.1:6379> OBJECT ENCODING math-score   #查看列表键 math-score 的底层实现
"quicklist"   #快速列表
```

快速列表是由压缩列表组成的双向链表，链表的每个节点都以压缩列表的结构来保存数据。压缩列表有任意多个 entry 节点，用于保存数据，因此快速列表可以保存更多的数据，你可以理解为它保存的是一片数据。

快速列表的定义位于 Redis 安装目录下 src 文件夹中的 quicklist.h 文件中，定义如下：

```
typedef struct quicklist {
    //指向头部(最左边)quicklist 节点的指针
```

```
    quicklistNode *head;

    //指向尾部(最右边)quicklist节点的指针
    quicklistNode *tail;

    //ziplist中的entry节点计数器
    unsigned long count;        /* total count of all entries in all ziplists */

    //quicklist的quicklistNode节点计数器
    unsigned int len;           /* number of quicklistNodes */

    //保存ziplist的大小，配置文件设定，占16bits
    int fill : 16;              /* fill factor for individual nodes */
    //保存压缩程度值，配置文件设定，占16bits，0表示不压缩
    unsigned int compress : 16; /* depth of end nodes not to compress;0=off */
} quicklist;
```

在快速列表的定义结构中，有 fill 和 compress 两个属性，其中 ":" 是位域运算符，表示 fill 占 int 类型 32 位中的 16 位，而 compress 也占 int 类型 32 位中的 16 位。

fill 和 compress 属性在 Redis 的配置文件 redis.conf 中进行设置。

- fill 属性对应的配置参数是 list-max-ziplist-size -2。

list-max-ziplist-size 属性具有多个值，具体含义如下。

> 当设置为 -1 时，表示每个 quicklistNode 节点的 ziplist 字节大小不能超过 4KB（建议使用）。

> 当设置为 -2 时，表示每个 quicklistNode 节点的 ziplist 字节大小不能超过 8KB（默认配置）。

> 当设置为 -3 时，表示每个 quicklistNode 节点的 ziplist 字节大小不能超过 16KB（一般不建议使用）。

> 当设置为 -4 时，表示每个 quicklistNode 节点的 ziplist 字节大小不能超过 32KB（不建议使用）。

> 当设置为 -5 时，表示每个 quicklistNode 节点的 ziplist 字节大小不能超过 64KB（正常工作量不建议使用）。

> 当设置为正数时，表示 ziplist 结构最多包含的 entry 节点个数，最大值为 2^{15}。

- compress 属性对应的配置参数是 list-compress-depth 0。

list-compress-depth 属性具有多个值，具体含义如下。

> 当设置为 0 时，表示列表不压缩（默认设置）。

> 当设置为 1 时，表示快速列表除两端各有 1 个节点不压缩之外，其他的节点都压缩。

> 当设置为 2 时，表示快速列表除两端各有 2 个节点不压缩之外，其他的节点都压缩。

> 当设置为 3 时，表示快速列表除两端各有 3 个节点不压缩之外，其他的节点都压缩。

快速列表节点的结构定义如下：

```c
typedef struct quicklistNode {
    struct quicklistNode *prev;     //前驱节点指针
    struct quicklistNode *next;     //后继节点指针

    //当不设置压缩数据参数 recompress 时指向 ziplist 结构
    //当设置压缩数据参数 recompress 时指向 quicklistLZF 结构
    unsigned char *zl;

    //压缩列表 ziplist 的总长度
    unsigned int sz;                /* ziplist size in bytes */

    //ziplist 中包含的节点数，占 16bits 长度
    unsigned int count : 16;        /* count of items in ziplist */

    //表示是否采用了 LZF 压缩算法压缩 quicklist 节点，1 表示压缩了，2 表示没压缩，占 2bits 长度
    unsigned int encoding : 2;      /* RAW==1 or LZF==2 */

    //表示一个 quicklistNode 节点是否采用 ziplist 结构保存数据，2 表示压缩了，1 表示没压缩，默认是 2，占 2bits 长度
    unsigned int container : 2;     /* NONE==1 or ZIPLIST==2 */

    //标记 quicklist 节点的 ziplist 之前是否被解压缩过，占 1bit 长度
    //如果 recompress 为 1，则等待被再次压缩
    unsigned int recompress : 1;    /* was this node previous compressed? */

    //测试时使用
    unsigned int attempted_compress : 1; /* node can't compress; too small */

    //额外扩展位，占 10bits 长度
    unsigned int extra : 10;        /* more bits to steal for future usage */
} quicklistNode;
```

7.4.2 快速列表 API 函数

快速列表 API 函数列举如下。

- quicklistCreate 函数：该函数用于创建一个新的快速列表。
- quicklistSetCompressDepth 函数：该函数用于对指定的快速列表设置压缩程度。
- quicklistSetFill 函数：该函数用于对指定的快速列表设置 ziplist 结构的大小。
- quicklistSetOptions 函数：该函数用于为给定的快速列表设置压缩列表表头的 fill 和 compress 属性。
- quicklistNew 函数：该函数用于创建一个新的快速列表，并为其设置默认的参数。
- quicklistCreateNode 函数：该函数用于创建一个快速列表的节点（quicklistNode），并初始化。

- quicklistCount 函数：该函数用于统计 ziplist 结构中 entry 节点的个数。
- quicklistRelease 函数：该函数用于释放给定的快速列表。
- quicklistPushHead 函数：该函数用于追加一个 entry 节点到快速列表的头部。
- quicklistPushTail 函数：该函数用于追加一个 entry 节点到快速列表的尾部。如果追加失败，则新创建一个 quicklistNode 节点。
- quicklistAppendZiplist 函数：该函数用于为给定的快速列表追加一个 quicklist 节点。
- quicklistDelEntry 函数：该函数用于删除 ziplist 结构中的 entry 节点。
- quicklistReplaceAtIndex 函数：该函数用于在给定的快速列表中，将下标为 index 的值替换为 data 值。
- quicklistDelRange 函数：该函数用于在给定的快速列表中删除某个范围内的 entry 节点，返回 1 表示全部被删除，返回 0 表示删除失败。
- quicklistRotate 函数：该函数用于将尾 quicklistNode 节点的尾 entry 节点旋转到头 quicklistNode 节点的头部。

关于快速列表的更多相关 API，请读者自行查阅，在这里不再一一列举了。

7.5 Redis 字典

Redis 字典是一种用于保存 Redis 键值对的抽象数据结构，它是一种键值对的映射，有时也被称为符号表、关联数组等。在字典中，一个键与一个值进行关联，键与值是一一对应的，你可以理解为键映射为值，键与值进行关联，就称为键值对。字典中的每个键都是唯一的，不可能存在两个相同的键，我们可以根据这个键来查找它对应的值，也可以通过这个键来修改、删除它对应的值。

7.5.1 字典的实现原理

字典作为一种常用的数据结构，内置在多种高级计算机语言中，但是 C 语言并没有内置字典数据结构，因此 Redis 根据需要构建了自己的字典。字典在 Redis 中得到了广泛应用，其中 Redis 数据库的底层就是采用字典实现的，对数据库中数据的增、删、改、查操作就是建立在字典的基础上的。同时，Redis 哈希键的底层也是采用字典实现的。当一个哈希键包含的键值对比较多，或者键值对中的元素是比较长的字符串时，Redis 就会采用字典作为哈希键的底层实现。比如，执行以下命令：

```
127.0.0.1:6379>SET name "liuhefei"
OK
```

键 "name" 和值 "liuhefei" 在数据库中就是以键值对的形式存储在字典中的。

下面向 Redis 数据库中再添加一条用户的详细信息，这条信息具体包含用户的用户名、密码、年龄、生日、身高、体重、电话号码、地址等多个键值对信息，操作如下：

```
127.0.0.1:6379> HMSET user1 userName "zhangsan" passWord "123456" age 20 birthday "1994-01-01"    #添加用户信息到哈希表user1中
OK
127.0.0.1:6379> HMSET user1 height 172 weight 140 mobile "18296666666" address "beijing"
OK
127.0.0.1:6379> HGETALL user1 #获取哈希表user1中的键值对信息
 1) "userName"    #键
 2) "zhangsan"    #值
 3) "passWord"
 4) "123456"
 5) "age"
 6) "20"
 7) "birthday"
 8) "1994-01-01"
 9) "height"
10) "172"
11) "weight"
12) "140"
13) "mobile"
14) "18296666666"
15) "address"
16) "beijing"
127.0.0.1:6379> HLEN user1 #获取哈希表user1的长度
(integer) 8
```

当哈希表 user1 中的键值对数量足够多时，Redis 就会使用字典来存储这些信息，这个字典中包含多个键值对，例如，键值对的键为"userName"，值为"zhangsan"。

Redis 采用哈希表实现了字典的底层。一个哈希表中有多个哈希表节点，而每个哈希表节点中就保存了字典中的一个键值对。Redis 字典所使用的哈希表由 dict.h/dictht 结构定义，dict.h 文件位于 Redis 安装包的 src 目录下，部分源码如下：

```c
/* This is our hash table structure. Every dictionary has two of this as we
 * implement incremental rehashing, for the old to the new table. */
typedef struct dictht {
    dictEntry **table;
    unsigned long size;
    unsigned long sizemask;
    unsigned long used;
} dictht;
```

结构元素说明如下。

- table 属性：这是一个哈希表数组，数组中的每个元素都是一个指向 dict.h/dictEntry 结构的指针，每个 dictEntry 结构中保存一个键值对。
- size 属性：该属性用于记录 table 数组的长度，也就是哈希表的大小。
- sizemask 属性：这是哈希表大小掩码，用来计算索引值，它的值总是等于 size-1。

sizemask 属性与哈希值共同决定一个键应该放到 table 数组的哪个索引上。
- used 属性：该属性用于记录哈希表上已经存在的节点（键值对）数量。

使用 dictEntry 结构表示哈希表节点，一个键值对保存在一个 dictEntry 结构中。dictEntry 结构的部分源码如下：

```
typedef struct dictEntry {
    void *key;
    union {
        void *val;
        uint64_t u64;
        int64_t s64;
        double d;
    } v;
    struct dictEntry *next;
} dictEntry;
```

结构元素说明如下。
- key 属性：该属性用于保存键值对中的键。
- v 属性：该属性用于保存键值对中的值。键值对中的值可以是一个指针（*val），也可以是一个无符号的 64 位整数（u64），也可以是一个 64 位的整数（s64），还可以是一个 double 类型的值（d）。
- next 属性：该属性是一个指针，用于指向另一个哈希表节点。这个指针可以将多个哈希值相同的键值对连接在一起，还可以解决键冲突问题。

Redis 中的字典由 dict.h/dict 结构表示，位于 Redis 安装包的 src 目录下，源码如下：

```
typedef struct dict {
    dictType *type;
    void *privdata;
    dictht ht[2];
    long rehashidx; /* rehashing not in progress if rehashidx == -1 */
    unsigned long iterators; /* number of iterators currently running */
} dict;
```

结构元素说明如下。
- type 属性：该属性用于指向 dictType 结构，它是一个指针。每个 dictType 结构中保存一组用于操作特定类型键值对的函数。Redis 会根据用途不同的字典，设置不同的类型特定函数。
- privdata 属性：该属性用于保存需要传递给那些类型特定函数的可选参数。

type 和 privdata 属性是为创建多态字典而设置的，二者针对不同类型的键值对。
- ht[2]属性：该属性是一个包含两个数组元素的数组，数组中的每个元素都是一个 dictht 哈希表。通常，字典只使用 ht[0]哈希表，而只有在对 ht[0]哈希表进行 rehash（重新散列）时，才会用到 ht[1]哈希表。
- rehashids 属性：该属性用于记录 rehash 目前的进度。如果现在没有进行 rehash，那么它的值为-1。

- iterators 属性：该属性表示当前运行的迭代器数。

dictType 结构的源码定义如下：

```
typedef struct dictType {
    uint64_t (*hashFunction)(const void *key);
    void *(*keyDup)(void *privdata, const void *key);
    void *(*valDup)(void *privdata, const void *obj);
    int (*keyCompare)(void *privdata, const void *key1, const void *key2);
    void (*keyDestructor)(void *privdata, void *key);
    void (*valDestructor)(void *privdata, void *obj);
} dictType;
```

结构元素说明如下。

- uint64_t (*hashFunction)(const void *key);：该函数用于计算哈希值，返回值类型为无符号整型。
- void *(*keyDup)(void *privdata, const void *key);：该函数用于复制键，返回值类型为 void（空类型）。
- void *(*valDup)(void *privdata, const void *obj);：该函数用于复制值，返回值类型为 void。
- int (*keyCompare)(void *privdata, const void *key1, const void *key2);：该函数用于比对键值对中的键，看是否相同，返回值类型为 void。
- void (*keyDestructor)(void *privdata, void *key);：该函数用于销毁键值对中的键，返回值类型为 void。
- void (*valDestructor)(void *privdata, void *obj);：该函数用于销毁键值对中的值，返回值类型为 void。

如果要将一个新的键值对添加到字典中，那么程序需要先根据键值对中的键计算出哈希值和索引值，再根据索引值将包含新键值对的哈希表节点放到哈希表数组的指定索引上。

Redis 计算哈希值和索引值的步骤如下。

（1）使用字典设置的哈希函数，计算出键值对中键的哈希值。

```
hash = dict -> type ->hashFunction(key);
```

（2）利用哈希表的 sizemask 属性和哈希值，计算出索引值。

```
index = hash & dict ->ht[x].sizemask;
```

其中，ht[x]可以是 ht[0]，也可以是 ht[1]。

这就是 Redis 的哈希算法。

当数据库或哈希键的底层采用字典实现时，Redis 计算键的哈希值会使用 MurmurHash2 算法实现。关于 Redis 哈希键及哈希表的更多相关底层知识，请读者自行查阅相关资料。

7.5.2　字典 API 函数

字典 API 函数列举如下。

- dictCreate 函数：该函数用于创建一个新的字典。
- dictAdd 函数：该函数用于添加一个给定的键值对到字典中。
- dictDelete 函数：该函数根据给定的键删除字典中与之对应的键值对。
- dictFetchValue 函数：该函数用于获取字典中给定键所对应的值。
- dictGetRandomKey 函数：该函数用于从字典中随机返回一个键值对。
- dictReplace 函数：该函数用于将给定的键值对添加到字典中。如果这个字典中已经存在给定的键，那么旧值将会被新值覆盖。
- dictRelease 函数：该函数用于释放给定的字典，包含字典中的所有键值对。换句话说，就是清空字典中的所有键值对。

7.6 Redis 整数集合

Redis 集合键的底层实现有多种方式，其中一种是整数集合（intset）。当一个集合只包含整数值元素，同时这个集合中的元素数量不是太多时，Redis 就会采用整数集合来实现这个集合键的底层。

下面将多个学生的成绩添加到集合 score 中，并查看集合 score 的底层实现，操作如下：

```
127.0.0.1:6379> SADD score 60 75 70 80 89 90 100 92 81 73  #添加学生成绩到集合 score 中
(integer) 10
127.0.0.1:6379> SMEMBERS score   #获取集合 score 中的所有元素
1) "60"
2) "70"
3) "73"
4) "75"
5) "80"
6) "81"
7) "89"
8) "90"
9) "92"
10) "100"
127.0.0.1:6379> OBJECT ENCODING score   #查看集合 score 的底层实现
"intset"
```

执行 OBJECT ENCODING score 命令后，返回 intset，说明集合 score 的底层实现采用的是整数集合。

7.6.1 整数集合的实现原理

Redis 底层使用整数集合来保存整数值类型的集合键（set 集合）。整数集合（intset）可以保存 int16_t、int32_t、int64_t 类型的整数值，且整数集合元素不可重复。

位于 Redis 安装包的 src 目录下的 intset.h/intset 结构表示一个整数集合，该结构的定义如下：

```
//整数集合结构
typedef struct intset {
  //编码方式
    uint32_t encoding;
  //集合中所包含的元素数量
    uint32_t length;
  //保存集合元素的数组
    int8_t contents[];
} intset;
```

属性说明如下。

- encoding 属性：该属性用于定义整数集合的编码方式，不同的编码方式决定了整数集合可以保存什么类型的集合元素。它具有多个属性值，具体有 INTSET_ENC_INT16、INTSET_ENC_INT32、INTSET_ENC_INT64。
- length 属性：该属性记录了整数集合所包含的元素数量，也就是 contents 数组的长度。
- contents 属性：该属性是一个声明为 int8_t 类型的数组，但是它并不保存任何 int8_t 类型的值。contents 数组所能保存的集合元素的类型取决于 encoding 属性的值。
  ➢ 当 encoding 属性的值为 INTSET_ENC_INT16 时，contents 数组的类型为 int16_t，数组中的每个元素都是一个 int16_t 类型的整数值，此时 contents 数组的大小为 sizeof(int16_t)×length。

这个数组所能存放的整数值范围是：最小值为-32 768，最大值为 32 767。

  ➢ 当 encoding 属性的值为 INTSET_ENC_INT32 时，contents 数组的类型为 int32_t，数组中的每个元素都是一个 int32_t 类型的整数值，此时 contents 数组的大小为 sizeof(int32_t) ×length。

这个数组所能存放的整数值范围是：最小值为-2 147 483 648，最大值为 2 147 483 647。

  ➢ 当 encoding 属性的值为 INTSET_ENC_INT64 时，contents 数组的类型为 int64_t，数组中的每个元素都是一个 int64_t 类型的整数值，此时 contents 数组的大小是 sizeof(int64_t) ×length。

这个数组所能存放的整数值范围是：最小值为-9 223 372 136 854 775 808，最大值为 9 223 372 036 854 775 807。

如图 7.4 所示为一个含有 6 个 int32_t 类型整数值的整数集合。

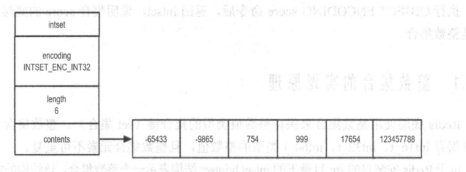

图 7.4　一个含有 6 个 int32_t 类型整数值的整数集合

在图 7.4 中，eccoding 属性的属性值为 INTSET_ENC_INT32，表示这个整数集合的底层实现为 int32_t 类型的数组，而这个数组中保存的元素都是 int32_t 类型的。

length 属性的值为 6，表示这个整数集合包含 6 个集合元素。

contents 数组按照从小到大的顺序依次存储整数集合的元素，contents 数组的大小为 sizeof(int32_t) ×length = 32×6 = 192（位）。

现有一个类型为 int16_t 的整数集合，如果要向这个集合中添加类型为 int64_t 的集合元素，那么 Redis 的底层是如何实现的呢？

这个过程涉及整数集合元素的类型转化问题。int16_t 类型的整数元素要转化为 int64_t 类型的整数元素，Redis 的底层是这样实现的：

（1）根据新添加元素的类型（这里为 int64_t），扩展这个整数集合底层数组的空间大小，同时为这个新元素分配空间。

（2）将底层数组原有的所有元素都转化为与新元素相同的类型（这里是将 int16_t 类型的元素转化为 int64_t 类型的元素），并将类型转化后的元素按照从小到大的顺序依次放置到正确的位置上，以保证底层数组的有序性。

（3）将新元素添加到底层数组中，这个整数集合类型就由最初的 int16_t 类型转化为 int64_t 类型了。

以上这个过程就是将一个低类型的整数集合转化为高类型的整数集合的过程。

整数集合的类型由高到低为：int64_t > int32_t > int16_t。

注意：Redis 整数集合的底层并不支持高类型的整数集合转化为低类型的整数集合。一旦整数集合由低类型转化为高类型之后，整数集合的编码就会一直保持为转化后的状态，就不可能再转化为低类型的整数集合了。

7.6.2 整数集合 API 函数

整数集合 API 函数列举如下。

- intsetNew 函数：该函数用于创建一个新的整数集合。
- intsetAdd 函数：该函数用于将指定的整数元素添加到整数集合中。
- intsetGet 函数：该函数用于获取底层数组在给定索引上的元素。
- intsetLen 函数：该函数用于获取整数集合所包含的元素数量。
- intsetRemove 函数：该函数用于删除整数集合中指定的元素。
- intsetFind 函数：该函数用于判断给定的元素是否存在于整数集合中。
- intsetRandom 函数：该函数用于从整数集合中随机返回一个元素。
- intsetBlobLen 函数：该函数用于返回整数集合所占用的内存字节数。

7.7 Redis 跳表

Redis 跳表是一种有序数据结构，它的每个节点中具有多个指向其他节点的指针，利用这些指针可以实现快速访问节点的目的。它不仅支持快速节点查找，还可以通过顺序性操作批量处理节点。

7.7.1 跳表的实现原理

Redis 采用跳表实现了有序集合的底层。如果一个有序集合包含的元素数量众多，或者有序集合元素的成员是比较长的字符串，Redis 就会采用跳表作为这个有序集合的底层实现。

下面的有序集合 citys 记录了中国 600 座城市的名称，以各城市的 GDP（亿元）作为分值，列举部分城市如下：

```
127.0.0.1:6379> ZRANGE citys 0 5 WITHSCORES
 1) "haerbin-GDP"
 2) "8645"
 3) "dalian-GDP"
 4) "9897"
 5) "nanjing-GDP"
 6) "10034"
 7) "tianjin-GDP"
 8) "11203"
 9) "wuhan-GDP"
10) "12654"
11) "shenzhen-GDP"
12) "14321"
```

有序集合 citys 的所有数据都保存在一个跳表中，每个跳表节点都保存一座城市的 GDP 信息。

跳表数据结构主要用在 Redis 的有序集合和集群节点中。

Redis 的跳表由 redis.h/zskiplistNode 和 redis.h/zskiplist 结构定义，其中 zskiplistNode 结构用于表示跳表的节点，zskiplist 结构用于保存跳表节点的相关信息，比如，保存节点的数量，以及指向表头节点和表尾节点的指针等。

zskiplist 结构具有如下属性。

- header 属性：该属性用于指向跳表的表头节点。
- tail 属性：该属性用于指向跳表的表尾节点。
- level 属性：该属性用于记录在目前的跳表内，除表头节点所在层数之外，层数最大的节点层数。
- length 属性：该属性用于记录跳表的长度，也就是跳表中的节点数量，不包含表头节点。

zskiplistNode 结构的定义如下：

```
typedef struct zskiplistNode {
```

```
//层
struct zskiplistLevel {
    struct zskiplistNode *forward;  //前进指针
    unsigned int span;   //跨度
}level[];
//后退指针
struct zskiplistNode *backward;
//分数
double score;
//成员对象
robj *obj;
} zskiplistNode;
```

属性说明如下。

- level 属性：该属性是一个数组，表示跳表中的层。数组中可以包含多个元素，每个元素都包含一个指向其他节点的指针，程序通过这些层可以快速地访问到其他节点，层数越多，访问其他节点的速度越快。在创建新的跳表节点的时候，程序会根据幂次定律（越大的数，出现的概率越小）随机生成一个介于 1~32 之间的随机数作为 level 数组的大小（数组长度），它也是层的高度。

每个层都带有两个属性：前进指针和跨度。

前进指针：level[i].forward 属性，它指向跳表的表尾，用于访问位于表尾方向的其他节点。

跨度：level[i].span 属性，层的跨度，它记录了前进指针所指向节点和当前节点的距离。当程序从表头向表尾进行遍历时，访问会沿着层的前进指针进行。两个节点之间的跨度越大，它们相距就越远。如果跨度为 0，则表示前进指针指向 NULL，它们没有连向任何节点。

使用前进指针来实现遍历操作。使用跨度来计算排位（rank），就是在查找某个节点时，将访问过的所有层的跨度累计起来（累加和），这个结果数值就是目标节点在跳表中的排位。

- backward 属性：节点的后退指针，指向当前节点的前一个节点，它在程序从表尾向表头遍历节点时使用。每个节点只有一个后退指针，与前进指针有所不同，因此每次只能后退到前一个节点。
- score 属性：该属性表示跳表节点的分数，是一个双精度类型的浮点数。在跳表中，节点按各自所保存的分值从小到大进行排序。
- obj 属性：该属性表示跳表中节点所保存的成员对象，是一个指针，它指向一个保存着 SDS 值的字符串对象。

跳表的表头节点和其他节点的结构是一样的，比如，后退指针、分数和成员对象在表头节点中同样存在，但是表头的这些属性都不会被用到。在一个跳表中，各个节点所保存的成员对象必须是唯一的，但是多个节点的分数值却可以是相同的。如果多个节点的分数值是相同的，那么这些节点将会按照成员对象在字典序中的大小来进行排序，成员对象的字典序比较小的节点会排在跳表的前面，而成员对象的字典序比较大的节点会排在跳表的后面。

多个跳表节点组成跳表。Redis 使用 zskiplist 结构来管理这些跳表节点，使得程序可以很方便地对整个跳表进行处理，比如，快速访问跳表节点、快速获取跳表中的节点数量等。

zskiplist 结构的定义如下：

```
typedef struct zskiplist {
    //跳表的表头节点和表尾节点
    structz skiplistNode *header, *tail;
    //跳表中的节点数量
    unsigned long length;
    //跳表中层数最大的节点层数
    int level;
}zskiplist;
```

属性说明如下。

- header 指针用于指向跳表的表头节点，而 tail 指针用于指向跳表的表尾节点。通过 header 和 tail 指针，程序可以快速查找跳表中的任何一个节点。
- length 属性：该属性是一个无符号的长整型（long）数值，用于记录跳表中的节点数量。
- level 属性：该属性是一个 int 类型的数值，用于获取跳表中层数最大的节点层数，不计算表头节点的层高。

7.7.2 跳表 API 函数

跳表 API 函数列举如下。

- zslCreate 函数：该函数用于创建一个新的跳表。
- zslInsert 函数：该函数用于将包含给定成员和分数值的新节点插入跳表中。
- zslDelete 函数：该函数用于删除跳表中指定成员和分数值的节点。
- zslFree 函数：该函数用于释放指定的跳表，包含跳表中的所有节点，也就是清空跳表。
- zslGetRank 函数：该函数用于获取指定成员和分数值的节点在跳表中的排位。
- zslGetElementByRank 函数：该函数用于获取跳表在指定排位上的节点。
- zslFirstInRange 函数：该函数用于返回跳表中第一个符合给定一个分数值范围的节点。
- zslLastInRange 函数：该函数用于返回跳表中最后一个符合给定一个分数值范围的节点。
- zslIsInRange 函数：给定一个分数值范围（range），如 11～19，如果跳表中有至少一个节点的分数值在这个范围内，就返回 1；否则返回 0。换句话说，如果 zslIsInRange 函数返回 1，则表示跳表中至少有一个节点符合给定范围的分数值。
- zslDeleteRangeByScore 函数：该函数用于给定一个分数值（score）范围，删除跳表中所有在这个分数值范围内的节点。

- zslDeleteRangeByRank 函数：该函数用于给定一个排位（rank）范围，删除跳表中所有在这个排位范围内的节点。

7.8 Redis 中的对象

前面几节介绍了 Redis 用到的几类数据结构，如简单动态字符串、链表、压缩列表、快速列表、字典、整数集合及跳表等。在 Redis 中，并没有直接使用这些数据结构来实现键值对存储数据库，而是在这些数据结构的基础上，创建了一个对象系统，这个对象系统中包含了 Redis 的 5 种数据对象，分别是字符串对象、列表对象、哈希对象、集合对象及有序集合对象。Redis 的每种数据对象都用到了前面介绍的至少一种数据结构。

通过这 5 种不同的数据对象，我们可以针对不同的使用场景，来为对象设置多种不同的数据结构的实现。Redis 在执行命令之前，一个对象是否可以执行给定的命令是根据对象的类型来判断的；Redis 的对象系统实现了基于引用计数技术的内存回收机制，当某个对象不再被程序使用的时候，这个对象所占用的内存空间就会被系统自动回收。

为了节省内存空间，使得多个数据库键可以共享同一个对象，Redis 通过引用计数技术实现了对象共享机制来解决这一问题。

Redis 的对象带有访问时间记录信息，它用于计算数据库键的空转时间。如果服务器启动了 maxmemory 功能，则空转时间较大的键可能会被服务器优先删除，以此来达到优化系统的目的。

7.8.1 对象类型

Redis 数据库中的键和值是由对象来表示的。每当我们在数据库中创建一个键值对时，系统至少会创建两个对象：一个对象用作键值对中的键（键对象）；另一个对象用作键值对中的值（值对象）。比如，执行以下命令：

```
127.0.0.1 6379>SET username "liuhefei"
OK
```

上述命令将会创建两个对象：一个对象是键值对中的键对象，也就是包含了字符串值"username"的对象；而另一个对象是键值对中的值对象，也就是包含了字符串值"liuhefei"的对象。

对象结构体定义如下：

```
typedef struct redisObject {
//对象类型
unsigned type:4;
//对象编码
unsigned encoding:4;
//指向底层实现数据结构的指针
```

```
    void *ptr;
    // ...
}robj;
```

这里的对象结构体中省略了部分属性的定义，只定义了结构体中与保存数据有关的 3 个属性。

- type 属性：该属性用于记录对象的类型。Redis 中对象的类型如下。
  - ➢ REDIS_STRING：字符串对象。
  - ➢ REDIS_LIST：列表对象。
  - ➢ REDIS_HASH：哈希对象。
  - ➢ REDIS_SET：集合对象。
  - ➢ REDIS_ZSET：有序集合对象。

Redis 数据库中保存的键值对中的键总是一个字符串对象，而值可以是字符串对象、列表对象、哈希对象、集合对象及有序集合对象中的任意一种。

当一个数据库键为"字符串键"时，这个键所对应的值是字符串对象。

当一个数据库键为"列表键"时，这个键所对应的值是列表对象。

通常可以使用 Redis 的 TYPE 命令来查看一个数据库键对应的值对象的类型。

使用 TYPE 命令查看数据库键对应的值对象的类型，操作如下：

```
127.0.0.1:6379> SELECT 1  #切换到1号数据库
OK
127.0.0.1:6379[1]> SET username "liuhefei"  #设置字符串键值对
OK
127.0.0.1:6379[1]> TYPE username
string  #字符串类型
127.0.0.1:6379[1]> RPUSH numbers 6 8 2 4 9  #添加多个整数到列表 numbers 的表尾
(integer) 5
127.0.0.1:6379[1]> TYPE numbers
list  #列表类型
127.0.0.1:6379[1]> HMSET color R "red" G "green" B "blue"  #添加多个键值对到哈希表 color 中
OK
127.0.0.1:6379[1]> TYPE color
hash  #哈希类型
127.0.0.1:6379[1]> SADD citys beijing shanghai wuhan shenzhen  #添加多个城市到集合 citys 中
(integer) 4
127.0.0.1:6379[1]> TYPE citys
set  #集合类型
127.0.0.1:6379[1]> ZADD score 98 "xiaoming" 86 "zhangsan" 100 "lisi"  #添加多个学生与成绩到有序集合 score 中
(integer) 3
127.0.0.1:6379[1]> TYPE score
zset  #有序集合类型
```

使用 TYPE 命令查看数据库键对应的值对象的类型总结为表 7.2。

表 7.2 TYPE 命令输出不同值对象的类型

对象类型	对象 type 属性的值	TYPE 命令的输出
字符串对象	REDIS_STRING	string
列表对象	REDIS_LIST	list
哈希对象	REDIS_HASH	hash
集合对象	REDIS_SET	set
有序集合对象	REDIS_ZSET	zset

- encoding 属性：该属性记录了对象使用何种编码方式，也就是这个对象底层使用了什么数据结构来实现。
- ptr 属性：该属性是一个指针，用于指向对象的底层实现数据结构，而这些数据结构由对象的 encoding 属性决定。

对象的编码常量及对应的底层数据结构如下。

- 当编码常量为 REDIS_ENCODING_INT 时，对应的底层数据结构是 long 类型的整数。
- 当编码常量为 REDIS_ENCODING_EMBSTR 时，对应的底层数据结构是采用 embstr 编码的简单动态字符串。
- 当编码常量为 REDIS_ENCODING_RAW 时，对应的底层数据结构是简单动态字符串。
- 当编码常量为 REDIS_ENCODING_HT 时，对应的底层数据结构是字典。
- 当编码常量为 REDIS_ENCODING_LINKEDLIST 时，对应的底层数据结构是双向链表。
- 当编码常量为 REDIS_ENCODING_ZIPLIST 时，对应的底层数据结构是压缩列表。
- 当编码常量为 REDIS_ENCODING_INTSET 时，对应的底层数据结构是整数集合。
- 当编码常量为 REDIS_ENCODING_SKIPLIST 时，对应的底层数据结构是字典和跳表。

每种对象 type 属性的值都会对应不同的编码方式，因此对象的底层实现也就不一样。如表 7.3 所示展示了不同 type 类型编码及对象的底层实现。

表 7.3 不同 type 类型编码及对象的底层实现

type 属性的值（类型）	编码	对象的底层实现
REDIS_STRING	REDIS_ENCODING_INT	采用整数值实现字符串对象
	REDIS_ENCODING_EMBSTR	采用 embstr 编码的简单动态字符串实现字符串对象
	REDIS_ENCODING_RAW	采用简单动态字符串实现字符串对象
REDIS_LIST	REDIS_ENCODING_ZIPLIST	采用压缩列表实现列表对象
	REDIS_ENCODING_QUICKLIST	采用快速列表实现列表对象
	REDIS_ENCODING_LINKEDLIST	采用双向链表实现列表对象
REDIS_HASH	REDIS_ENCODING_ZIPLIST	采用压缩列表实现哈希对象
	REDIS_ENCODING_HT	采用字典实现哈希对象
REDIS_SET	REDIS_ENCODING_INTSET	采用整数集合实现集合对象
	REDIS_ENCODING_HT	采用字典实现集合对象
REDIS_ZSET	REDIS_ENCODING_ZIPLIST	采用压缩列表实现有序集合对象
	REDIS_ENCODING_SKIPLIST	采用跳表和字典实现有序集合对象

使用命令 OBJECT ENCODING key 可以查看一个数据库键对应的值对象的编码，操作如下：

```
127.0.0.1:6379> SELECT 2     #切换到2号数据库
OK
127.0.0.1:6379[2]> SET message "good luck!"      #设置一条短消息
OK
127.0.0.1:6379[2]> OBJECT ENCODING message
"embstr"    #采用embstr编码的简单动态字符串
127.0.0.1:6379[2]> SET article "Learning is easy, learning hard, learning and cherishing."  #设置一个长字符串
OK
127.0.0.1:6379[2]> OBJECT ENCODING article
"raw"    #简单动态字符串
 127.0.0.1:6379[2]> LPUSH numbers 78 89 90 100 70 60 76 80  #将多个整数添加到列表 numbers 中
(integer) 8
127.0.0.1:6379[2]> OBJECT ENCODING numbers
"quicklist"    #快速列表
 127.0.0.1:6379[2]> HMSET user userName "liuhefei" passWord "123456" age 24  #将一条用户信息添加到哈希表 user 中
OK
127.0.0.1:6379[2]> OBJECT ENCODING user
"ziplist"    #压缩列表
 127.0.0.1:6379[2]> SADD nums 1 4 8 16 32 64  #将多个整数值添加到集合 nums 中
(integer) 6
127.0.0.1:6379[2]> OBJECT ENCODING nums
"intset"    #整数集合
 127.0.0.1:6379[2]> SADD news "There will be rain tomorrow"   #添加一个字符串到集合 nuws 中
(integer) 1
127.0.0.1:6379[2]> OBJECT ENCODING news
"hashtable"    #字典
#添加多个学生与分数到有序集合 score 中
127.0.0.1:6379[2]> ZADD score 70 "lisi" 80 "zhangsan" 90 "wangwu" 100 "tianqi"
(integer) 4
127.0.0.1:6379[2]> OBJECT ENCODING score
"ziplist"    #压缩列表
```

以上操作列举出了不同对象的编码常量所对应的 OBJECT ENCODING 命令的输出形式，总结如表 7.4 所示。

表 7.4 不同对象的编码常量所对应的 OBJECT ENCODING 命令的输出形式

对象的底层数据结构	编码常量	OBJECT ENCODING 命令的输出
采用 embstr 编码的简单动态字符串（SDS）	REDIS_ENCODING_EMBSTR	"embstr"
简单动态字符串	REDIS_ENCODING_RAW	"raw"
双向链表	REDIS_ENCODING_LINKEDLIST	"linkedlist"

续表

对象的底层数据结构	编码常量	OBJECT ENCODING 命令的输出
字典	REDIS_ENCODING_HT	"hashtable"
压缩列表	REDIS_ENCODING_ZIPLIST	"ziplist"
快速列表	REDIS_ENCODING_QUICKLIST	"quicklist"
整数	REDIS_ENCODING_INT	"int"
整数集合	REDIS_ENCODING_INTSET	"intset"
跳表和字典	REDIS_ENCODING_SKIPLIST	"skiplist"

7.8.2 对象的编码方式

Redis 有 5 种数据类型，每种数据类型都有对应的对象，具体有字符串对象、哈希对象、列表对象、集合对象及有序集合对象。每种对象都有其不同的编码方式，以适应不同的应用场景，同时提高了 Redis 的灵活性和效率。

下面列举出每种对象可能使用的编码方式。

- 字符串对象的编码方式可能是 int、raw 或 embstr。
- 哈希对象的编码方式可能是 ziplist 或 hashtable。
- 列表对象的编码方式可能是 ziplist、quicklist 或 linkedlist。
- 集合对象的编码方式可能是 intset 或 hashtable。
- 有序集合对象的编码方式可能是 ziplist 或 skiplist。

每种对象都有多种编码方式，那么在什么时候使用何种编码方式呢？下面我们逐一介绍。

1. 字符串对象

- 如果字符串对象保存的是一个 long 类型的整数值，那么这个字符串对象将会把这个整数值保存到字符串对象结构的 ptr 属性里，同时设置为 int 编码方式。
- 如果字符串对象保存的是一个长度超过 32 字节的字符串值，那么这个字符串对象将会使用简单动态字符串来保存这个字符串值，同时设置为 raw 编码方式。
- 如果字符串对象保存的是一个长度小于或等于 32 字节的字符串值（短字符串），那么这个字符串对象将会使用 embstr 编码方式来保存这个字符串值。

字符串对象的 int 和 embstr 编码在满足一定条件的情况下，会转化为 raw 编码。

2. 哈希对象

- 采用压缩列表作为底层实现了 ziplist 编码的哈希对象，每当要将新的键值对添加到列表中时，程序会将键值对中的键对象和值对象依次保存到压缩列表的表尾。
- 采用字典作为底层实现了 hashtable 编码的哈希对象，它的每个键值对都使用一个字典键值对保存。字典中的每个键和值都是一个字符串对象；字典中的键保存键值对中的键，字典中的值保存键值对中的值。

如果哈希对象同时满足以下两个条件：
> 哈希对象保存的所有键值对中的键和值的字符串长度不超过 64 字节。
> 哈希对象保存的键值对的个数在 512 个之内。

则哈希对象将会使用 ziplist 编码方式。而如果哈希对象不满足上述条件，则将会使用 hashtable 作为哈希对象的编码方式。

3. 列表对象

- 采用 ziplist 编码的列表对象使用压缩列表作为其底层实现，每个列表元素都保存在一个压缩列表节点中。
- 采用 quicklist 编码的列表对象使用快速列表作为其底层实现，每个快速列表的节点又是一个压缩列表。
- 采用 linkedlist 编码的列表对象在底层使用双向链表实现，每个双向链表的节点都保存了一个字符串对象。

如果列表对象满足以下条件，列表对象就会使用 ziplist 编码方式。
> 列表对象保存的所有字符串元素的长度都小于 64 字节。
> 列表对象保存的元素个数少于 512 个。

如果列表对象不能满足上述条件，则将会使用 linkedlist 编码方式。

4. 集合对象

- 采用整数集合作为底层实现了 intset 编码的集合对象，这个集合对象所包含的所有元素都会被保存到这个整数集合中。
- 采用字典作为底层实现了 hashtable 编码的集合对象，字典中的每个键都是一个字符串对象，每个字符串对象都包含一个集合元素，而字典的值被全部设置为 NULL。

如果集合对象满足以下两个条件，则将会使用 intset 编码方式。
> 集合对象中的所有元素都是整数值。
> 集合对象的所有元素个数之和在 512 个之内。

如果集合对象不满足上述条件，则将会使用 hashtable 编码方式。

5. 有序集合对象

- 采用压缩列表作为底层实现了 ziplist 编码的有序集合对象，每个有序集合的元素使用两个相连的压缩列表节点来保存，第一个压缩列表的节点保存有序集合元素的成员（member），第二个压缩列表的节点保存有序集合元素的分数值（score）。

压缩列表内的集合元素会根据分数值的大小，按从小到大的顺序进行排序，分数值较小的元素会被放置在靠近表头的一端，而分数值较大的元素会被放置在靠近表尾的一端。

- 采用 zset 结构作为底层实现了 skiplist 编码的有序集合对象，一个 zset 结构同时包含一个跳表和一个字典。

如果有序集合对象同时满足以下两个条件：

> 有序集合所保存的元素个数之和在 128 个之内。
> 有序集合保存的所有元素的长度小于 64 字节。

则有序集合对象使用 ziplist 编码方式。

如果有序集合对象不满足上述条件，则使用 skiplist 编码方式。

Redis 底层数据结构对应的源码文件如表 7.5 所示。

表 7.5 Redis 底层数据结构对应的源码文件

Redis 底层数据结构	源码文件
简单动态字符串（SDS）	sds.c 和 sds.h
链表	Adlist.c 和 adlist.h
压缩列表（ziplist）	ziplist.c 和 ziplist.h
快速列表（quicklist）	quicklist.c 和 quicklist.h
字典	dict.c 和 dict.h
整数集合（intset）	intset.c 和 intset.h
跳表（skiplist）	t_zset.c 和 redis.h
对象系统（redisObject）	object.c 和 server.h

第 8 章

Redis 排序

本章的主题为 Redis 的排序功能。众所周知，排序功能是每个数据库应该有且必须有的功能。在实际应用中，数据库存储大量信息后，为了获得有用的数据信息，我们必须对这些海量的数据进行筛选排序，进而查找出我们需要的数据。试想一下，如果数据库没有排序功能，我们为了获得一个有序的数据集，需要人工来排序，这将会是一件痛苦的事。本章将会深入讲解 Redis 的排序功能，以及与排序功能相关的每个参数（ASC、DESC、LIMIT、STORE、BY、GET）的用法等。

8.1 SORT 排序命令

Redis 的 SORT 命令用于对相关数据进行排序，具体可以对有序集合键的值及集合键、列表键进行排序。

使用 SORT 命令实现列表键的排序，具体操作步骤如下：

（1）RPUSH score 92 81 85 60 52 77 94 83（RPUSH 命令用于将多个学生的分数插入列表 score 中）。

（2）LRANGE score 0 -1（LRANGE 命令用于获取列表 score 中指定区间的元素）。

（3）SORT score（SORT 命令用于对列表 score 的值进行排序）。

操作如下：

```
127.0.0.1:6379> RPUSH score 92 81 85 60 52 77 94 83
(integer) 8
127.0.0.1:6379> LRANGE score 0 -1
1) "92"
2) "81"
3) "85"
4) "60"
5) "52"
6) "77"
7) "94"
8) "83"
127.0.0.1:6379> SORT score    #对分数进行排序
1) "52"
```

```
2) "60"
3) "77"
4) "81"
5) "83"
6) "85"
7) "92"
8) "94"
```

SORT <key> 是 SORT 命令最简单的形式,用于实现对列表 key 的排序,这个列表 key 包含数字值。

在使用 SORT 命令对有序集合进行排序时,会忽略有序集合元素的分数,而只对元素的值进行排序。具体操作步骤如下:

(1) ZADD myset 20 9 60 3 34 1 52 8 100 7 30 2(ZADD 命令用于将多个元素及元素的分数加入有序集合 myset 中,20、60、34、52、100、30 是分数,9、3、1、8、7、2 是元素)。

(2) ZRANGE myset 0 -1(ZRANGE 命令用于获取指定区间内的有序集合 myset 的元素)。

(3) SORT myset(SORT 命令用于对有序集合 myset 进行排序)。

操作如下:

```
127.0.0.1:6379> ZADD myset 20 9 60 3 34 1 52 8 100 7 30 2
(integer) 6
127.0.0.1:6379> ZRANGE myset 0 -1
1) "9"
2) "2"
3) "1"
4) "8"
5) "3"
6) "7"
127.0.0.1:6379> SORT myset
1) "1"
2) "2"
3) "3"
4) "7"
5) "8"
6) "9"
```

以上涉及的 SORT 排序实例都是针对数字值进行的排序。读者可能会问:Redis 的 SORT 命令是不是只能对数字值进行排序?

显然不是的,我们通过为 SORT 命令设置 ALPHA 参数,就可以实现对含有字符串值的键进行排序。命令格式为:

```
SORT <key> ALPHA
```

为 SORT 命令设置 ALPHA 参数可以实现按照字典顺序来排序字符串值。

使用 SORT 命令实现对字符串列表进行排序,操作步骤如下:

(1) LPUSH color red black purple white blue orange brown green(LPUSH 命令用于将多个颜色字符串元素添加到列表 color 中)。

(2) LRANGE color 0 -1（返回列表 color 中指定区间的元素）。
(3) SORT color（SORT 命令用于对字符串列表 color 进行排序，将会报错）。
(4) SORT color ALPHA（SORT 命令用于设置 ALPHA 参数对字符串列表 color 进行排序）。
操作如下：

```
127.0.0.1:6379> LPUSH color red black purple white blue orange brown green
(integer) 8
127.0.0.1:6379> LRANGE color 0 -1
1) "green"
2) "brown"
3) "orange"
4) "blue"
5) "white"
6) "purple"
7) "black"
8) "red"
127.0.0.1:6379> SORT color
(error) ERR One or more scores can't be converted into double
127.0.0.1:6379> SORT color ALPHA
1) "black"
2) "blue"
3) "brown"
4) "green"
5) "orange"
6) "purple"
7) "red"
8) "white"
```

在没有为 SORT 命令设置 ALPHA 参数的条件下，如果使用 SORT 命令对字符串值进行排序，则将会报错，错误信息为：(error) ERR One or more scores can't be converted into double。

可以看出，SORT 命令会尝试将所有元素转化为双精度浮点数来进行比较，如果转化错误就会报错。

8.2 升序（ASC）与降序（DESC）

在默认情况下，使用 SORT 命令排序后，排序结果将会按照从小到大的顺序排列。在实际应用中，我们常常需要对一些数据进行降序（从大到小）排列，此时可以为 SORT 命令设置 DEAS 参数，DEAS 参数的设置可以让排序结果降序排列；与 DEAS 参数功能相反的是 ASC 参数，ASC 参数的设置可以让排序结果按照从小到大的顺序排列。

在使用 SORT 命令实现从小到大的排序过程中，我们常常会省略 ASC 参数，其实 SORT <key>命令等价于 SORT <key> ASC 命令。

为 SORT 命令设置 ASC 或 DESC 参数实现排序，操作步骤如下：

（1）RPUSH height 156 172 171 165 182 160 171（RPUSH 命令用于将多个学生的身高添加到 height 列表中）。

（2）SORT height ASC（为 SORT 命令显式设置 ASC 参数实现排序）。

（3）SORT height DESC（为 SORT 命令设置 DESC 参数实现降序排序）。

操作如下：

```
127.0.0.1:6379> RPUSH height 156 172 171 165 182 160 171
(integer) 7
127.0.0.1:6379> SORT height
1) "156"
2) "160"
3) "165"
4) "171"
5) "171"
6) "172"
7) "182"
127.0.0.1:6379> SORT height ASC
1) "156"
2) "160"
3) "165"
4) "171"
5) "171"
6) "172"
7) "182"
127.0.0.1:6379> SORT height DESC
1) "182"
2) "172"
3) "171"
4) "171"
5) "165"
6) "160"
7) "156"
```

Redis 的升序排序与降序排序都是由相同的快速排序算法实现的，二者的区别在于：

- 在进行升序排序时，快速排序算法使用的排序对比函数产生升序的排列结果。
- 在进行降序排序时，快速排序算法使用的排序对比函数产生降序的排列结果。

升序对比和降序对比的结果正好相反，因此产生的排序结果也是正好相反的。

8.3 BY 参数的使用

在默认情况下，使用 SORT 命令进行排序，它会按照元素本身的值进行排序，元素本身决定了元素在排序之后所处的位置。

比如，使用 SORT 命令按照学生的姓名进行排序，操作如下：

```
#添加多个学生姓名到集合 stuName 中
127.0.0.1:6379> SADD stuName "zhangsan" "lisi" "wangwu" "xiaosan" "ouyang" "meizi"
```

```
(integer) 6
127.0.0.1:6379> SMEMBERS stuName    #返回集合中的所有元素
1) "zhangsan"
2) "lisi"
3) "ouyang"
4) "xiaosan"
5) "wangwu"
6) "meizi"
127.0.0.1:6379> SORT stuName ALPHA  #排序
1) "lisi"
2) "meizi"
3) "ouyang"
4) "wangwu"
5) "xiaosan"
6) "zhangsan"
```

我们使用 ALPHA 参数来对集合 stuName 进行排序。事实上，排序结果是按照元素在字典中的顺序得出的，也就是元素本身已经确定了元素所在的位置。但是，如果我们想按照其他键来排序，则可以通过 BY 参数来实现。

使用 BY 参数，SORT 命令可以指定某些字符串键，或者某个哈希键所具有的某些域来作为排序依据，对这个键进行排序。

比如，我们采用颜色的 RGB 值（256,256,256）对颜色进行排序，操作步骤如下：

（1）SADD color green blue red orange（将多个颜色元素添加到集合 color 中）。

（2）MSET green-RGB 91 blue-RGB 234 red-RGB 80 orange-RGB 155（MSET 命令用于同时设置多个键值对）。

（3）MGET green-RGB blue-RGB red-RGB orange-RGB（MGET 命令用于同时取出多个键对应的值）。

（4）SORT color BY *-RGB（为 SORT 命令设置 BY 参数，按照指定的*-RGB 字符串键进行排序）。

操作如下：

```
127.0.0.1:6379[3]> SADD color green blue red orange
(integer) 4
127.0.0.1:6379[3]> MSET green-RGB 91 blue-RGB 234 red-RGB 80 orange-RGB 155
OK
127.0.0.1:6379[3]> MGET green-RGB blue-RGB red-RGB orange-RGB
1) "91"
2) "234"
3) "80"
4) "155"
127.0.0.1:6379[3]> SORT color BY *-RGB
1) "red"
2) "green"
3) "orange"
4) "blue"
```

服务器执行 SORT color BY *-RGB 命令的过程如下：

（1）服务器接收到命令之后，进行解析，它会根据命令创建一个 redisSortObject 结构的数组，数组的长度就是 color 集合的大小（长度）。

（2）遍历这个数组，将每个数组元素的 obj 指针分别指向 color 集合中的每个元素。然后根据每个数组元素的 obj 指针所指向的集合元素，以及 BY 参数所指定的字符串键 *-RGB，查找相对应的权重键。比如，"green" 元素对应的权重键就是 "green-RGB"，其他元素类似。

（3）服务器会将这些元素的权重键所对应的权重值转化为双精度浮点数，然后保存到相应数组项的 u.score 属性中。这里 "green" 元素的权重键 "green-RGB" 的值转化为浮点数后为 "91.0"，其他元素类似。

（4）以数组项 u.score 属性的值为权重，按照从小到大的顺序对数组进行排序，将会得到一个升序的数组。

（5）遍历这个新数组，依次将数组项的 obj 指针所指向的集合元素返回给客户端。

在默认情况下，BY 参数排序的权重键保存的值为数字值。如果这些权重键中保存的值是字符串值，那么，要实现对这些权重键的排序，除使用 BY 参数之外，还需要使用 ALPHA 参数。

命令格式如下：

```
SORT <key> BY <pattern> ALPHA
```

比如，使用 BY 和 ALPHA 参数对带有 RGB 值的颜色进行排序，操作步骤如下：

（1）SADD color "red" "black" "green" "yellow"（SADD 命令用于将多个颜色元素添加到集合 color 中）。

（2）MSET red-rgb "RGB-170" black-rgb "RGB-210" green-rgb "RGB-90" yellow-rgb "RGB-140"（MSET 命令用于同时设置多个键值对）。

（3）MGET red-rgb black-rgb green-rgb yellow-rgb（MGET 命令用于同时取出多个键对应的值）。

（4）SORT color BY *-rgb ALPHA（SORT 命令结合 BY 和 ALPHA 参数，使用颜色的 -rgb 为权重，对颜色进行排序）。

操作如下：

```
127.0.0.1:6379[3]> SADD color "red" "black" "green" "yellow"
(integer) 4
127.0.0.1:6379[3]> MSET red-rgb "RGB-170" black-rgb "RGB-210" green-rgb "RGB-90" yellow-rgb "RGB-140"
OK
127.0.0.1:6379[3]> MGET red-rgb black-rgb green-rgb yellow-rgb
1) "RGB-170"
2) "RGB-210"
3) "RGB-90"
4) "RGB-140"
```

```
127.0.0.1:6379[3]> SORT color BY *-rgb ALPHA
1) "yellow"
2) "red"
3) "black"
4) "green"
127.0.0.1:6379[3]> SORT color BY *-rgb
(error) ERR One or more scores can't be converted into double
```

通过以上实例不难看出，当权重键中存储的是字符串值时，使用 BY 参数是不能实现排序的，必须结合 ALPHA 参数才能实现排序。

将一个不存在的键作为参数传递给 BY 参数，可以让 SORT 命令跳过排序操作，直接返回结果。接着对集合 color 进行操作，如下：

```
127.0.0.1:6379[3]> SORT color ALPHA
1) "black"
2) "green"
3) "red"
4) "yellow"
127.0.0.1:6379[3]> SORT color BY *-rgb ALPHA
1) "yellow"
2) "red"
3) "black"
4) "green"
127.0.0.1:6379[3]> SORT color BY no-key ALPHA    #将一个不存在的键传递给BY参数进行排序
1) "yellow"
2) "green"
3) "black"
4) "red"
```

在实际应用中，请读者根据实际情况选择合适的参数相结合进行排序。

8.4 LIMIT 参数的使用

在使用 SORT 命令进行排序时，不管有多少个元素，排序后都会返回所有的元素到客户端。

比如，使用 SORT 命令对英文字母进行排序，操作步骤如下：

（1）SADD letter a b c d e f g（SADD 命令用于将多个英文字母添加到集合 letter 中）。

（2）SMEMBERS letter（SMEMBERS 命令用于获取集合 letter 中的所有元素，是乱序的）。

（3）SORT letter ALPHA（SORT 命令用于对集合 letter 进行排序）。

操作如下：

```
127.0.0.1:6379[3]> SADD letter a b c d e f g
(integer) 7
127.0.0.1:6379[3]> SMEMBERS letter
1) "c"
2) "b"
```

```
3) "d"
4) "a"
5) "g"
6) "f"
7) "e"
127.0.0.1:6379[3]> SORT letter ALPHA
1) "a"
2) "b"
3) "c"
4) "d"
5) "e"
6) "f"
7) "g"
```

如果使用 SORT 命令对一个很大的集合（有很多元素）进行排序，同时又不希望 SORT 命令返回这个集合排序结果的所有元素，而只需要其中的一部分元素即可，则可以使用 SORT 命令的 LIMIT 参数来实现。在使用 LIMIT 参数之后，可以返回排序结果的部分元素。命令格式如下：

```
LIMIT <offset> <count>
```

- offset 参数：表示要跳过的已排序元素数量。
- count 参数：表示在跳过 offset 个已排序的元素之后，要返回多少个已排序的元素。

比如，对上一个实例中的 letter 集合进行排序，在跳过 2 个已排序的元素之后，返回 3 个已排序的元素。操作如下：

```
127.0.0.1:6379[3]> SORT letter ALPHA LIMIT 2 3
1) "c"
2) "d"
3) "e"
```

Redis 的 SORT 命令的 LIMIT 参数有点类似于 MySQL 数据库的 LIMIT 参数，它们的功能相似，都是返回部分结果。

8.5 GET 与 STORE 参数的使用

使用 SORT 命令对键进行排序后，在默认情况下，总是返回被排序键本身所包含的元素。如果想要得到这些排序键所对应的值，则可以使用 GET 参数。GET 参数不参与排序，它的作用是使 SORT 命令的返回结果不再是元素自身的值，而是 GET 参数所指定的模式匹配的值。GET 参数与 BY 参数一样，也支持字符串类型和散列类型的键，并使用 "*" 作为模式匹配符。

比如，我们使用 SORT 命令对 citys 集合进行排序，然后根据排序结果，使用 GET 参数返回这些城市的全名，操作步骤如下：

（1）SADD citys shenzhen hangzhou chengdu wuhan（SADD 命令用于同时添加多个元

素到 citys 集合中）。

（2）SORT citys ALPHA（SORT 命令结合 ALPHA 参数实现字符串集合排序）。

（3）SET shenzhen-name "guangdong-shenzhen"

　　SET hangzhou-name "zhejiang-hangzhou"

　　SET chengdu-name "sichuan-chengdu"

　　SET wuhan-name "hubei-wuhan"（SET 命令用于设置多个字符串键值对，即 citys 集合）。

（4）SORT citys ALPHA GET *-name（使用 GET 参数按照*-name 返回城市的全名，即值）。

操作如下：

```
127.0.0.1:6379[3]> SADD citys shenzhen hangzhou chengdu wuhan
(integer) 4
127.0.0.1:6379[3]> SORT citys ALPHA
1) "chengdu"
2) "hangzhou"
3) "shenzhen"
4) "wuhan"
127.0.0.1:6379[3]> SET shenzhen-name "guangdong-shenzhen"
OK
127.0.0.1:6379[3]> SET hangzhou-name "zhejiang-hangzhou"
OK
127.0.0.1:6379[3]> SET chengdu-name "sichuan-chengdu"
OK
127.0.0.1:6379[3]> SET wuhan-name "hubei-wuhan"
OK
127.0.0.1:6379[3]> SORT citys ALPHA GET *-name
1) "sichuan-chengdu"
2) "zhejiang-hangzhou"
3) "guangdong-shenzhen"
4) "hubei-wuhan"
```

一个 SORT 命令可以带有多个 GET 参数，但只能带有一个 BY 参数。但是，随着 GET 参数的增多，SORT 命令要执行的查找操作也会增多。

比如，对 citys 集合中的城市设置 GDP（亿元），然后使用两个 GET 参数分别取出 citys 集合中城市的全名及对应的 GDP 值，操作步骤如下：

（1）SET shenzhen-GDP 8965

　　SET hangzhou-GDP 6877

　　SET chengdu-GDP 4312

　　SET wuhan-GDP 5234（SET 命令用于设置各个城市的 GDP）。

（2）SORT citys ALPHA GET *-name GET *-GDP（使用 SORT 命令结合 GET 参数实现排序，并获取城市的全名及对应的 GDP 值）。

操作如下：

```
127.0.0.1:6379[3]> SET shenzhen-GDP 8965
OK
127.0.0.1:6379[3]> SET hangzhou-GDP 6877
OK
127.0.0.1:6379[3]> SET chengdu-GDP 4312
OK
127.0.0.1:6379[3]> SET wuhan-GDP 5234
OK
127.0.0.1:6379[3]> SORT citys ALPHA GET *-name GET *-GDP
1) "sichuan-chengdu"
2) "4312"
3) "zhejiang-hangzhou"
4) "6877"
5) "guangdong-shenzhen"
6) "8965"
7) "hubei-wuhan"
8) "5234"
```

接着使用 GET 参数返回排序元素本身的值，操作如下：

```
127.0.0.1:6379[3]> SORT citys ALPHA GET *-name GET *-GDP GET #
 1) "sichuan-chengdu"
 2) "4312"
 3) "chengdu"
 4) "zhejiang-hangzhou"
 5) "6877"
 6) "hangzhou"
 7) "guangdong-shenzhen"
 8) "8965"
 9) "shenzhen"
10) "hubei-wuhan"
11) "5234"
12) "wuhan"
```

组合使用 BY 与 GET 参数，让排序结果以更直观的方式显示出来，如下：

```
127.0.0.1:6379[3]> SORT citys ALPHA BY *-* GET *-name GET *-GDP
1) "zhejiang-hangzhou"
2) "6877"
3) "hubei-wuhan"
4) "5234"
5) "sichuan-chengdu"
6) "4312"
7) "guangdong-shenzhen"
8) "8965"
```

除将字符串键作为 GET 或 BY 参数之外，还可以使用哈希表作为 GET 或 BY 参数。比如，对于用户信息表（见表 8.1），你可能会想到分别把用户名和用户年龄保存到 user_name_{uid} 和 user_age_{uid} 两个字符串键中，这种做法显然不好。我们可以用一个带有 name 和 age 属性的哈希表 user_info_{uid}来存放这些用户的信息，然后使用 BY 和 GET 参数来获取这个哈希表的键和值。

表 8.1　用户信息表

uid	user_name_{uid}	user_age_{uid}
1	zhangsan	23
2	lisi	19
3	tianqi	24
4	wangwu	18

操作步骤如下：

（1）LPUSH uid 1 2 3 4（LPUSH 命令用于将多个值添加到列表中）。

（2）HMSET user_info_1 name zhangsan age 23

　　HMSET user_info_2 name lisi age 19

　　HMSET user_info_3 name tianqi age 24

　　HMSET user_info_4 name wangwu age 18（HMSET 命令用于同时将多个键值对添加到哈希表 user_info_{uid}中）。

（3）SORT uid BY user_info_*-> age（SORT 命令结合 BY 参数获取哈希表的 age 值）。

（4）SORT uid BY user_info_*-> age GET user_info_* -> name（SORT 命令结合 BY 和 GET 参数获取哈希表的 age 和 name 值）。

操作如下：

```
127.0.0.1:6379[3]> LPUSH uid 1 2 3 4
(integer) 4
127.0.0.1:6379[3]> HMSET user_info_1 name zhangsan age 23
OK
127.0.0.1:6379[3]> HMSET user_info_2 name lisi age 19
OK
127.0.0.1:6379[3]> HMSET user_info_3 name tianqi age 24
OK
127.0.0.1:6379[3]> HMSET user_info_4 name wangwu age 18
OK
127.0.0.1:6379[3]> SORT uid BY user_info_*->age
1) "4"
2) "2"
3) "1"
4) "3"
127.0.0.1:6379[3]> SORT uid BY user_info_*->age GET user_info_*->name
1) "wangwu"
2) "lisi"
3) "zhangsan"
4) "tianqi"
```

在默认情况下，使用 SORT 命令进行排序，只会向客户端返回排序的结果，并不会保存这些排序结果。如果想把排序结果保存起来，则可以使用 STORE 参数。通过使用 STORE 参数，可以把排序结果保存到指定的键中，在需要的时候从这个键中取出。

比如，对多个城市名进行排序，然后将排序结果保存到指定的键中，操作步骤如下：

（1）SADD citys "beijing" "hangzhou" "wuhan" "kunming" "zhengzhou"（SADD 命令用于同时添加多个元素到 citys 集合中）。

（2）SORT citys ALPHA（SORT 命令用于对字符串集合进行排序）。

（3）SORT citys ALPHA STORE china_citys（使用 STORE 参数将 SORT 命令排序的结果保存到指定键 china_citys 中）。

（4）LRANGE china_citys 0 4（LRANGE 命令用于取出键 china_citys 中索引为 0~4 的元素）。

操作如下：

```
127.0.0.1:6379[4]> SADD citys "beijing" "hangzhou" "wuhan" "kunming" "zhengzhou"
(integer) 5
127.0.0.1:6379[4]> SORT citys ALPHA
1) "beijing"
2) "hangzhou"
3) "kunming"
4) "wuhan"
5) "zhengzhou"
127.0.0.1:6379[4]> SORT citys ALPHA STORE china_citys
(integer) 5
127.0.0.1:6379[4]> LRANGE china_citys 0 4
1) "beijing"
2) "hangzhou"
3) "kunming"
4) "wuhan"
5) "zhengzhou"
127.0.0.1:6379[4]> LRANGE china_citys 1 3
1) "hangzhou"
2) "kunming"
3) "wuhan"
```

STORE 参数保存的键是列表类型的，如果这个键已经存在，则新的键会覆盖旧的键。在加上 STORE 参数后，SORT 命令的返回值为结果的个数。

8.6 多参数执行顺序

在使用 Redis 的 SORT 命令进行排序的时候，一般会携带多个参数，而这些参数的执行顺序是分先后的。按照参数的执行顺序，SORT 命令的执行过程可以划分为以下几步：

（1）进行排序。在这一步中，可以使用 ALPHA 参数、ASC 或 DESC 参数及 BY 参数实现排序，并返回排序结果。

（2）对排序结果集的长度限制。在这一步中，可以使用 LIMIT 参数对排序结果进行限制，返回部分排序结果，并保存到排序结果集中。

（3）获取外部键。在这一步中，可以使用 GET 参数，根据排序结果集中的元素及 GET 参数所指定的模式进行匹配，查找出符合要求的键值，同时将这些键值作为新的排序结果集。

（4）将排序结果集返回给客户端。在这一步中，排序结果集被遍历，并返回给客户端。

SORT 命令的这 4 步执行过程环环紧扣，只有当前一步完成之后，才会执行下一步。这 4 步执行过程用命令解释如下：

```
SORT <key> ALPHA ASC | DESC BY <by-pattern> LIMIT <offset> <count> GET <get-pattern> STORE <store_key>
```

这个命令的执行过程如下（拆分命令）。

（1）进行排序。命令为：

```
SORT <key> ALPHA ASC | DESC BY <by-pattern>
```

（2）对排序结果集的长度限制。命令为：

```
LIMIT <offset> <count>
```

（3）获取外部键。命令为：

```
GET <get-pattern>
```

（4）将排序结果集返回给客户端。命令为：

```
STORE <store_key>
```

在使用 SORT 命令携带多个参数进行排序时，除 GET 参数之外，其他参数的摆放顺序并不会影响到排序结果。如果排序命令中含有多个 GET 参数，则必须保证 GET 参数的摆放顺序正确，才能得出我们想要的排序结果。

至此，我们全面讲解了 Redis 的排序功能，相信读者已经学会。同时也希望读者多动手实践，这样才能熟练掌握 Redis 的排序功能。

第 9 章

Redis 事务

我们都知道，数据库是一个面向多用户的共享管理系统，它具备并发控制和封锁机制，用于保证数据库的正常运行，同时保证数据的完整性。而保证数据完整性的单位就是事务。那么，什么是事务呢？事务就是由一系列数据库命令组成的集合单元。事务可以保证数据库数据的一致性。事务是并发控制和封锁机制的基本单位。在关系型数据库中，事务可以由一条或多条 SQL 语句组成，可以把它看作一个程序。不仅在关系型数据库中存在事务，在非关系型数据库中也存在事务。本章将着重讲解 Redis 事务的原理及实现过程，以及它的相关特性、相关命令等。

9.1 Redis 事务简介

Redis 事务的基本功能由 MULTI、EXEC、DISCARD 及 WATCH 等命令实现。其中，
- MULTI 命令用于启动 Redis 的事务，将客户端置为事务状态。
- EXEC 命令用于提交事务，执行从 MULTI 到此命令前面的命令队列，此时客户端变为非事务状态。
- DISCARD 命令用于取消事务，命令执行后，将会清空事务队列中的所有命令，并且客户端从事务状态中退出。
- WATCH 命令用于监视键值对，它使得 EXEC 命令需要有条件地执行，在所有被监视键都没有被修改的前提下，事务才能正常被执行。如果这个被监视的键值对发生了改变，那么事务就不会被执行。

Redis 事务一次可以执行多个命令，其本质是一组命令的集合，一个事务中的所有命令都会被系列化，然后一次性、按顺序、排他性地串行（逐个）执行一系列命令。在事务的执行过程中，Redis 事务不会被打断，Redis 服务器不会在执行事务的途中去执行其他客户端命令，而是等待整个事务执行完毕后，才会执行其他客户端发送过来的命令请求。

目前，Redis 对事务的支持还比较简单，它只能保证一个客户端请求的事务中的命令可以连续地被执行，而在中间过程中不会执行其他客户端发送过来的命令请求。当一个客户端在连接中发出 MULTI 命令时，这个连接就会启动一个事务上下文，该连接后续请求的命

令都会先放到一个命令队列中。这些命令并不会立即被执行，而是当服务器接收到 EXEC 命令并执行时，它才会顺序地执行这个队列中的所有命令。

9.2 Redis 事务的 ACID 特性

在关系型数据库中，事务具有 ACID（原子性、一致性、隔离性、持久性）特性，我们常常使用数据库的 ACID 特性来衡量一个关系型数据库事务的安全性与可靠性。同样地，Redis 数据库也具有 ACID 特性，Redis 事务一次可以执行多个命令，在这个过程中具有 ACID 特性。下面我们来详细说明。

9.2.1 事务的原子性

Redis 事务的原子性说的是，事务一次可以执行多个命令，在开启事务后，多个命令逐个入队，当遇到 EXEC 命令时，入队的命令会被看作一个整体来执行，Redis 服务器对这个整体命令要么全部执行成功，要么全部执行失败。

Redis 事务是一个原子操作。EXEC 命令主要负责触发并执行这组事务中的所有命令：当客户端使用 MULTI 命令成功开启一个事务上下文后，成功入队了多个命令，并执行 EXEC 命令，此时发生断线，因而导致 EXEC 命令并没有执行成功，那么事务中的所有命令都不会执行成功。另外，如果客户端在成功启动事务之后执行了 EXEC 命令，那么这个事务中的所有命令都会执行成功。这就是 Redis 事务的原子性，即一个事务中的所有命令要么全部执行成功，要么全部执行失败。

下面开启一个事务，然后将一个用户的多条信息添加到事务队列中，在提交事务之后，成功执行这个事务中的所有命令。操作如下：

```
127.0.0.1:6379> SET name "xiaoming"  #设置用户名为"xiaoming"，在开启事务之前
OK
127.0.0.1:6379> SET age 10            #设置用户年龄为10，在开启事务之前
OK
127.0.0.1:6379> MULTI                 #开启事务
OK
127.0.0.1:6379> SET name "liuhefei"   #命令入队，设置用户名为"liuhefei"，将会覆盖旧值
QUEUED
127.0.0.1:6379> SET age 23            #命令入队，设置用户年龄为23，将会覆盖旧值
QUEUED
127.0.0.1:6379> INCRBY age 2          #命令入队，将用户的年龄加2
QUEUED
127.0.0.1:6379> SET birthday "1994-01-01"  #命令入队，设置用户的生日
QUEUED
127.0.0.1:6379> EXEC  #触发执行事务
1) OK
2) OK
```

```
3) (integer) 25
4) OK
127.0.0.1:6379> GET name    #查看新值
"liuhefei"
127.0.0.1:6379> GET age
"25"
127.0.0.1:6379> GET birthday
"1994-01-01"
```

解释：使用 MULTI 命令来启动一个事务上下文，在执行该命令后，总是以 OK 作为返回值。在执行 MULTI 命令之后，客户端可以继续向服务器发送任意多条命令，服务器接收到这些命令后，先将它们逐个放入一个队列中，而不是立即执行它们，然后对这个队列中的命令进行序列化，当调用 EXEC 命令时，才会按顺序一次性执行队列中的命令。

当客户端处于事务开启状态时，每进入一条命令，都会返回一个内容为 QUEUED 的结果回复，表示这条命令成功进入 Redis 服务器事务的队列中，这些命令将会在调用执行 EXEC 命令后被执行。

在执行 EXEC 命令后，将会以数组的方式返回执行的结果，数组中的每个元素都是事务中的命令执行结果。结果的输出顺序与开启事务后命令进入队列的先后顺序一致。

下面开启一个事务，再次添加一个用户的多条信息到事务队列中，有意输入错误命令，使得这个事务执行失败，进而导致整个事务中的其他命令也执行失败。操作如下：

```
127.0.0.1:6379> SET name "zhangsan"       #设置用户名为"zhangsan"，在开启事务之前
OK
127.0.0.1:6379> SET age 20                #设置用户年龄为20，在开启事务之前
OK
127.0.0.1:6379> MULTI                     #开启事务
OK
127.0.0.1:6379> SET name "lisi"           #命令入队，修改用户名为"lisi"
QUEUED
127.0.0.1:6379> SET age 21                #命令入队，修改用户年龄为21
QUEUED
127.0.0.1:6379> INCRBY name 5             #命令入队，让用户名加 5（命令类型错误，执行后将会报错，但并不会影响整个事务中其他命令的执行）
QUEUED
127.0.0.1:6379> INCRBY age 5              #命令入队，让用户年龄加5
QUEUED
127.0.0.1:6379> SET         #命令格式错误，入队失败，它的执行将会导致整个事务执行失败
(error) ERR wrong number of arguments for 'set' command
127.0.0.1:6379> SET birthday "1993-09-09"
QUEUED
127.0.0.1:6379> EXEC        #触发执行事务，报错，因为事务队列中存在错误命令，因此执行失败
(error) EXECABORT Transaction discarded because of previous errors.
127.0.0.1:6379> GET age     #因为事务执行失败，因此用户年龄和用户名还是最初的
"20"
127.0.0.1:6379> GET name
"zhangsan"
```

在通常情况下，关系型数据库的事务是支持回滚的，然而 Redis 数据库并不支持事务回滚。通过上面的实例，我们可以清楚地知道，在开启事务上下文后，向事务队列中插入命令，如果遇到命令格式错误，入队失败，则会导致整个事务执行失败。如果遇到事务中某个命令的语法格式正确，但在执行时因为类型或者键不存在而报错，那么它的整个事务也会继续执行下去，而不是终止执行，直到这个事务的所有命令执行完毕为止。操作如下：

```
127.0.0.1:6379> MULTI        #开启事务
OK
127.0.0.1:6379> SET name "lisi"     #设置用户名为"lisi"
QUEUED
127.0.0.1:6379> INCRBY name 10      #给用户名加 10。这条命令的语法格式正确，但 name 是字符
串，加 10，存在类型错误，执行之后将会报错，但它并不会影响事务中其他命令的执行
QUEUED
127.0.0.1:6379> SET age 100         #将用户年龄设置为 100
QUEUED
127.0.0.1:6379>INCRBY age 10        #再将用户的年龄加 10，100+10
QUEUED
127.0.0.1:6379> EXEC                #触发执行事务
1) OK
2) (error) ERR value is not an integer or out of range
3) OK
127.0.0.1:6379> GET name     #获取用户名为"lisi"，事务执行成功
"lisi"
127.0.0.1:6379> GET age      #获取用户年龄为 110，事务执行成功
"110"
```

前面的实例使用 INCRBY 命令分别给键 name、age 加上增量值 10，因为 INCRBY 命令只能对数值类型的值进行增量的加操作，所以执行 INCRBY name 10 命令将会报错，而 INCRBY age 10 命令将会执行成功。然而，Redis 事务并不会因为 INCRBY name 10 命令执行失败而影响其他命令执行成功。因为 Redis 不具有事务回滚机制，即使遇到错误，也会继续执行下去。

9.2.2 事务的一致性

事务的一致性说的是，数据库在执行事务之前是一致的，在执行事务之后，不管事务是执行成功还是执行失败，数据库中的数据也应该具有一致性。这里的一致性指的是，数据库从当前状态变为一种新的状态，数据在变化前后符合数据本身的定义和要求，同时不包含非法或无效的脏数据。

Redis 事务具有一致性，它通过对命令执行的错误检测和简单的设计来保证事务执行前后数据的一致性。

在使用 Redis 事务的过程中，可能会遇到如下类型的错误。

- 事务在执行 EXEC 命令之前，命令入队错误。比如，通过客户端输入的命令不存在，

或者输入的命令语法格式错误（如参数错误、参数数量错误、参数顺序错误），都会导致命令入队失败，进而导致这个事务执行失败。

下面开启事务上下文，之后输入不存在的命令，或者输入错误的语法格式，使得命令入队错误，从而导致事务执行失败。操作如下：

```
127.0.0.1:6379> MULTI    #开启事务
OK
127.0.0.1:6379> SADD citys "hangzhou" "suzhou" "nanjing" "dali"
QUEUED
127.0.0.1:6379> SDD
(error) ERR wrong number of arguments for 'sadd' command
127.0.0.1:6379> SADD "lijiang"
(error) ERR wrong number of arguments for 'sadd' command
127.0.0.1:6379> SADD citys "zhengzhou"
QUEUED
127.0.0.1:6379> SMEMBERS citys
QUEUED
127.0.0.1:6379> SPOP citys
QUEUED
127.0.0.1:6379> EXEC
(error) EXECABORT Transaction discarded because of previous errors.
```

解释：

- SADD citys "hangzhou" "suzhou" "nanjing" "dali"：使用 SADD 命令将多个城市添加到 citys 集合中，入队成功。
- SDD：在 Redis 中不存在这个命令，入队失败。
- SADD "lijiang"：SADD 命令错误的语法格式，导致入队失败。
- SMEMBERS citys：SMEMBERS 命令返回集合中的所有元素，正确的命令，入队成功。
- SPOP citys：SPOP 命令移除并返回集合 citys 中的一个随机元素，入队成功。

因为存在命令入队错误，所以服务器会拒绝执行入队过程中出现错误的事务，导致了事务执行失败，从而保证了数据库的一致性。

- 命令入队成功，但在执行过程中发生了错误。在执行过程中发生的错误都是一些不能在入队时被服务器检测到的错误，这类错误往往是在命令执行的时候才会被发现的，如 INCRBY username 8 命令，只有在执行时才会被发现。

在执行事务的过程中，如果发生了错误，那么事务也会继续执行下去，其他命令也会继续执行，并且不会受到错误命令的影响。

在执行事务的过程中，发生命令执行错误，但并不会影响事务的继续执行。操作如下：

```
127.0.0.1:6379> MULTI
OK
127.0.0.1:6379> DEL name age              #删除键 name、age
QUEUED
127.0.0.1:6379> SET name "liuhefei"       #重新设置用户名为"liuhefei"
QUEUED
```

```
127.0.0.1:6379> SET age 20              #设置用户年龄为20
QUEUED
127.0.0.1:6379> INCR name               #用户名name加1，类型错误，将会执行失败
QUEUED
127.0.0.1:6379> INCR age                #用户年龄age加1
QUEUED
127.0.0.1:6379> INCRBY name -5          #用户名name减5，类型错误，将会执行失败
QUEUED
127.0.0.1:6379> INCRBY age -5           #用户年龄age减5
QUEUED
127.0.0.1:6379> GET name                #获取用户名
QUEUED
127.0.0.1:6379> GET age                 #获取用户年龄
QUEUED
127.0.0.1:6379> EXEC                    #触发执行失败
1) (integer) 2
2) OK
3) OK
4) (error) ERR value is not an integer or out of range
5) (integer) 21
6) (error) ERR value is not an integer or out of range
7) (integer) 16
8) "liuhefei"
9) "16"
```

在执行事务的过程中，执行错误的命令会被服务器检测出来，并做相应的错误处理，所以这些执行错误的命令并不会影响其他命令的执行，也不会修改数据库，对事务的一致性并不会产生影响。

- 在执行事务的过程中，发生突发情况（如断电、服务器停机、服务器崩溃等），导致事务执行出错。此时常常会根据服务器所使用的持久化方式来保证数据库的一致性，具体如下。
  - ➢ 服务器没有开启持久化，在服务器重启时，数据库中将没有任何数据，此时可以保证数据库的一致性。
  - ➢ 服务器开启了 RDB 或 AOF 持久化，在执行事务的过程中，发生故障，不会引起数据库的不一致性。RDB 或 AOF 文件中保存了数据库数据，可以根据 RDB 或 AOF 文件来将数据还原到事务执行之前的状态。如果开启了 RDB 或 AOF 持久化方式，但是找不到 RDB 或 AOF 文件，那么在服务器重启后，数据库会是空白的，也能保证数据库的一致性。

总之，无论 Redis 服务器在执行事务的过程中发生上述何种错误，或者服务器使用何种持久化方式，都不会影响数据库的一致性。

9.2.3 事务的隔离性

事务的隔离性说的是，当有多个用户并发（同时）访问数据库时，比如，同时操作

一张数据表，数据库会为每个用户单独开启一个事务，每个用户的单独事务的执行互不干扰，它们之间相互隔离，实现了在并发状态下执行的事务和串行执行的事务所产生的结果完全相同。

Redis 数据库是采用单进程单线程模型实现的键值对存储数据库，它在执行事务命令及其他相关命令时，采用的就是单线程方式。在执行事务的过程中，服务器可以保证这个事务不会被中断，所以 Redis 事务总是以串行方式实现的，在上一个事务没有执行完之前，其他命令是不会被执行的，这就是 Redis 事务的隔离性。

9.2.4 事务的持久性

事务的持久性说的是，当一个事务正确执行完成后，它对数据库的改变是永久性的，不会因为其他操作而发生改变，即使在数据库遇到故障的情况下，事务执行完成后的操作也不会丢失。

事实上，Redis 数据库事务是不具有持久性的，它的事务只是简单地将一些事务命令组装到一个队列中，在进行序列化之后，按顺序执行。Redis 服务器所使用的持久化方式决定了 Redis 事务的持久性。在 Redis 的持久化方式中，不管是 AOF 持久化方式，还是 RDB 持久化方式，都是异步执行的。下面具体说明 Redis 的持久化方式。

- 如果 Redis 服务器没有采用任何持久化方式，那么事务不具有持久性。假如服务器发生故障（如停机、断电、崩溃），将会丢失服务器上包括事务数据在内的所有数据。
- 如果 Redis 服务器使用了 AOF 持久化方式：
  - 当 Redis 配置文件（redis.conf）中的 appendfsync 属性的值为 always 时，可以保证 Redis 事务具有持久性。每当服务器执行完相关命令后，包括事务命令在内，程序都会调用执行 sync 同步函数，将命令数据及时保存到系统硬盘中，这就保证了事务的持久性。
  - 当 Redis 配置文件中的 appendfsync 属性的值为 everysec 时，服务器程序会每隔 1 秒执行一次数据同步操作，并将数据保存到硬盘中。如果服务器发生停机故障，可能刚好发生在数据等待同步的那 1 秒之内，就会导致数据丢失，因此无法保证事务的持久性。
  - 当 Redis 配置文件中的 appendfsync 属性的值为 no 时，服务器命令数据同步保存到硬盘中的操作将由操作系统来控制，因此，事务数据在同步的过程中，可能会因为一些原因而丢失，这种情况也不能保证事务的持久性。后面的章节将会详细介绍 Redis 的持久化。

appendfsync 属性在 redis.conf 配置文件中的配置如图 9.1 所示。

```
# appendfsync always
appendfsync everysec
# appendfsync no

# When the AOF fsync policy is set to always or everysec, and a background
# saving process (a background save or AOF log background rewriting) is
# performing a lot of I/O against the disk, in some Linux configurations
# Redis may block too long on the fsync() call. Note that there is no fix for
# this currently, as even performing fsync in a different thread will block
# our synchronous write(2) call.
```

图 9.1　appendfsync 属性在 redis.conf 配置文件中的配置

- 如果 Redis 服务器使用了 RDB 持久化方式，那么，只有在特定的保存条件被满足时，服务器才会执行 BGSAVE 命令，实现数据的保存。而如果是异步执行 BGSAVE 命令，那么服务器并不能保证在第一时间将事务数据保存到硬盘中，因此也就不能保证事务的持久性。换句话说，RDB 持久化方式不能保证事务具有持久性。

9.3　Redis 事务处理

前面简单介绍了 Redis 事务及 Redis 事务的 ACID 特性，本节主要讲解 Redis 事务的实现过程。Redis 事务是通过 MULTI、EXEC、DISCARD、WATCH 等命令实现的，大致分为 3 个步骤：使用 MULTI 命令开启事务；事务命令入队；使用 EXEC 命令执行事务。下面介绍具体过程。

9.3.1　事务的实现过程

事务的实现过程大致分为 3 个步骤，具体如下。

1. 使用 MULTI 命令开启事务

执行 MULTI 命令之后总是返回 OK，表示事务状态开启成功，它会将执行该命令的客户端从非事务状态转化为事务状态。客户端状态的 flags 属性通过打开 REDIS_MULTI 标识来实现这一转化过程。MULTI 命令执行如下：

```
127.0.0.1:6379> MULTI
OK
```

2. 事务命令入队

在没有执行 MULTI 命令之前，也就是没有开启事务之前，这个客户端处于非事务状态，它发送过去的命令会被服务器立即执行，并返回相应的结果。操作如下：

```
127.0.0.1:6379> SELECT 1
OK
127.0.0.1:6379[1]> keys *
(empty list or set)
```

```
127.0.0.1:6379[1]> SET name "liuhefei"
OK
127.0.0.1:6379[1]> GET name
"liuhefei"
127.0.0.1:6379[1]> SADD user "zhangsan" "lisi" "liuhefei"
(integer) 3
127.0.0.1:6379[1]> SMEMBERS user
1) "lisi"
2) "liuhefei"
3) "zhangsan"
127.0.0.1:6379[1]> LRANGE user 0 -1
(error) WRONGTYPE Operation against a key holding the wrong kind of value
127.0.0.1:6379[1]> LPUSH userName "lisi" "zhangsan"
(integer) 2
127.0.0.1:6379[1]> LRANGE userName 0 -1
1) "zhangsan"
2) "lisi"
```

通过上面的实例可以看出，当客户端处于非事务状态时，执行命令不管对与错都会立即返回结果。与此不同的是，这个客户端在开启事务之后，客户端状态就会变为事务状态，服务器会根据客户端发送过来的不同命令执行不同的操作。

- 当服务器接收到客户端发送过来的命令是 MULTI、EXEC、WATCH、DISCARD 4 个命令中的任意一个时，服务器会立即执行这个命令。
- 相反，当服务器接收到客户端发送过来的命令是 MULTI、EXEC、WATCH、DISCARD 4 个命令以外的其他命令时，服务器不会立即执行这个命令，而是将该命令放入一个事务队列中，然后返回 QUEUED 标识给客户端。

以上这两个过程转化为流程图如图 9.2 所示。

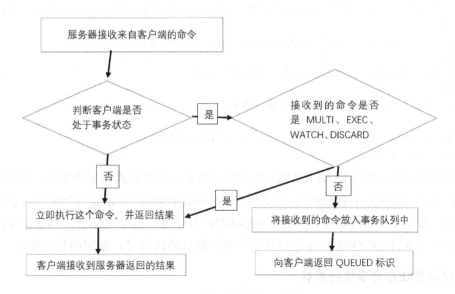

图 9.2　事务命令的入队过程

图 9.2 就是事务命令的入队过程,每个 Redis 客户端都有自己的事务状态,而 mstate 属性就保存了这个客户端的事务状态。事务状态由一个事务队列和一个入队命令的计数器组成。其中,事务队列是一个 multiCmd 类型的结构体数组,它采用先进先出(FIFO)的方式保存入队的命令,先入队的命令将会被放到数组的前面,先执行;而后入队的命令则被放到数组的后面,后执行。这个数组中的每个 multiCmd 结构都保存了一个入队命令的信息,具体包括指向命令实现函数的指针、命令的参数及参数数量等。

在开启一个事务后,命令逐个入队,并返回 QUEUED 标识。操作如下:

```
127.0.0.1:6379[1]> MULTI
OK
127.0.0.1:6379[1]> LPUSH userName "liuhefei"
QUEUED
127.0.0.1:6379[1]> LPUSH age 24
QUEUED
127.0.0.1:6379[1]> LLEN userName
QUEUED
```

在命令入队的过程中,如果想要放弃执行该事务,则可以使用 DISCARD 命令。当处于事务状态的服务器接收到 DISCARD 命令后,它会放弃执行这个事务,并清空事务中的命令队列,然后退出事务上下文,客户端状态变为非事务状态。你可以把它理解为事务回滚,但是 Redis 数据库并不具有事务回滚机制。

在开启事务之后,向事务队列中插入多条命令,然后使用 DISCARD 命令放弃执行该事务。操作如下:

```
127.0.0.1:6379[1]> MULTI  #开启事务
OK
#添加多个城市及对应的GDP到有序集合citys-GDP中
127.0.0.1:6379[1]> ZADD citys-GDP 9765 "beijing" 8799 "shanghai" 8543 "shenzhen"
QUEUED
127.0.0.1:6379[1]> ZRANGE citys-GDP 0 -1 WITHSCORES
QUEUED
127.0.0.1:6379[1]> ZCOUNT citys-GDP 8800 9500
QUEUED
127.0.0.1:6379[1]> DISCARD  #取消执行事务
OK
127.0.0.1:6379[1]> ZRANGE citys-GDP 0 -1 WITHSCORES
(empty list or set)
```

可以看到,当入队的是 DISCARD 命令时,服务器会放弃执行这个事务,并返回 OK,所以之前入队的命令并不会被执行,如 ZADD citys-GDP 9765 "beijing" 8799 "shanghai" 8543 "shenzhen" 命令并没有被执行。因此,citys-GDP 有序集合也是空集合,当使用 ZRANGE citys-GDP 0 -1 WITHSCORES 命令获取这个有序集合的内容时,返回的是空集合。

3. 使用 EXEC 命令执行事务

在客户端开启事务,在命令入队的过程中,当服务器接收到来自客户端的 EXEC 命令时，这个 EXEC 命令会被立即执行。服务器在接收到 EXEC 命令后，会遍历这个客户端的事务队列，然后按顺序、逐条执行这个队列中的所有命令，最后将执行返回的结果以列表的形式返回给客户端。

开启事务，事务命令入队，当服务器接收到 EXEC 命令时，就开始执行事务命令，并按照命令的入队顺序返回结果。操作如下：

```
127.0.0.1:6379[1]> MULTI
OK
127.0.0.1:6379[1]> LPUSH userName "lisi"   #将用户名"lisi"添加到列表 userName 中
QUEUED
127.0.0.1:6379[1]> LPUSH age 23
QUEUED
127.0.0.1:6379[1]> LPUSH userName "zhangsan" "xiaohua" "xiaohong"  #添加多个用户名到
列表中
QUEUED
127.0.0.1:6379[1]> LRANGE userName 0 -1
QUEUED
127.0.0.1:6379[1]> LINDEX userName 2   #返回列表 userName 中下标为 2 的用户名
QUEUED
127.0.0.1:6379[1]> EXEC   #触发执行事务
1) (integer) 4
2) (integer) 2
3) (integer) 7
4) 1) "xiaohong"
   2) "xiaohua"
   3) "zhangsan"
   4) "lisi"
   5) "liuhefei"
   6) "zhangsan"
   7) "lisi"
5) "zhangsan"
```

9.3.2 悲观锁和乐观锁

悲观锁，顾名思义，就是很悲观，它的疑心比较重，喜欢多虑，它每次去数据库中取数据的时候都会认为别人会修改这些数据，所以它每次取数据的时候都会给这些数据加锁，不让别人使用，别人想拿这些数据就会阻塞直到它释放锁、别人获得锁为止。在传统的关系型数据库中，使用了大量的悲观锁，如行锁、表锁、读锁、写锁等，这些锁都是在操作数据之前加上的。

乐观锁，顾名思义，就是很乐观，它拥有开阔的胸襟，每次去数据库中取数据的时候，都认为别人不会修改这些数据，所以它不会给这些数据加锁。但是它也很细心，每次在更新这些数据的时候，都会判断一下在此期间有没有别人更新过这些数据。如果别人更新过这些数据，它就会放弃本次更新；相反，如果别人没有更新过这些数据，它就会更新这些数据。乐观锁比较适用于多读的应用类型，可以提高吞吐量。

乐观锁的实现策略：使用版本号（version）机制实现。就是为相关的数据设置一个版本标识。在基于数据库表的版本解决方案中，在通常情况下，通过为数据库表设置一个"version"字段，来实现在读取数据时，将此版本号一同读出，更新之后，对此版本号加1。此时，用数据库表对应记录的当前版本号与你提交的版本号进行比较，如果提交的版本号高于当前版本号，则执行更新操作；否则认为是过期数据，不进行更新。换句话说，就是提交的版本号必须高于当前版本号才能执行更新操作。

9.3.3 事务的 WATCH 命令

事务的 WATCH 命令用于监视事务中的命令。有了 WATCH 命令的监视，就会使得 EXEC 命令需要有条件地执行，只有在所有被 WATCH 命令监视的数据库键都没有被修改的前提下，这个事务才能执行成功。如果所有被监视的数据库键中有任意一个数据库键被修改，那么这个事务都会执行失败。下面详细介绍 WATCH 命令的用法及如何触发 WATCH 命令。

1. WATCH 命令的用法

其实，WATCH 命令就是一个乐观锁。在执行 EXEC 命令之前，可以使用 WATCH 命令来监视任意数量的数据库键。当执行 EXEC 命令时，服务器会检查被 WATCH 命令监视的数据库键是否至少有一个已经被修改过，如果发现其中的某个数据库键被修改过，那么这个事务将会被服务器拒绝执行，并向客户端返回表示事务执行失败的空回复。

使用 WATCH 命令来监视数据库键，并执行事务。操作如下：

```
127.0.0.1:6379[1]> SET name "lisi"
OK
127.0.0.1:6379[1]> SET age 23
OK
127.0.0.1:6379[1]> WATCH name age
OK
127.0.0.1:6379[1]> MULTI
OK
127.0.0.1:6379[1]> SET name "zhangsan"
QUEUED
127.0.0.1:6379[1]> SET age 25
QUEUED
127.0.0.1:6379[1]> INCRBY age 3
QUEUED
127.0.0.1:6379[1]> GET name
QUEUED
127.0.0.1:6379[1]> GET age
QUEUED
127.0.0.1:6379[1]> EXEC
1) OK
```

```
2) OK
3) (integer) 28
4) "zhangsan"
5) "28"
```

以上代码展示的是一个使用 WATCH 命令监视数据库键并成功执行事务的例子。下面开启两个客户端，一个客户端正常执行事务，另一个客户端修改其中的 name 键，就会导致事务执行失败。

客户端 1：

```
127.0.0.1:6379> WATCH name age
OK
127.0.0.1:6379> MULTI
OK
127.0.0.1:6379> SET name "zhangsan"
QUEUED
127.0.0.1:6379> GET name
QUEUED
127.0.0.1:6379> SADD user "liuhefei" 24
QUEUED
127.0.0.1:6379> SMEMBERS user
QUEUED
127.0.0.1:6379> SPOP user
QUEUED
127.0.0.1:6379> EXEC
(nil)
127.0.0.1:6379> GET name
"xiaosan"
```

客户端 2：

```
127.0.0.1:6379> SET name "xiaosan"
OK
```

两个客户端执行命令的过程如下。

客户端 1：

（1）WATCH name age   #WATCH 命令同时监视 name 键和 age 键
（2）MULTI   #开启事务上下文
（3）SET name "zhangsan"   #修改 name 键的值
（4）GET name   #获取 name 键的值
（5）SADD user "liuhefei" 24 #SADD 命令将多个元素添加到 user 集合中
（6）SMEMBERS user   #SMEMBERS 命令返回集合中的所有键
（7）SPOP user   #SPOP 命令随机移除 user 集合中的一个元素

客户端 2：

（8）SET name "xiaosan"   #修改 name 键的值

客户端 1：

（9）EXEC　　　　　　　　　　　　#执行事务
（10）GET name　　　　　　　　　#获取到客户端 1 设置的值，为 "xiaosan"

在使用 WATCH 命令监视 name 键后，客户端 1 开启事务修改了 name 键的值，之后客户端 2 又修改了 name 键的值，在执行 EXEC 命令之后事务执行失败，原因是 WATCH 命令监视的 name 键被修改了，也就破坏了事务的一致性。

一个 WATCH 命令可以被多次调用，它也能同时监视多个数据库键。对数据库键的监视从 WATCH 命令执行之后开始，直到 EXEC 命令执行完毕为止。当 EXEC 命令被执行后，不管这个事务是否执行成功，WATCH 命令都会取消监视所有的数据库键。当客户端与服务器断开连接时，该客户端对数据库键的监视也会被取消。

也可以手动取消对数据库键的监视，只要使用 UNWATCH 命令就可以实现。UNWATCH 命令不带任何参数，使用它可以取消 WATCH 命令对所有数据库键的监视。如果在执行了 WATCH 命令后，EXEC 或 DISCARD 命令也被提前执行了，就不需要执行 UNWATCH 命令了。所以，除了 UNWATCH 命令可以清除连接中的所有监视，EXEC、DISCARD 命令也可以清除连接中的所有监视。

使用 UNWATCH 命令取消 WATCH 命令对数据库键的监视，返回 OK。操作如下：

```
127.0.0.1:6379> LPUSH citys "wuhan" "changsan" "kunming"
(integer) 3
127.0.0.1:6379> WATCH citys       #监视列表 citys
OK
127.0.0.1:6379> LPUSH citys "hangzhou"
(integer) 4
127.0.0.1:6379> UNWATCH           #取消监视
OK
```

在服务器与客户端的连接过程中，被 WATCH 命令监视的数据库键都是有效的，事务也是一样的。如果断开了它们之间的连接，那么监视和事务都会被自动取消，然后被清除。

每个 Redis 数据库都有一个 watched_keys 字典，这个字典中的键就是某个被 WATCH 命令监视的数据库键，而字典中的值是一个链表，用于记录所有监视数据库键的客户端。服务器通过查看 watched_keys 字典，就能知道被监视的数据库键，以及哪些客户端正在监视这些数据库键。

2. 触发 WATCH 命令监视机制

我们在使用 SET、HSET、LPUSH、RPUSH、SADD、SREM、ZADD、DEL、FLUSHALL、FLUSHDB 等命令对数据库进行修改时，在执行命令后都会调用 multi.c/touchWatchKey 函数对 watched_keys 字典进行检查，以此来判断是否有其他客户端正在监视刚被命令修改过的数据库键。如果发现这些数据库键被客户端监视，那么 touchWatckKey 函数将会打开监视被修改数据库键的客户端的 REDIS_DIRTY_CAS 标识，它表示该客户端的事务安全已经被破坏。这就是 WATCH 命令的监视机制。

当客户端将 EXEC 命令发送给服务器时，服务器在接收到 EXEC 命令后，会判断这个客户端是否打开了 REDIS_DIRTY_CAS 标识，进而决定是否执行这个事务。

如果客户端打开了 REDIS_DIRTY_CAS 标识，就说明在客户端所监视的数据库键中，至少存在一个数据库键已经被修改了，也就是事务安全已经被破坏了，此时服务器会拒绝执行客户端提交的这个事务。

如果客户端没有打开 REDIS_DIRTY_CAS 标识，就说明客户端所监视的数据库键没有被修改过，事务是安全的，服务器将会继续执行客户端提交的这个事务。

我们使用流程图来表示服务器判断是否执行这个事务的过程，如图 9.3 所示。

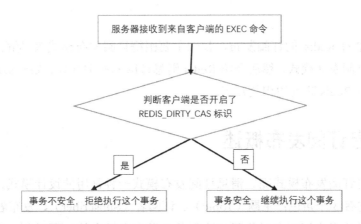

图 9.3　服务器根据 REDIS_DIRTY_CAS 标识判断是否执行事务的过程

目前，Redis 数据库有两种处理事务的方法：事务功能和脚本功能。其实，脚本本身就是一种事务，在事务中可以完成的事情，同样能在脚本中完成。脚本使用方便，速度也更快。

以上就是 Redis 的全部事务功能，相信读者已经学会了。学习是一种态度，也是一种习惯，唯有坚持，你才会变得更优秀。

第 10 章
Redis 消息订阅

本章的主题为 Redis 的订阅发布，我们主要围绕订阅发布模式来讲解，首先为读者介绍什么是消息订阅发布模式，然后介绍 Redis 消息订阅的相关知识，如何实现 Redis 的消息订阅功能，以及 Redis 队列的相关知识。

10.1 消息订阅发布概述

什么是消息订阅发布模式呢？消息订阅发布模式一种常用的设计模式，它具有一对多的依赖关系，它有 3 个角色：主题（Topic）、订阅者（Subscriber）、发布者（Publisher）。简单来说，就是让多个订阅者对象同时监听某个发布者发布的主题对象，当这个主题对象的状态发生变化时，所有订阅者对象都会收到通知，使它们自动更新自己的状态。这里所说的主题就是一条消息内容，每条消息可以被多个订阅者订阅。发布者与订阅者具有一对多的关系，它们之间存在依赖性，订阅者必须订阅主题后才能接收到发布者发布的消息，在订阅前发布的消息，订阅者是接收不到的。这就是消息订阅发布模式，如图 10.1 所示。

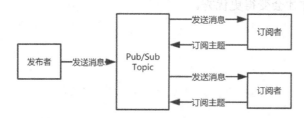

图 10.1　消息订阅发布模式

Redis 的消息订阅发布功能主要由 PSUBSCRIBE、PUBLISH、PUBSUB、PUNSUBSCRIBE、SUBSCRIBE、UNSUBSCRIBE 等命令实现。当一个客户端使用 PUBLISH 命令向订阅者发布消息内容时，这个客户端就是消息发布者。而当另一个或多个客户端使用 SUBSCRIBE 或 PSUBSCRIBE 命令接收消息的时候，这个客户端就是消息订阅者。通过执行 SUBSCRIBE 命令，客户端（消息订阅者）可以同时订阅多个频道（Channel），当有其他客户端（消息发布者）向被订阅的频道发送消息时，所有订阅这个频道的消息订阅者都会接收到这条消息。

这里所说的频道就是一个中介，因为消息发布者与消息订阅者之间存在依赖关系，为了解耦两者之间的关系，就使用了频道作为中介。消息发布者将消息发送给频道，而这个频道在接收到消息后，负责把这条消息发送给所有订阅过这个频道的消息订阅者。消息发布者不需要知道具体有多少消息订阅者，一个消息订阅者可以订阅一个或多个消息频道，并且它只能接收已订阅过的频道中的消息。同理，消息订阅者也不需要知道具体有哪些消息发布者，它们之间不存在相互关系，也不需要知道对方是否存在，这就做到了很好的解耦。

10.2 消息订阅发布实现

10.2.1 消息订阅发布模式命令

下面介绍几个与消息订阅发布有关的命令。

1. PUBLISH

消息发布者将消息发送给指定的频道，返回一个整数，表示接收到这条消息的客户端的数量。

命令格式如下：

```
PUBLISH channel message
```

2. SUBSCRIBE

客户端订阅指定的消息频道。一旦客户端进入订阅状态，它就不能运行除 SUBSCRIBE、PSUBSCRIBE、UNSUBSCRIBE 和 PUNSUBSCRIBE 命令之外的其他命令了。

命令格式如下：

```
SUBSCRIBE channel [channel ...]
```

具体操作如下。

客户端 1：消息发布者发布消息。

```
127.0.0.1:6379> PUBLISH infomation "The harder you work,the luckier you get"
(integer) 0    #为0，表示没有订阅者
127.0.0.1:6379> PUBLISH infomation "who are you?"
(integer) 1    #为1，表示有一个订阅者
127.0.0.1:6379> PUBLISH infomation "where is this?"
(integer) 1
127.0.0.1:6379> PUBLISH infomation "My name is liuhefei"
(integer) 1
127.0.0.1:6379> PUBLISH infomation "I like girl"
(integer) 1
127.0.0.1:6379> PUBLISH infomation "hello redis!"
(integer) 2    #为2，表示有两个订阅者
```

客户端 2：消息订阅者订阅消息。

```
127.0.0.1:6379> SUBSCRIBE infomation
Reading messages... (press Ctrl-C to quit)
1) "subscribe"
2) "infomation"
3) (integer) 1
1) "message"
2) "infomation"
3) "who are you?"
1) "message"
2) "infomation"
3) "where is this?"
1) "message"
2) "infomation"
3) "My name is liuhefei"
1) "message"
2) "infomation"
3) "I like girl"
1) "message"
2) "infomation"
3) "hello redis!"
```

客户端 3：消息订阅者订阅消息

```
127.0.0.1:6379> SUBSCRIBE infomation
Reading messages... (press Ctrl-C to quit)
1) "subscribe"
2) "infomation"
3) (integer) 1
1) "message"
2) "infomation"
3) "hello redis!"
```

3. PSUBSCRIBE

客户端根据指定的模式来订阅符合这个模式的频道。该命令可以重复订阅一个频道，它支持 glob 风格的模式。

- h?llo：可以订阅 hello、hallo 和 hxllo 频道（?表示单个任意字符）。
- h*llo：可以订阅 hllo 和 heeeello 频道（*表示多个任意字符，包括空字符）。
- h[ae]llo：可以订阅 hello 和 hallo 频道，但是不能订阅 hillo 频道（选择[和]之间的任意一个字符）。

如果?、*、[、]等符号不是通配符，而只是简单的字符，则需要使用 "\" 符号进行转义。比如，h\?llo:表示消息订阅者只能订阅 h?llo 频道。

命令格式如下：

```
PSUBSCRIBE pattern [pattern ...]
```

该命令的用法具体如下。

客户端 1：消息发布者给不同频道发送消息。

```
127.0.0.1:6379> PUBLISH infomation "Lucky today"
```

```
(integer) 3    #表示有 3 个订阅者
127.0.0.1:6379> PUBLISH infomation "Beautiful girl"
(integer) 3
127.0.0.1:6379> PUBLISH message "There is good news"
(integer) 1
127.0.0.1:6379> PUBLISH mess "If so"
(integer) 1
127.0.0.1:6379> PUBLISH info "with grief"
(integer) 1
127.0.0.1:6379> PUBLISH messy "It was a messy job"
(integer) 1
```

客户端2：消息订阅者同时订阅多个频道的消息。

```
127.0.0.1:6379> PSUBSCRIBE info* mess*
Reading messages... (press Ctrl-C to quit)
1) "psubscribe"
2) "info*"
3) (integer) 1
1) "psubscribe"
2) "mess*"
3) (integer) 2
1) "pmessage"
2) "info*"
3) "infomation"
4) "Lucky today"
1) "pmessage"
2) "info*"
3) "infomation"
4) "Beautiful girl"
1) "pmessage"
2) "mess*"
3) "message"
4) "There is good news"
1) "pmessage"
2) "mess*"
3) "mess"
4) "If so"
1) "pmessage"
2) "info*"
3) "info"
4) "with grief"
1) "pmessage"
2) "mess*"
3) "messy"
4) "It was a messy job"
```

4. PUNSUBSCRIBE

客户端根据指定的模式退订符合该模式的所有频道。如果不指定任何模式，则默认退订所有的频道。

命令格式：

```
PUNSUBSCRIBE [pattern [pattern …]]
```

该命令的用法具体如下：

```
127.0.0.1:6379> PUNSUBSCRIBE info*    #退订符合info*模式的频道
1) "punsubscribe"
2) "info*"
3) (integer) 0
127.0.0.1:6379> PUNSUBSCRIBE mess*    #退订符合mess*模式的频道
1) "punsubscribe"
2) "mess*"
3) (integer) 0
127.0.0.1:6379> PUNSUBSCRIBE          #退订所有的频道
1) "punsubscribe"
2) (nil)
3) (integer) 0
```

注意：使用 PUNSUBSCRIBE 命令只能退订通过 PSUBSCRIBE 命令订阅的模式，它不会影响直接通过 SUBSCRIBE 命令订阅的频道，也不会影响通过 PSUBSCRIBE 命令订阅的模式。

5. UNSUBSCRIBE

客户端退订指定的频道。如果没有指定任何频道参数，那么所有已订阅的频道都会被退订。

命令格式如下：

```
UNSUBSCRIBE [channel [channel …]]
```

该命令的用法具体如下：

```
127.0.0.1:6379> UNSUBSCRIBE info*
1) "unsubscribe"
2) "info*"
3) (integer) 0
127.0.0.1:6379> UNSUBSCRIBE mess*
1) "unsubscribe"
2) "mess*"
3) (integer) 0
127.0.0.1:6379> UNSUBSCRIBE *
1) "unsubscribe"
2) "*"
3) (integer) 0
```

注意：如果客户端是在 Redis 命令行（redis-cli）中进入消息订阅监听状态的，那么使用 PUNSUBSCRIBE 命令退订消息模式和使用 UNSUBSCRIBR 命令退订消息频道的操作都会执行失败，也就是消息订阅退订失败。必须通过 telnet 之类的工具才能在消息订阅监听状态下执行退订操作。

6. PUBSUB 命令

PUBSUB 命令是一个自检命令，可用于检查发布/订阅子系统的状态。这个命令是由几个子命令组成的，命令格式如下：

```
PUBSUB <subcommand> [argument [argument …]]
```

- **PUBSUB CHANNELS [pattern]**：该命令用于返回服务器被订阅的有效频道。有效频道是具有一个或多个订阅者（不包括订阅模式的客户端）的发布/订阅频道。

如果没有指定任何模式，也就是没有 pattern 参数，则默认列举出所有的有效频道。如果指定了模式，也就是设置了 pattern 参数，则会列举出符合这个模式规则的所有频道（使用 glob 风格模式）。

这个命令的返回值是一个数组，通过遍历服务器 pubsub_channels 字典中的所有键，它会列出所有的有效频道，包括匹配指定模式的有效频道。时间复杂度为 $O(N)$，N 是有效频道的数量。

该命令的用法具体如下。

客户端 1：消息发布者向多个频道发送消息。

```
127.0.0.1:6379> PUBLISH messy "don't worry"
(integer) 3
127.0.0.1:6379> PUBLISH message "Life is a messy and tangled business"
(integer) 4
127.0.0.1:6379> PUBLISH infos "come on"
(integer) 2
127.0.0.1:6379> PUBLISH infomation "You look very nice"
(integer) 5
```

客户端 2：使用 PUBSUB 命令列出当前活跃的消息频道。

```
127.0.0.1:6379> PUBSUB CHANNELS
1) "message"
2) "messy"
3) "infomation"
127.0.0.1:6379> PUBSUB CHANNELS 2
(empty list or set)
127.0.0.1:6379> PUBSUB CHANNELS *
1) "message"
2) "infomation"
```

- **PUBSUB NUMSUB [channel-1 … channel-N]**：该命令接收多个频道作为输入参数，用于获取指定频道的订阅者的数量。它通过在 pubsub_channels 字典中找到频道对应的订阅者链表，然后返回订阅者链表的长度，这个长度值就是频道订阅者的数量，它不包括订阅模式的客户端。它返回一个数组，用于列出参数指定的所有频道，以及每个频道的订阅者的数量。返回值的格式为频道、数量、频道、数量、……因此，这个列表是扁平的。返回值列出的频道排列顺序和命令调用时指定频道的排列顺序是相同的。注意，在调用这个命令时可以不指定频道，此时返回值是一个空列表。当返回 0 时，表示这个频道没有任何订阅者。时间复杂度为 $O(N)$，N 是命令中指定的频道数量。

使用 PUBSUB 命令获取指定频道订阅者的数量，操作如下：
```
127.0.0.1:6379> PUBSUB NUMSUB infomation infos message mess messy
 1) "infomation"
 2) (integer) 5
 3) "infos"
 4) (integer) 2
 5) "message"
 6) (integer) 4
 7) "mess"
 8) (integer) 0
 9) "messy"
10) (integer) 3
```

- **PUBSUB NUMPAT**：该命令用于获取模式的订阅数量（所有客户端运行 PSUBSCRIBE 命令的总次数）。这个子命令是通过返回 pubsub_patterns 链表的长度来实现的，返回的这个长度就是服务器被订阅模式的数量。注意，这个数量不是订阅模式的客户端的数量，而是所有客户端订阅的模式的总数量。它返回一个整数，表示所有客户端订阅的模式的总数量。

使用 PUBSUB 命令统计当前模式的订阅数量，操作如下：
```
127.0.0.1:6379> PUBSUB NUMPAT
(integer) 6
```

10.2.2 消息订阅功能之订阅频道

当一个客户端执行 SUBSCRIBE 命令订阅一个或多个频道时，这个客户端与被订阅的频道之间就建立了一种订阅频道关系，这个订阅频道关系将会被保存到服务器状态的 pubsub_channels 字典里面。这个字典也是一个键值对，字典中的键就是某个被订阅的频道，而字典中的值就是一个链表，这个链表记录了所有订阅这个频道的客户端。这个字典的示意图如图 10.2 所示。

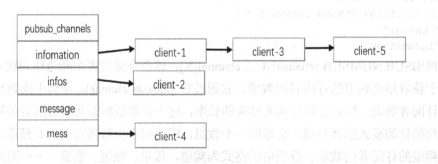

图 10.2　pubsub_channels 字典示意图

当客户端订阅某个频道时，服务器会将这个频道与客户端在 pubsub_channels 字典中进行关联。这个关联操作可以分为两步，具体根据这个频道是否已经有其他订阅者来划分。

- 如果这个频道被其他订阅者订阅，那么这个订阅者链表信息一定会在 pubsub_channels 字典中，此时相关的程序就要把订阅这个频道的客户端添加到链表的末尾。
- 如果这个频道没有任何订阅者订阅，那么 pubsub_channels 字典中就不存在订阅关系，此时需要程序为这个频道在 pubsub_channels 字典中创建一个键，并把这个键对应的值设为空链表，最后将这个客户端添加到链表中，成为链表的第一个元素。

当客户端执行 UNSUBSCRIBE 命令来退订某个或某些频道时，服务器将从 pubsub_channels 字典中删除被退订频道与客户端之间的关联关系。程序会根据被退订频道的名称，在 pubsub_channels 字典中进行查找，找到这个频道后，会将与这个频道相关联的退订客户端的链表信息删除。删除退订客户端之后，频道的订阅者链表变为空链表，此时说明已经没有任何订阅者订阅这个频道了，程序接着会删除 pubsub_channels 字典中这个频道所对应的键。

所有订阅频道与客户端的关系都记录在服务器状态的 pubsub_channels 字典中。在使用 PUBLISH 命令将消息发送给所有订阅这个频道的订阅者时，PUBLISH 命令要做的就是在 pubsub_channels 字典中查找到所有订阅这个频道的订阅者名单（订阅者链表），然后将消息发送给名单中的所有订阅者。这个过程就是 PUBLISH 命令将消息发送给频道订阅者。

订阅频道推送消息的格式有以下几种。

1. subscribe 消息

subscribe 消息表示客户端已经成功地订阅了指定的频道。返回信息的第一个值是 subscribe 字符串，表示指定的频道订阅成功；第二个值是订阅成功的频道名称；第三个值是目前已经成功订阅的频道数量。

2. unsubscribe 消息

unsubscribe 消息表示客户端已经成功取消订阅指定的频道。返回信息的第一个值是 unsubscribe 字符串，表示已经成功退订指定的频道；第二个值是要退订的频道名称；第三个值是当前客户端订阅的频道数量。如果第三个值为 0，则表示这个客户端没有订阅任何频道。

3. message 消息

message 消息表示订阅频道的客户端已经成功地收到了另一个客户端向这个频道发送过来的消息。换句话说，就是消息订阅者成功地收到了消息发布者向频道发送的消息。返回信息的第一个值是 message 字符串，表示返回值的类型是消息；第二个值是发送消息的频道名称；第三个值是消息的内容。

10.2.3 消息订阅功能之订阅模式

当客户端执行 PSUBSCRIBE 命令订阅某个或某些消息模式时，这个客户端与被订阅的消息模式之间就建立了一种订阅模式关系，这个订阅模式关系将会被保存到服务器状态的 pubsub_patterns 属性里面。pubsub_patterns 属性是一个链表，这个链表中的每个节点都包含着一个 pubsubPattern 结构体，这个结构体具有 client 和 pattern 两个属性，client 属性表示订阅模式的客户端，而 pattern 属性表示被订阅的模式。

每当消息订阅者订阅某个或某些消息模式时，服务器总会对每个被订阅的消息模式执行下面的操作：

- 重新创建一个 pubsubPattern 结构体，并为这个结构体的 client 和 pattern 属性赋值，client 属性被赋值为订阅模式的客户端，pattern 属性被赋值为被订阅的模式。
- 将这个新建的 pubsubPattern 结构体添加到 pubsub_patterns 链表的表尾。

以上两步操作的具体过程用链表结构表示如图 10.3 所示。

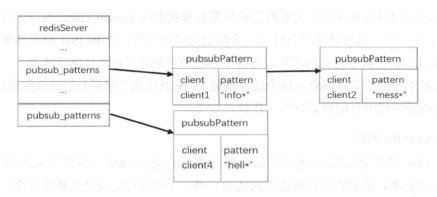

图 10.3 pubsub_patterns 链表结构

当客户端执行 PUNSUBSCRIBE 命令来退订某个或某些订阅模式时，服务器将会从 pubsub_patterns 链表中，根据 PUNSUBSCRIBE 命令指定的模式来查找与这个模式相匹配的订阅模式，然后删除 pattern 属性为退订模式，并且 client 属性为执行退订模式的客户端的 pubsubPattern 结构体。

服务器状态中的 pubsub_patterns 链表记录了所有消息订阅模式的订阅关系。在使用 PUBLISH 命令将消息发送给所有与消息频道模式相匹配的订阅者时，PUBLISH 命令需要遍历整个 pubsub_patterns 链表，查找出与消息频道相匹配的模式，然后将消息发送给订阅了这些模式的客户端。这个过程就是 PUBLISH 命令将消息发送给模式订阅者。

如果某个客户端同时订阅了多个消息模式，或者多个消息模式和消息频道，并且这些模式都能匹配到同一条消息，那么这个客户端将会收到多条相同的消息。

订阅模式推送消息的格式有以下几种。

1. psubscribe 消息

psubscribe 消息表示客户端已经成功订阅了指定的模式。返回信息的第一个值是 psubscribe 字符串；第二个值是订阅的模式名称；第三个值是客户端当前已经订阅的模式数量。

2. punsubscribe 消息

punsubscribe 消息表示客户端已经成功退订了指定的消息模式。返回信息的第一个值是 punsubscribe 字符串，表示成功退订了指定的模式；第二个值是想要退订的模式名称；第三个值是客户端当前已经订阅的模式数量。如果第三个值为 0，则表示这个客户端没有订阅任何模式。

3. pmessage 消息

pmessage 消息表示订阅模式的客户端已经成功地收到了另一个客户端向这个模式所对应的频道发送的消息。换句话说，就是消息订阅者成功收到了消息发布者所发送的与之模式相匹配的消息。

10.3 Redis 消息队列

常见的消息队列有两种模式，分别是消息订阅发布模式和消息生产者/消费者模式。Redis 的消息队列也是基于这两种模式实现的。下面我们来具体介绍。

10.3.1 消息订阅发布模式的原理

消息发布者将消息发送到相应的频道（这里的频道也可以理解为队列），消息订阅者通过订阅这个消息频道，就能接收到消息发布者所发送的消息。只要是订阅了这个消息频道的订阅者，它们接收到的消息都是一样的，也就是消息发布者将消息发送给了每位订阅者。在前面的小节中已经详细介绍了消息订阅发布模式，这里不再多说。

消息订阅发布模式原理图如图 10.4 所示。

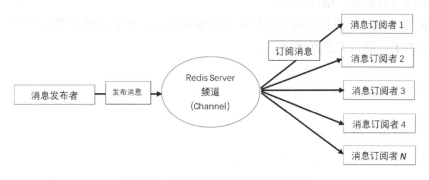

图 10.4 消息订阅发布模式原理图

说明：当消息发布者发送一条消息到 Redis Server 后，只要消息订阅者订阅了该频道，就可以接收到这样的信息。同时，消息订阅者可以订阅不同的频道。

消息订阅发布模式的适用场景：微信公众号、订阅号的推送，新闻 App 的推送，商城系统的信息推送等。

10.3.2 消息生产者/消费者模式的原理

消息生产者将生产的消息放入消息队列里，多个消息消费者同时监听这个消息队列，谁先抢到消息，谁就从消息队列中取走消息去处理，即对于每条消息，只能被最多一个消费者消费。消息订阅发布模式不需要抢夺消息，每个订阅者得到的消息都是一样的。而消息生产者/消费者模式是一种"抢"的模式，就是消息生产者每生产并发送一条消息，只有一个消息消费者可以获得消息，谁的网速快、人品好，谁就可以获得那条消息。

消息生产者/消费者模式原理图如图 10.5 所示。

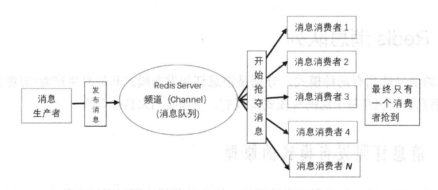

图 10.5 消息生产者、消费者模式原理图

说明：消息生产者/消费者模式也有多个消费者来消费，但是只能有一个消费者可以获得消息，其他消息消费者就只能继续监听消息队列，等待下一次抢消息。

消息生产者/消费者模式的适用场景：用户系统登录注册接收短信注册码、登录码，订单系统下单成功的短信，抢红包等。

以上就是 Redis 的消息订阅与消息队列的相关知识，在后面的实战章节中，我们还会给出相应的例子，期待大家继续学习。

第 11 章 Redis 持久化

本章讲解 Redis 的持久化功能，解读 Redis 的持久化方式——AOF 持久化和 RDB 持久化，并介绍这两种方式的配置、用法及优缺点，因为只有深入了解它们的用法与特点，才能更好地应用它们，进而解决更多问题。

11.1 Redis 持久化操作概述

我们知道，Redis 是一个功能强大、读/写速度极快、性能优越的数据库。它的性能之所以这么强大，在很大程度上是因为它将所有数据存储在内存中，使得读/写速度及相关性能得到了很大的提升。然而，当 Redis 进程退出或者重启之后，所有存储在内存中的数据就会丢失。在实际应用中，我们希望 Redis 在重启后可以保证数据不丢失，比如：

- 利用 Redis 作为数据库存储数据，长久保存数据。
- 利用 Redis 作为缓存服务器，缓存大量数据。但当缓存被穿透后，会对其性能造成较大影响。更严重的是，当所有缓存同时失效时，会导致缓存雪崩，从而使得服务器停止服务。

为了解决 Redis 服务器重启之后数据就会丢失的问题，我们希望 Redis 采用某种方式将数据从内存保存到硬盘中，使得服务器重启之后，Redis 可以根据硬盘中保存的数据进行恢复，这个过程就是持久化，这个过程产生的文件就是持久化文件。利用 Redis 的持久化文件就能实现数据恢复，从而达到保存数据不丢失的目的。

目前，Redis 支持两种持久化方式：AOF 持久化和 RDB 持久化。AOF 持久化方式会将每次执行的命令及时保存到硬盘中；而 RDB 持久化方式会根据指定的规则"定时"将内存中的数据保存到硬盘中。AOF 持久化方式的实时性更好，也就是当进程意外退出时，丢失的数据更少。在通常情况下，这两种持久化方式可以单独使用；但在更多情况下，可以将二者结合起来使用。

下面依次介绍 AOF 持久化方式和 RDB 持久化方式。

11.2 Redis 持久化机制 AOF

AOF（Append Only File）持久化保存服务器执行的所有写操作命令到单独的日志文件中，在服务器重启时，通过加载日志文件中的这些命令并执行来恢复数据。这个日志文件就是 AOF 文件，Redis 将会以 Redis 协议格式来保存 AOF 文件中的所有命令，新命令会被追加到文件的结尾。在服务器的后台，AOF 文件还会被重写（Rewrite），使得 AOF 文件的体积不会大于保存数据集状态所需的实际大小。

当使用 Redis 来存储一些需要长久保存的数据时，一般需要打开 AOF 持久化来降低进程突然中止，导致数据丢失的风险。

11.2.1 AOF 持久化的配置

在默认情况下，AOF 持久化没有被开启。而如果我们要采用 AOF 持久化方式来保存数据，就要开启 AOF 持久化。可以通过修改配置文件 redis.conf 中的 appendonly 参数开启，如下：

```
appendonly yes
```

在开启 AOF 持久化后，服务器每执行一条写命令，Redis 就会把该命令写入硬盘的 AOF 文件中。AOF 文件位置可以通过 dir 参数来设置。AOF 文件的默认名称是 appendonly.aof，可以通过 appendfilename 参数来修改 AOF 文件的名称，如下：

```
appendfilename "appendonly.aof"
```

与 AOF 持久化相关的配置总结如下。

- appendonly no：是否开启 AOF 持久化，默认为 no，不开启，设置为 yes 表示开启 AOF 持久化。
- appendfilename "appendonly.aof"：AOF 文件名，可以修改它。
- dir ./：AOF 文件和 RDB 文件所在目录。
- appendfsync everysec：fsync 持久化策略。
- no-appendfsync-on-rewrite no：在重写 AOF 文件的过程中，是否禁止 fsync。如果这个参数值设置为 yes（开启），则可以减轻重写 AOF 文件时 CPU 和硬盘的负载，但同时可能会丢失重写 AOF 文件过程中的数据；需要在负载与安全性之间进行平衡。
- auto-aof-rewrite-percentage 100：指定 Redis 重写 AOF 文件的条件，默认为 100，它会对比上次生成的 AOF 文件大小。如果当前 AOF 文件的增长量大于上次 AOF 文件的 100%，就会触发重写操作；如果将该选项设置为 0，则不会触发重写操作。
- auto-aof-rewrite-min-size 64mb：指定触发重写操作的 AOF 文件的大小，默认为 64MB。如果当前 AOF 文件的大小低于该值，此时就算当前文件的增量比例达到了 auto-aof-rewrite-percentage 选项所设置的条件，也不会触发重写操作。换句话说，只有同时满足以上这两个选项所设置的条件，才会触发重写操作。
- auto-load-truncated yes：当 AOF 文件结尾遭到损坏时，Redis 在启动时是否仍加载 AOF 文件。

11.2.2 AOF 持久化的实现

在开启 AOF 持久化之后，Redis 服务器每执行一条写命令，AOF 文件都会记录这条写命令。因为需要实时记录 Redis 的每条写命令，因此 AOF 不需要触发就能实现持久化。

AOF 持久化的实现过程如下。

（1）命令追加（append）：Redis 服务器每执行一条写命令，这条写命令都会被追加到缓存区 aof_buf 中。

在追加命令的过程中，Redis 并没有直接将命令写入文件中，而是将命令追加到缓存区 aof_buf 的末尾。这样做的目的是避免每次执行的命令都直接写入硬盘中，会导致硬盘 I/O 的负载过大，使得性能下降。

命令追加的格式使用 Redis 命令请求的协议格式，它是一种纯文本格式，具有很多优点，如兼容性好、易处理、易读取、操作简单、可避免二次开销等。

比如，执行以下命令：

```
127.0.0.1:6379>SET name redis
OK
```

服务器在接收到客户端发送过来的 SET 命令之后，会将下面的协议格式内容追加到缓存区 aof_buf 的末尾：

```
*3\r\n$3\r\nSET\r\n$3\r\nname\r\n$5\r\nredis\r\n
```

又如，执行以下命令：

```
127.0.0.1:6379>RPUSH color red green blue yellow
(integer) 4
```

服务器在接收到客户端发送过来的 RPUSH 命令之后，会将以下协议格式的内容追加到缓存区 aof_buf 的末尾：

```
*6\r\n$5\r\nRPUSH\r\n$5\r\ncolor\r\n$3\r\nred\r\n$5\r\ngreen\r\n$4\r\nblue\r\n$6\r\nyellow\r\n
```

以上就是 AOF 持久化追加命令的原理。

在 AOF 文件中，除了用于切换数据库的 select 命令是由 Redis 添加的，其他写命令都是客户端发送过来的。

（2）AOF 持久化文件写入（write）和文件同步（sync）：根据 appendfsync 参数设置的不同的同步策略，将缓存区 aof_buf 中的数据内容同步到硬盘中。

Redis 为 AOF 缓存区的同步提供了多种策略，策略涉及操作系统的 write 和 fsync 函数。为了提高文件的写入效率，当用户调用 write 函数将数据写入文件中时，操作系统会将这些数据暂存到一个内存缓存区中，当这个缓存区被填满或者超过了指定时限后，才会将缓存区中的数据写入硬盘中，这样做既提高了效率，又保证了安全性。

Redis 的服务器进程是一个事件循环（loop），这个事件循环中的文件事件负责接收客户端的命令请求，处理之后，向客户端发送命令回复；而其中的时间事件则负责执行像 serverCron 函数这样需要定时运行的函数。

服务器在处理文件事件时，可能会执行客户端发送过来的写命令，使得一些命令被追加到缓存区 aof_buf 中。因此，在服务器每次结束一个事件循环之前，都会调用 flushAppendOnlyFile 函数，来决定是否将缓存区 aof_buf 中的数据写入和保存到 AOF 文件中。

flushAppendOnlyFile 函数的运行与服务器配置的 appendfsync 参数有关。appendfsync 参数具有多个值，具体如下：

- 当 appendfsync 参数的值为 always 时，flushAppendOnlyFile 函数会将缓存区 aof_buf 中的所有内容写入并同步到 AOF 文件中。

服务器的文件事件每循环一次，都要将缓存区 aof_buf 中的所有内容写入 AOF 文件中，并同步 AOF 文件，这个过程在无形中加大了硬盘 I/O 的负载，使得硬盘 I/O 成为性能瓶颈，从而严重降低 Redis 的性能。所以使用 always 的效率比较低，但从安全性考虑，使用 always 是最安全的。即使 Redis 服务器出现故障，AOF 持久化也只会丢失最近一次事件循环中的命令数据。

- 当 appendfsync 参数的值为 no 时，flushAppendOnlyFile 函数会将缓存区 aof_buf 中的所有内容写入 AOF 文件中，但不会同步 AOF 文件，至于什么时候同步则交给操作系统来决定，通常同步周期为 30 秒。在使用 no 时，AOF 文件的同步不可控，且缓存区中的内容会越来越多，一旦发生故障，将会丢失大量数据。因为不用执行 AOF 同步操作，所以 AOF 写入数据的速度总是最快的，效率也很高。
- 当 appendfsync 参数的值为 everysec 时，flushAppendOnlyFile 函数会将缓存区 aof_buf 中的所有内容写入 AOF 文件中。而 AOF 文件的同步操作则由一个专门的文件同步线程负责，每秒执行一次。如果上次同步 AOF 文件的时间距离现在超过了 1 秒，同步线程就会再次对 AOF 文件进行同步。在使用 everysec 时，AOF 文件的写入与同步效率非常高，它是前面两种策略的折中，是性能和数据安全性的平衡，既满足了效率要求，又考虑了安全性，推荐使用。

在 Redis 配置文件 redis.conf 中的配置如下：

```
# appendfsync always
appendfsync everysec    #默认使用 everysec
# appendfsync no
```

11.2.3 AOF 文件重写

1. AOF 文件重写的目的

定期重写 AOF 文件，以达到压缩的目的。

AOF 持久化的实现是通过保存被执行的写命令来保存数据库数据的。随着服务器运行时间的增加，AOF 文件的内容数据会越来越大，文件所占据的内存也会变大。过大的 AOF 文件会影响服务器的正常运行，在执行数据恢复时，将会耗费更多的时间。

为了解决 AOF 文件体积过大的问题，Redis 提供了 AOF 文件重写的功能，就是定期重写 AOF 文件，以减小 AOF 文件的体积。其实，AOF 文件重写就是把 Redis 进程内的数据转化为写命令，然后同步到新的 AOF 文件中。在重写的过程中，Redis 服务器会创建一个新的 AOF 文件来替代现有的 AOF 文件，新、旧两个 AOF 文件所保存的数据库状态相同，但是新的 AOF 文件不会包含冗余命令。

Redis 将生成新的 AOF 文件替换旧的 AOF 文件的功能命名为"AOF 文件重写"。实际上，AOF 文件重写并不会对旧的 AOF 文件进行读取、写入操作，这个功能是通过读取服务器当前的数据库状态来实现的。

通过客户端向服务器端发送多条 RPUSH 命令，向列表中添加多个颜色元素，并成功执行。操作如下：

```
127.0.0.1:6379> RPUSH color "red" "blue"   #向列表color中添加多个颜色元素
(integer) 2
127.0.0.1:6379> RPUSH color "yellow" "green" "black"
(integer) 5
127.0.0.1:6379> LPOP color   #移除并返回列表color的头元素
"red"
127.0.0.1:6379> LPOP color
"blue"
127.0.0.1:6379> RPUSH color "pink" "white"
(integer) 5
```

Redis 服务器在开启了 AOF 持久化之后，就会保持当前列表 color 键的状态，在 AOF 文件中写入 5 条命令。如果服务器想用最少的命令来保存列表 color 键的状态，就要利用 AOF 文件重写功能。最简单的方法不是去读取和分析现有 AOF 文件的内容，而是直接从数据库中读取出列表 color 键的值，用一条 RPUSH color "yellow" "green" "black" "pink" "white"命令来代替保存在 AOF 中的 5 条命令，这样就实现了 AOF 文件重写功能。

除上面所说的列表键之外，其他类型的键也可以用同样的方法去减少 AOF 文件中的命令数量，也就是直接去数据库中读取该键所存储的值，然后用一条命令记录来代替之前这个键值对的多条写命令，这就是 AOF 文件重写功能的原理。

此时，聪明的读者可能会问：为什么 AOF 文件重写可以压缩 AOF 文件？

原因有如下几点：

- AOF 文件重写功能会丢弃过期的数据，也就是过期的数据不会被写入 AOF 文件中。
- AOF 文件重写功能会丢弃无效的命令，无效的命令将不会被写入 AOF 文件中。无效命令包括重复设置某个键值对时的命令、删除某些数据时的命令等。
- AOF 文件重写功能可以将多条命令合并为一条命令，然后写入 AOF 文件中。

在实际应用中，Redis 为了防止在执行命令时造成客户端缓存区溢出，重写程序在处理列表、哈希表、集合及有序集合这 4 种可能会带有多个元素的键时，会提前检查这些键所包含的元素个数。

假如键所包含的元素个数大于 redis.h/REDIS_AOF_REWRITE_ITEMS_PER_CMD 常量的值，那么重写程序会使用多条命令来记录这个键的值。

REDIS_AOF_REWRITE_ITEMS_PER_CMD 常量的值为 64。

比如，一个列表键或集合键所包含的元素个数大于 64 个，那么重写程序会使用多条 RPUSH 或 SADD 命令来记录这个列表或集合，每条命令设置的元素个数为 64 个，超出部分用另一条命令继续保存。

2. AOF 文件重写的触发方式

AOF 文件重写的触发有两种方式：手动触发和自动触发。

- 手动触发：执行 BGREWRITEAOF 命令触发 AOF 文件重写。该命令与 BGSAVE 命令相似，都是启动（fork）子进程完成具体的工作，且都在启动时阻塞。

如图 11.1 所示为执行 BGREWRITEAOF 命令触发 AOF 文件重写。

```
127.0.0.1:6379> BGREWRITEAOF
12964:M 18 Jul 15:17:24.683 * Background append only file rewriting started by pid 12997
Background append only file rewriting started
127.0.0.1:6379> 12964:M 18 Jul 15:17:24.723 * AOF rewrite child asks to stop sending diffs
.
 12997:C 18 Jul 15:17:24.724 * Parent agreed to stop sending diffs. Finalizing AOF...
                                                                                    12997
:C 18 Jul 15:17:24.724 * Concatenating 0.00 MB of AOF diff received from parent.
                                                                              12997:C 18
 Jul 15:17:24.724 * SYNC append only file rewrite performed
                                                           12997:C 18 Jul 15:17:24.724 * A
OF rewrite: 6 MB of memory used by copy-on-write
                                                 12964:M 18 Jul 15:17:24.739 * Background A
OF rewrite terminated with success
                                   12964:M 18 Jul 15:17:24.739 * Residual parent diff succe
ssfully flushed to the rewritten AOF (0.00 MB)
                                               12964:M 18 Jul 15:17:24.739 * Background AOF
 rewrite finished successfully
```

图 11.1 执行 BGREWRITEAOF 命令触发 AOF 文件重写

- 自动触发：自动触发 AOF 文件重写是通过设置 Redis 配置文件中 auto-aof-rewrite-percentage 和 auto-aof-rewrite-min-size 参数的值，以及 aof_current_size 和 aof_base_size 状态来确定何时触发的。

auto-aof-rewrite-percentage 参数是在执行 AOF 文件重写时，当前 AOF 文件的大小（aof_current_size）和上一次 AOF 文件重写时的大小（aof_base_size）的比值，默认为 100。

auto-aof-rewrite-min-size 参数设置了执行 AOF 文件重写时的最小体积，默认为 64MB。

使用 CONFIG GET 命令来查看上述参数的值，操作如下：

```
127.0.0.1:6379> CONFIG GET auto-aof-rewrite-percentage
1) "auto-aof-rewrite-percentage"
2) "100"
127.0.0.1:6379> CONFIG GET auto-aof-rewrite-min-size
1) "auto-aof-rewrite-min-size"
2) "67108864"
```

使用 INFO PERSISTENCE 命令来查看 AOF 持久化的相关状态，操作如下：

```
127.0.0.1:6379> INFO PERSISTENCE
# Persistence
…
aof_enabled:0
aof_rewrite_in_progress:0
aof_rewrite_scheduled:0
aof_last_rewrite_time_sec:0
aof_current_rewrite_time_sec:-1
aof_last_bgrewrite_status:ok
aof_last_write_status:ok
aof_last_cow_size:184320
```

只有当 Redis 服务器同时满足 auto-aof-rewrite-percentage 和 auto-aof-rewrite-min-size 参数值时，才会触发 AOF 文件重写。

3. AOF 文件后台重写

在实现 AOF 文件重写的过程中，会调用 aof_rewrite 函数创建一个新的 AOF 文件，同时将旧的 AOF 文件的命令重写到新的 AOF 文件中，在这个过程中会执行大量的写入操作，就会使得这个函数的线程被长时间阻塞。Redis 服务器使用单线程来处理命令请求。如果让服务器直接调用 aof_rewrite 重写函数，那么在 AOF 文件重写期间，服务器将不能继续执行其他命令，就会一直处于阻塞状态。显然，对于这样的情况，我们是不希望看到的。因此，Redis 将 AOF 文件重写程序放到了一个子进程中执行，这样做的好处是：

- 子进程在执行 AOF 文件重写的过程中，Redis 服务器进程可以继续处理新的命令请求。
- 子进程带有服务器进程的数据副本，使用子进程可以在使用锁的情况下，保证数据的安全性。

使用子进程会导致数据库状态不一致，原因是：当子进程进行 AOF 文件重写的时候，Redis 服务器可以继续执行来自客户端的命令请求，就会有新的命令对现有数据库状态进行修改，进而使得服务器当前的数据库状态与重写的 AOF 文件所保存的数据库状态不一致。

为了解决使用子进程导致数据库状态不一致的问题，Redis 服务器设置了一个 AOF 文件重写缓存区。这个 AOF 文件重写缓存区在服务器创建子进程之后开始使用，可以利用它来解决数据库状态不一致的问题。当 Redis 服务器成功执行完一条写命令后，它会同时将这条写命令发送给 AOF 文件缓存区（aof_buf）和 AOF 文件重写缓存区。

子进程在执行 AOF 文件重写的过程中，服务器进程的执行过程如下：

（1）服务器接收到来自客户端的命令请求，并成功执行。

（2）服务器将执行后的写命令转化为对应的协议格式，然后追加到 AOF 文件缓存区（aof_buf）中。

（3）服务器再将执行后的写命令追加到 AOF 文件重写缓存区中。

以上过程用流程图表示如图 11.2 所示。

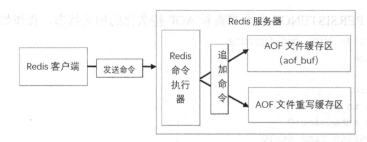

图 11.2 Redis 服务器将命令追加到 AOF 文件缓存区和 AOF 文件重写缓存区中

有了 AOF 文件重写缓存区，就可以保证数据库状态的一致性。AOF 文件缓存区的内容会被定期写入和同步到 AOF 文件中，AOF 文件的写入和同步不会因为 AOF 文件重写缓存区的引入而受到影响。当服务器创建子进程之后，服务器执行的所有写命令都会同时被追加到 AOF 文件缓存区和 AOF 文件重写缓存区中。

如果子进程完成了 AOF 文件重写的工作，它就会发送一个完成信号给父进程。当父进程接收到这个信号后，就会调用信号处理函数，继续执行以下工作：

（1）将 AOF 文件重写缓存区中的所有内容写入新的 AOF 文件中。新的 AOF 文件所保存的数据库状态与服务器当前的数据库状态保持一致。

（2）修改新的 AOF 文件的文件名，新生成的 AOF 文件将会覆盖现有（旧）的 AOF 文件，完成新、旧两个文件的互换。

在完成上述两个步骤之后，就完成了一次 AOF 文件后台重写工作。

在整个 AOF 文件后台重写的过程中，只有在信号处理函数执行的过程中，服务器进程才会被阻塞，在其他时候不存在阻塞情况。

11.2.4　AOF 文件处理

如果我们开启了 AOF 持久化，那么在 Redis 服务器启动的时候，就会首先加载 AOF 文件中的数据来恢复数据库数据。因为 AOF 文件中保存了数据库状态所需的所有写命令，所以服务器读取并执行 AOF 文件中的写命令，就可以还原服务器关闭之前的数据库状态。这个过程具体如下：

（1）创建一个伪客户端，用于执行 AOF 文件中的写命令。这个伪客户端是一个不带网络连接的客户端。因为只能在客户端的上下文中才能执行 Redis 的命令，而在 AOF 文件中包含了 Redis 服务器启动加载 AOF 文件时所使用的所有命令，而不是网络连接，所以服务器创建了一个不带网络连接的伪客户端来执行 AOF 文件中的写命令。

（2）读取 AOF 文件中的数据，分析并提取出 AOF 文件所保存的一条写命令。

（3）使用伪客户端执行被读取出的写命令。

（4）重复执行步骤（2）和（3），直到将 AOF 文件中的所有命令读取完毕，并成功执行为止。这个过程完成之后，就可以将服务器的数据库状态还原为关闭之前的状态。

Redis 启动加载 AOF 文件恢复数据的过程如图 11.3 所示。

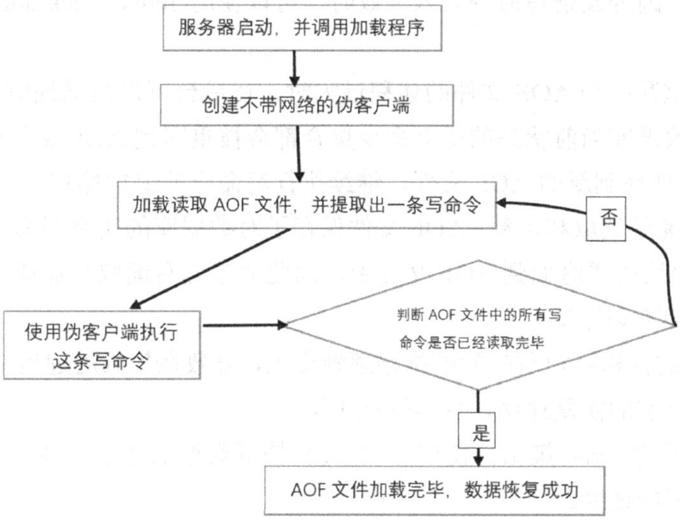

图 11.3 Redis 启动加载 AOF 文件恢复数据的过程

如果在 Redis 服务器启动加载 AOF 文件时，发现 AOF 文件被损坏了，那么服务器会拒绝加载这个 AOF 文件，以此来确保数据的一致性不被破坏。而 AOF 文件被损坏的原因可能是程序正在对 AOF 文件进行写入与同步时，服务器出现停机故障。如果 AOF 文件被损坏了，则可以通过以下方法来修复。

- 及时备份现有 AOF 文件。
- 利用 Redis 自带的 redis-check-aof 程序，对原来的 AOF 文件进行修复，命令如下：
$ redis-check-aof -fix
- 使用 diff -u 来对比原始 AOF 文件和修复后的 AOF 文件，找出这两个文件的不同之处。
- 修复 AOF 文件之后，重启 Redis 服务器重新加载，进行数据恢复。

11.2.5 AOF 持久化的优劣

AOF 持久化具有以下优点：
- 使用 AOF 持久化会让 Redis 持久化更长：通过设置不同的 fsync 策略来达到更长的持久化。具体有 3 种策略。
  - 当有新的写命令追加到 AOF 文件末尾时，就执行一次 fsync。这种方式虽然速度比较慢，但是很安全。
  - 设置为每秒执行一次 fsync。这种方式速度比较快，如果发生故障，则只会丢失 1 秒内的数据，即兼顾了效率与安全性，推荐使用。
  - 从不执行 fsync，而是直接将数据交给操作系统来处理。这种方式虽然速度比较快，但是安全性比较差，不建议使用。

- 兼容性比较好：AOF 文件是一个日志文件，它的作用是记录服务器执行的所有写命令。当文件因为某条写命令写入失败时，可以使用 redis-check-aof 进行修复，然后继续使用。
- 支持后台重写：当 AOF 文件的体积过大时，在后台可以自动地对 AOF 文件进行重写，因此数据库当前状态的所有命令集合都会被重写到 AOF 文件中。重写完成后，Redis 就会切换到新的 AOF 文件，继续执行写命令的追加操作。
- AOF 文件易于读取和加载：AOF 文件保存了对数据库的所有写命令，这些写命令采用 Redis 协议格式追加到 AOF 文件中，因此非常容易读取和加载。

AOF 持久化具有以下缺点：
- AOF 文件的体积会随着时间的推移逐渐变大，导致在加载时速度会比较慢，进而影响数据库状态的恢复速度，性能快速下降。
- 根据所使用的 fsync 策略，使用 AOF 文件恢复数据的速度可能会慢于使用 RDB 文件恢复数据的速度。
- 因为 AOF 文件的个别命令，可能会导致在加载时失败，从而无法进行数据恢复。

11.3 Redis 持久化机制 RDB

Redis 持久化机制 RDB 与持久化机制 AOF 类似，都是为了避免 Redis 服务器在内存中的数据因为服务器进程的退出而丢失而建立的一种持久化机制。RDB 持久化生成的 RDB 文件是一个经过压缩的二进制文件，也可以称之为快照文件，通过该文件可以还原生成 RDB 文件时的数据库状态。因为 RDB 文件保存在硬盘上，所以，就算服务器停止服务，也可以利用 RDB 文件来还原数据库状态。

11.3.1 RDB 持久化

在指定的时间间隔内，RDB 持久化可以生成数据集的时间点快照。换句话说，就是可以通过快照来实现 RDB 持久化。在指定的时间间隔内，Redis 会自动将内存中的所有数据生成一份副本并存储在硬盘上，这个过程就是"快照"。

1. 快照处理的发生条件

当出现以下几种情况时，Redis 会对数据进行快照处理。
- 根据 Redis 配置文件 redis.conf 中的配置自动进行快照（自动触发）。

在 Redis 中，用户可以根据实际需要自行定义快照条件，当符合快照条件时，服务器会自动执行快照操作。快照条件是在 Redis 配置文件 redis.conf 中设置的，用户可以自定义，格式为：save m n。它由两个参数构成：时间 m 和被修改的键的个数 n。当在时间 m 内被修改的键的个数大于 n 时，就会触发 BGSAVE 命令，服务器就会自动执行快照操作。

Redis 配置文件 redis.conf 中的默认设置如下：

```
save 900 1
save 300 10
save 60 10000
```

以上 3 个快照条件都是以 save 属性开头的，它们之间是 "或" 的关系，也就是每次只有其中一个快照条件会被执行。

- ➢ save 900 1：表示在 900 秒内有 1 个或 1 个以上的键被修改就会进行快照处理。
- ➢ save 300 10：表示在 300 秒内有 10 个或 10 个以上的键被修改就会进行快照处理。
- ➢ save 60 1000：表示在 60 秒内有 1000 个或 1000 个以上的键被修改就会进行快照处理。

Redis 的 save m n 命令是通过 serverCron 函数、dirty 计数器及 lastsave 时间戳来实现的。

serverCron 函数：这是 Redis 服务器的周期性操作函数，默认每隔 100 毫秒执行一次，它主要的作用是维护服务器的状态。其中一项工作就是判断 save m n 配置的条件是否满足，如果满足就会触发执行 BGSAVE 命令。

dirty 计数器：这是 Redis 服务器维持的一种状态，它主要用于记录上一次执行 SAVE 或 BGSAVE 命令后，服务器进行了多少次状态修改（执行添加、删除、修改等操作）；当 SAVE 或 BGSAVE 命令执行完成后，服务器会将 dirty 重新设置为 0。dirty 计数器记录的是服务器进行了多少次状态修改，而不是客户端执行了多少次修改数据的命令。

比如，执行以下命令：

```
127.0.0.1:6379>SADD color red blue green yellow
(integer) 4
```

程序会将 dirty 计数器的值增加 4。

lastsave 时间戳：主要用于记录服务器上一次成功执行 SAVE 或 BGSAVE 命令的时间，它是 Redis 服务器维持的一种状态。

dirty 计数器和 lastsave 时间戳属性都保存在服务器状态的 redisServer 结构中。

save m n 命令的实现原理：服务器每隔 100 毫秒执行一次 serverCron 函数；serverCron 函数会遍历 save m n 配置的保存条件，判断是否满足。如果有一个条件满足，就会触发执行 BGSAVE 命令，进行快照保存。

对于每个 save m n 条件，只有以下两个条件同时满足才算满足：

- ➢ 当前服务器时间减去 lastsave 时间戳大于 m。
- ➢ 当前 dirty 计数器的个数大于等于 n。
- 用户在客户端执行 SAVE 或 BGSAVE 命令时会触发快照（手动触发）。
- 如果用户定义了自动快照条件，则执行 FLUSHALL 命令也会触发快照。

当执行 FLUSHALL 命令时，会清空数据库中的所有数据。如果用户定义了自动快照条件，则在使用 FLUSHALL 命令清空数据库的过程中，就会触发服务器执行一次快照。
- 如果用户为 Redis 设置了主从复制模式，从节点执行全量复制操作，则主节点会执行 BGSAVE 命令，将生产的 RDB 文件发送给从节点完成快照操作。

2. 快照的实现过程

（1）Redis 调用执行 fork 函数复制一份当前进程（父进程）的副本（子进程），也就是同时拥有父进程和子进程。

（2）父进程与子进程各自分工，父进程继续处理来自客户端的命令请求，而子进程则将内存中的数据写到硬盘上的一个临时 RDB 文件中。

（3）当子进程把所有数据写完后，也就表示快照生成完毕，此时旧的 RDB 文件将会被这个临时 RDB 文件替换，这个旧的 RDB 文件也会被删除。这个过程就是一次快照的实现过程。

当 Redis 调用执行 fork 函数时，操作系统会使用写时复制策略。也就是在执行 fork 函数的过程中，父、子进程共享同一内存数据，当父进程要修改某个数据时（执行一条写命令），操作系统会将这个共享内存数据另外复制一份给子进程使用，以此来保证子进程的正确运行。因此，新的 RDB 文件存储的是执行 fork 函数过程中的内存数据。

写时复制策略也保证了在执行 fork 函数的过程中生成的两份内存副本在内存中的占用量不会增加一倍。但是，在进行快照的过程中，如果写操作比较多，就会造成 fork 函数执行前后数据差异较大，此时会使得内存使用量变大。因为内存中不仅保存了当前数据库数据，还会保存 fork 过程中的内存数据。

在进行快照生成的过程中，Redis 不会修改 RDB 文件。只有当快照生成后，旧的 RDB 文件才会被临时 RDB 文件替换，同时旧的 RDB 文件会被删除。在整个过程中，RDB 文件是完整的，因此我们可以使用 RDB 文件来实现 Redis 数据库的备份。

11.3.2 RDB 文件

在默认情况下，Redis 将数据库快照保存在名为 dump.rdb 的文件中，这个文件被称为 RDB 文件，它是一个经过压缩的二进制文件。使用 RDB 文件可以还原生成 RDB 文件的数据库状态，也可以备份数据库数据。

RDB 文件的存储路径可以在启动前配置，也可以通过命令来直接修改。

配置文件配置：在 Redis 的配置文件 redis.conf 文件中，dir 用于指定 RDB 文件、AOF 文件所在的目录，默认存放在 Redis 根目录下；dbfilename 用于指定文件名称。

命令修改：在 Redis 服务器启动后，也可以通过命令来修改 RDB 文件的存储路径，命令格式如下：

```
CONFIG SET dir {文件路径}
CONFIG SET dbfilename {新文件名}
```

RDB 文件结构如图 11.4 所示。

| REDIS | db_version | databases | EOF | check_sum |

图 11.4　RDB 文件结构

在 RDB 文件结构中，通常使用大写字母表示常量，使用小写字母表示变量和数据。RDB 文件主要由图 11.4 中的几个常量和变量组成，具体说明如下。

- REDIS 常量：该常量位于 RDB 文件的头部，它保存着 "REDIS" 5 个字符，它的长度是 5 字节。在 Redis 服务器启动加载文件时，程序会根据这 5 个字符判断加载的文件是不是 RDB 文件。
- db_version 常量：该常量用于记录 RDB 文件的版本号，它的值是一个用字符串表示的整数，占 4 字节，注意区分它不是 Redis 的版本号。
- databases 数据：它包含 0 个或多个数据库，以及各个数据库中的键值对数据。

如果它包含 0 个数据库，也就是服务器的数据库状态为空，那么 databases 也是空的，其长度为 0 字节；如果它包含多个数据库，也就是服务器的数据库状态不为空，那么 databases 不为空，根据它所保存的键值对的数量、类型和内容不同，其长度也是不一样的。

如果 databases 不为空，则 RDB 文件结构如图 11.5 所示。

| REDIS | db_version | SELECTDB | 0 | pairs | SELECTDB | 1 | pairs | ... | EOF | check_sum |

图 11.5　datebases 不为空时的 RDB 文件结构

其中，SELECTDB 是一个常量，表示其后的数据库编号，这里的 0 和 1 是数据库编号。

pairs 数据：它存储了具体的键值对信息，包括键（key）、值（value）、数据类型、内部编码、过期信息、压缩信息等。

SELECT 0 pairs 表示 0 号数据库；SELECT 1 pairs 表示 1 号数据库。当数据库中有键值对时，RDB 文件才会记录该数据库的信息；而如果数据库中没有键值对，这一部分就会被 RDB 文件省略。

- EOF 常量：该常量是一个结束标志，它标志着 RDB 文件的正文内容结束，其长度为 1 字节。在加载 RDB 文件时，如果遇到 EOF 常量，则表示数据库中的所有键值对都已经加载完毕。
- check_sum 变量：该变量用于保存一个校验和，这个校验和是通过对 REDIS、db_version、databases、EOF 4 部分的内容进行计算得出的，是一个无符号整数，其长度为 8 字节。

当服务器加载 RDB 文件时，会将 check_sum 变量中保存的校验和与加载数据时所计算出来的校验和进行比对，从而判断加载的 RDB 文件是否被损坏，或者是否有错误。

关于更多 RDB 文件的知识，请读者自行查阅相关资料。

在默认情况下，Redis 服务器会自动对 RDB 文件进行压缩。在 Redis 配置文件 redis.conf 中，默认开启压缩。配置如下：

```
rdbcompression yes    #默认为开启压缩
```

如果不想开启压缩，则可以将 yes 值改为 no。也可以通过命令来修改，命令格式如下：

```
CONFIG SET rdbcompression no
```

在默认情况下，Redis 采用 LZF 算法进行 RDB 文件压缩。在压缩 RDB 文件时，不要误认为是压缩整个 RDB 文件。实际上，对 RDB 文件的压缩只是针对数据库中的字符串进行的，并且只有当字符串达到一定长度（20 字节）时才会进行压缩。

11.3.3　RDB 文件的创建与加载

前面说了很多 RDB 文件的相关知识，读者可能还没有明白 RDB 文件是怎么来的，下面将详细介绍。

RDB 文件可以使用命令直接生成。在 Redis 中，有 SAVE 和 BGSAVE 命令可以生成 RDB 文件。

在执行 SAVE 命令的过程中，会阻塞 Redis 服务器进程，此时 Redis 服务器将不能继续执行其他命令请求，直到 RDB 文件创建完毕为止。

执行 SAVE 命令：

```
127.0.0.1:6379>SAVE
OK
```

返回 OK 表示 RDB 文件保存成功。

在执行 BGSAVE 命令的过程中，BGSAVE 命令会派生出一个子进程，交由子进程将内存中的数据保存到硬盘中，创建 RDB 文件；而 BGSAVE 命令的父进程可以继续处理来自客户端的命令请求。

执行 BGSAVE 命令：

```
127.0.0.1:6379>BGSAVE
Background saving started
```

返回 Background saving started 信息，但我们并不能确定 BGSAVE 命令是否已经成功执行，此时可以使用 LASTSAVE 命令来查看相关信息。

执行 LASTSAVE 命令：

```
127.0.0.1:6379> LASTSAVE
(integer) 1531998138
```

返回一个 UNIX 格式的时间戳，表示最近一次 Redis 成功将数据保存到硬盘中的时间。

其实，真正创建 RDB 文件的不是 SAVE 或 BGSAVE 命令，而是 Redis 中的 rdb.c/rdbSave 函数。在执行 SAVE 或 BGSAVE 命令后，会以不同的方式调用执行这个函数，进而完成 RDB 文件的创建。

RDB 文件的创建可用于在启动 Redis 服务器的时候恢复数据库的状态，起到备份数据库的作用。RDB 文件只有在启动服务器的时候才会被加载。当启动服务器时，它会检查

RDB 文件是否存在，如果存在，就会自动加载 RDB 文件。除此之外，RDB 文件不会被加载，因为 Redis 中没有提供用于加载 RDB 文件的命令。

在启动 Redis 时，部分日志信息如图 11.6 所示。

```
21316:M 19 Jul 19:28:02.666 # WARNING: The TCP backlog setting of 511 cannot be enforced beca
21316:M 19 Jul 19:28:02.666 # Server initialized
21316:M 19 Jul 19:28:02.666 # WARNING overcommit_memory is set to 0! Background save may fail
 = 1' to /etc/sysctl.conf and then reboot or run the command 'sysctl vm.overcommit_memory=1'
21316:M 19 Jul 19:28:02.667 # WARNING you have Transparent Huge Pages (THP) support enabled i
is. To fix this issue run the command 'echo never > /sys/kernel/mm/transparent_hugepage/enabl
ting after a reboot. Redis must be restarted after THP is disabled.
21316:M 19 Jul 19:28:02.667 * DB loaded from disk: 0.000 seconds
21316:M 19 Jul 19:28:02.667 * Ready to accept connections
```

图 11.6　Redis 启动部分日志信息

其中的信息 DB loaded from disk: 0.000 seconds 就是服务器在加载完 RDB 文件之后打印的，这里的时间为 0.000，是因为 RDB 文件过小，加载几乎不耗费时间。

聪明的读者可能会有疑问：在启动 Redis 服务器的时候，到底是先加载 AOF 文件，还是先加载 RDB 文件呢？

在通常情况下，AOF 文件的更新频率比 RDB 文件的更新频率高得多，服务器每执行一条写命令，就会更新一次 AOF 文件。

其实，在启动 Redis 服务器的时候，会执行一个加载程序，这个加载程序会根据 Redis 配置文件中是否开启了 AOF 持久化，来判断是加载 AOF 文件还是加载 RDB 文件。

- 如果在 Redis 配置文件中开启了 AOF 持久化（appendonly yes），那么在启动服务器的时候会优先加载 AOF 文件来还原数据库状态。
- 如果在 Redis 配置文件中关闭了 AOF 持久化（appendonly no），那么在启动服务器的时候会优先加载 RDB 文件来还原数据库状态。

加载 RDB 文件的实际工作由 rdb.c/rdbLoad 函数完成。

服务器启动加载 AOF 文件或 RDB 文件的过程如图 11.7 所示。

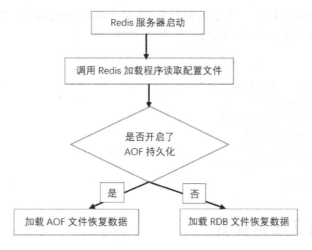

图 11.7　服务器启动加载 AOF 文件或 RDB 文件的过程

11.3.4 创建与加载 RDB 文件时服务器的状态

在创建文件时,服务器的状态具体如下:

当执行 SAVE 命令的时候,将会阻塞 Redis 服务器,客户端发送过来的命令请求将会被拒绝执行。只有当 SAVE 命令执行结束之后,服务器才能再次接收并执行来自客户端的命令请求。

当执行 BGSAVE 命令的时候,将会启动一个子进程来创建并保存 RDB 文件,在子进程创建 RDB 文件的过程中,父进程仍然可以处理来自客户端的命令请求。

如果在服务器执行 BGSAVE 命令的过程中,客户端向服务器发送过来的命令是 SAVE、BGSAVE 或 BGREWRITEAOF,就会有不同的执行策略,具体说明如下:

- 在执行 BGSAVE 命令的过程中,如果客户端发送过来的命令是 SAVE,那么该命令会被服务器拒绝执行。因为在执行 SAVE 命令的时候,服务器会被阻塞,这个时候子进程也在执行,就会造成父进程和子进程同时调用 rdbSave 函数,产生竞争条件。为了避免这种情况的发生,服务器就会拒绝执行 SAVE 命令。
- 在执行 BGSAVE 命令的过程中,如果客户端发送过来的命令是 BGSAVE,那么服务器会拒绝执行 BGSAVE 命令。因为服务器如果同时执行两个 BGSAVE 命令,则也会产生竞争条件。
- 在执行 BGSAVE 命令的过程中,如果客户端发送过来的命令是 BGREWRITEAOF,那么这个命令会推迟到 BGSAVE 命令执行完成之后才会被执行。相反地,如果在执行 BGREWRITEAOF 命令的过程中,客户端发送过来的命令是 BGSAVE,那么服务器会拒绝执行 BGSAVE 命令。BGSAVE 和 BGREWRITEAOF 命令都是采用子进程来完成任务的,所以这两个命令不能同时执行。

服务器在加载 RDB 文件时,会一直处于阻塞状态,直到 RDB 文件加载完毕,才会变为运行状态。

使用 INFO PERSISTENCE 命令来查看 RDB 持久化的相关状态,操作如下:

```
127.0.0.1:6379> INFO PERSISTENCE
# Persistence
loading:0
rdb_changes_since_last_save:12
rdb_bgsave_in_progress:0
rdb_last_save_time:1541692112
rdb_last_bgsave_status:ok
rdb_last_bgsave_time_sec:-1
rdb_current_bgsave_time_sec:-1
rdb_last_cow_size:0
```

11.3.5 RDB 持久化的配置

RDB 持久化的配置具体如下。

- save m n：表示在时间 m 内被修改的键的个数大于 n 时，会触发 BGSAVE 命令的执行。它是 BGSAVE 命令自动触发的条件；如果没有设置该配置，则表示自动的 RDB 持久化被关闭。
- stop-writes-on-bgsave-error yes：当执行 BGSAVE 命令出现错误时，Redis 是否终止执行写命令。参数的值默认被设置为 yes，表示当硬盘出现问题时，服务器可以及时发现，及时避免大量数据丢失；当设置为 no 时，就算执行 BGSAVE 命令发生错误，服务器也会继续执行写命令；当对 Redis 服务器的系统设置了监控时，建议将该参数值设置为 no。
- rdbcompression yes：是否开启 RDB 压缩文件，默认为 yes 表示开启，不开启则设置为 no。
- rdbchecksum yes：是否开启 RDB 文件的校验，在服务器进行 RDB 文件的写入与读取时会用到它。默认设置为 yes。如果将它设置为 no，则在服务器对 RDB 文件进行写入与读取时，可以提升性能，但是无法确定 RDB 文件是否已经被损坏。
- dbfilename dump.rdb：用于设置 RDB 文件名，可以通过命令来修改它，命令格式如下：

```
CONFIG SET dbfilename RDB文件名
```

- dir ./：RDB 文件和 AOF 文件所在目录，默认为 Redis 的根目录。

11.3.6 RDB 持久化的优劣

RDB 持久化具有以下优点：
- RDB 文件是一个经过压缩的二进制文件，文件紧凑，体积较小，非常适用于进行数据库数据备份。
- RDB 持久化适用于灾难恢复，而且恢复数据时的速度要快于 AOF 持久化。
- Redis 采用 RDB 持久化可以很大程度地提升性能。父进程在保存 RDB 文件时会启动一个子进程，将所有与保存相关的功能交由子进程处理，而父进程可以继续处理其他相关的操作。

RDB 持久化具有以下缺点：
- 在服务器出现故障时，如果没有触发 RDB 快照执行，那么它可能会丢失大量数据。RDB 快照的持久化方式决定了必然做不到实时持久化，会存在大量数据丢失。
- 当数据量非常庞大时，在保存 RDB 文件的时候，服务器会启动一个子进程来完成相关的保存操作。这项操作比较耗时，将会占用太多 CPU 时间，从而影响服务器的性能。
- RDB 文件存在兼容性问题，老版本的 Redis 不支持新版本的 RDB 文件。

11.4 AOF 持久化与 RDB 持久化抉择

面对 AOF 持久化和 RDB 持久化，应该选择使用哪一个呢？

在实际的应用场景中，由于存在各种风险因素，你不知道服务器在什么时候会出现故障，也不知道在什么时候可能会断电，又或者有其他一些意想不到的事情发生，这些事情的发生可能会导致 Redis 数据库丢失大量数据，进而造成一些经济损失。为了避免这些情况的发生，强烈建议同时使用 AOF 持久化和 RDB 持久化，以便最大限度地保证数据的持久化与安全性。

你也可以只使用 RDB 持久化，因为 RDB 持久化能够定时生成 RDB 快照，便于进行数据库数据备份，同时也能提高服务器的性能，而且 RDB 恢复数据的速度要快于 AOF 恢复数据的速度；但是，你必须承受如果服务器出现故障，则会丢失部分数据的风险。

很多用户只使用 AOF 持久化，但我们并不推荐使用这种方式，因为 AOF 持久化产生的 AOF 文件体积较大，在恢复数据时会比较慢，会严重影响服务器的性能，在生成 AOF 文件的时候还可能会出现 AOF 程序 Bug。

如果你现在使用的是 RDB 持久化，想切换到 AOF 持久化，则可以执行以下几步操作：

（1）备份 RDB 文件（dump.rdb），并将备份文件放到一个安全的地方。

（2）在不重启服务器的情况下，执行以下命令：

```
CONFIG SET appendonly yes    #开启AOF持久化，服务器开始初始化AOF文件，此时Redis服务器会发生阻塞，直到AOF文件创建完毕为止，之后服务器才会继续处理来自客户端的命令请求，将写命令追加到AOF文件中。同时需要手动修改Redis的配置文件redis.conf中的appendonly参数值为yes，否则在下一次重启的时候，并不会切换使用AOF持久化
    CONFIG SET save " "    #关闭RDB持久化。也可以不执行该命令，同时使用RDB持久化和AOF持久化
```

（3）执行上述命令后，需要检查数据库中的键数量有没有改变，同时确保写命令会被追加到 AOF 文件中。

至此，Redis 持久化的相关知识点就介绍完了，相信聪明的读者已经熟练掌握了 Redis 持久化的应用与相关原理。

第 12 章 Redis 集群

本章的主题为多数据库之间的集群操作,具体包括 Redis 集群的主从复制模式、哨兵模式及 Redis 集群模式。Redis 集群在实际中用途广泛,一些大型分布式系统离不开 Redis 集群的支撑,使用 Redis 集群在大流量访问的情况下,能够提供稳定的服务。本章将会一一介绍主从复制模式、哨兵模式,以及集群的相关概念、配置和它们的实现原理,以此来帮助读者在实际应用中解决更多的问题,实现更多的业务功能。

12.1 Redis 集群的主从复制模式

在实际应用中,使用单台 Redis 服务器可能会出现服务器故障停机、容量瓶颈、QPS 瓶颈等问题,进而影响系统及网站的正常服务,从而造成不必要的经济损失。为了避免使用单机出现的问题,引入了 Redis 集群的主从复制模式。

12.1.1 什么是主从复制

在 Redis 中,通过执行 SLAVEOF 命令,或者通过配置文件设置 slaveof 选项,就可以让一台服务器去复制另一台服务器,其中被复制的服务器叫主服务器(master),而对主服务器进行复制的服务器叫从服务器(slave),从而实现当主服务器中的数据更新后,根据配置和策略自动同步到从服务器上。其中,master 以写为主,slave 以读为主。

1. 一个简单的主从复制

一个简单的主从复制如图 12.1 所示。

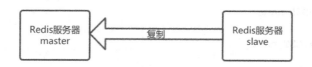

图 12.1 简单的主从复制(一主一从)

在实现主从复制之后,两台服务器中的数据是一样的。

举一个例子，有 3 台 Redis 服务器 A、B、C，地址分别如下。
- A：127.0.0.1:6379，对应的配置文件为 redis6379.conf。
- B：127.0.0.1:6380，对应的配置文件为 redis6380.conf。
- C：127.0.0.1:6381，对应的配置文件为 redis6381.conf。

执行以下命令启动 3 台服务器：

```
./redis-server /home/redis/redis-4.0.9/redis6379.conf
./redis-server /home/redis/redis-4.0.9/redis6379.conf
./redis-server /home/redis/redis-4.0.9/redis6379.conf
```

执行以下命令进入客户端：

```
./redis-cli -p 6379
./redis-cli -p 6380
./redis-cli -p 6381
```

进入 6380 客户端向服务器 B 发送以下命令：

```
127.0.0.1:6380>SLAVEOF 127.0.0.1 6379
OK
```

进入 6381 客户端向服务器 C 发送以下命令：

```
127.0.0.1:6381>SLAVEOF 127.0.0.1 6379
OK
```

命令执行成功后，服务器 A 将会成为服务器 B 和 C 的主服务器（master），而服务器 B 和 C 就是服务器 A 的从服务器（slave）。当主服务器 A 中的数据发生更新的时候，会及时同步到从服务器 B 和 C 上，主从服务器之间的数据将保持一致，也就是数据库状态一致。

如果在主服务器 A 上执行以下命令：

```
127.0.0.1:6379>SET name "liuhefei"
OK
```

那么在 A、B、C 3 台服务器上都可以获取到键 name 的值，如下：

```
127.0.0.1:6379>GET name
"liuhefei"
127.0.0.1:6380> GET name
"liuhefei"
127.0.0.1:6381>GET name
"liuhefei"
```

如果我们在主服务器 A 上删除了键 name，那么 A、B、C 3 台服务器上的 name 键都会被删除，如下：

```
127.0.0.1:6379>DEL name
(integer) 1
127.0.0.1:6379> GET name
(nil)
127.0.0.1:6380> GET name
(nil)
127.0.0.1:6381> GET name
(nil)
```

上面这个过程如图 12.2 所示。

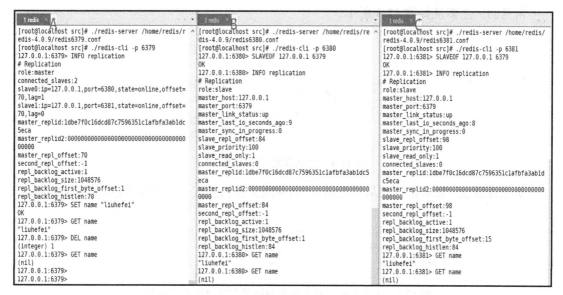

图 12.2 主从复制（一主二从）

可以使用 INFO replication 命令来查看当前服务器的主从复制信息，命令格式如下：

`127.0.0.1:6379>INFO replication`

主从复制的作用如下：

- 为一个数据提供多个副本，使得高可用、分布式成为可能。
- 扩展 Redis 的读性能，可以实现读写分离。

2. 主从复制功能的重要说明

- 一个 master 可以有多个 slave。
- 一个 slave 只能有一个 master。
- 数据流向是单向的，从 master 到 slave。
- 自 Redis 2.8 版本以后，Redis 采用异步复制，从服务器会以每秒一次的频率向主服务器报告复制流的处理进度。
- 除主服务器可以有从服务器之外，从服务器也可以有自己的从服务器，多个从服务器之间可以构成一个网状结构，它们之间具有传递关系。
- 在进行复制的时候，复制功能不会阻塞主服务器，即使有多个从服务器正在进行初次同步时，主服务器也可以继续处理来自客户端的命令请求；同理，复制功能也不会阻塞从服务器，只要在配置文件 redis.conf 中进行了设置，即使从服务器正在进行初次同步，主服务器也可以使用旧版本的数据集来处理命令请求。当从服务器删除旧版本数据集并加载新版本数据集的时候，连接请求会被阻塞，直到加载完毕。
- 如果一个主节点 B 成为另一个主节点 A 的从节点，那么主节点 B 之前保存的数据将会被清除，而同步主节点 A 的数据，数据库状态将与主节点 A 保持一致。
常见的一主多从如图 12.3 所示。

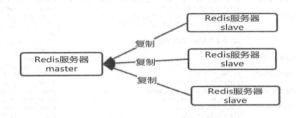

图 12.3　主从复制（一主多从）

从服务器也可以有自己的从服务器，一台从服务器只能有一台主服务器，如图 12.4 所示。

图 12.4　主从复制（从服务器也可以有自己的从服务器）

12.1.2　主从复制配置

Redis 要实现主从复制功能，就必须通过命令或者修改配置文件来实现。

1. SLAVEOF 命令实现主从复制

使用 SLAVEOF ip 端口命令来配置主从复制，这个过程如图 12.5 所示。

图 12.5　SLAVEOF 配置主从复制

```
127.0.0.1:6380>SLAVEOF 127.0.0.1 6379
OK
```

其中，127.0.0.1:6380 是从服务器，127.0.0.1:6379 是主服务器。在一般情况下，主、从服务器不建议在一台服务器上，这样做没有任何意义，在这里只是为了演示需要。

如果从服务器不希望成为主服务器的一个从节点，而是希望成为一个主节点，则可以取消复制，使用命令：SLAVEOF no one。命令执行之后，从服务器与主服务器就会断开连接，从服务器就会变为主服务器，之前的数据并不会丢失，只是在断开连接以后，数据不会再继续同步。

```
127.0.0.1:6380>SLAVEOF no one
OK
```

从服务器 127.0.0.1:6380 与主服务器 127.0.0.1:6379 断开连接,这个过程如图 12.6 所示。

图 12.6　SLAVEOF no one 命令取消复制

2. 修改配置文件实现主从复制

在实际应用中,不可能使用同一台 Redis 服务器来做主从复制,因为那样做没有任何意义。使用多台 Redis 服务器来做主从复制,需要分别修改每台服务器的配置文件 redis.conf。

这里以 6380 端口为例,具体需要修改的选项如下:

```
port 6380          #设置端口
daemonize yes  #开启后台进程运行 Redis
pidfile /var/run/redis_6380.pid    #设置进程 ID 文件
logfile "6380.log"                 #设置日志文件名
#save 900 1                        #需要关闭,主从复制不需要
#save 300 10
#save 60 10000
dbfilename dump6380.rdb    #设置 RDB 文件名
```

3. 与主从复制相关的配置信息

- slaveof <masterip> <masterport>：slaveof 复制选项,slave 复制对应的 master,<masterip>是 master 的 IP 地址,<masterport>是 master 的端口。该选项默认不开启,在进行主从复制配置时,在 slave 中需要开启,在 master 中不需要开启。

假如 master 的 IP 地址和端口分别为 192.168.1.68:6379,那么 slave 的配置就应该是 slaveof 192.168.1.68 6379。

- masterauth <master-password>：用于配置 master 的密码,在 slave 连接的时候进行认证。如果 master 设置了密码<master-password>,那么 slave 要连接到 master 上,就需要有 master 的密码。
- slave-serve-stale-data yes：当 slave 与 master 断开连接或者复制正在进行时,slave 有两种运行方式。当值为 yes 时,表示服务器会继续处理来自客户端的命令请求;当值为 no 时,表示服务器对除 INFO 和 SLAVEOF 命令之外的任何命令请求都会返回一个错误。默认值为 yes。
- slave-read-only yes：slave 是否为只读,不建议设置为 no。
- repl-diskless-sync no：是否使用 socket 方式复制数据。Redis 提供了两种复制方式:disk 和 socket。如果新的 slave 连上来或者重连的 slave 无法实现部分同步,就会执行全量同步,master 会生成 RDB 文件。
  - ➢ 当使用 disk 方式时,master 会创建一个新的进程,先把 RDB 文件保存到硬盘

中，再把硬盘中的 RDB 文件传递给 slave。在保存 RDB 文件的过程中，多个 slave 能共享这个 RDB 文件。
➢ 当使用 socket 方式时，master 会创建一个新的进程，直接把 RDB 文件以 socket 方式发送给 slave。socket 方式就是一个个 slave 顺序复制。

在硬盘读/写速度缓慢、网速快的情况下，推荐使用 socket 方式。

- repl-diskless-sync-delay 5：复制的延迟时间，默认为 5s；不建议设置为 0，因为复制一旦开始，节点不会再接收新 slave 的复制请求，直到下一个 RDB 传输。
- repl-ping-slave-period 10：slave 根据指定的时间间隔向 master 发起 ping 请求，默认时间间隔为 10s。
- repl-timeout 60：复制连接超时时间，默认为 60s。master 和 slave 都有超时时间的设置。如果 master 检测到 slave 上次发送的时间超过 repl-timeout 所设置的值，就会认为 slave 已经处于离线状态，就会清除该 slave 的信息。相反，如果 slave 检测到上次和 master 交互的时间超过了 repl-timeout 所设置的值，就会认为 master 离线。注意：repl-timeout 所设置的值一定要比 repl-ping-slave-period 所设置的值大，否则会常常出现超时。
- repl-disable-tcp-nodelay no：是否禁止复制 TCP 链接的 tcp nodelay 参数，默认为 no，表示允许使用 tcp nodelay。如果 master 将 repl-disable-tcp-nodelay 选项的值设置为 yes，以此来禁止使用 tcp nodelay，那么在把数据复制给 slave 的时候，会减少包的数量和网络带宽，同时也可能带来数据的延迟。当传输的数据量较大的时候，推荐设置为 yes。
- repl-backlog-size 1mb：用于设置复制缓冲区的大小，保存复制的命令。当 slave 离线的时候，不需要完全复制 master 的数据。如果可以执行部分同步，则只需要把缓冲区的部分数据复制给 slave，就能保证数据正常恢复。缓冲区的大小越大，slave 离线的时间就可以更长。只有在 slave 连接的时候，复制缓冲区才分配内存。当 slave 离线的时候，内存会被释放出来。默认缓冲区的大小为 1MB。
- repl-backlog-ttl 3600：设置一段时间，在这段时间内，master 和 slave 断开连接会释放复制缓冲区的内存。默认为 3600s。
- slave-priority 100：设置 slave 的优先级，默认为 100。当 master 出现故障（宕机）不能使用时，Sentinel 会根据 slave 的优先级选举一个新的 master。slave-priority 的值设置得越小，就越有可能被选中成为 master。当 slave-priority 的值为 0 时，表示这个 slave 永远不可能被选中。
- min-slaves-to-write 3：Redis 提供了可以让 master 停止写入的方式。如果配置了 min-slaves-to-write 选项，那么，当健康的 slave 的个数小于 N 时，master 就会禁止写入。默认 min-slaves-to-write 选项的值为 3，表示 master 最少要有 3 个健康的 slave 存活才能执行写命令。

- min-slaves-max-lag 10：延迟时间小于 min-slaves-max-lag 秒的 slave 才被认为是健康的 slave。默认为 10s，表示只有延迟时间小于 10s 的 slave 才被认为是健康的 slave。

以上相关选项就是 Redis 主从复制的设置，在实际应用中，请根据相关业务场景的需要进行设置。

命令方式与配置方式的优缺点如下。
- 命令方式：优点在于不需要重启服务器，就能实现主从复制；缺点是不便于管理。
- 配置方式：优点在于可以进行统一配置，便于管理；缺点就是配置之后需要重启服务器，相关的配置才能生效。

12.1.3 复制功能的原理

自 Redis 2.8 版本以后，开始使用 PSYNC 命令代替 SYNC 命令来执行复制时的同步操作。PSYNC 命令具有全量同步（也叫全量复制）和部分同步（也叫部分复制）两种模式。

1. 全量同步与部分同步

- 全量同步：用于处理第一次复制的情况，它通过让主服务器创建并发送 RDB 文件，以及向从服务器发送保存在缓冲区里面的写命令来进行同步。
- 部分同步：用于处理从服务器离线后重新连接的复制情况。当从服务器在离线后重新连接到主服务器时，如果条件允许，那么主服务器可以将在从服务器断开连接期间执行的最新写命令发送给从服务器，从服务器在接收并执行这些写命令后，就可以将数据库更新到与主服务器相同的状态，从而达到主从服务器数据库状态的一致性。

PSYNC 命令的部分同步模式解决了 Redis 2.8 以前版本的复制功能在处理离线后重复制时出现的低效问题。

SYNC 和 PSYNC 命令都可以实现让离线的主从服务器重新回到一致性状态，但是，在执行部分同步操作时，使用 PSYNC 命令所需要的资源远远少于使用 SYNC 命令所需的资源，并且完成同步的速度也快很多。执行 SYNC 命令需要生成、发送和加载整个 RDB 文件；而执行 PSYNC 命令进行部分同步时，只需要将从服务器缺少的写命令发送过来就可以了。

2. 部分同步模式的组成

1）主服务器的复制偏移量（Replication Offset）和从服务器的复制偏移量

在执行复制操作的时候，主从服务器都会有一个复制偏移量。

当主服务器每次向从服务器发送 N 字节的数据时，就会将自己的复制偏移量的值加上 N。而当从服务器每次接收到主服务器发送过来的 N 字节数据时，就会将自己的复制偏移量的值加上 N。

使用 INFO replication 命令来查看主服务器的复制信息，操作如下：

```
127.0.0.1:6379> INFO replication
# Replication
role:master
connected_slaves:2
slave0:ip=127.0.0.1,port=6380,state=online,offset=101457,lag=1
slave1:ip=127.0.0.1,port=6381,state=online,offset=101457,lag=1
master_replid:d1e198e005ebe1e1a55797120589c6d891c95c38
master_replid2:0000000000000000000000000000000000000000
master_repl_offset:101457
second_repl_offset:-1
repl_backlog_active:1
repl_backlog_size:1048576
repl_backlog_first_byte_offset:1
repl_backlog_histlen:101457
```

选项 master_repl_offset 为主服务器的复制偏移量，这里为 101457。同时我们可以看到它有两台从服务器，从服务器的复制偏移量都为 101457。

如果主服务器执行如下命令：

```
127.0.0.1:6379>SET age 20
OK
```

主服务器会向两台从服务器发送长度为 100 字节的数据，那么主服务器的复制偏移量将会更新为 101457 + 100 = 101557，而两台从服务器在接收到主服务器发送过来的 100 字节长度的数据时，也会更新复制偏移量为 101457 + 100 = 101557。命令操作如下：

```
127.0.0.1:6379> SET age 20
OK
127.0.0.1:6379> INFO replication
# Replication
role:master
connected_slaves:2
slave0:ip=127.0.0.1,port=6380,state=online,offset=101557,lag=1
slave1:ip=127.0.0.1,port=6381,state=online,offset=101557,lag=1
master_replid:d1e198e005ebe1e1a55797120589c6d891c95c38
master_replid2:0000000000000000000000000000000000000000
master_repl_offset:101557
second_repl_offset:-1
repl_backlog_active:1
repl_backlog_size:1048576
repl_backlog_first_byte_offset:1
repl_backlog_histlen:101557
```

通过查看主从服务器的复制偏移量，可以确认主从服务器的数据库是否处于一致状态。

如果主从服务器的数据库状态保持一致性，那么主从服务器两者的复制偏移量总是相等的；相反，如果主从服务器的复制偏移量不相等，则说明主从服务器的数据库并未处于一致状态。

2）主从服务器的运行 ID

每台 Redis 服务器都会有自己的运行 ID，运行 ID 在服务器启动的时候会自动生成。运行 ID 由 40 个十六进制字符随机组成,如 1dbe7f0c16dcd87c7596351c1afbfa3ab1dc5eca。

当从服务器对主服务器进行初次复制同步时,主服务器会将自己的运行 ID 发送给从服务器,从服务器接收到主服务器的运行 ID 时,会将它保存起来。如果从服务器发生离线,那么,当再次连接到主服务器时,从服务器将向主服务器发送之前保存的运行 ID,进行身份验证。

- 如果从服务器保存的运行 ID 与当前所连接的主服务器的运行 ID 相同,则说明从服务器离线之前连接的就是这台主服务器,主服务器可以继续执行部分同步操作。
- 如果从服务器保存的运行 ID 与当前所连接的主服务器的运行 ID 不相同,则说明从服务器离线之前连接的并不是这台主服务器,此时主服务器会对这台从服务器执行全量同步操作。

3)复制缓冲区

复制缓冲区是由主服务器维护的一个固定长度、先进先出的队列。在默认情况下,复制缓冲区的大小为 1MB。

主服务器在执行写命令后,会将写命令发送给所有与它连接的从服务器,同时将这些写命令入队到复制缓冲区中。复制缓冲区中保存了最近发送的写命令,同时会记录队列中的每个字节所对应的复制偏移量。当从服务器发生离线后又重新连接到主服务器时,从服务器会通过 PSYNC 命令将自己的复制偏移量发送给主服务器,主服务器会根据这个复制偏移量来决定对从服务器是执行全量同步操作,还是执行部分同步操作。

- 如果从服务器的复制偏移量之后的数据存在于复制缓冲区中,那么主服务器会对这台从服务器执行部分同步操作。
- 如果从服务器的复制偏移量之后的数据在复制缓冲区中不存在,那么主服务器会对这台从服务器执行全量同步操作。

3. PSYNC 命令的实现过程

PSYNC 命令有两种调用方式,分别如下。

- 如果从服务器之前没有复制过任何主服务器,或者执行过取消复制的命令 SLAVEOF no one,那么从服务器在与主服务器正常连接的情况下,在开始一次新的复制时,从服务器会向主服务器发送 PSYNC ? -1 命令,主动请求主服务器执行全量同步操作,此时不能执行部分同步操作。
- 如果从服务器已经复制过某台主服务器,那么从服务器在开始一次新的复制时,会向主服务器发送 PSYNC <runid> <offset>命令,其中,runid 是上一次复制的主服务器的运行 ID,保存在从服务器中;offset 是从服务器当前的复制偏移量。主服务器在接收到从服务器发送过来的命令时,会通过 runid 和 offset 这两个参数来判断应该对从服务器执行哪种同步操作。

主服务器在接收到 PSYNC <runid> <offset>命令时,会根据 PSYNC 命令的参数进行判断,向从服务器返回以下 3 种回复中的一种。

> 如果主服务器向从服务器返回+FULLRESYNC <runid> <offset>,则表示主服务器将对从服务器执行全量同步操作,其中返回的 runid 是主服务器的运行 ID,从服务器会保存这个运行 ID,以便下次发送 PSYNC 命令时使用;而返回的 offset 是主服务器当前的复制偏移量,从服务器会将这台主服务器的复制偏移量作为自己的初始化偏移量。

> 如果主服务器向从服务器返回+CONTINUE,则表示主服务器将对从服务器执行部分同步操作,从服务器只需等待主服务器将自己缺少的那部分数据发送过来进行部分同步即可。

> 如果主服务器向从服务器返回-ERR,则表示主服务器的版本过低,低于 Redis 2.8 版本,它识别不了 PSYNC 命令,此时从服务器会向主服务器发送 SYNC 命令,并与主服务器执行完同步操作。

PSYNC 命令执行全量同步或部分同步时的过程如图 12.7 所示。

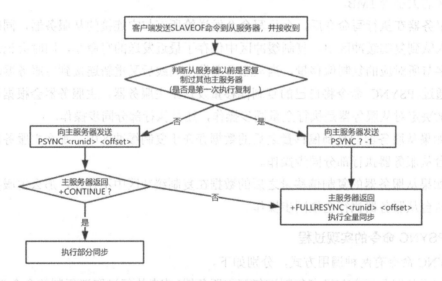

图 12.7 PSYNC 命令执行全量同步或部分同步时的过程

图 12.7 将全量同步和部分同步合并在一起,执行的过程不是很具体。下面我们把全量同步和部分同步的过程拆分开来,具体说明这个过程的原理。

对于一个存储了很多数据的 master 节点,如果有一个 slave 节点来做复制,那么我们会把 master 节点之前的数据同步到 slave 节点,在同步期间,我们先将最近写的数据保存到复制缓冲区中,之后再同步过来,这样就能实现数据完全同步。Redis 为我们提供了全量复制的功能来完成这个过程。它首先将本身的 RDB 文件,也就是当前状态同步给 slave,在此期间,它写入的命令会单独记录下来保存在复制缓冲区中;当这个 RDB 文件加载完成之后,它会通过复制偏移量的对比,将在此期间产生的写命令同步给 slave,完成同步操作。

全量同步的原理如图 12.8 所示。

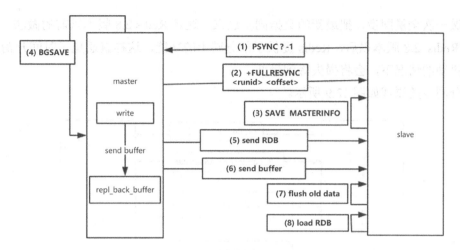

图 12.8 全量同步的原理

过程说明如下。

(1) slave 发送同步命令 PSYNC ? -1 给 master。PSYNC 命令有两个参数：runid（master 的运行 ID）和 offset（复制偏移量）。因为是第一次复制，不知道 master 的运行 ID 是多少，也不知道复制偏移量是多少，所以使用 ? 来代替 runid，使用-1 来代替 offset。

(2) master 接收到 slave 发送过来的同步命令之后，判断 slave 要做全量复制，会把自己的 runid 和 offset 发送给 slave。

(3) slave 接收到 master 返回的 runid 和 offset 之后，会及时保存。

(4) 之后 master 会执行 BGSAVE 命令生成 RDB 文件，在此期间，会将新的写命令保存到复制缓冲区（repl_back_buffer）中，复制缓冲区中记录了最新写入的命令。

(5) 在 master 生成 RDB 文件之后，会将 RDB 文件发送给 slave。

(6) master 同时将复制缓冲区（repl_back_buffer）中的最新数据发送给 slave。

(7) slave 在接收 RDB 文件和复制缓冲区中的数据之前，会清空自身原有的数据。

(8) slave 开始加载 RDB 文件和复制缓冲区中的数据，这样就能保持 slave 节点和 master 节点的数据一致性，最终实现全量同步。

在执行全量同步的过程中，会存在很多时间开销，如下：

- 执行 BGSAVE 命令的耗时。
- RDB 文件网络传输时间。
- slave 节点清空自身数据的时间。
- slave 节点加载 RDB 文件的时间。
- 可能的 AOF 文件重写的时间。

全量同步除了存在大量的时间开销问题，还可能存在数据丢失问题。假如 master 和 slave 之间的网络发生抖动，在一段时间内，就会存在 master 数据丢失问题。对于 slave 节点来说，这段时间 master 节点丢失数据，它是不知道的。而为了实现同步功能，最简单的办法就是再做一次全量同步，把最新的数据同步过来。这是 Redis 2.8 版本以前的做法。

在 Redis 2.8 版本以后，Redis 提供了部分同步的功能，这样就避免了时间开销，在发生网络抖动的情况下，会将损失降到最低。

部分同步的原理如图 12.9 所示。

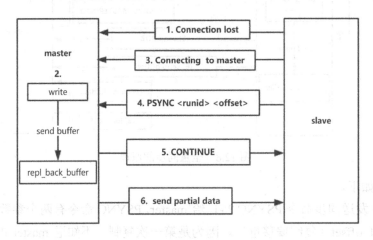

图 12.9　部分同步的原理

过程说明如下。

（1）如果 master 和 slave 之间的网络发生了抖动，则相当于连接断开了。

（2）master 在写命令的时候，会将最新的命令写入复制缓冲区中。

（3）当网络抖动结束之后，slave 会继续连接 master。

（4）之后 slave 会发送命令 PYSNC <runid><offset>到 master。

（5）master 根据 slave 传递过来的复制偏移量进行判断。如果传递过来的复制偏移量在 buffer（buffer 的大小默认为 1MB）之内，则会返回 CONTINUE，它会将从 offset 开始到这个队列结尾的数据进行同步。如果这个 offset 不在 buffer 之内，则说明 slave 已经错过了很多数据，就需要进行全量同步。

（6）master 把最近的数据逐步同步到 slave 中，最终实现部分同步。

12.1.4　复制功能的实现步骤

复制功能的实现步骤如下。

（1）通过 SLAVEOF 命令设置主服务器的 IP 地址和端口号。

客户端向从服务器发送以下命令：

```
127.0.0.1:6380>SLAVEOF 127.0.0.1 6379
OK
```

从服务器将客户端发送过来的主服务器 IP 地址 127.0.0.1 和端口号 6379 保存到服务器

状态的 masterhost 和 masterport 属性中。

SLAVEOF 命令是一个异步命令，在将主服务器的 IP 地址和端口号保存到 masterhost 和 masterport 属性中后，从服务器会返回 OK，表示复制命令已经被接收，复制工作也正式开始。

（2）主从服务器之间建立套接字连接。

在执行 SLAVEOF 命令之后，从服务器会根据主服务器的 IP 地址和端口号与主服务器建立套接字连接。

如果主服务器创建的套接字与从服务器连接成功，那么从服务器将会为这个套接字关联一个专用于处理复制工作的文件事件处理器。这个文件事件处理器负责执行复制工作，比如，接收 RDB 文件。主服务器在接收到从服务器创建的套接字之后，会为这个套接字创建客户端状态，将从服务器视为一个客户端来处理，此时从服务器具有两重身份，既是服务器，又是客户端。从服务器可以向主服务器发送命令请求，主服务器在接收到命令请求后，会给从服务器发送命令回复。

（3）从服务器向主服务器发送 PING 命令。

当从服务器作为主服务器的客户端之后，会向主服务器发送 PING 命令，用于检查套接字的读写状态是否正常，以及检查主服务器是否可以正常处理命令请求。

主服务器在接收到 PING 命令后，会有不同的返回结果，具体如下。

- 如果主服务器向从服务器返回一个命令回复，此时如果从服务器在规定的时间内不能读取出这条命令，就表示主从服务器之间的网络连接状态不好，不能继续完成复制工作。出现这种情况，从服务器会断开与主服务器的连接，就需要重新建立套接字连接。
- 如果主服务器向从服务器返回一个错误，就表示主服务器暂时不能处理从服务器发送过来的命令请求，不能继续完成复制工作。出现这种情况，从服务器会断开与主服务器的连接，就需要重新建立套接字连接。
- 如果主服务器向从服务器返回"PONG"，就表示主从服务器之间的网络连接状态良好，同时主服务器可以正常处理从服务器发送过来的命令请求，并能完成复制工作。

从服务器向主服务器发送 PING 命令的过程如图 12.10 所示。

（4）根据从服务器的配置决定是否进行身份验证。

在从服务器接收到主服务器返回的"PONG"之后，就会根据从服务器的配置信息来决定是否进行身份验证。

- 如果从服务器没有配置 masterauth 属性，就不需要进行身份验证了，可以继续完成后面的复制工作。
- 如果从服务器配置了 masterauth 属性，就需要进行身份验证。此时从服务器会向主服务器发送一条 AUTH 命令，该命令的参数为从服务器 masterauth 属性的值。只有当从服务器发送的密码和主服务器 requirepass 属性所设置的密码相同时，才表示身份验证通过，就可以继续完成复制工作了。而如果出现其他情况，比如，主从服务器密码不一致等，则会导致从服务器停止复制工作，并从创建套接字开始重新执行复制操作，直到身份验证通过，或者从服务器放弃完成复制工作为止。

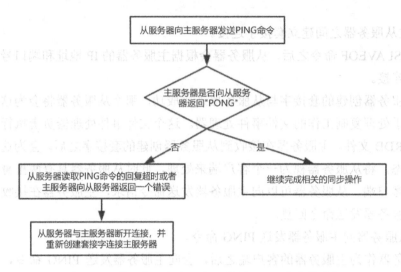

图 12.10　从服务器向主服务器发送 PING 命令的过程

（5）从服务器向主服务器发送端口信息。

从服务器通过执行命令 REPLCONF listening-port <port-number>，向主服务器发送从服务器的监听端口信息。比如，从服务器的监听端口为 6380，那么执行的命令就是 REPLCONF listening-port 6380。

在主服务器接收到从服务器发送过来的这条命令之后，会将这个端口号记录在从服务器所对应的客户端状态的 slave_listening_port 属性中。在主服务器中执行 INFO replication 命令之后，就会打印出 slave_listening_port 属性所监听的端口号。命令操作如下：

```
127.0.0.1:6379> INFO replication
# Replication
role:master
connected_slaves:1
slave0:ip=127.0.0.1,port=6380,state=online,offset=86688,lag=0
master_replid:3a761d54b8fb5dbdc1407658f57df3c03f7e7d85
master_replid2:0000000000000000000000000000000000000000
master_repl_offset:86688
second_repl_offset:-1
repl_backlog_active:1
repl_backlog_size:1048576
repl_backlog_first_byte_offset:1
repl_backlog_histlen:86688
```

（6）从服务器向主服务器发送 PSYNC 命令完成同步功能。

从服务器向主服务器发送 PSYNC 命令，主服务器在接收到 PSYNC 命令之后，判断是执行全量同步还是执行部分同步，之后完成相关的同步功能，使得主从服务器的数据库状态保持一致。

在完成同步功能之后，主从服务器互相成为对方的客户端，它们可以互相向对方发送命令请求，或者互相向对方返回命令回复。

（7）主从服务器之间进行命令传播，进而维持数据库状态的一致性。

在完成同步功能之后，主从服务器就会进入命令传播阶段，主服务器将自己执行的写命令及时发送给从服务器，而从服务器接收来自主服务器的写命令并执行，这样就能保证主从服务器的数据库状态一致了。

12.1.5　Redis 读写分离

Redis 读写分离用于实现将读流量分摊到每个从节点。

读写分离是一种很好的策略，它将 master 上的数据同步给 slave，让 slave 分摊去执行相关的业务，比如，一个业务只需要读数据，那么我们直接去读从节点就可以了。通常的做法是让 master 执行写操作，让 slave 执行读操作，这样一方面可以减轻 master 的压力，提高性能；另一方面扩展了 Redis 读的能力，适用于读多写少的业务场景。

读写分离也会有一定的问题，具体有如下几点。

- 复制数据延迟。

在大多数情况下，我们在同步 master 上的数据时，会做一个异步执行的同步数据操作，将数据复制给 slave，这期间就会有一定的时间差。而且当 slave 发生阻塞的时候，它会延迟接收到主服务器发送过来的写命令，就有可能发生读写不一致的情况。如果担心发生读写不一致的情况，则可以对它的复制偏移量进行监控。

- 读到一些过期的数据。

Redis 使用两种策略来判断某个 key 是否过期，进而删除这个 key。一种是使用懒惰性策略，只有当它去操作某个 key 时，它才会判断这个 key 是否已经过期，如果发现过期，就会将这个 key 删除，再返回给客户端空的操作。而另一种策略是它会有一个定时任务，每次去采样一些 key，来判断它们是否过期，这时就会造成一种情况：当过期的 key 非常多，而且采样速度慢于过期 key 的产生速度时，就会造成许多过期的 key 没有被及时删除。另外，在 Redis 中，master 和 slave 达成了一个约定，就是 salve 节点不能处理数据，也就是不能删除数据，这就会造成 slave 节点在读取 master 节点时可能读到脏数据。

- 在读写分离的过程中，发生从节点故障。

在从节点发生故障的时候，就需要进行数据迁移，这时我们就需要考虑一些成本问题。

Redis 读写分离示意图如图 12.11 所示。

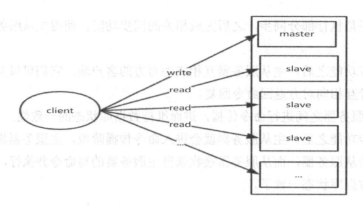

图 12.11　Redis 读写分离示意图

12.1.6　Redis 心跳机制

在主从服务器之间进行命令传播的时候，从服务器默认会以每秒一次的频率发送命令 REPLCONF ACK <replication_offset> 到主服务器，用于检测主从服务器之间的网络连接情况。其中，replication_offset 是从服务器当前的复制偏移量。

从服务器发送 REPLCONF ACK 命令主要有以下几个作用。

- 检测主从服务器之间的网络连接情况。

从服务器通过向主服务器发送 REPLCONF ACK 命令来检测主从服务器之间的网络连接情况。如果主服务器超过 1 秒没有接收到从服务器发送过来的命令，就会认为网络连接出现了问题。主服务器执行 INFO replication 命令之后，返回的信息如下：

```
# Replication
role:master
connected_slaves:1
slave0:ip=127.0.0.1,port=6380,state=online,offset=103611,lag=1  # 表示刚刚发送过 REPLCONF ACK 命令
master_replid:3a761d54b8fb5dbdc1407658f57df3c03f7efd85
master_replid2:0000000000000000000000000000000000000000
master_repl_offset:103611
second_repl_offset:-1
repl_backlog_active:1
repl_backlog_size:1048576
repl_backlog_first_byte_offset:1
repl_backlog_histlen:103611
```

在正常情况下，lag 的值应该在 0 秒和 1 秒之间跳动。如果 lag 的值大于 1 秒，则表示主从服务器之间的网络连接出现了问题。

- 设置 min-slaves 属性配置。

为了防止主服务器在不安全的情况下执行写命令，可以通过配置 Redis 的 min-slaves 属性来进行设置。具体属性是 min-slaves-to-write 和 min-slaves-max-log。

在 Redis 配置文件中，这两个属性默认是不打开的，如下：

```
# min-slaves-to-write 3
# min-slaves-max-lag 10
```

如果打开这两个属性（去掉前面的注释），则表示在从服务器的数量少于 3 台或者 3 台从服务器的延迟（log）时间超过 10 秒时，主服务器会拒绝执行写命令。

- 检测在命令传播过程中是否有命令丢失。

在主从服务器进行命令传播的过程中，可能会因为网络的故障而导致传输的写命令在途中丢失，这样就会导致主从服务器的复制偏移量不一致。当从服务器向主服务器发送 REPLCONF ACK 命令时，如果主服务器发现从服务器的复制偏移量与自己的复制偏移量不一致，就会根据从服务器的复制偏移量，在复制缓冲区中找到发送过程中所丢失的写命令，然后补发给从服务器，实现同步功能。

在进行主从复制的过程中，会有以下几个问题。

（1）有一个一主二从的服务器集群，在某一时刻，3 个客户端同时执行一条写命令，这 3 个客户端会产生什么效果？

在 3 个客户端同时执行一条写命令之后，只有主服务器可以执行成功，两台从服务器将会报错，并提示不能写，这也可以体现出主从复制的读写分离。

（2）有一个一主二从的服务器集群，当 master 宕机之后，另外两个 slave 会原地待命还是夺权篡位做 master？

事实证明，如果 master 宕机，另外两个 slave 会原地待命，它们并不会夺权篡位。它们与 master 的连接状态将会变为 master-link_status: down。

（3）如果 master 复活了，它还是 master 吗？还是会因为它宕机了一次，主从复制会被打乱？

如果 master 复活了，那么它依然是 master，不会因为它宕机了一次而打乱主从复制结构。

（4）如果某个 slave 宕机了，那么在它重启复活之后，身份还是 slave 吗？它能否恢复回来？

如果一个 slave 宕机了，那么在它重启复活之后，身份不再是 slave，而是一个新的 master，它不能恢复回来。如果想要恢复回来，则需要 slave 继续执行 SLAVEOF 命令，完成连接，进而完成数据恢复功能。从机与主机断开连接之后，需要重新建立连接。为了避免重新连接，可以写入配置文件。

12.2 Redis 集群的高可用哨兵模式

在学习 Redis 高可用哨兵（Sentinel）模式之前，我们先来回顾一下主从复制高可用。主从复制主要有两个作用：一是可以为主服务器提供一个备份，当主服务器发生故障之后，在这个备份中会有一份完整的数据；二是可以对主服务器实现分流，比如，实现读写分离的功能，将大部分的写操作放到主节点上，将大部分的读操作放到从节点上，以此来减轻主节点的压力。但是这种模式存在一个问题，如果主节点出现了问题，那么故障转移基本上就是需要手工来完成的，即使不需要手工来完成，也需要单独写一些脚本或者一些功能来实现这个过程。实际上，主从复制存在两个问题。一个问题就是主从复制写能力和存储能力受限，不管是采用读写分离，还是采用其他方式，写操作主要在一个节点上进行，而且存储也只能在一个节点上进行，因为其他节点都是它的副本。这个问题涉及相关的分布式存储问题，在这里不进行介绍。而另一个问题就是手动故障转移，当 master 出现故障之后，需要手动处理故障，比如，选出一个新的 slave 作为新的 master 节点。为了解决主从复制故障转移的问题，引入了 Redis 集群的高可用哨兵模式。

12.2.1 什么是高可用哨兵模式

哨兵模式是由一个或多个哨兵组成的哨兵系统，主要用于监控任意多台主服务器是否发生故障，以及监控这些主服务器的从服务器。当主服务器发生故障时，它会通过投票选举的方式从主服务器下属的从服务器中选举出一台新的主服务器，让这台新的主服务器代替之前的主服务器继续处理命令请求及完成相关工作，从而实现了故障的自动转移，而无须手工操作，达到了高可用、热部署的目的。

典型的哨兵模式架构图如图 12.12 所示。

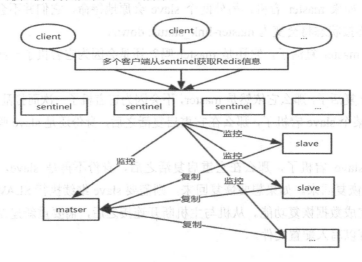

图 12.12　典型的哨兵模式架构图

哨兵模式不会存储数据，它的作用是对 Redis 主从复制的节点进行监控，对其故障进行判断，进行故障转移的处理，以及通知相关的客户端。Redis Sentinel 可以同时监控多套主从复制模式，这样做的目的是节省资源。

哨兵模式监控多套主从复制架构图如图 12.13 所示。

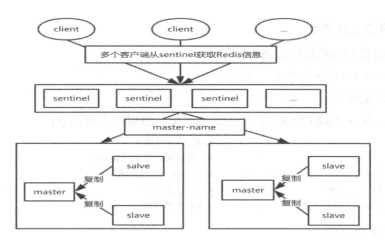

图 12.13 哨兵模式监控多套主从复制架构图

在这里总结一下哨兵模式的具体作用。

- 监控：哨兵模式用于管理多台 Redis 服务器，哨兵会不断地检查它所监控的主从服务器，判断其是否发生故障。
- 通知：当被监控的某台 Redis 服务器出现故障时，哨兵会向管理员或者相关的应用程序发送通知。
- 自动故障转移：当一台主服务器出现故障，无法正常工作时，哨兵模式会开始一次自动故障转移操作。它会将出现故障的主服务器下属的某台从服务器升级为新的主服务器，并让出现故障的主服务器下属的其他从服务器改为复制新的主服务器；当客户端试图连接出现故障的主服务器时，哨兵会向客户端返回新的主服务器地址，使得集群可以使用新的主服务器代替出现故障的主服务器，这样就完成了故障转移操作。

12.2.2 哨兵模式的配置

当前的 Redis 目录结构如图 12.14 所示。

/home/redis/redis-4.0.9

名称	大小	类型	修改时间	属性	所有者
..					
deps		文件夹	2018/6/12, 22:03	drwxrwxr-x	root
src		文件夹	2018/8/12, 15:27	drwxrwxr-x	root
tests		文件夹	2018/3/27, 0:04	drwxrwxr-x	root
utils		文件夹	2018/3/27, 0:04	drwxrwxr-x	root
00-RELEASENOTES	154KB	文件	2018/3/27, 0:04	-rw-rw-r--	root
6379.log	0 Bytes	文本文档	2018/8/4, 18:18	-rw-r--r--	root
BUGS	53 Bytes	文件	2018/3/27, 0:04	-rw-rw-r--	root
CONTRIBUTING	2KB	文件	2018/3/27, 0:04	-rw-rw-r--	root
COPYING	1KB	文件	2018/3/27, 0:04	-rw-rw-r--	root
INSTALL	11 Bytes	文件	2018/3/27, 0:04	-rw-rw-r--	root
Makefile	151 Bytes	文件	2018/3/27, 0:04	-rw-rw-r--	root
MANIFESTO	4KB	文件	2018/3/27, 0:04	-rw-rw-r--	root
README.md	20KB	MD 文件	2018/3/27, 0:04	-rw-rw-r--	root
redis.conf	57KB	CONF 文件	2018/7/18, 15:12	-rw-rw-r--	root
runtest	271 Bytes	文件	2018/3/27, 0:04	-rwxrwxr-x	root
runtest-cluster	280 Bytes	文件	2018/3/27, 0:04	-rwxrwxr-x	root
runtest-sentinel	281 Bytes	文件	2018/3/27, 0:04	-rwxrwxr-x	root
sentinel.conf	7KB	CONF 文件	2018/3/27, 0:04	-rw-rw-r--	root

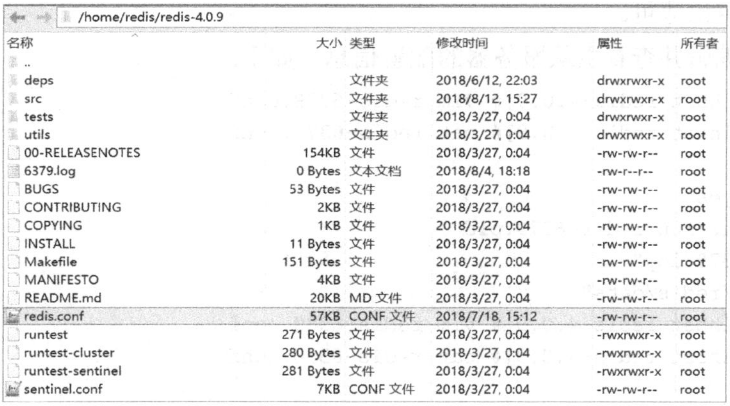

图 12.14 当前的 Redis 目录结构

1. 配置开启主从节点

进入 Redis 的目录结构中,命令如下:

```
cd /home/redis/redis-4.0.9
```

(1)配置主节点。

执行命令 vim redis-6379.conf,进入编辑界面,编辑的内容如下:

```
port 6379                              #master 的端口
daemonize yes                          #开启后台进程运行 Redis
pidfile /var/run/redis-6379.pid        #指定 PID 进程文件
logfile "6379.log"                     #指定日志文件
dir "/home/redis/data"                 #指定工作空间
```

之后保存退出即可。

(2)配置从节点。

①slave1 配置如下。

执行命令 vim redis-6380.conf,进入编辑界面,编辑的内容如下:

```
port 6380
daemonize yes
pidfile /var/run/redis-6380.pid
logfile "6380.log"
dir "/home/redis/data"
slaveof 127.0.0.1 6379
```

之后保存退出即可。

②salve2 配置如下。

执行命令 vim redis-6381.conf,进入编辑界面,编辑的内容如下:

```
port 6381
daemonize yes
pidfile /var/run/redis-6381.pid
logfile "6381.log"
dir "/home/redis/data"
slaveof 127.0.0.1 6379
```

之后保存退出即可。

使用命令编辑并查看主从服务器的配置信息,如下:

```
[root@localhost redis-4.0.9]# vim redis-6379.conf
[root@localhost redis-4.0.9]# cat redis-6379.conf
port 6379
daemonize yes
pidfile /var/run/redis-6379.pid
logfile "6379.log"
dir "/home/redis/data"
[root@localhost redis-4.0.9]# vim redis-6380.conf
[root@localhost redis-4.0.9]# cat redis-6380.conf
port 6380
daemonize yes
```

```
pidfile /var/run/redis-6380.pid
logfile "6380.log"
dir "/home/redis/data"
slaveof 127.0.0.1 6379
[root@localhost redis-4.0.9]# vim redis-6381.conf
[root@localhost redis-4.0.9]# cat redis-6381.conf
port 6381
daemonize yes
pidfile /var/run/redis-6381.pid
logfile "6381.log"
dir "/home/redis/data"
slaveof 127.0.0.1 6379
```

(3) 开始启动主从服务器, 命令如下。

① 启动主节点。

```
redis-server /home/redis/redis-4.0.9/redis-6379.conf
```

② 启动从节点。

```
redis-server /home/redis/redis-4.0.9/redis-6380.conf
redis-server /home/redis/redis-4.0.9/redis-6381.conf
```

③ 查看进程。

```
ps -ef | grep redis-server | grep 63
```

④ 查看主节点的主从复制信息。

```
redis-cli -p 6379 info replication
```

具体操作如下:

```
[root@localhost redis-4.0.9]# cd src/
[root@localhost src]# redis-server /home/redis/redis-4.0.9/redis-6379.conf
[root@localhost src]# redis-cli -p 6379 ping
PONG
[root@localhost src]# redis-server /home/redis/redis-4.0.9/redis-6380.conf
[root@localhost src]# redis-server /home/redis/redis-4.0.9/redis-6381.conf
[root@localhost src]# ps -ef | grep redis-server | grep 63
root      15561     1  0 12:43 ?        00:00:00 redis-server *:6379
root      15572     1  0 12:44 ?        00:00:00 redis-server *:6380
root      15576     1  0 12:44 ?        00:00:00 redis-server *:6381
[root@localhost src]# redis-cli -p 6379 info replication
# Replication
role:master
connected_slaves:2
slave0:ip=127.0.0.1,port=6380,state=online,offset=127,lag=0
slave1:ip=127.0.0.1,port=6381,state=online,offset=127,lag=0
master_repl_offset:127
repl_backlog_active:1
repl_backlog_size:1048576
repl_backlog_first_byte_offset:2
repl_backlog_histlen:126
```

2. 配置开启 Sentinel 监控主节点

进入 Redis 的目录结构中，命令如下：

```
cd /home/redis/redis-4.0.9
```

复制一份 sentinel.conf 文件，命令如下：

```
cp sentinel.conf sentinel-26379.conf
```

去掉 sentinel-26379.conf 文件中的空格及注释，命令如下：

```
cat sentinel-26379.conf | grep -v "#" | grep -v "^$"
```

干净的配置如下所示：

```
[root@localhost redis-4.0.9]# cat sentinel-26379.conf | grep -v "#" | grep -v "^$"
port 26379
dir /tmp
sentinel monitor mymaster 127.0.0.1 6379 2
sentinel down-after-milliseconds mymaster 30000
sentinel parallel-syncs mymaster 1
sentinel failover-timeout mymaster 180000
```

编辑 sentinel-26379.conf 文件，命令如下：

```
vim sentinel-26379.conf
```

编辑的内容如下：

```
port 26379
daemonize yes
dir /home/redis/data
logfile "26379.log"
sentinel monitor mymaster 127.0.0.1 6379 2
sentinel down-after-milliseconds mymaster 30000
sentinel parallel-syncs mymaster 1
sentinel failover-timeout mymaster 180000
```

之后保存退出即可。

到这里就已经完成相关的哨兵配置了，接下来启动哨兵模式开始监控主从服务器。

启动命令：

```
redis-sentinel /home/redis/redis-4.0.9/sentinel-26379.conf
```

查看进程命令：

```
ps -ef | grep redis-sentinel
```

连接命令：

```
redis-cli -p 26379
```

操作如下：

```
[root@localhost redis-4.0.9]# redis-sentinel /home/redis/redis-4.0.9/sentinel-26379.conf
[root@localhost redis-4.0.9]# ps -ef | grep redis-sentinel
root      15737     1  0 13:13 ?        00:00:00 redis-sentinel *:26379 [sentinel]
```

```
root      15741  15537  0 13:14 pts/9    00:00:00 grep redis-sentinel
[root@localhost redis-4.0.9]# redis-cli -p 26379
127.0.0.1:26379> PING
PONG
```

使用命令 INFO sentinel 查看 Sentinel 信息，如下所示：

```
127.0.0.1:26379> INFO sentinel
# Sentinel
sentinel_masters:1
sentinel_tilt:0
sentinel_running_scripts:0
sentinel_scripts_queue_length:0
sentinel_simulate_failure_flags:0
master0:name=mymaster,status=ok,address=127.0.0.1:6379,slaves=2,sentinels=1
```

启动 Sentinel 之后，它就会对主从复制中的节点进行监控。使用命令来查看一下 Sentinel 配置文件的变化，命令如下：

```
vim sentinel-26379.conf
```

配置文件的信息如下：

```
[root@localhost redis-4.0.9]# vim sentinel-26379.conf

port 26379
daemonize yes
dir "/home/redis/data"
logfile "26379.log"
sentinel myid f2672c2363f6384804e31fc6c26fb799f0e43d43
sentinel monitor mymaster 127.0.0.1 6379 2
sentinel config-epoch mymaster 0
sentinel leader-epoch mymaster 0

# Generated by CONFIG REWRITE
sentinel known-slave mymaster 127.0.0.1 6381
sentinel known-slave mymaster 127.0.0.1 6380
sentinel current-epoch 0
```

可以看到 sentinel-26379.conf 文件的内容发生了变化，除了之前配置的一些信息，额外多出了一些配置信息。

到这里我们才完成第一个 Sentinel 节点的配置，另外两个 Sentinel 节点的配置如下。

第二个 Sentinel 节点的配置（sentinel-26380.conf）：

```
port 26380
daemonize yes
dir /home/redis/data
logfile "26380.log"
sentinel monitor mymaster 127.0.0.1 6379 2
sentinel down-after-milliseconds mymaster 30000
sentinel parallel-syncs mymaster 1
sentinel failover-timeout mymaster 180000
```

第三个 Sentinel 节点的配置（sentinel-26381.conf）：

```
port 26381
daemonize yes
dir /home/redis/data
logfile "26381.log"
sentinel monitor mymaster 127.0.0.1 6379 2
sentinel down-after-milliseconds mymaster 30000
sentinel parallel-syncs mymaster 1
sentinel failover-timeout mymaster 180000
```

使用命令编辑并查看配置信息，如下所示：

```
[root@localhost redis-4.0.9]# vim sentinel-26380.conf
[root@localhost redis-4.0.9]# vim sentinel-26381.conf
[root@localhost redis-4.0.9]# cat sentinel-26380.conf
port 26380
daemonize yes
dir /home/redis/data
logfile "26380.log"
sentinel monitor mymaster 127.0.0.1 6379 2
sentinel down-after-milliseconds mymaster 30000
sentinel parallel-syncs mymaster 1
sentinel failover-timeout mymaster 180000

[root@localhost redis-4.0.9]# cat sentinel-26381.conf
port 26381
daemonize yes
dir /home/redis/data
logfile "26381.log"
sentinel monitor mymaster 127.0.0.1 6379 2
sentinel down-after-milliseconds mymaster 30000
sentinel parallel-syncs mymaster 1
sentinel failover-timeout mymaster 180000
```

分别启动这两个 Sentinel 节点，命令如下：

```
redis-sentinel /home/redis/redis-4.0.9/sentinel-26380.conf
redis-sentinel /home/redis/redis-4.0.9/sentinel-26381.conf
```

查看进程，如下所示：

```
[root@localhost redis-4.0.9]# redis-sentinel /home/redis/redis-4.0.9/sentinel-26380.conf
[root@localhost redis-4.0.9]# redis-sentinel /home/redis/redis-4.0.9/sentinel-26381.conf
[root@localhost redis-4.0.9]# ps -ef | grep redis-sentinel
root     15710    1  0 13:11 ?        00:00:00 redis-sentinel *:26380 [sentinel]
root     15714    1  0 13:11 ?        00:00:00 redis-sentinel *:26381 [sentinel]
root     15737    1  0 13:13 ?        00:00:00 redis-sentinel *:26379 [sentinel]
root     15741 15537  0 13:14 pts/9   00:00:00 grep redis-sentinel
```

至此，哨兵模式的配置就完成了。

12.2.3 Sentinel 的配置选项

1. Sentinel 相关配置选项说明

- sentinel monitor mymaster 127.0.0.1 6379 2：Sentinel 监控一台名为 mymaster 的主服务器，这台主服务器的 IP 地址为 127.0.0.1，端口号为 6379。当这台主服务器发生故障时，至少需要两个 Sentinel 同意，才能认定主服务器失效。如果主服务器失效，就需要进行故障转移。在只有少数 sentinel 进程正常运作的情况下，Sentinel 是不能执行自动故障转移的。
- sentinel down-after-milliseconds mymaster 30000：该选项指定了 Sentinel 认为服务器已经离线所需要的毫秒数，默认为 30s。服务器如果在指定的毫秒内没有返回 Sentinel 发送的 PING 命令的回复，或者回复了一条错误信息，那么 Sentinel 会认为这台服务器已经离线，将其标记为主观下线（Subjectively Down）。一个 Sentinel 将服务器标记为主观下线，并不一定代表这台服务器已经离线，只有当多个 Sentinel 都将这台服务器标记为主观下线之后，这台服务器就会被标记为客观下线（Objectively Down）。如果服务器被标记为客观下线，就会触发自动故障转移机制。
- sentinel parallel-syncs mymaster 1：该选项指定了在执行故障转移时，最多可以有多少台从服务器同时对新的主服务器进行复制。默认为 1。这个值越小，在进行故障转移时所需要的时间就越长。将该选项的值设置为 1，可以保证每次只有一台从服务器处于不能处理命令请求的状态。
- sentinel failover-timeout mymaster 180000：该选项指定了在规定的时间（ms）内，如果没有完成 failover 操作，则认为该 failover 操作失败。默认为 180s。

关于 Sentinel 的更多详细配置，在此不再一一介绍。

在启动 Sentinel 之后，执行命令 redis-cli -p 26379，进入之后，你会发现 Sentinel 并不会执行相关的写命令，原因是 Sentinel 并不使用数据库，它不能存储任何数据，它使用 sentinel.c/sentinelcmds 作为服务器的命令表。sentinelcmds 函数的源码如下：

```
struct redisCommand sentinelcmds[] = {
    {"ping",pingCommand,1,"",0,NULL,0,0,0,0,0},
    {"sentinel",sentinelCommand,-2,"",0,NULL,0,0,0,0,0},
    {"subscribe",subscribeCommand,-2,"",0,NULL,0,0,0,0,0},
    {"unsubscribe",unsubscribeCommand,-1,"",0,NULL,0,0,0,0,0},
    {"psubscribe",psubscribeCommand,-2,"",0,NULL,0,0,0,0,0},
    {"punsubscribe",punsubscribeCommand,-1,"",0,NULL,0,0,0,0,0},
    {"publish",sentinelPublishCommand,3,"",0,NULL,0,0,0,0,0},
    {"info",sentinelInfoCommand,-1,"",0,NULL,0,0,0,0,0},
    {"role",sentinelRoleCommand,1,"l",0,NULL,0,0,0,0,0},
    {"client",clientCommand,-2,"rs",0,NULL,0,0,0,0,0},
    {"shutdown",shutdownCommand,-1,"",0,NULL,0,0,0,0,0}
};
```

从 sentinelcmds 命令表中可以看出，在哨兵模式下，Redis 服务器不能执行像 SET、

SADD、ZADD、DBSIZE 这样的写命令，因为服务器在命令表中没有载入这些写命令。

2. 在哨兵模式下不能使用的命令

在 Redis 开启哨兵模式之后，会有部分命令无法使用，具体说明如下。
- 与操作数据库和键值对相关的命令不能使用，如 SET、SELECT、DEL、FLUSHDB 等。
- 与事务相关的命令不能使用，如 WATCH、MULTI、UNWATCH 等。
- 与操作脚本相关的命令不能使用，如 EVEL。
- 与持久化（RDB 和 AOF）相关的命令不能使用，如 BGSAVE、SAVE、BGREWRITEAOF 等。

从 sentinelcmds 命令表中可以看出，PING、SENTINEL、SUBSCRIBE、UNSUBSCRIBE、PSUBSCRIBE、PUNSUBSCRIBE、PUBLISH、INFO、ROLE、CLIENT、SHUTDOWN 这 11 个命令就是客户端可以对 Sentinel 执行的全部命令。

3. 哨兵模式常用的命令

这里列举哨兵模式常用的几个命令。
- SENTINEL masters：该命令用于查看哨兵监控的主服务器的相关信息及状态。
- SENTINEL slaves <master name>：该命令用于列出指定主服务器的所有从服务器的信息及状态。
- SENTINEL get-master-addr-by-name <master name>：该命令用于返回指定名字的主服务器的 IP 地址和端口信息。如果这台主服务器正在执行故障转移操作，或者针对这台主服务器的故障转移操作已经完成，那么这个命令将会返回新的主服务器的 IP 地址和端口信息。
- SENTINEL reset <pattern>：该命令用于重置所有名字和给定模式（pattern）相匹配的主服务器。pattern 参数是一种 Glob 风格的模式。一旦执行此命令，它将会清除主服务器目前的所有状态，包括正在执行中的故障转移，以及删除目前已经发现和关联的、主服务器的所有从服务器和 Sentinel。请谨慎执行。
- SENTINEL failover <master name>：该命令用于当主服务器出现故障时，在不询问其他 Sentinel 意见的情况下，强制开始一次自动故障转移操作。它会给另外的 Sentinel 发送一个最新的配置，这些 Sentinel 在接收到最新的配置之后会自动更新。
- INFO：该命令用于查看 Redis 的相关配置信息。
- INFO sentinel：该命令用于查看 Sentinel 的基本状态信息。

12.2.4 哨兵模式的实现原理

在完成哨兵模式的相关配置后，需要启动 Sentinel 来监控相关的主从服务器，这个过程如下。

1. 启动 Sentinel 并初始化

启动命令：

redis-sentinel sentinel.conf 配置文件所在路径

或者：

redis-server sentinel.conf 配置文件所在路径 -sentinel

在这里为：

redis-sentinel /home/redis/redis-4.0.9/sentinel-26379.conf

前面说过，Sentinel 并不使用数据库，它不能存储数据，在启动的时候，它也不会加载 RDB 文件或 AOF 文件。在启动之后，它会进行初始化，服务器会初始化一个 sentinel.c/sentinelState 结构，在这个结构中保存了服务器中所有和 Sentinel 功能有关的状态。

sentinelState 结构的源码定义如下：

```
struct sentinelState {
    char myid[CONFIG_RUN_ID_SIZE+1];/*Sentinel 的 ID*/
    uint64_t current_epoch;              /*当前纪元，用于实现故障转移*/
    dict *masters;         /*字典，它保存了所有被 Sentinel 监控的主服务器，字典中的键是被监控的主
服务器的名字，字典中的值是一个指向 sentinelRedisInstance 结构的指针*/
    int tilt;                            /*是否进入了 TILT 模式*/
    int running_scripts;                 /*现在正在执行的脚本数量*/
    mstime_t tilt_start_time;            /*进入 TILT 模式的时间*/
    mstime_t previous_time;              /*最后一次执行时间处理器的时间*/
    list *scripts_queue;                 /*有一个 FIFO(先进先出)队列，包含了所有需要执行的用户脚本*/
    char *announce_ip;                   /*记录 Sentinel 的 IP 地址*/
    int announce_port;                   /*记录 Sentinel 的端口信息*/
    unsigned long simfailure_flags; /*故障模拟标记*/
} sentinel;
```

Sentinel 状态中的 masters 字典记录了所有被 Sentinel 监控的主服务器信息，其中，字典中的键是被监控的主服务器的名字，字典中的值是一个指向 sentinel.c/sentinelRedisInstance 结构的指针。

每个 sentinelRedisInstance 结构（实例结构）表示一个被 Sentinel 监控的 Redis 服务器实例，这个实例可以是主从服务器，也可以是另一个 Sentinel。sentinelRedisInstance 结构的 name 属性记录了实例的名字，其中主服务器的名字由用户在配置文件中设置，而从服务器及 Sentinel 的名字由 Sentinel 自动设置；另一个 addr 属性是一个指向 sentinel.c/sentinelAddr 结构的指针，这个结构用于保存实例的 IP 地址和端口信息，源码如下：

```
typedef struct sentinelAddr {
    char *ip;
    int port;
} sentinelAddr;
```

关于 sentinelRedisInstance 结构的参数众多，在这里就不展示源码了，感兴趣的读者请自行研究。

对 Sentinel 状态的初始化也就是对 masters 字典的初始化，而被加载的 sentinel.conf 配置文件就用于 masters 字典的初始化。

在初始化 Sentinel 之后，就会建立与被监控主服务器的网络连接，Sentinel 将成为主服务器的客户端，这个客户端可以向主服务器发送命令，并从中获取相关的服务器信息。

Sentinel 在监控主服务器后，它们之间会建立两个异步网络连接。

一个是命令连接，这个连接专用于向主服务器发送命令，并获取返回的信息，以此来与主服务器一直保持通信状态。

另一个是消息订阅连接，这个连接专用于订阅主服务器的_sentinel_:hello 频道消息。在目前 Redis 的消息订阅发布功能中，被发送的消息并不会被保存到 Redis 服务器中。在发送消息的过程中，如果订阅消息的客户端离线或者因为其他原因而接收不到消息，那么这条信息将会丢失。为了保证订阅的_sentinel_:hello 频道的消息在传输过程中不丢失，Sentinel 专门建立了一个订阅该频道消息的网络连接。

2. 获取主从服务器的信息

在 Sentinel 启动并完成初始化后，就开始获取主从服务器的信息。在默认情况下，Sentinel 会以每 10s 一次的频率，通过命令连接向被监控的主服务器发送 INFO 命令，并通过分析 INFO 命令的回复信息来获取主服务器的当前信息。

Sentinel 通过获取 INFO 命令返回的信息，可以知道被监控主服务器的信息，包括 run_id（它记录了服务器的运行 ID）和 role（它记录了服务器的角色信息）及其他信息。有了主服务器的 run_id 和 role 信息，Sentinel 就可以对主服务器的实例进行更新。还可以知道主服务器从属的从服务器的信息，每台从服务器都有一个以"slave"字符串开头的行记录。每行的 ip 选项记录了从服务器的 IP 地址，port 选项记录了从服务器的端口号。Sentinel 获取到这些 IP 地址和端口号之后，无须用户提供从服务器的地址信息，就可以发现从服务器。

通过主服务器获取从服务器的信息，获取到的从服务器信息将会用于更新主服务器实例结构的 slaves 字典，这个字典用于记录从服务器的信息：字典中的键是从服务器的名字，它由 Sentinel 自动设置，格式为 ip:port，比如，127.0.0.1:6380；字典中的值是从服务器对应的实例结构。

Sentinel 在通过 INFO 命令获取从服务器信息的时候，会检查从服务器对应的实例结构中是否存在 slaves 字典。如果从服务器实例中存在 slaves 字典，Sentinel 就会更新从服务器的实例结构；如果从服务器实例中不存在 slaves 字典，就说明这台从服务器是新加入进来的，Sentinel 会在 slaves 字典中为这台新的从服务器创建一个实例结构，同时还会与这台新的从服务器创建命令连接和消息订阅连接。

主从服务器的实例结构如图 12.15 所示。

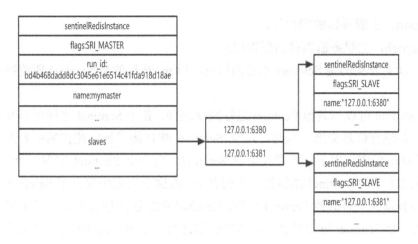

图 12.15　主从服务器的实例结构

在主服务器的实例结构中，flags 属性值为 SRI_MASTER，name 属性值则是在配置文件 sentinel.conf 中设置的。

在从服务器的实例结构中，flags 属性值为 SRI_SLAVE，name 属性值则是由 Sentinel 根据 ip 和 port 选项设置的。

在 Sentinel 与新加入的从服务器之间建立命令连接之后，它也会以每 10s 一次的频率向从服务器发送 INFO 命令，并从其返回的信息中获取从服务器的运行 ID（run_id）、角色（role）、优先级（slave_priority）、复制偏移量（slave_repl_offset），以及获取主服务器的 IP 地址（master_host）、端口号（master_port）、连接状态（master_link_status）等信息。根据获取到的这些信息，Sentinel 会对从服务器的实例结构进行更新。

3. 向主从服务器发送信息

Sentinel 也会向主从服务器发送信息，它以每 2s 一次的频率，通过命令连接向所有被监控的主从服务器发送以下命令：

```
PUBLISH _sentinel_:hello "<s_ip>,<s_port>,<s_runid>,<s_epoch>,<m_name>,<m_ip>,<m_port>,<m_epoch>"
```

该命令向服务器的_sentinel_:hello 频道发送了一条消息，该条消息含有多个参数，内容如下。

- s_ip：Sentinel 的 IP 地址。
- s_port：Sentinel 的端口号。
- s_runid：Sentinel 的运行 ID。
- s_epoch：Sentinel 当前的配置纪元（一个配置纪元就是一台新主服务器配置的版本号）。
- m_name：主服务器的名字。
- m_ip：主服务器的 IP 地址。

- m_port：主服务器的端口号。
- m_epoch：主服务器当前的配置纪元。

其中，以 s_开头的是 Sentinel 本身的信息，以 m_开头的是 Sentinel 所监控的主服务器的信息。

一个 Sentinel 可以与其他 Sentinel 进行网络连接，各个 Sentinel 之间可以互相检查对方的可用性，并进行信息交换。同时，每个 Sentinel 都订阅了被它监控的所有主从服务器的_sentinel_:hello 频道，用于判断查找新的 Sentinel。当一个 Sentinel 发现一个新的 Sentinel 时，它会将这个新的 Sentinel 添加到一个列表中，而这个列表中保存了 Sentinel 已知的监控同一台主服务器的所有其他 Sentinel 信息。Sentinel 所发送的信息中包含了主服务器的完整信息。如果一个 Sentinel 包含的主服务器的信息比另一个 Sentinel 发送的配置要旧，那么这个 Sentinel 会立即升级到新配置上。

如果要将一个新的 Sentinel 添加到监控主服务器的列表中，那么，在此之前，Sentinel 会先检查这个列表中是否已经存在和将要添加进来的 Sentinel 相同的运行 ID、IP 地址、端口号等信息。如果列表中已经存在和将要添加进来的 Sentinel 相同的信息，那么 Sentinel 会先移除列表中已有的那些拥有相同运行 ID 或 IP 地址、端口号的 Sentinel，再添加新的 Sentinel。

4. 接收来自主从服务器的频道消息

在 Sentinel 与主从服务器之间建立消息订阅连接后，Sentinel 就会通过消息订阅连接向服务器发送 SUBSCRIBE _sentinel_:hello 命令。Sentinel 会一直订阅服务器的_sentinel_:hello 消息频道，直到它与服务器断开连接为止。当 Sentinel 和服务器之间建立连接之后，它就会通过命令连接向服务器的_sentinel_:hello 频道发送消息,同时通过消息订阅连接来读取服务器的_sentinel_:hello 频道消息。

当一个 Sentinel 读取到_sentinel_:hello 频道中的信息时，就会从读取的信息中获取 Sentinel 的 IP 地址、端口号、运行 ID 等，用于做以下判断：

- 如果信息记录的 Sentinel 的运行 ID 和接收信息的 Sentinel 的运行 ID 相同，就说明这条信息是由它自己发送的，将移除这条信息，不做任何处理。
- 如果信息记录的 Sentinel 的运行 ID 和接收信息的 Sentinel 的运行 ID 不相同，就说明这条信息是由其他 Sentinel 发送的，接收信息的 Sentinel 将会根据信息中的各个参数，对相应的主服务器的实例结构进行更新，同时更新 sentinels 字典。

Sentinel 为主服务器创建的实例结构中的 sentinels 字典中保存了 Sentinel 本身的信息和它所监控的主服务器的其他 Sentinel 信息。sentinels 字典中的键是其中一个 Sentinel 的名字，这个名字由 ip:port 组成；而 sentinels 字典中的值则是键所对应 Sentinel 的实例结构。

当Sentinel通过消息频道发现一个新的Sentinel时,它不仅会为新的Sentinel在sentinels字典中创建相应的实例结构，还会创建连向新的 Sentinel 的命令连接，最终多个 Sentinel

互相连接，共同监控相应的主从服务器。

Sentinel 向服务器发送消息与接收服务器频道消息的过程如图 12.16 所示。

图 12.16　Sentinel 向服务器发送消息与接收服务器频道消息的过程

5. 监控主从服务器下线状态

在默认情况下，Sentinel 会以每秒一次的频率向它所监控的主从服务器及其他 Sentinel 发送一条 PING 命令，并通过接收返回的 PING 命令回复来判断主从服务器及其他 Sentinel 是否已经下线。

Sentinel 向主从服务器及其他 Sentinel 发送 PING 命令的过程如图 12.17 所示。

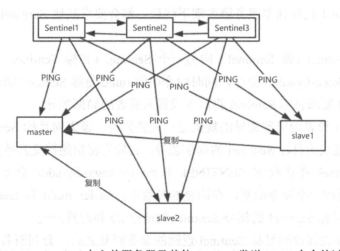

图 12.17　Sentinel 向主从服务器及其他 Sentinel 发送 PING 命令的过程

在图 12.17 中，多个 Sentinel 之间会互相发送 PING 命令，进行相互检测；同时，多个 Sentinel 会分别向其监控的主从服务器发送 PING 命令，在得到回复时，判断其是否已经下线。

PING 命令的有效回复有 3 种可能。

- 返回 PONG：表示网络连接正常。
- 返回 LOADING：发生错误。
- 返回 MASTERDOWN：发生错误。

除上述 3 种回复以外的回复，或者在规定的时间内没有任何回复，Sentinel 都会认为服务器返回的回复是无效回复。

6. 完成故障转移

当一台主服务器被判断为客观下线时，监控这台下线主服务器的多个 Sentinel 会进行协商，采用一定的规则和方法选举出一个 Sentinel 领导，并由这个 Sentinel 领导对下线的主服务器进行故障转移操作。

在讲解故障转移之前，先说一下 Sentinel 领导选举的规则和方法。

为什么要选举 Sentinel 领导呢？

因为只有一个 Sentinel 节点完成故障转移。当多个 Sentinel 同时监控一个或多个主从复制结构时，就需要选举出一个 Sentinel 领导来完成故障转移。

具体如下：

- 一个主从复制结构可以由多个 Sentinel 监控，而多个 Sentinel 都有被选举为 Sentinel 领导的可能。在进行选举之后，无论选举成功与否，所有 Sentinel 的配置纪元的值都会自增一次。
- 在一个配置纪元里，所有 Sentinel 都有一次将某个 Sentinel 设置为局部领导的机会。当设置局部领导以后，就不能再更改它的配置纪元了。
- 每个 Sentinel 监控到主服务器客观下线后，都会要求其他 Sentinel 选举自己作为局部领导。
- 当一个 Sentinel（源 Sentinel）向另一个 Sentinel（目标 Sentinel）发送 SENTINEL is-master-down-by-addr 命令，同时命令中的 runid 是源 Sentinel 的运行 ID 时，表示源 Sentinel 要求目标 Sentinel 将前者设置为后者的局部领导。
- 将 Sentinel 设置为局部领导的规则是：先到先得。谁先向目标 Sentinel 发送设置要求，谁就能成为目标 Sentinel 的局部领导，之后它将拒绝接受其他的所有设置要求。
- 目标 Sentinel 在接收到 SENTINEL is-master-down-by-addr 命令之后，将会向源 Sentinel 返回一个命令回复，在回复的参数中，leader_runid 和 leader_epoch 参数分别记录了目标 Sentinel 的领导 Sentinel 的运行 ID 和配置纪元。
- 源 Sentinel 在接收到目标 Sentinel 返回的命令回复之后，会判断其中的 leader_runid 和 leader_epoch 参数与自己的运行 ID 及配置纪元是否相同，如果相同，就表示目标 Sentinel 将原 Sentinel 设置成了局部领导。
- 在多个 Sentinel 中，如果某个 Sentinel 被半数以上的 Sentinel 设置成了局部领导 Sentinel，那么这个局部领导 Sentinel 将会成为多个 Sentinel 的领导。
- Sentinel 领导的选举需要半数以上的 Sentinel 的支持，并且每个 Sentinel 在配置纪元里只能设置一次局部领导，因此，在一个配置纪元里，只能出现一个 Sentinel 领导。
- 假如在指定的时间内，没有选举出一个 Sentinel 作为领导，那么各个 Sentinel 将会过一段时间再进行选举，直到选举出新的 Sentinel 领导为止。

Sentinel 领导选举成功之后，它将对已经下线的主服务器执行故障转移操作。具体步骤如下：

（1）当 master 出现问题时，多个 Sentinel 发现并确认 master 有问题，多个 Sentinel 的确认保证了公平性。

（2）在 Sentinel 内部会选举出一个 Sentinel 作为领导，让它完成相关工作。

（3）作为领导的 Sentinel 会从这台已经下线的主服务器的所有从服务器中选出一个"合适"的 slave 节点作为新的 master。让这个 slave 节点执行 SLAVEOF no one 命令，让其成为 master 节点。

（4）此时 Sentinel 会通知其余的 slave 成为新的 master 的 slave，这些 slave 就会复制新的 master 数据，通过向其余的 slave 发送 SLAVEOF 命令来完成。

（5）之后 Sentinel 会通知相应的客户端新的 master 是谁，这样就能避免客户端再去连接旧的 master，从而导致读取数据失败的问题产生。

（6）在这个过程中，Sentinel 依然会监控旧的 master，对其进行"关注"。当旧的 master 复活之后，就会让它成为新的 master 的 slave 节点，然后去复制新的 master 数据。

12.2.5 选择"合适"的 slave 节点作为 master 节点

1. 选择 master 节点

那么，该如何选择一个"合适"的 slave 节点作为 master 节点呢？

要选择一个"合适"的 slave 节点，规则如下：

- 选择 slave-priority（slave 节点优先级）参数值最大的 slave 节点，如果存在则返回，不存在则继续选择。在默认情况下，在配置文件 redis.conf 中，slave-priority 参数的值为 100。我们可以根据实际情况来修改这个参数的值，以此来选定一个"合适"的 slave 节点作为新的 master。
- 如果 slave 节点的优先级不满足，就根据 slave 节点的复制偏移量来选定。一般选择复制偏移量最大的 slave 节点作为一个"合适"的 slave 节点，如果存在就返回，不存在则继续选择。如果 slave 节点的复制偏移量与 master 节点的复制偏移量比较接近，则说明它们之间的数据一致性更高。因此，选定复制偏移量最大的 slave 节点，这样 slave 与 master 之间的数据更接近，数据一致性也会很高。
- 如果 slave 节点和 master 节点的复制偏移量相同，就根据 slave 的 runid 来进行选定。一般选择 runid 最小的 slave 节点作为一个"合适"的 slave 节点，因为 runid 越小，说明它是最早的一个节点。

2. 演示故障转移

假如有 3 个 Sentinel 同时监控一个 master 节点，而这个 master 节点有两个从节点 slave1（A）和 slave2（B）。在某一时刻，master 出现了故障，3 个 Sentinel 选举出了一个 Sentinel 领导来完成故障转移，经过一系列操作，选择了 slave1（A）作为新的 master 节点，之后完成了相关的故障转移工作，这个过程如图 12.18 所示。

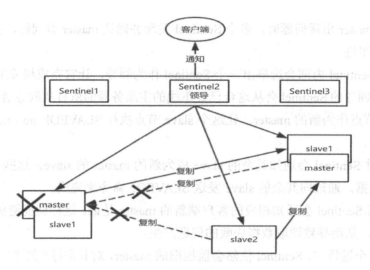

图 12.18 故障转移过程

接下来，我们在 Linux 系统上演示 Sentinel 监控主从节点，当主节点出现故障之后进行故障转移的过程。

（1）进入 Redis 的目录结构，命令为 cd /home/redis/redis-4.0.9，执行以下命令启动主从节点服务（一主二从）：

```
redis-server /home/redis/redis-4.0.9/redis-6379.conf
redis-server /home/redis/redis-4.0.9/redis-6380.conf
redis-server /home/redis/redis-4.0.9/redis-6381.conf
```

（2）启动 3 个 Sentinel 节点，来监控主从节点，命令如下：

```
redis-sentinel /home/redis/redis-4.0.9/sentinel-26379.conf
redis-sentinel /home/redis/redis-4.0.9/sentinel-26380.conf
redis-sentinel /home/redis/redis-4.0.9/sentinel-26381.conf
```

使用 ps -ef | grep redis 命令查看服务器启动的进程，操作如下：

```
[root@localhost ~]# cd /home/redis/redis-4.0.9
[root@localhost redis-4.0.9]# ps -ef|grep redis
root      28418 28350  0 01:01 pts/4    00:00:00 grep redis
[root@localhost src]# redis-server /home/redis/redis-4.0.9/redis-6379.conf
[root@localhost src]# redis-server /home/redis/redis-4.0.9/redis-6380.conf
[root@localhost src]# redis-server /home/redis/redis-4.0.9/redis-6381.conf
[root@localhost redis-4.0.9]# redis-sentinel /home/redis/redis-4.0.9/sentinel-26379.conf
[root@localhost redis-4.0.9]# redis-sentinel /home/redis/redis-4.0.9/sentinel-26380.conf
[root@localhost redis-4.0.9]# redis-sentinel /home/redis/redis-4.0.9/sentinel-26381.conf
[root@localhost redis-4.0.9]# ps -ef|grep redis
root      28425     1  0 12:43 ?        00:00:27 redis-server *:6379
root      28429     1  0 12:44 ?        00:00:29 redis-server *:6380
root      28434     1  0 12:44 ?        00:00:31 redis-server *:6381
root      28438     1  0 13:11 ?        00:00:38 redis-sentinel *:26380 [sentinel]
```

```
root      28442      1  0 13:11 ?        00:00:38 redis-sentinel *:26381 [sentinel]
root      28447      1  0 13:13 ?        00:00:38 redis-sentinel *:26379 [sentinel]
root      28454  28350  0 17:00 pts/9    00:00:00 grep redis
```

（3）执行 redis-cli -p 26379 命令进入客户端,然后执行 INFO sentinel 命令,查看 Sentinel 的信息。执行命令后,返回的信息如下所示:

```
127.0.0.1:26379> INFO sentinel
# Sentinel
sentinel_masters:1
sentinel_tilt:0
sentinel_running_scripts:0
sentinel_scripts_queue_length:0
sentinel_simulate_failure_flags:0
master0:name=mymaster,status=ok,address=127.0.0.1:6379,slaves=2,sentinels=3
```

可以看出,在当前 Sentinel 所监控的主从复制结构中,master 节点是 127.0.0.1:6379。

（4）现在我们模拟主节点宕机,来实现故障转移功能。执行 kill -9 28425 命令直接杀死 master 节点,过一段时间,再次执行 INFO sentinel 命令,然后查看 Sentinel 的信息。执行命令后,返回的信息如下所示:

```
127.0.0.1:26379> INFO sentinel
# Sentinel
sentinel_masters:1
sentinel_tilt:0
sentinel_running_scripts:0
sentinel_scripts_queue_length:0
sentinel_simulate_failure_flags:0
master0:name=mymaster,status=ok,address=127.0.0.1:6381,slaves=2,sentinels=3
```

从返回的信息中可以看出,新的 master 节点已经切换为 127.0.0.1:6381。

执行命令 cat /home/redis/data/26379.log 查看 Sentinel 的监控日志,日志信息如图 12.19 所示。

```
28438:X 26 Aug 01:02:43.805 # WARNING: The TCP backlog setting of 511 cannot be enforced because /proc/sys/net/core/somaxconn i
28438:X 26 Aug 01:02:43.805 # Sentinel ID is f2672c2363f6384804e31fc6c26fb799f0e43d43
28438:X 26 Aug 01:02:43.805 # +monitor master mymaster 127.0.0.1 6379 quorum 2
28438:X 26 Aug 01:02:53.814 * +convert-to-slave slave 127.0.0.1:6381 127.0.0.1 6381 @ mymaster 127.0.0.1 6379
28438:X 26 Aug 01:18:27.841 # +sdown master mymaster 127.0.0.1 6379
28438:X 26 Aug 01:18:27.925 # +odown master mymaster 127.0.0.1 6379 #quorum 2/2
28438:X 26 Aug 01:18:27.925 # +new-epoch 5
28438:X 26 Aug 01:18:27.925 # +try-failover master mymaster 127.0.0.1 6379
28438:X 26 Aug 01:18:27.934 # +vote-for-leader f2672c2363f6384804e31fc6c26fb799f0e43d43 5
28438:X 26 Aug 01:18:27.945 # 0c1d1252a04f64aa996252a5d181ebbcbd6502fb voted for f2672c2363f6384804e31fc6c26fb799f0e43d43 5
28438:X 26 Aug 01:18:27.945 # a1e8ee7f9ece9c6c731235487734834844498479c voted for f2672c2363f6384804e31fc6c26fb799f0e43d43 5
28438:X 26 Aug 01:18:27.989 # +elected-leader master mymaster 127.0.0.1 6379
28438:X 26 Aug 01:18:27.989 # +failover-state-select-slave master mymaster 127.0.0.1 6379
28438:X 26 Aug 01:18:28.090 # +selected-slave slave 127.0.0.1:6381 127.0.0.1 6381 @ mymaster 127.0.0.1 6379
28438:X 26 Aug 01:18:28.090 * +failover-state-send-slaveof-noone slave 127.0.0.1:6381 127.0.0.1 6381 @ mymaster 127.0.0.1 6379
28438:X 26 Aug 01:18:28.142 * +failover-state-wait-promotion slave 127.0.0.1:6381 127.0.0.1 6381 @ mymaster 127.0.0.1 6379
28438:X 26 Aug 01:18:28.145 # +promoted-slave slave 127.0.0.1:6381 127.0.0.1 6381 @ mymaster 127.0.0.1 6379
28438:X 26 Aug 01:18:28.145 # +failover-state-reconf-slaves master mymaster 127.0.0.1 6379
28438:X 26 Aug 01:18:28.233 * +slave-reconf-sent slave 127.0.0.1:6380 127.0.0.1 6380 @ mymaster 127.0.0.1 6379
28438:X 26 Aug 01:18:29.058 # -odown master mymaster 127.0.0.1 6379
28438:X 26 Aug 01:18:29.166 * +slave-reconf-inprog slave 127.0.0.1:6380 127.0.0.1 6380 @ mymaster 127.0.0.1 6379
28438:X 26 Aug 01:18:29.166 * +slave-reconf-done slave 127.0.0.1:6380 127.0.0.1 6380 @ mymaster 127.0.0.1 6379
28438:X 26 Aug 01:18:29.233 # +failover-end master mymaster 127.0.0.1 6379
28438:X 26 Aug 01:18:29.233 # +switch-master mymaster 127.0.0.1 6379 127.0.0.1 6381
28438:X 26 Aug 01:18:29.233 * +slave slave 127.0.0.1:6380 127.0.0.1 6380 @ mymaster 127.0.0.1 6381
```

图 12.19　Sentinel 监控主从节点的日志信息

从日志信息中可以看出，master 节点由最初的 127.0.0.1:6379 转换为 127.0.0.1:6381，Sentinel 成功执行了故障转移操作。

12.2.6 Sentinel 的下线状态

在 Redis 的 Sentinel 中，有两种下线状态。

- 主观下线（SDOWN）：指的是单个 Sentinel 对服务器的下线判断。在 sentinel.conf 配置文件中，master-down-after-milliseconds 选项设置了服务器离线所需的毫秒数。如果一台服务器在该选项所指定的毫秒时间内，没有对发送 PING 命令的 Sentinel 返回一个有效的回复（3 种有效回复中的一种），那么这个 Sentinel 就会认为这台服务器已经下线，就会将它标记为主观下线，同时将它的实例结构中的 flags 属性设置为 SRI_S_DOWN 标识。

master-down-after-milliseconds 选项的设置不仅会被 Sentinel 用来判断主服务器的主观下线状态，还会用于判断主服务器下属的从服务器，以及监控这台主服务器的其他 Sentinel 的主观下线状态。

如果一个 master 被标记为主观下线，则正在监控这个 master 的所有 Sentinel 都会以每秒一次的频率来确认这个 master 是否真正进入主观下线状态。在这个过程中，master 又重新向 Sentinel 所发送的 PING 命令返回有效的回复，那么 master 的主观下线状态就会被及时删除。

总结为：主观下线就是每个 Sentinel 节点对 Redis 节点失败的"偏见"。

- 客观下线（ODOWN）：指的是当一个 Sentinel 将一台服务器判断为主观下线之后，为了确认这台主服务器是否真的下线了，它会通过 SENTINEL is-master-down-by-addr 命令与其他监控这台服务器的多个 Sentinel 进行交流，看它们是否也认为这台主服务器已经进入下线状态。当多个 Sentinel 同时认为这台主服务器已经下线时，Sentinel 就会将这台主服务器标记为客观下线，并对其执行故障转移操作。

判断主服务器为主观下线的过程如下。

- 一个 Sentinel（源 Sentinel）通过向监控这台主服务器的其他 Sentinel 发送 SENTINEL is-master-down-by-addr 命令进行交流，询问是否同意主服务器已经下线。命令格式如下：

```
SENTINEL is-master-down-by-addr <ip> <port> <current_epoch> <runid>
```

参数说明如下。

> <ip> <port>：表示被 Sentinel 判断为主观下线的主服务器的 IP 地址与端口号。

> <current_epoch>：表示 Sentinel 当前的配置纪元，用于选举 Sentinel 领导。

> <runid>：runid 的值有可能是*，表示该命令仅仅用于检测主服务器的客观下线状

态；也有可能是 Sentinel 的运行 ID，用于选举 Sentinel 领导。
- 当另一个 Sentinel（目标 Sentinel）接收到 SENTINEL is-master-down-by-addr 命令时，目标 Sentinel 会分析接收到的命令，并根据其中的 IP 地址和端口信息，去检查这台主服务器是否已经下线，然后返回一条包含 3 个参数的 Multi Bulk 回复给源 Sentinel。这 3 个参数具体如下。
  - down_state：表示目标 Sentinel 对主服务器的检查结果。如果值为 1，则表示主服务器已经下线；如果值为 0，则表示主服务器没有下线。
  - leader_runid：其值可以是*，表示该命令仅仅用于判断主服务器是否为下线状态；其值也可以是目标 Sentinel 的局部领导 Sentinel 的运行 ID，用于进行 Sentinel 领导的选举。
  - leader_epoch：表示目标 Sentinel 的局部领导 Sentinel 的配置纪元，用于选举 Sentinel 领导。当 leader_runid 的值为*时，leader_epoch 的值为 0，没有任何作用；只有当 leader_runid 的值不为*时，这个参数才有用。
- 当目标 Sentinel 接收到其他 Sentinel 返回的 SENTINEL is-master-down-by-addr 命令回复时，它会统计其他 Sentinel 同意主服务器已经下线的数量。当这个数量达到配置文件所指定的客观下线所需的数量时，就会将这台主服务器标记为客观下线，同时修改主服务器的实例结构的 flags 属性为 SRI_O_DOWN，表示主服务器已经进入客观下线状态。

当主服务器被 Sentinel 标记为客观下线时，Sentinel 将会向下线的主服务器从属的 slave 节点发送 INFO 命令，频率会从每 10s 一次改为每秒一次。

从主观下线状态转换为客观下线状态并没有使用严格的法定人数算法，而是使用了流言协议。如果在 Sentinel 所设定的时间范围内，从其他 Sentinel 那里接收到足够数量的主服务器下线回复，它就会将这台主服务器的主观下线状态转换为客观下线状态。而如果没有足够数量的 Sentinel 同意主服务器已经下线，那么主服务器的客观下线状态就会被删除。

客观下线条件只适用于主服务器。对于任何其他类型的 Redis 实例，Sentinel 在将它们判断为下线前不需要进行协商，所以从服务器或者其他 Sentinel 永远不会达到客观下线条件。

总结为：客观下线就是所有 Sentinel 节点对 Redis 节点失败"达成共识"。

12.2.7 Sentinel 内部的定时任务

在这里额外介绍一下 Sentinel 内部的定时任务。

Redis 的 Sentinel 可以对 Redis 的节点做失败判定及故障转移。在 Sentinel 内部，有 3 个定时任务作为基础来实现这个失败判定及故障转移的过程。3 个定时任务具体如下：
- 每隔 10s，每个 Sentinel 节点会对 master 和 slave 执行 INFO 命令，用于发现 slave 节点，以及当发生故障时确认 master 与 slave 的关系，如图 12.20 所示。

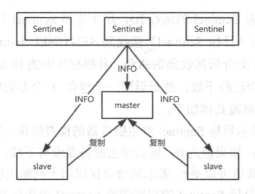

图 12.20　Sentinel 执行发送 INFO 命令的定时任务

- 每隔 2s，每个 Sentinel 通过 master 节点的_sentinel_:hello 频道交换信息（pub/sub）。在 master 节点上有一个订阅发布频道，用于让 Sentinel 节点进行信息交换，原理就是每个 Sentinel 发布一条信息，其他 Sentinel 都可以接收到这样的信息，这条信息中包含了当前 Sentinel 节点的信息和它对 master 节点、slave 节点所做的一些判定信息等，如图 12.21 所示。

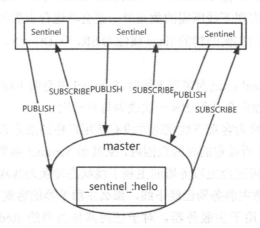

图 12.21　Sentinel 订阅发布信息的定时任务

- 每隔 1s，每个 Sentinel 对其他 Sentinel 和 Redis 节点执行 PING 命令，用于确定节点的心跳监测，进而当作失败判定。前两个定时任务是该定时任务的基础。

12.3　Redis 集群搭建

12.3.1　什么是 Redis 集群

Redis 集群（Redis Cluster）是一个分布式、容错的 Redis 实现，它由多个 Redis 节点组成，在多个 Redis 节点之间进行数据共享。集群可以使用的功能是普通单机 Redis 所能使用的功能的一个子集，它提供了复制和故障转移功能。

Redis 集群中不存在中心节点或代理节点，而且不支持那些需要同时处理多个键的 Redis 命令。因为要执行这些命令，需要在多个 Redis 节点之间移动数据，并且在高负载的情况下，执行这些命令会降低 Redis 集群的性能，并出现不可预料的问题。

Redis 集群的设计目标是达到线性可扩展性。

Redis 集群为了保证数据一致性，而牺牲了一部分容错性：Redis 系统会在保证对网络断线和节点失效具有有限抵抗力的前提下，尽可能地保证数据的一致性。Redis 集群的容错功能是通过主从复制实现的，当主节点宕机之后，从节点可以代替它完成相关工作。

Redis 集群通过分区来提供一定程度的可用性，当集群中有部分节点失效或者无法提供服务时，集群也可以继续完成相关的命令请求。

Redis 集群实现了单机 Redis 中所有处理单个数据库键的命令，它不支持多数据库功能。它默认使用 0 号数据库，并且不能使用 SELECT 命令。

使用集群的好处有：

（1）可以实现将数据自动切分到多个节点。

（2）当集群中有部分节点失效或者无法提供服务的时候，它仍然可以继续完成相关的命令请求。

（3）Redis 集群的使用可以解决高并发、大数据量的问题。

12.3.2 集群中的节点和槽

1. 节点

一个 Redis 集群通常由多个节点（Node）组成。在没有搭建 Redis 集群之前，每个节点都是相互独立的，彼此之间没有任何联系，每个节点都只包含在自己的集群中，只有将多个独立的节点连接在一起，才能组建一个可以工作的集群。

通常使用 CLUSTER MEET 命令来连接各个独立的节点，命令格式如下：

```
CLUSTER MEET <ip> <port>
```

将这条命令发送给某个节点，就可以让该节点与 ip 和 port 所指定的节点进行握手。当握手成功时，就表示该节点已经成功加入集群中。

在集群模式下，每个节点都是一台 Redis 服务器。在启动服务器的时候，会通过读取配置文件中 cluster-enabled 选项的值是否为 yes 来决定是否开启服务器的集群模式。当 cluster-enabled 选项的值为 yes 时，表示开启服务器的集群模式成为集群中的一个节点；当 cluster-enabled 选项的值为 no 时，表示开启服务器的单机模式，也就是开启一台普通的 Redis 服务器。进入集群模式的节点会继续使用所有在单机模式中所使用的服务器组件，也就是说，每个节点所能使用的服务器组件不管是在集群模式还是在单机模式中都是一样的，不受影响。节点所能使用的服务器组件有文件事件处理器、时间事件处理器，以及每个节点都可以使用数据库来保存键值对数据、使用复制功能完成数据复制、使用 RDB 和 AOF 持久化来完成数据的恢复、使用订阅发布功能、使用 Lua 脚本环境执行 Lua 脚本等。每个节点会继续使用 redisServer 和 redisClient 结构来分别保存服务器的状态和客户端的状态。

在开启集群模式的时候，服务器会创建一个 clusterState 类型的结构来保存当前节点视角下的集群状态。clusterState 结构的源码如下：

```
typedef struct clusterState {
    //指向当前节点的指针
    clusterNode *myself;    /* This node */
    //集群当前的配置纪元，用于实现故障转移
    uint64_t currentEpoch;
    //集群当前的状态，在线或下线
    int state;              /* CLUSTER_OK, CLUSTER_FAIL, ... */
    //集群中至少负责一个槽的主节点个数
    int size;               /* Num of master nodes with at least one slot */
    //保存集群节点的字典，字典中的键为节点的名字，字典中的值为节点对应的 clusterNode 结构
    dict *nodes;            /* Hash table of name -> clusterNode structures */
    //防止重复添加节点的黑名单
    dict *nodes_black_list; /* Nodes we don't re-add for a few seconds. */
    //导入槽数据到目标节点，该数组记录这些节点
    clusterNode *migrating_slots_to[CLUSTER_SLOTS];
    //导出槽数据到目标节点，该数组记录这些节点
    clusterNode *importing_slots_from[CLUSTER_SLOTS];
    //槽和负责槽节点的映射
    clusterNode *slots[CLUSTER_SLOTS];
    //槽节点的数量
    uint64_t slots_keys_count[CLUSTER_SLOTS];
    //槽映射到键的指针
    rax *slots_to_keys;
    /* The following fields are used to take the slave state on elections. */
    //之前或下一次选举的时间
    mstime_t failover_auth_time; /* Time of previous or next election. */
    //节点获得支持的票数
    int failover_auth_count;    /* Number of votes received so far. */
    //如果为 true，则表示本节点已经向其他节点发送了投票请求
    int failover_auth_sent;     /* True if we already asked for votes. */
    //该从节点在当前请求中的排名
    int failover_auth_rank;     /* This slave rank for current auth request. */
    //当前选举的纪元
    uint64_t failover_auth_epoch; /* Epoch of the current election. */
    //从节点不能执行故障转移的原因
    int cant_failover_reason;   /* Why a slave is currently not able to
                                   failover. See the CANT_FAILOVER_* macros. */
    /* Manual failover state in common. */
    //如果为 0，则表示没有进行手动故障转移；否则表示手动故障转移的时间限制
    mstime_t mf_end;            /* Manual failover time limit (ms unixtime).
                                   It is zero if there is no MF in progress. */
```

```c
    /* Manual failover state of master. */
    //执行手动故障转移的从节点
    clusterNode *mf_slave;      /* Slave performing the manual failover. */
    /* Manual failover state of slave. */
    //从节点记录了手动故障转移时的主节点偏移量
    long long mf_master_offset; /* Master offset the slave needs to start MF
                                   or zero if stil not received. */
    //如果不为0,则表示可以开始执行手动故障转移
    int mf_can_start;           /* If non-zero signal that the manual failover
                                   can start requesting masters vote. */
    /* The followign fields are used by masters to take state on elections. */
    //集群最近一次投票的纪元
    uint64_t lastVoteEpoch;     /* Epoch of the last vote granted. */
    //调用clusterBeforeSleep()所做的一些事
    int todo_before_sleep;      /* Things to do in clusterBeforeSleep(). */
    /* Messages received and sent by type. */
    //发送的字节数
    long long stats_bus_messages_sent[CLUSTERMSG_TYPE_COUNT];
    //通过cluster接收到的消息数量
    long long stats_bus_messages_received[CLUSTERMSG_TYPE_COUNT];
    //发送失败的节点数,不包括没有地址的节点
    long long stats_pfail_nodes; /* Number of nodes in PFAIL status,
                                    excluding nodes without address. */
} clusterState;
```

在集群模式中,每个节点都会使用 cluster.h/clusterNode 结构来保存自己的当前状态,如创建时间、名字、标识、配置纪元、IP 地址及端口等信息,同时也会为集群中的其他节点创建一个 clusterNode 结构来保存其他节点的状态信息。clusterNode 结构的源码如下:

```c
typedef struct clusterNode {
    //节点的创建时间
    mstime_t ctime; /* Node object creation time. */
    //节点的名字,由40个十六进制的字符组成
    char name[CLUSTER_NAMELEN]; /* Node name, hex string, sha1-size */
    //节点标识,用于记录节点的角色及当前状态
    int flags;          /* CLUSTER_NODE_... */
    //节点的配置纪元,用于实现故障转移
    uint64_t configEpoch; /* Last configEpoch observed for this node */
    //节点的槽位图
    unsigned char slots[CLUSTER_SLOTS/8]; /* slots handled by this node */
    //当前节点复制槽的数量
    int numslots;   /* Number of slots handled by this node */
    //从节点的数量
    int numslaves;  /* Number of slave nodes, if this is a master */
    //从节点指针数组
    struct clusterNode **slaves; /* pointers to slave nodes */
    //指向主节点,即使是从节点,也可以为NULL
    struct clusterNode *slaveof; /* pointer to the master node. Note that it
                                    may be NULL even if the node is a slave
                                    if we don't have the master node in our
```

```
                            tables. */
    //最近一次发送 PING 命令的时间
    mstime_t ping_sent;        /* Unix time we sent latest ping */
    //接收到 PONG 的时间
    mstime_t pong_received;    /* Unix time we received the pong */
    //被设置为 FAIL 的下线时间
    mstime_t fail_time;        /* Unix time when FAIL flag was set */
    //最近一次为从节点投票的时间
    mstime_t voted_time;       /* Last time we voted for a slave of this master */
    //更新复制偏移量的时间
    mstime_t repl_offset_time; /* Unix time we received offset for this node */
    //孤立的主节点迁移的时间
    mstime_t orphaned_time;    /* Starting time of orphaned master condition */
    //该节点已知的复制偏移量
    long long repl_offset;     /* Last known repl offset for this node. */
    //IP 地址
    char ip[NET_IP_STR_LEN];   /* Latest known IP address of this node */
    //节点端口号
    int port;                  /* Latest known clients port of this node */
    //集群端口号
    int cport;                 /* Latest known cluster port of this node. */
    //与该节点关联的连接对象
    clusterLink *link;         /* TCP/IP link with this node */
    //保存下线报告的链表
    list *fail_reports;        /* List of nodes signaling this as failing */
} clusterNode;
```

clusterNode 结构中包含了一个具有 link 属性的结构 clusterLink，该结构中保存了其他连接节点的相关信息，如节点的创建时间、缓冲区信息等。clusterLink 结构的源码如下：

```
typedef struct clusterLink {
    //节点的创建时间
    mstime_t ctime;            /* Link creation time */
    //TCP 套接字的文件描述符
    int fd;                    /* TCP socket file descriptor */
    //输出缓冲区，其中保存着将要发送给其他节点的信息
    sds sndbuf;                /* Packet send buffer */
    //输入缓冲区，其中保存着从其他节点接收到的信息
    sds rcvbuf;                /* Packet reception buffer */
    //与该节点关联的节点，没有就是 NULL
    struct clusterNode *node;  /* Node related to this link if any, or NULL */
} clusterLink;
```

关于集群节点的更多知识，在这里不再详述，感兴趣的读者可以参考其他资料学习。

2. 槽

Redis 集群为了能够存储大量的数据信息，采用分片的方式将大量数据保存在数据库中，这个数据库被划分为 16 384 个槽（Slot）。这里所说的槽也称为虚拟槽，你可以把这个槽理解为一个数字，槽是有一定范围的，在 Redis 中的范围是 0～16 383。每个槽映射一

个大数据子集，一般比节点数大。比如，有 10 万个数据，16 284 个槽，按照一定的哈希规则，对每个数字做一个哈希，然后对 16 363 进行取余，如果这个数字在某个槽的范围内，就证明这个数字就是这个槽要管理的数据。

在集群的数据库中，每个键都存储在 16 384 个槽的其中一个槽中，集群中的每个节点都可以处理 0 个或者最多 16 384 个槽。当数据库中的 16 384 个槽都有节点在处理时，集群处于上线状态；而如果数据库中有任何一个槽没有得到处理，集群就处于下线状态。

对于 16 384 个槽该如何来划分呢？

Redis 集群的服务器端负责管理节点、槽、数据，在划分槽时，它会根据哈希函数（如 CRC16）来进行划分。采用哈希函数来划分所具有的优点是数据分散度高，键值分布与业务无关，同时支持批量操作；缺点是无法顺序访问数据。在划分槽时，需要根据节点的个数来进行划分。比如，对 5 个集群节点划分槽，如图 12.22 所示。

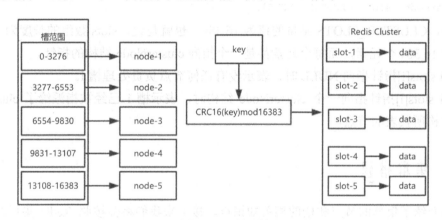

图 12.22 划分槽

在 cluster.h/clusterNode 结构中有 slots 和 numslots 属性，它们记录了 Redis 节点负责处理哪些槽。其中，slots 属性是一个无符号二进制数组，其定义如下：

```
unsigned char slots[CLUSTER_SLOTS/8]
```

其中，CLUSTER_SLOTS 是一个常量，其值为 16 384，表示有 16 384 个二进制位。也就是说，这个 slots 数组的长度为 16 384/8=2048 字节。这个 slots 数组的下标从 0 开始，到 16 383 结束。对 slots 数组中的 16 384 个二进制位进行编号，Redis 会根据这个 slots 数组的索引 i 来判断节点是否负责处理槽 i。

- 当 slots 数组在索引 i 上的二进制位的值为 1 时，表示节点负责处理槽 i。
- 当 slots 数组在索引 i 上的二进制位的值为 0 时，表示节点不负责处理槽 i。

slots 数组的原理图如图 12.23 所示。假设节点负责处理索引为 1、2、4、7、10、14、15 的槽，就表示 slots 数组索引为 1、2、4、7、10、14、15 的槽所对应的二进制位的值为 1。

字节	slots[0]								slots[1]								...	...	slots[2047]	
索引	0	1	2	3	4	5	6	7	8	9	10	11	12	13	14	15	...	...	16382	16283
值	0	1	1	0	1	0	0	1	0	0	1	0	0	0	1	1	...	...	0	0

图 12.23 slots 数组的原理图

而 numslots 属性是 int 类型的，用于记录节点负责处理的槽的数量，也就是 slots 数组中值为 1 的二进制位的总数量。在图 12.23 中，numslots 属性的值为 7。

一个节点除将自己负责处理的槽记录在 clusterNode 结构中之外，还会将自己的 slots 数组以消息的方式发送给集群中的其他节点，告诉其他节点自己目前负责处理哪些槽。

当为集群中的所有节点都指派了槽之后，集群中的所有槽的指派信息将会被记录到 cluster.h/clusterState 结构中，该结构的 slots 数组属性记录了集群中所有 16 384 个槽的指派信息。clusterState 结构的 slots 数组定义如下：

```
clusterNode *slots[CLUSTER_SLOTS];
```

其中，CLUSTER_SLOTS 常量的值为 16 384，也就是说，slots 数组的长度为 16 384，数组包含 16 384 个元素，而每个元素都是一个指向 clusterNode 结构的指针。

- 当 slots[i] 指针指向 NULL 时，表示没有任何节点负责处理槽 i。
- 当 slots[i] 指针指向一个 clusterNode 结构时，表示槽 i 已经被指派给了 clusterNode 结构所代表的节点。

12.3.3 集群搭建

前面介绍了集群的节点和槽的相关知识点，接下来我们将会按照 Redis 集群的架构图来搭建 Redis 集群。

1. 集群架构说明

Redis Cluster 架构图如图 12.24 所示。

图 12.24 Redis Cluster 架构图

- 节点：Redis 集群中有一堆节点，节点之间是互相通信的，每个节点都负责读和写数据。
- meet：meet 操作就是完成节点相互通信的过程。
- 指派槽：只有给节点指派了对应的槽，节点才可以进行正常的读/写。当你启动了一个节点，并为它指定了 cluster 模式后，它不会进行正常的读/写，还需要为它指派槽。当有数据访问的时候，它会去查看自己的槽有没有对应的信息，也就是传递过来的 key 计算出来的哈希值是否在槽的范围内。
- 复制：为了保证高可用，需要一个复制，就是每个主节点都有一个从节点。但是集群有很多主节点，当主节点出现问题的时候，它通过某种形式也可以实现主备的一个高可用。当主节点宕机之后，从节点就会代替它，它内部的监控没有依赖于 Sentinel 的，而是通过节点之间相互监控来完成的。

2. 集群的搭建步骤

Redis 集群的搭建有两种方式：原生命令搭建和官方工具搭建。在这里只介绍采用原生命令搭建的方式安装一个三主三从的集群（6 个节点）。至于官方工具的搭建，需要安装 Ruby 等相关环境，在这里就不介绍了。

三主三从集群的关系如下。

- 主节点：7000、7001、7002。
- 主从关系：7003 是 7000 的从节点，7004 是 7001 的从节点，7005 是 7002 的从节点。

具体搭建步骤如下。

（1）配置开启节点。

配置选项说明如下。

- port ${port}：指定端口。
- daemonize yes：以守护进程的方式启动。
- dir "/home/redis/data"：数据目录。
- dbfilename "dump-${port}.rdb"：指定 RDB 文件。
- logfile "redis-cluster-${port}.log"：指定日志文件。
- cluster-enabled yes：开启集群模式，表示该节点是一个 cluster 节点。
- cluster-config-file nodes-${port}.conf：为 cluster 节点指定配置文件。

cluster 节点主要配置说明如下。

- cluster-enabled yes：开启集群模式，表示该节点是一个 cluster 节点。
- cluster-node-timeout 15000：表示故障转移的时间或节点超时的时间，15s。
- cluster-config-file "nides.conf"：集群节点的配置。
- cluster-require-full-coverage yes：是否需要集群的所有节点都提供服务，才会认为这个集群是正常运行的。假如集群中有一个节点宕机了，它就不对外提供服务了。这个配置默认是 yes。在实际生产过程中，这个配置是不合理的，因为集群的一个节点宕机而停止所有的服务，这样做是不可取的，实际业务也是不允许的，所以建议设置为 no。

准备 6 个配置文件（7000,7001,7002,7003,7004,7005），文件名为 redis-cluster-${port}.conf。

redis-cluster-7000.conf 文件的内容如下：

```
port 7000
daemonize yes
dir "/home/redis/data"
logfile "cluster-7000.log"
dbfilename "dump-7000.rdb"
cluster-enabled yes
cluster-config-file nodes-7000.conf
cluster-require-full-coverage no
```

编辑完之后，保存并查看，如下所示：

```
[root@localhost redis-4.0.9]# vim redis-cluster-7000.conf
[root@localhost redis-4.0.9]# cat redis-cluster-7000.conf
port 7000
daemonize yes
dir "/home/redis/data"
logfile "cluster-7000.log"
dbfilename "dump-7000.rdb"
cluster-enabled yes
cluster-config-file nodes-7000.conf
cluster-require-full-coverage no
```

redis-cluster-7001.conf 文件的内容如下：

```
port 7001
daemonize yes
dir "/home/redis/data"
logfile "cluster-7001.log"
dbfilename "dump-7001.rdb"
cluster-enabled yes
cluster-config-file nodes-7001.conf
cluster-require-full-coverage no
```

redis-cluster-7002.conf 文件的内容如下：

```
port 7002
daemonize yes
dir "/home/redis/data"
logfile "cluster-7002.log"
dbfilename "dump-7002.rdb"
cluster-enabled yes
cluster-config-file nodes-7002.conf
cluster-require-full-coverage no
```

redis-cluster-7003.conf 文件的内容如下：

```
port 7003
```

```
daemonize yes
dir "/home/redis/data"
logfile "cluster-7003.log"
dbfilename "dump-7003.rdb"
cluster-enabled yes
cluster-config-file nodes-7003.conf
cluster-require-full-coverage no
```

redis-cluster-7004.conf 文件的内容如下：

```
port 7004
daemonize yes
dir "/home/redis/data"
logfile "cluster-7004.log"
dbfilename "dump-7004.rdb"
cluster-enabled yes
cluster-config-file nodes-7004.conf
cluster-require-full-coverage no
```

redis-cluster-7005.conf 文件的内容如下：

```
port 7005
daemonize yes
dir "/home/redis/data"
logfile "cluster-7005.log"
dbfilename "dump-7005.rdb"
cluster-enabled yes
cluster-config-file nodes-7005.conf
cluster-require-full-coverage no
```

在编辑并保存完 redis-cluster-7000.conf 文件后，可以使用如下命令快速生成其他 5 个配置文件：

```
sed 's/7000/7001/g' redis-cluster-7000.conf >redis-cluster-7001.conf
sed 's/7000/7002/g' redis-cluster-7000.conf >redis-cluster-7002.conf
sed 's/7000/7003/g' redis-cluster-7000.conf >redis-cluster-7003.conf
sed 's/7000/7004/g' redis-cluster-7000.conf >redis-cluster-7004.conf
sed 's/7000/7005/g' redis-cluster-7000.conf >redis-cluster-7005.conf
```

配置完成之后，开始启动节点，命令如下：

```
redis-server redis-cluster-7000.conf
redis-server redis-cluster-7001.conf
redis-server redis-cluster-7002.conf
redis-server redis-cluster-7003.conf
redis-server redis-cluster-7004.conf
redis-server redis-cluster-7005.conf
```

然后使用命令 ps -ef | grep redis-server 查看进程，操作如下：

```
[root@localhost redis-4.0.9]# redis-server redis-cluster-7000.conf
[root@localhost redis-4.0.9]# redis-server redis-cluster-7001.conf
[root@localhost redis-4.0.9]# redis-server redis-cluster-7002.conf
[root@localhost redis-4.0.9]# redis-server redis-cluster-7003.conf
[root@localhost redis-4.0.9]# redis-server redis-cluster-7004.conf
```

```
[root@localhost redis-4.0.9]# redis-server redis-cluster-7005.conf
[root@localhost redis-4.0.9]# ps -ef | grep redis-server
root     16920     1  0 17:20 ?        00:00:00 redis-server *:7000 [cluster]
root     16924     1  0 17:20 ?        00:00:00 redis-server *:7001 [cluster]
root     16928     1  0 17:20 ?        00:00:00 redis-server *:7002 [cluster]
root     16932     1  0 17:20 ?        00:00:00 redis-server *:7003 [cluster]
root     16937     1  0 17:20 ?        00:00:00 redis-server *:7004 [cluster]
root     16945     1  0 17:20 ?        00:00:00 redis-server *:7005 [cluster]
root     16953 15537  0 17:21 pts/9    00:00:00 grep redis-server
```

下面执行命令 redis-cli -p 7000 连接 7000 节点，并执行命令 SET message hello，它会返回错误提示信息，如下所示：

```
[root@localhost redis-4.0.9]# redis-cli -p 7000
127.0.0.1:7000> SET message hello
(error) CLUSTERDOWN Hash slot not served
```

错误提示信息 CLUSTERDOWN 说明集群处于下线状态，集群不可用。前面我们提到过，在集群模式下，只有当为每个节点都指派了槽，而且对 16 384 个槽都进行了指派时，这个集群节点才可用，才能对外提供服务。接下来的工作就是为集群节点执行 meet 操作及指派槽。

我们使用命令查看一下 7000 节点的配置文件，操作如下：

```
[root@localhost redis-4.0.9]# cat /home/redis/data/nodes-7000.conf
08a9ea203c226231f52c17559b7ca146e668e :0 myself,master - 0 0 0 connected
vars currentEpoch 0 lastVoteEpoch 0
```

从中可以看出，7000 节点是一个孤立的节点，它的 node-id 是 08a9ea203c226231f52c17559b7cb7ca146e668e，myself 表示它自己，角色是 master，后面的相关信息是它的连接信息及配置纪元等。

使用命令 redis-cli -p 7000 cluster nodes 查看集群节点信息，使用命令 redis-cli -p 7000 cluster info 查看集群信息。命令操作如下：

```
[root@localhost redis-4.0.9]# redis-cli -p 7000 cluster nodes
08a9ea203c226231f52c17559b7ca146e668e :7000 myself,master - 0 0 0 connected
[root@localhost redis-4.0.9]# redis-cli -p 7000 cluster info
cluster_state:fail
cluster_slots_assigned:0
cluster_slots_ok:0
cluster_slots_pfail:0
cluster_slots_fail:0
cluster_known_nodes:1
cluster_size:0
cluster_current_epoch:0
cluster_my_epoch:0
cluster_stats_messages_sent:0
cluster_stats_messages_received:0
```

Redis 集群中的节点负有以下责任：

- 保存客户端发送过来的键值对数据。
- 记录集群的状态,以及某个键到其所对应的节点映射。
- 自动发现其他节点,监控其他节点,当某个节点出现故障时,进行故障转移等。

集群节点之间是互相连接的,组成一幅连通图,它们之间的网络连接是 TCP 连接,使用二进制协议(Gossip 协议)进行通信。

集群节点之间使用 Gossip 协议来完成以下工作:
- 在节点之间互相传播集群信息,发现新节点。
- 时常监控其他节点,向其他节点发送 PING 数据包,监控其他节点是否正常运行。
- 在特定事件发生时,发送集群信息等。

(2)搭建集群——meet 操作。

执行命令 redis-cli -p 7000 cluster meet 127.0.0.1 7001,7000 与 7001 节点就完成了握手关系的建立。执行命令 redis-cli -p 7000 cluster nodes,查看节点关系。命令操作如下:

```
[root@localhost redis-4.0.9]# redis-cli -p 7000 cluster meet 127.0.0.1 7001
ok
[root@localhost redis-4.0.9]# redis-cli -p 7000 cluster nodes
267eb5710541fbd35974a17187c702934765f656 127.0.0.1:7001 master - 0 1535796528988 0 connected
08a9ea203c226231f52c17559b7cb7ca146e668e 127.0.0.1:7000 myself,master - 0 0 1 connected
```

分别建立 7000 与 7002、7003、7004、7005 节点的握手关系,命令操作如下:

```
redis-cli -p 7000 cluster meet 127.0.0.1 7002
redis-cli -p 7000 cluster meet 127.0.0.1 7003
redis-cli -p 7000 cluster meet 127.0.0.1 7004
redis-cli -p 7000 cluster meet 127.0.0.1 7005
```

集群节点之间建立了握手关系,如下所示:

```
[root@localhost redis-4.0.9]# redis-cli -p 7000 cluster meet 127.0.0.1 7002
ok
[root@localhost redis-4.0.9]# redis-cli -p 7000 cluster meet 127.0.0.1 7003
ok
[root@localhost redis-4.0.9]# redis-cli -p 7000 cluster meet 127.0.0.1 7004
ok
[root@localhost redis-4.0.9]# redis-cli -p 7000 cluster meet 127.0.0.1 7005
ok
```

之后集群的 6 个节点之间就会相互建立关系,最终形成一幅有 6 个节点的连通图。

执行命令 redis-cli -p 7005 cluster nodes 查看节点之间的关系,如下所示:

```
[root@localhost redis-4.0.9]# redis-cli -p 7005 cluster nodes
9e546e19ea5ce91f7e08299d105131a80920d4be 127.0.0.1:7005 myself,master - 0 0 4 connected
267eb5710541fbd35974a17187c702934765f656 127.0.0.1:7001 master - 0 1535796980239 2 connected
110e7059af3e2aa700e6f96f8a410e5a4164b4ac 127.0.0.1:7003 master - 0 1535796976227 3 connected
```

```
    ef41fdf38fc2651dffb3cec51a3bdd5d4932144f 127.0.0.1:7004 master - 0 1535796979236 0
connected
    5e7f8890fe75aefb1ea8f42c41e637cab746c8de 127.0.0.1:7002 master - 0 1535796974221 5
connected
    08a9ea203c226231f52c17559b7cb7ca146e668e 127.0.0.1:7000 master - 0 1535796981241 1
connected
```

执行命令 redis-cli -p 7003 cluster info 查看集群信息，如下所示：

```
[root@localhost redis-4.0.9]# redis-cli -p 7003 cluster info
cluster_state:fail
cluster_slots_assigned:0
cluster_slots_ok:0
cluster_slots_pfail:0
cluster_slots_fail:0
cluster_known_nodes:6
cluster_size:3
cluster_current_epoch:5
cluster_my_epoch:3
cluster_stats_messages_sent:564
cluster_stats_messages_received:564
```

其中，cluster_known_nodes:6 表示 6 个节点已经建立了连接。至此，节点之间的 meet 操作就完成了。

cluster_state:fail 表示集群处于下线状态。这是因为还没有为节点指派槽，集群仍然不能对外提供服务，进入某个节点的客户端执行写命令，仍会返回错误。

（3）指派槽。

使用命令 redis-cli -p 7000 cluster addslots 0 为节点 7000 指派一个槽。

我们知道共有 16 384 个槽，但我们不可能执行这个命令 16 384 次。下面编写一个脚本，来为集群节点指派槽。

创建脚本文件夹，文件夹名为 redis-cluster-slot-script。执行命令 mkdir redis-cluster-slot-script 进入 redis-cluster-slot-script 目录，执行命令 vim addslots.sh 开始编辑脚本内容。操作如下：

```
[root@localhost redis-4.0.9]# mkdir redis-cluster-slot-script
[root@localhost redis-4.0.9]# cd redis-cluster-slot-script/
[root@localhost redis-cluster-slot-script]# vim addslots.sh
[root@localhost redis-cluster-slot-script]# cat addslots.sh
start=$1
end=$2
port=$3
for slot in `seq ${start} ${end}`
do
   echo "slot:${slot}"
   redis-cli -p ${port} cluster addslots ${slot}
done
```

脚本内容如下：
```
start=$1
end=$2
port=$3
for slot in `seq ${start} ${end}`
do
    echo "slot:${slot}"
    redis-cli -p ${port} cluster addslots ${slot}
done
```

这个脚本接收 3 个参数：start 为起始参数；end 为终止参数；port 为端口。

例如，执行命令 sh addslots.sh 0 5461 7000，表示给 7000 端口指派 0～5461 范围内的槽。

有 16 384 个槽，分别指派到 3 个主节点（7000、7001、7002）上，分配如下。

- 7000 节点：0～5461。
- 7001 节点：5462～10922。
- 7002 节点：10 923～16 383。

下面为 7000 节点指派 0～5461 范围内的槽，命令如下：

```
sh addslots.sh 0 5461 7000
```

在执行 sh addslots.sh 0 5461 7000 命令后，建立了与 7000 节点客户端的连接；再执行 cluster info 和 cluster nodes 命令，查看集群信息与节点信息。操作如下：

```
[root@localhost redis-4.0.9]# redis-cli -p 7000
127.0.0.1:7000> cluster info
cluster_state:ok
cluster_slots_assigned:5462
cluster_slots_ok:5462
cluster_slots_pfail:0
cluster_slots_fail:0
cluster_known_nodes:6
cluster_size:1
cluster_current_epoch:5
cluster_my_epoch:1
cluster_stats_messages_sent:6626
cluster_stats_messages_received:6626
127.0.0.1:7000> cluster nodes
267eb5710541fbd35974a17187c702934765f656 127.0.0.1:7001 master - 0 1535799659054 2 connected
110e7059af3e2aa700e6f96f8a410e5a4164b4ac 127.0.0.1:7003 master - 0 1535799660056 3 connected
9e546e19ea5ce91f7e08299d105131a80920d4be 127.0.0.1:7005 master - 0 1535799661060 4 connected
5e7f8890fe75aefb1ea8f42c41e637cab746c8de 127.0.0.1:7002 master - 0 1535799662062 5 connected
08a9ea203c226231f52c17559b7cb7ca146e668e 127.0.0.1:7000 myself,master - 0 0 1 connected 0-5461
```

```
    ef41fdf38fc2651dffb3cec51a3bdd5d4932144f 127.0.0.1:7004 master - 0 1535799663066 0
connected
```

从返回的信息中可以看出，已经成功为 7000 节点指派了 5462 个槽。

然后为 7001 节点指派 5462～10 922 范围内的槽，命令如下：

```
sh addslots.sh 5462 10922 7001
```

在执行 sh addslots.sh 5462 10922 7001 命令之后，建立了与 7001 节点客户端的连接。

然后执行写操作 SET age 22，操作如下：

```
[root@localhost redis-4.0.9]# redis-cli -p 7000
127.0.0.1:7000> SET age 22
OK
127.0.0.1:7000> CONFIG GET cluster*
1) "cluster-node-timeout"
2) "15000"
3) "cluster-migration-barrier"
4) "1"
5) "cluster-slave-validity-factor"
6) "10"
7) "cluster-require-full-coverage"
8) "no"
```

可以看到执行成功了，即使还没有为 7002 节点指派槽，7000 节点也能对外提供服务了。原因是我们设置 cluster-require-full-coverage 选项值为 no，就算集群中的某个节点宕机了，其他节点也能对外提供服务。

最后为 7002 节点指派 10 923～16 383 范围内的槽，命令如下：

```
sh addslots.sh 10923 16383 7002
```

执行命令 redis-cli -p 7000 cluster info 查看集群信息。

执行命令 redis-cli -p 7000 cluster nodes 查看集群节点信息。

为主节点指派槽之后的集群信息如下所示：

```
[root@localhost redis-4.0.9]# redis-cli -p 7000 cluster info
cluster_state:ok
cluster_slots_assigned:16384
cluster_slots_ok:16384
cluster_slots_pfail:0
cluster_slots_fail:0
cluster_known_nodes:6
cluster_size:3
cluster_current_epoch:5
cluster_my_epoch:1
cluster_stats_messages_sent:9779
cluster_stats_messages_received:9779
[root@localhost redis-4.0.9]# redis-cli -p 7000 cluster nodes
267eb5710541fbd35974a17187c702934765f656 127.0.0.1:7001 master - 0 15358001143315
2 connected 5462-10922
    110e7059af3e2aa700e6f96f8a410e5a4164b4ac 127.0.0.1:7003 master - 0 15358001142312
3 connected
```

```
    9e546e19ea5ce91f7e08299d105131a80920d4be 127.0.0.1:7005 master - 0 15358001143817
4 connected
    5e7f8890fe75aefb1ea8f42c41e637cab746c8de 127.0.0.1:7002 master - 0 15358001144318
5 connected 10923-16383
    08a9ea203c226231f52c17559b7cb7ca146e668e 127.0.0.1:7000 myself,master - 0 0 1
connected 0-5461
    ef41fdf38fc2651dffb3cec51a3bdd5d4932144f 127.0.0.1:7004 master - 0 15358001141309
0 connected
```

其中，cluster_state:ok 表示集群处于上线状态；cluster_slots_assigned:16384 表示槽的总个数；cluster_slots_ok:16384 表示槽的状态是 OK 的数目；cluster_size:3 表示指派槽的节点个数。

到这里，主节点的槽就已经指派完成了。

（4）主从分配。

主从关系分配：7003 是 7000 的从节点，7004 是 7001 的从节点，7005 是 7002 的从节点。

主从分配命令格式如下：

```
redis-cli -p <从节点端口> cluster replicate <主节点node-id>
```

要分配主从关系，先要获得主节点的 node-id。执行如下命令查看节点 node-id：

```
redis-cli -p 7000 cluster nodes
```

节点 node-id 信息如下所示：

```
[root@localhost redis-4.0.9]# redis-cli -p 7000 cluster nodes
    267eb5710541fbd35974a17187c702934765f656 127.0.0.1:7001 master - 0 1535801770125 2
connected 5462-10922
    110e7059af3e2aa700e6f96f8a410e5a4164b4ac 127.0.0.1:7003 master - 0 1535801774138 3
connected
    9e546e19ea5ce91f7e08299d105131a80920d4be 127.0.0.1:7005 master - 0 1535801775141 4
connected
    5e7f8890fe75aefb1ea8f42c41e637cab746c8de 127.0.0.1:7002 master - 0 1535801773134 5
connected 10923-16383
    08a9ea203c226231f52c17559b7cb7ca146e668e 127.0.0.1:7000 myself,master - 0 0 1
connected 0-5461
    ef41fdf38fc2651dffb3cec51a3bdd5d4932144f 127.0.0.1:7004 master - 0 1535801771129 0
connected
```

分别执行如下命令分配主从关系：

```
redis-cli -p 7003 cluster replicate 08a9ea203c226231f52c17559b7cb7ca146e668e
redis-cli -p 7004 cluster replicate 267eb5710541fbd35974a17187c702934765f656
redis-cli -p 7005 cluster replicate 5e7f8890fe75aefb1ea8f42c41e637cab746c8de
```

再次执行 redis-cli -p 7000 cluster nodes 命令，就能看到三主三从的主从关系了。操作如下：

```
[root@localhost redis-4.0.9]# redis-cli -p 7003 replicate
08a9ea203c226231f52c17559b7cb7ca146e668e
ok
```

```
[root@localhost redis-4.0.9]# redis-cli -p 7004 cluster replicate 267eb5710541fbd
35974a17187c702934765f656
ok
[root@localhost redis-4.0.9]# redis-cli -p 7005 cluster replicate 5e7f8890fe75aefb
1ea8f42c41e637cab746c8de
ok
[root@localhost redis-4.0.9]# redis-cli -p 7000 cluster nodes
267eb5710541fbd35974a17187c702934765f656 127.0.0.1:7001 master - 0 1535802107076 2
connected 5462-10922
    110e7059af3e2aa700e6f96f8a410e5a4164b4ac 127.0.0.1:7003 slave 08a9ea203c226231f52c
17559b7cb7ca146e668e 0 1535802105070 3 connected
    9e546e19ea5ce91f7e08299d105131a80920d4be 127.0.0.1:7005 slave 5e7f8890fe75aefb1ea8
f42c41e637cab746c8de 0 1535802106074 5 connected
    5e7f8890fe75aefb1ea8f42c41e637cab746c8de 127.0.0.1:7002 master - 0 1535802101057 5
connected 10923-16383
    08a9ea203c226231f52c17559b7cb7ca146e668e 127.0.0.1:7000 myself,master - 0 0 1
connected 0-5461
    ef41fdf38fc2651dffb3cec51a3bdd5d4932144f 127.0.0.1:7004 slave 267eb5710541fbd3597
4a17187c702934765f656 0 1535802108080 2 connected
```

执行命令 redis-cli -p 7000 cluster slots 查看集群槽的指派信息,同时也能看到主从关系。操作如下:

```
[root@localhost redis-4.0.9]# redis-cli -p 7000 cluster slots
1) 1) (integer) 5462
   2) (integer) 10922
   3) 1) "127.0.0.1"
      2) (integer) 7001
      3) "267eb5710541fbd35974a17187c702934765f656"
   4) 1) "127.0.0.1"
      2) (integer) 7004
      3) "ef41fdf38fc2651dffb3cec51a3bdd5d4932144f"
2) 1) (integer) 0
   2) (integer) 5461
   3) 1) "127.0.0.1"
      2) (integer) 7000
      3) "08a9ea203c226231f52c17559b7cb7ca146e668e"
   4) 1) "127.0.0.1"
      2) (integer) 7003
      3) "110e7059af3e2aa700e6f96f8a410e5a4164b4ac"
3) 1) (integer) 10923
   2) (integer) 16383
   3) 1) "127.0.0.1"
      2) (integer) 7002
      3) "5e7f8890fe75aefb1ea8f42c41e637cab746c8de"
   4) 1) "127.0.0.1"
      2) (integer) 7005
      3) "9e546e19ea5ce91f7e08299d105131a80920d4be"
```

接着执行集群模式下的数据操作:执行命令 redis-cli -c -p 7000,建立与 7000 节点客户端的连接；执行写操作命令 SET color red，将会返回 OK。

至此，Redis 的集群搭建就已经完成了，整个过程是在同一台机器上完成的。在实际应用中，需要配置 6 台或 3 台 Redis 服务器，才能实现真正的高可用集群模式。如果是 3 台机器，两台之间可互为主从，则也可以搭建一个集群模式。

3 台机器搭建集群模式的参考设置如下：

```
192.168.0.1:7000  192.168.0.2:7003
192.168.0.2:7001  192.168.0.3:7004
192.168.0.3:7002  192.168.0.1:7005
```

请读者根据实际情况，具体搭建集群模式，这里只是提供一个参考。

这里额外说一下集群中的主从复制与故障转移。

Redis 集群中的主从复制，其中主节点主要用于处理槽，而从节点则用于复制其对应的主节点。当被复制的主节点发生故障时，从节点就会代替这个下线的主节点，完成故障转移操作。

执行命令 CLUSTER REPLICATE <node_id> 来设置一个从节点，其中 node_id 表示主节点的节点 ID。该命令成功执行之后，从节点就会复制主节点的数据，完成主从复制功能。

关于集群的主从复制和故障转移功能在此就不再多说了，其原理在前面的小节中已经说过，只是会有略微的变化。

12.3.4　使用 Redis 集群

在对集群节点指派槽之后，集群就处于上线状态，就可以对外提供服务了，也就是客户端可以向集群节点发送命令请求了。当客户端向集群中的某个节点发送与数据库键有关的命令时，节点在接收到命令后，会根据这条命令计算出要处理的数据库键属于哪个槽，并判断这个槽是否在自己槽的范围内，换句话说，就是判断这个槽是否由当前节点复制处理。

- 如果这条命令的键所在的槽正好在当前节点槽的范围内，也就是键所在的槽指派给了当前节点，那么这个节点就会成功执行这条命令。
- 如果这条命令的键所在的槽不在当前节点槽的范围内，那么在执行这条命令后，节点将会向客户端返回一个 MOVED 错误信息，并给出这条命令的键所在的槽及节点的 IP 地址和端口信息提示。命令操作返回的信息如下所示：

```
[root@localhost redis-4.0.9]# redis-cli -p 7000
127.0.0.1:7000> SET message hello
(error) MOVED 11537 127.0.0.1:7002
```

从返回的信息中可以看出，键 message 所在的槽是 11 537，这条命令应该在 127.0.0.1:7002 节点中执行。以上判断过程的流程图如图 12.25 所示。

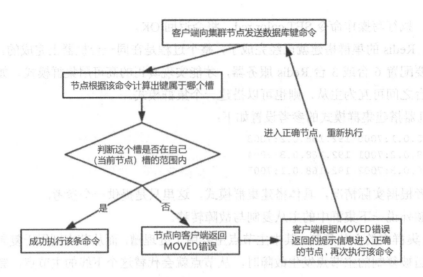

图 12.25　判断客户端是否需要进入正确节点执行命令

如何计算一个给定的键属于哪个槽呢？

Redis 集群节点采用 CRC16 算法来计算给定的键属于哪个槽。

```
HASH_SLOT = CRC16(key) mod 16383
```

其中，CRC16(key)语句用于计算给定键的 CRC16 校验和；mod 是取余操作，用于计算出 0～16 383 之间的整数作为给定键所在的槽号。

使用命令 CLUSTER KEYSLOT <key>来获取指定键属于哪个槽，也就是获取键所在的槽号。命令操作如下：

```
127.0.0.1:7000> CLUSTER KEYSLOT message
(integer) 11537
127.0.0.1:7000> CLUSTER KEYSLOT name
(integer) 5798
127.0.0.1:7000> CLUSTER KEYSLOT age
(integer) 741
```

在执行 CLUSTER KEYSLOT <key>命令之后，底层会调用 CRC16(key)算法来计算出给定键所在的槽号，并返回给客户端。

根据 CRC16(key)算法计算出槽号后，如何判断这个槽号是否在自己（当前节点）槽的范围内呢？

根据 CRC16(key)算法计算出给定键所在的槽号 i 后，节点就会根据 clusterState.slots[i]（其中 i 是 slots 数组的下标）是否等于 clusterState.myself 来判断键所在的槽是否由自己负责。

- 当 clusterState.slots[i]等于 clusterState.myself 时，表示槽 i 在当前节点槽的范围内，槽 i 由当前节点负责，这条命令可以在该节点上成功执行。
- 当 clusterState.slots[i]不等于 clusterState.myself 时，表示槽 i 不在当前节点槽的范围内，当前节点不负责处理槽 i。在执行这条命令后，节点会根据 clusterState.slots[i]

指向的 clusterNode 结构所记录的节点 IP 地址和端口信息，向客户端返回 MOVED 错误，并返回该条命令的键所在的槽号，以及所在节点的 IP 地址和端口信息。

12.3.5 集群中的错误

1. MOVED 错误

集群搭建完成后，当客户端向其中一个节点发送数据库键命令时，如果这条命令的键所对应的槽号不在该节点指派槽的范围内，就会返回一个 MOVED 错误信息。

MOVED 错误的格式如下：

```
MOVED <slot> <ip>:<port>
```

这个错误信息包含键所属的槽号，以及负责处理这个槽的节点的 IP 地址和端口信息。当客户端接收到节点返回的 MOVED 错误时，会根据错误信息中的 IP 地址和端口信息，转向负责处理指定键的槽所属的节点，并向该节点重新发送这条命令请求。

返回 MOVED 错误信息，命令操作如下：

```
127.0.0.1:7000> SET username "liuhefei"
(error) MOVED 14315 127.0.0.1:7002
```

一个集群客户端通常会与集群中的其他节点创建套接字连接，而前面所说的节点转向实际上就是换一个套接字来发送命令。假如这个客户端还没有与想要转向的节点创建套接字连接，就会先根据 MOVED 错误提供的 IP 地址和端口信息来进行连接，再进行节点转向操作。

2. ASK 错误

在讲解 ASK 错误之前，先介绍一下 Redis 集群的重新分片操作。

Redis 集群的重新分片操作可以将任意数量已经指派给某个节点（源节点）的槽重新指派给新节点（目标节点），重新分片之后，相关槽所属的键值对也会从源节点转移到目标节点。集群重新分片的过程可以在线进行，集群不需要下线处理，此时源节点和目标节点都能继续处理其他命令请求。

下面为之前搭建的集群再添加一个节点 127.0.0.1:7006，来进行重新分片操作。这个过程与前面讲解的搭建集群的操作步骤相同，在这里不再详细讲解。我们先新建并编辑新节点的配置文件 redis-cluster-7006.conf，然后启动新节点。查看添加新节点后的集群节点信息，命令操作如下：

```
[root@localhost redis-4.0.9]# redis-cli -p 7000
127.0.0.1:7000> cluster nodes
267eb5710541fbd35974a17187c702934765f656 127.0.0.1:7001 master - 0 1535880299036 2 connected 5462-10922
110e7059af3e2aa700e6f96f8a410e5a4164b4ac 127.0.0.1:7003 slave 08a9ea203c226231f52c17559b7cb7ca146e668e 0 1535880302045 3 connected
```

```
    9e546e19ea5ce91f7e08299d105131a80920d4be 127.0.0.1:7005 slave 5e7f8890fe75aefb1ea8
f42c41e637cab746c8de 0 1535880298033 5 connected
    5e7f8890fe75aefb1ea8f42c41e637cab746c8de 127.0.0.1:7002 master - 0 1535880303049 5
connected 10923-16383
    266502a1ff1924c7d6f7f1739fc631e1fe514c44 127.0.0.1:7006 master - 0 1535880301043 0
connected
    08a9ea203c226231f52c17559b7cb7ca146e668e 127.0.0.1:7000 myself,master - 0 0 1 con
nected 0-5461
    ef41fdf38fc2651dffb3cec51a3bdd5d4932144f 127.0.0.1:7004 slave 267eb5710541fbd3597
4a17187c702934765f656 0 1535880300039 2 connected
```

之后利用集群管理软件 redis-trib 完成重新分片操作，具体过程如下。

（1）redis-trib 对目标节点发送 CLUSTER SETSLOT <slot> IMPOREING <source_id> 命令，来告知目标节点将会有新的键值对所对应的槽被导入，其中 source_id 是目标节点的节点 ID。

（2）同时，redis-trib 会发送命令 CLUSTER SETSLOT <slot> MIGRATING <target_id> 到源节点，来告知源节点属于槽的键值对将会被转移到目标节点，其中 target_id 是源节点的节点 ID。

（3）redis-trib 向源节点发送命令 CLUSTER GETKEYSINSLOT <slot> <count>，来从源节点中获取 count 个属于槽的键值对的键名。

（4）redis-trib 向源节点发送 MIGRATE <target_ip> <target_port> <key_name> 0 <timeout>命令，将被选中的键名及其值转移到目标节点中；一直循环执行该命令，直到所有被选中的键名及其值被转移完为止。

（5）转移完之后，redis-trib 会向集群中的任意一个节点发送 CLUSTER SETSLOT <slot> NODE <target_id>命令，来通知集群中的所有节点，它们已经将源节点中的部分槽指派给了目标节点，最终集群中的所有节点都会知道槽已经被指派给了目标节点。

以上这个过程就是重新分片的过程。至于提到的 redis-trib 工具，本章没有讲解如何安装，请读者自行学习相关资料。

在进行重新分片的时候，在源节点向目标节点转移一个槽的过程中，可能会产生这样的情况：被转移的槽的数据有可能部分存在于源节点中，另一部分随转移而进入目标节点中。

此时，当客户端向源节点发送与数据库键有关的命令请求，而恰好要处理的键就在被重新指派到目标节点的槽中时，源节点在接收到这条命令请求时，会到自己的数据库中查找这个需要处理的键，如果顺利找到这个键，就成功执行这条命令请求；如果没有找到这个需要处理的键，就说明这个键所对应的槽已经被重指派到新节点中，此时源节点会向客户端返回一个 ASK 错误，提示客户端转向目标节点，然后重新执行这条命令请求。

以上判断是否发生 ASK 错误的过程如图 12.26 所示。

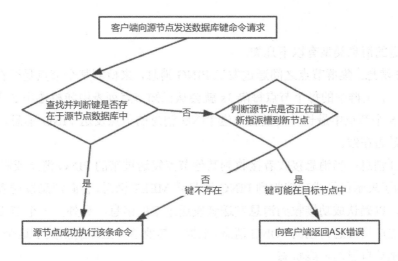

图 12.26　判断是否发生 ASK 错误的过程

ASK 错误格式如下：

```
ASK <slot> <ip>:<port>
```

ASK 错误格式与 MOVED 错误格式相似。

比如，返回的 ASK 错误信息为 ASK 14531 127.0.0.1:7002，则说明这个键所对应的槽号是 14 531，并提示到 127.0.0.1:7002 节点执行该条命令。

接收到 ASK 错误信息的客户端会根据其中的 IP 地址和端口信息转向正在指派槽的目标节点，然后向目标节点重新发送这条命令请求，在这之前，它还会向目标节点发送一条 ASKING 命令。向目标节点发送 ASKING 命令的目的在于打开发送该命令的客户端的 REDIS_ASKING 标识，用于判断是否要执行这条命令请求。在遇到 ASK 错误时，就会发送 ASK 转向操作。在这个过程中，如果不发送 ASKING 命令来打开 REDIS_ASKING 标识，目标节点就会拒绝执行这条命令请求。

如果客户端向某个集群节点发送一条关于槽 i 的命令，却没有为这个槽 i 指派节点，那么，在执行这条命令后，将会返回一个 MOVED 错误；而如果节点的 clusterState.importing_slots_from[i] 显示节点正在指派槽 i，并且发送命令的客户端具有 REDIS_ASKING 标识，那么这个节点将会执行这条关于槽 i 的命令。

REDIS_ASKING 标识是一个一次性标识。当节点执行了一条带有 REDIS_ASKING 标识的命令之后，就会立即删除这个标识。

12.3.6　集群的消息

Redis 集群的多个节点之间互相连通，构成一幅连通图，它们之间通过发送消息、接收消息来进行通信，实现集群之间的数据共享，以达到分布式、高可用的目的。其中，发送消息的节点被称为发送者，而接收消息的节点被称为接收者。消息由消息头和消息正文组成。

节点发送的消息类型有以下几类。

- PING 消息：集群节点之间通过发送 PING 消息，来检测某个节点是否在线。在默认情况下，集群中的每个节点每隔 1s 就会从已知节点列表中随机选出 5 个节点，然后对这 5 个节点中最长时间没有发送 PING 消息的节点发送 PING 消息，来判断这个节点是否在线。
- PONG 消息：当消息接收者接收到其他节点发送过来的 PING 消息或者 MEET 消息时，为了表示已经成功接收到 PING 消息或 MEET 消息，会向消息发送者返回 PONG 消息，以确认成功接收到消息发送者发送过来的消息。另外，一个节点也可以向其他节点广播发送自己的 PONG 消息，来提示其他节点立即刷新关于这个节点的认识，进而确认自己的在线状态。
- MEET 消息：当消息发送者接收到客户端发送过来的 CLUSTER MEET 命令时，会向消息接收者发送 MEET 消息，请求消息接收者加入消息发送者的集群中，成为集群中的新节点。
- FALL 消息：当一个主节点（master1）判断另一个主节点（master2）已经进入 FALL 状态时，主节点（master1）会向集群中的其他节点发送一条关于主节点（master2）的 FALL 消息，来表示主节点（master2）已经下线。当其他节点收到主节点（master1）发送过来的 FALL 消息时，就会立即将主节点（master2）标记为下线状态，然后主节点（master1）从属的从节点就会进行 master 选举，从节点代替这个主节点，完成故障转移等相关操作。
- PUBLISH 消息：当集群中的某个节点接收到一条 PUBLISH 命令时，该节点就会执行这条命令，同时向集群中的其他节点广播这条 PUBLISH 消息，让所有接收到这条 PUBLISH 消息的节点都执行这条 PUBLISH 命令。

至此，我们已经全面讲解了 Redis 集群的相关知识。要想了解更多的集群相关知识，请读者自行查阅相关资料学习。

第 13 章
Redis 高级功能

本章的主题为 Redis 的高级功能，包括慢查询、流水线（Pipeline）、地理位置（GEO）、位图（Bitmap）等，将具体讲解它们的用法及相关命令的使用等。

13.1 慢查询

什么是慢查询？Redis 慢查询日志功能用于记录服务器在执行命令时，超过给定时长的命令请求的相关信息，这些相关信息包括慢查询 ID、发生时间戳、耗时、命令的详细信息等。在实际应用中，开发人员和运维人员可以通过慢查询日志来定位系统的慢操作，然后利用这个功能产生的日志来监视和优化查询速度。

13.1.1 配置慢查询

慢查询有两个重要的配置参数。
- 慢查询的预设阈值 slowlog-log-slower-than。

slowlog-log-slower-than 参数是慢查询的预设阈值，用于指定执行时间超过多少微秒的命令请求会被记录到日志中（1s = 1 000 000μs）。

例如，如果这个参数的值为 1000，那么执行时间超过 1000μs 的命令就会被记录到慢查询日志中；如果这个参数的值为 5000，那么执行时间超过 5000μs 的命令就会被记录到慢查询日志中；以此类推。

- 慢查询日志的长度 slowlog-max-len。

slowlog-max-len 参数表示慢查询日志的长度，用于指定服务器最多保存多少条慢查询日志。Redis 服务器使用先进先出的方式保存多条慢查询日志。当服务器存储的慢查询日志数量等于 slowlog-max-len 参数的值时，服务器在添加一条新的慢查询日志之前，会先将最旧的一条慢查询日志删除。

比如，slowlog-max-log 参数的值为 1000，假如服务器此时已经存储了 1000 条慢查询日志，如果服务器还将继续存储一条慢查询日志，那么它会先删除目前保存的最旧的那条日志，再把新日志添加进去。

在 Redis 的配置文件 redis.conf 中，慢查询参数的默认配置如下：

```
slowlog-log-slower-than 10000      #默认为 10ms
slowlog-max-len 128                #默认为 128
```

可以通过 CONFIG SET 命令来修改这两个参数。

比如，使用 CONFIG SET 命令将 slowlog-log-slower-than 参数的值设为 0μs，表示 Redis 服务器执行的任何命令都会被记录到慢查询日志中；设置 slowlog-max-len 参数的值为 4，表示慢查询日志最多只能保存 4 条数据；同时再向服务器发送 5 条命令请求，操作如下：

```
127.0.0.1:6379> CONFIG SET slowlog-log-slower-than 0
OK
127.0.0.1:6379> CONFIG SET slowlog-max-len 4
OK
127.0.0.1:6379> SET name "liuhefei"
OK
127.0.0.1:6379> RPUSH color red blue green
(integer) 3
127.0.0.1:6379> HMSET users username "xiaoming" age 23
OK
127.0.0.1:6379> SADD score 100 98 76 88
(integer) 4
127.0.0.1:6379> SET message "Hello World"
OK
```

可以使用 CONFIG GET slowlog*命令来查看慢查询的配置，操作如下：

```
127.0.0.1:6379> CONFIG GET slowlog*
1) "slowlog-log-slower-than"
2) "0"
3) "slowlog-max-len"
4) "4"
```

在生成慢查询日志后，可以使用 SLOWLOG GET 命令来查看上面操作的命令请求，如下所示：

```
127.0.0.1:6379> SLOWLOG GET
1) 1) (integer) 7
   2) (integer) 1541602466
   3) (integer) 57
   4) 1) "CONFIG"
      2) "GET"
      3) "slowlog*"
   5) "127.0.0.1:47746"
   6) ""
2) 1) (integer) 6
   2) (integer) 1541602355
   3) (integer) 12
   4) 1) "SET"
      2) "message"
      3) "Hello World"
   5) "127.0.0.1:47746"
```

```
      6) ""
   3) 1) (integer) 5
      2) (integer) 1541602295
      3) (integer) 41
      4) 1) "SADD"
         2) "score"
         3) "100"
         4) "98"
         5) "76"
         6) "88"
      5) "127.0.0.1:47746"
      6) ""
   4) 1) (integer) 4
      2) (integer) 1541602277
      3) (integer) 23
      4) 1) "HMSET"
         2) "users"
         3) "username"
         4) "xiaoming"
         5) "age"
         6) "23"
      5) "127.0.0.1:47746"
      6) ""
```

可以看出，通过 SLOWLOG GET 命令获取的慢查询日志中只保存了 4 条数据。我们向服务器发送了 5 条命令请求，原则上慢查询日志中应该保存所有的命令请求，但是因为设置了 slowlog-max-len 参数的值为 4，所以，当保存第 5 条命令请求时，它会首先删除最旧的那条慢查询日志（最先被写入慢查询日志中的就是最旧的日志，会被删除）。

13.1.2 慢查询的生命周期

Redis 执行一条命令需要经过发送命令、命令排队、命令执行、返回结果等几个步骤，而慢查询日志功能则发生在命令执行的过程中。客户端发送命令给 Redis 服务器，Redis 服务器需要对慢查询进行排队处理。在命令执行的过程中，如果命令执行超时，就会被写入慢查询日志中，执行完后返回结果，这就是慢查询的生命周期。

慢查询的生命周期流程图如图 13.1 所示。

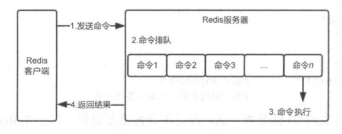

图 13.1　慢查询的生命周期流程图

13.1.3 慢查询日志

1. 获取慢查询日志

使用 SLOWLOG GET 命令获取慢查询日志。我们可以为该命令设置一个参数 n，指定获取多少条慢查询日志。比如，获取两条慢查询日志，命令如下：

```
127.0.0.1:6379> SLOWLOG GET 2
1) 1) (integer) 10
   2) (integer) 1532079200
   3) (integer) 27
   4) 1) "HMSET"
      2) "fruits"
      3) "apple"
      4) "5.8$"
      5) "banana"
      6) "3.0$"
      7) "pear"
      8) "5.5$"
   5) "127.0.0.1:54237"
   6) ""
2) 1) (integer) 9
   2) (integer) 1532079035
   3) (integer) 20
   4) 1) "SADD"
      2) "members"
      3) "99"
      4) "999"
      5) "9999"
   5) "127.0.0.1:54237"
   6) ""
```

通过返回的慢查询日志，我们可以清楚地知道，每条慢查询日志都由 4 个属性组成，分别是慢查询 ID、UNIX 时间戳、命令执行的时长、命令及命令参数，如下：

```
1) 1) (integer) 10                #慢查询日志的唯一标识符（UID），也就是慢查询 ID
   2) (integer) 1532079200        #命令执行后的 UNIX 时间戳
   3) (integer) 27                #命令执行的时长，以微秒计算
   4) 1) "HMSET"                  #执行的命令及命令参数
      2) "fruits"
      3) "apple"
      4) "5.8$"
      5) "banana"
      6) "3.0$"
      7) "pear"
      8) "5.5$"
   5) "127.0.0.1:54237"           #客户端的网络地址
   6) ""                          #客户端的名称，没有则显示为空
```

每条慢查询日志的 ID 都是唯一的，而且不会被重复设置，只会在 Redis 重启之后重新设置它。

读者可能会产生疑问：慢查询日志保存在哪里呢？

其实慢查询日志也是存储在内存中的，没有专门的日志文件来存储慢查询日志内容，所以在获取慢查询日志的时候，速度会比较快。

Redis 服务器状态（src/server.h）中有几个和慢查询日志功能相关的属性，位于 redisServer 结构中，具体如下。

- slowlog_entry_id 属性：该属性是 long 类型的，初始化值为 0，每创建一条新的慢查询日志，这个属性的值就会成为这条日志的 ID，之后程序会对这个属性值加 1。

比如，在创建第一条慢查询日志时，该属性的值 0 就是这条慢查询日志的 ID，之后程序会对这个属性值加 1；在创建第二条慢查询日志时，该属性的值 1 就是第二条慢查询日志的 ID，之后程序再次为该属性值加 1；以此类推。

- slowlog 属性：该属性是一个链表，用于保存服务器中的所有慢查询日志，链表中的每个节点都是一条慢查询日志。节点结构 slowlogEntry 位于 src/slowlog.h 文件中，源码如下：

```
01 /* This structure defines an entry inside the slow log list */
02 typedef struct slowlogEntry {
03     robj **argv;
04     int argc;
05     long long id;       /* Unique entry identifier. */
06     long long duration; /* Time spent by the query, in microseconds. */
07     time_t time;        /* Unix time at which the query was executed. */
08     sds cname;          /* Client name. */
09     sds peerid;         /* Client network address. */
10 } slowlogEntry;
```

属性说明如下。

➢ argv 属性：表示命令与命令参数。

➢ argc 属性：表示命令与命令参数的数量，是一个 int 类型的数值。

➢ id 属性：表示慢查询日志的 ID，唯一标识符，是 long 类型的。

➢ duration 属性：表示执行命令所消耗的时间，以微秒计算。

➢ time 属性：表示命令执行时的时间，是一个 UNIX 格式的时间戳。

➢ cname 属性：表示客户端的名字。

➢ peerid 属性：表示客户端的网络地址。

- slowlog-log-slower-than 属性：该属性表示当任何命令的执行时间超过它设定的值时，就会被记录到慢查询日志中。比如，之前我们通过命令将该属性值设置为 0，表示任何执行时间超过 0μs 的命令都会被记录到慢查询日志中。

- slowlog-max-len 属性：该属性用于设置服务器最多可以存储多少条慢查询日志。比如，之前我们通过命令将该属性值设置为 4，表示服务器最多可以存储 4 条慢查询日志。

2. 添加慢查询日志

Redis 服务器在每次执行命令的之前和之后，都会以微秒格式来记录当前 UNIX 时间戳，这两个时间戳的差值就是命令执行过程中所耗费的时长，服务器会将这个时长作为参数传递给 slowlogPushEntryIfNeeded 函数，该函数负责判断是否需要为这次执行的命令创建慢查询日志。slowlogPushEntryIfNeeded 函数位于 src/slowlog.c 文件中，源码如下：

```
01 /* Push a new entry into the slow log.
02  * This function will make sure to trim the slow log accordingly to the
03  * configured max length. */
04 void slowlogPushEntryIfNeeded(client *c, robj **argv, int argc, long long duration) {
05     if (server.slowlog_log_slower_than < 0) return; /* Slowlog disabled */
06     if (duration >= server.slowlog_log_slower_than)
07         listAddNodeHead(server.slowlog,
08                         slowlogCreateEntry(c,argv,argc,duration));
09
10     /* Remove old entries if needed. */
11     while (listLength(server.slowlog) > server.slowlog_max_len)
12         listDelNode(server.slowlog,listLast(server.slowlog));
13 }
```

slowlogPushEntryIfNeeded 函数的具体作用有两个。

- 判断命令的执行时长是否大于 slowlog-log-slower-than 属性设置的时间值。如果大于，就为该命令创建一条新的慢查询日志，并将新的慢查询日志添加到 slowlog 链表的表头。
- 判断慢查询日志的长度是否超过了 slowlog-max-len 属性设置的值。如果超过了，就将慢查询日志中最旧的日志删除。

而 slowlogPushEntryIfNeeded 函数中的 slowlogCreateEntry 函数就是创建慢查询日志的函数，它根据接收到的参数进行创建，创建完成后，将 redisServer 中 slowlog_entry_id 参数的值加 1。

13.1.4 慢查询命令

前面提到过几个与慢查询相关的命令，在这里总结一下。

- **SLOWLOG GET n**：指定获取 n 条慢查询日志。
- **SLOWLOG LEN**：获取慢查询日志的长度。
- **SLOWLOG RESET**：清空慢查询日志。

对于慢查询，在实际应用中应该注意以下几点。

- slowlog-max-len 参数的值不要设置得太小。在记录慢查询日志的时候，Redis 会对长命令进行截断处理，并不会占用大量的内存。默认是 128，但是建议设置为 1000。因为慢查询日志存储在内存中，如果该参数设置得过小，则会导致之前的慢查询日志丢失。

- slowlog-log-slower-than 参数的值不要设置得太大，默认设置为 10 000μs，也就是 10ms，表示命令执行时长超过 10ms 就会被判定为慢查询。在实际应用中也只有 1ms 或 2ms，需要根据 Redis 的并发量来设置。Redis 采用单线程响应命令，对于高并发、高流量的场景，如果命令执行的时长超过 1ms，那么 Redis 最多可以支撑的 OPS（每秒查询率）不到 1000 条。所以，对于高并发、高流量的场景，建议将该参数设置为 1ms。
- 定期对慢查询进行持久化，也就是定期保存备份。

13.2 流水线

我们都知道，Redis 采用 TCP 协议来对外提供服务。也就是说，Redis 是基于 Request/Response 的，是一种一问一答的模式，请求一次响应一次。客户端通过 Socket 连接发起请求，发送一条命令给服务器，等待服务器应答，进行处理后，返回结果。在这个过程中，每个请求在命令发出后会阻塞等待 Redis 服务器进行处理，处理完毕后才会将结果返回给客户端。

每条命令在发送与接收的过程中都会占用两个网络传输，在业务量非常庞大的情况下，假如处理一个业务需要 0.1s，那么在 1s 内只能处理 10 个业务。在实际应用中，是不能满足我们的需求的，这将严重影响 Redis 的性能，进而影响业务的开展。

比如，一个使用了 Redis 的大型电商系统，在进行商品买卖交易的时候，可能会对 Redis 做大量连续的多个操作，比如订单数加 1、库存量减 1 等，这些操作通常是依次联系的。在这样的场景中，网络传输耗时就是一个严重的问题。Redis 为了解决此类问题，引入了流水线（Pipeline），也可以称之为管道。

13.2.1 什么是 Pipeline 技术

所谓 Pipeline 技术，其实就是一次性把所有的命令请求发送给服务器，这样可以避免频繁地发送、接收命令所带来的网络延时，减少 I/O 调用次数。服务器在接收到一堆命令后，会依次执行，然后把结果打包，一次性返回给客户端。

使用 Pipeline 技术的好处是节约了网络带宽，缩短了访问时间，减少了服务器 I/O 调用次数，提高了 Redis 的性能。

但是，要注意控制 Pipeline 的大小，也就是它每次最多可以发送多少条命令的限制，过多使用将会消耗 Redis 的内存，并且 Pipeline 一次只能运行在一个 Redis 节点上。

13.2.2 如何使用 Pipeline 技术

在这里我们介绍在 Java Jedis 中使用 Pipeline 技术，通过不使用 Pipeline 技术和使用 Pipeline 技术进行对比，可以清楚地知道使用 Pipeline 技术的好处。

- 不使用 Pipeline 技术来执行 10 000 次 HSET 操作，然后看它的效率，部分代码如下：

```
01  //创建一个 Jedis 对象，并设置 IP 地址和端口号参数
02  Jedis jedis = new Jedis("127.0.0.1",6379);
03  //使用 for 循环执行 10000 次 HSET 操作
04  for(int i=0;i<10000;i++){
05      jedis.hset("keyvalue:"+i,"keyfield"+i);
06  }
```

经过测试发现，执行 10 000 次 HSET 操作耗时 50s。

- 使用 Pipeline 技术来执行 10 000 次 HSET 操作，然后看它的效率，部分代码如下：

```
01  //创建一个 Jedis 对象，并设置 IP 地址和端口号参数
02  Jedis jedis = new Jedis("127.0.0.1",6379);
03  //使用 for 循环执行 10000 次 HSET 操作
04  for(int i=0;i<100;i++){
05      //使用 Pipeline 技术, pipelined 方法，激活 pipeline
06      Pipeline pipeline = jedis.pipelined();
07      //Pipeline 的大小为 100，也就是每次同时发送 100 条命令给服务器，循环 100 次
08      for(int j=i*100;j<(i+1)*100;j++){
09          pipeline.hset("key"+j,"keyfield"+j,"keyvalue"+j);
10      }
11      pipeline.syncAndReturnAll();//在结束的时候必须加的
12  }
```

经过测试发现，在使用 PipeLine 技术后，执行 10 000 次 HSET 操作耗时 0.7s。

从上面的实例中可以看出，使用 Pipeline 技术，极大地缩短了命令的执行时间，提升了 Redis 的性能。

13.3 地理位置的应用

在 Redis 3.2 版本以后引入了 GEO（地理位置）功能，主要用于存储地理位置的经度、纬度信息，以及计算两个地理位置之间的距离，也可以用于计算某个地理范围内的位置信息。GEO 是使用 Redis 的 ZSET 来实现的。在实际生活中，GEO 的用途广泛，最常见的就是类似于微信的"摇一摇"和"附近的人"功能，以及美团外卖、百度外卖等通过本地的地理位置坐标自动识别周围的餐馆等。

13.3.1 存储地理位置

为了实现地理位置存储，需要使用 Redis 提供的 GEOADD 命令，该命令的格式为：

```
GEOADD location-set longitude latitude name [longitude latitude name ...]
```

GEOADD 命令每次可以添加一个或多个地理位置信息。其中，location-set 为存储地理位置的集合，而 longitude、latitude、name 则分别表示地理位置的经度、纬度、名称。

纬度范围为 90°～90°，经度范围为 180°～180°。

下面提供 5 座城市的经纬度坐标及别名（以百度地图为例），如表 13.1 所示。

表 13.1 5 座城市的经纬度坐标与别名

城市名	经度（°）	纬度（°）	别　　名
深圳	114.0661345267	22.5485544122	Kunming
广州	113.2708136740	23.1351666766	Guangzhou
昆明	102.8396611228	24.8859360126	Kunming
武汉	114.3118287971	30.5984342798	Wuhan
长沙	112.9453203518	28.2340227593	Changsha

使用 GEOADD 命令将表 13.1 中的城市添加到 Redis 中，并进行存储，操作如下：

```
127.0.0.1:6379> GEOADD chain-citys 114.0661345267 22.5485544122 Shenzhen
(integer) 1
127.0.0.1:6379> GEOADD chain-citys 113.2708136740 23.1351666766 Guangzhou
(integer) 1
127.0.0.1:6379> GEOADD chain-citys 102.8396611228 24.8859360126 Kunming
(integer) 1
127.0.0.1:6379> GEOADD chain-citys 114.3118287971 30.5984342798 Wuhan
(integer) 1
127.0.0.1:6379> GEOADD chain-citys 112.9453203518 28.2340227593 Changsha
(integer) 1
```

13.3.2 获取地理位置的经纬度信息

在地理位置添加并存储成功之后，可以使用 GEOPOS 命令来获取相关位置的经纬度信息。GEOPOS 命令的格式为：

```
GEOPOS location-set name [name ...]
```

使用 GEOPOS 命令获取深圳、昆明、长沙的经纬度信息，操作如下：

```
127.0.0.1:6379> GEOPOS chain-citys Shenzhen              #获取深圳的经纬度信息
1) 1) "114.06613379716873169"
   2) "22.54855372181032891"
127.0.0.1:6379> GEOPOS chain-citys Kunming Changsha  #获取昆明、长沙的经纬度信息
1) 1) "102.83966213464736938"
   2) "24.88593670001011304"
2) 1) "112.94531911611557007"
   2) "28.23402199744817409"
127.0.0.1:6379> GEOPOS chain-citys Beijing #获取一个在数据库中不存在的城市的经纬度信息
1) (nil)
```

13.3.3 计算两地间的距离

Redis 还提供了 GEODIST 命令，用于计算两个地理位置之间的距离。GEODIST 命令的格式为：

```
GEODIST location-set name1 name2 [unit]
```

其中，参数 unit 用于指定计算距离的单位。Redis 支持的单位有米（m）、千米（km）、英里（mi）及英尺（ft）。

下面分别计算深圳到昆明（单位为 km）、深圳到广州（单位为 m）、武汉到长沙（单位为 mi）、武汉到深圳（单位为 ft）、深圳到北京（单位为 km）的距离，操作如下：

```
127.0.0.1:6379> GEODIST chain-citys Shenzhen Kunming km    #计算深圳到昆明的距离（km）
"1171.9940"
127.0.0.1:6379> GEODIST chain-citys Shenzhen Guangzhou m   #计算深圳到广州的距离（m）
"104417.7706"
127.0.0.1:6379> GEODIST chain-citys Wuhan Changsha mi      #计算武汉到长沙的距离（mi）
"182.9463"
127.0.0.1:6379> GEODIST chain-citys Wuhan Shenzhen ft      #计算武汉到深圳的距离（ft）
"2938619.0966"
127.0.0.1:6379> GEODIST chain-citys Shenzhen Beijing km    #计算深圳到北京的距离（km）
(nil)
```

从上面的操作实例中可以看出，如果 Redis 没有存储过某一地理位置信息，那么在获取其经纬度信息时会返回 nil，在计算两地间的距离时也会返回 nil。

13.3.4 获取指定范围内的位置信息

除计算两地间的距离之外，还可以以某个地理位置为中心点，查找在一定范围内的其他地理位置信息。为此，Redis 提供了 GEORADIUS 和 GEORADIUSBYMEMBER 命令。这两个命令都可以以某个地理位置为中心点，查找特定范围内的其他地理位置。它们的功能相同，唯一不同的地方是选取中心点的方式不同。

GEORADIUS 命令选取的中心点是用户给定的经纬度信息。它的格式如下：

```
GEORADIUS location-set longitude latitude radius m|km|ft|mi [WITHCOORD] [WITHDIST] [WITHHASH] [ASC|DESC] [COUNT count]
```

而 GEORADIUSBYMEMBER 命令选取的中心点是存储在 Redis 位置集合中的某个地理位置信息。它的格式如下：

```
GEORADIUSBYMEMBER location-set name radius m|km|ft|mi [WITHCOORD] [WITHDIST] [WITHHASH] [ASC|DESC] [COUNT count]
```

必要参数说明如下。

- radius：表示指定的范围半径。
- m|km|ft|mi：表示距离单位。

- WITHCOORD：表示将地理位置的经纬度信息一起返回。
- WITHDIST：表示在返回位置元素的同时，将中心点与位置元素之间的距离一同返回，单位保持一致。
- WITHHASH：表示返回位置元素经过原始 geohash 编码的有序集合的分值，是一个 52 位有符号的整数，并不常用。
- ASC：表示位置元素返回的方式，从近到远。
- DESC：表示位置元素返回的方式，从远到近。
- COUNT：表示将要返回的结果数量。

下面以成都（经度为 104.0712219292°，纬度为 30.5763307666°）为中心点，使用 GEORADIUS 命令来计算 500km、1000km、1500km 范围内的地理位置信息，操作如下：

```
127.0.0.1:6379> GEORADIUS chain-citys 104.0712219292 30.5763307666 500 km WITHDIST DESC #以成都为中心点，计算500km范围内的地理位置信息
(empty list or set)
127.0.0.1:6379> GEORADIUS chain-citys 104.0712219292 30.5763307666 1000 km WITHDIST ASC #以成都为中心点，计算1000km范围内的城市，并计算出相距的距离
1) 1) "Kunming"
   2) "644.4133"
2) 1) "Changsha"
   2) "898.1634"
3) 1) "Wuhan"
   2) "980.1986"
127.0.0.1:6379> GEORADIUS chain-citys 104.0712219292 30.5763307666 1500 km WITHCOORD DESC #以成都为中心点，计算1500km范围内的城市，并显示其经纬度信息
1) 1) "Shenzhen"
   2) 1) "114.06613379716873169"
      2) "22.54855372181032891"
2) 1) "Guangzhou"
   2) 1) "113.27081590890884399"
      2) "23.13516677443730174"
3) 1) "Wuhan"
   2) 1) "114.31182950735092163"
      2) "30.59843524209114918"
4) 1) "Changsha"
   2) 1) "112.94531911611557007"
      2) "28.23402199744817409"
5) 1) "Kunming"
   2) 1) "102.83966213464736938"
      2) "24.88593670001011304"
```

从上面的操作实例中可以看出，如果 Redis 存储的地理位置没有在以中心点为原点的指定范围内，就会返回空集合。

下面以昆明为中心点，使用 GEORADIUSBYMEMBER 命令来计算 500km、1000km、1500km 范围内的地理位置信息，操作如下：

```
127.0.0.1:6379> GEORADIUSBYMEMBER chain-citys Kunming 500 km WITHDIST ASC #以昆明
```

```
为中心点，计算 500km 范围内的地理位置信息
   1) 1) "Kunming"
      2) "0.0000"
127.0.0.1:6379> GEORADIUSBYMEMBER chain-citys Kunming 1000 km WITHCOORD ASC #以昆
明为中心点，计算 1000km 范围内的地理位置信息，并打印出经纬度信息
   1) 1) "Kunming"
      2) 1) "102.83966213464736938"
         2) "24.885936700001011304"
127.0.0.1:6379> GEORADIUSBYMEMBER chain-citys Kunming 1500 km WITHDIST DESC #以昆
明为中心点，计算 1500km 范围内的地理位置信息，并计算出相距的距离
   1) 1) "Wuhan"
      2) "1294.6950"
   2) 1) "Shenzhen"
      2) "1171.9940"
   3) 1) "Guangzhou"
      2) "1077.2632"
   4) 1) "Changsha"
      2) "1071.6652"
   5) 1) "Kunming"
      2) "0.0000"
```

13.4 位图

位图（Bitmap）就是通过一个比特位来表示某个元素对应的值或者状态的，其中的 key 就是对应元素本身。而一个字节占 8bit，8bit 就可以组成一个 Byte（字节），因此可以将位图看成一个字节数。说得通俗一点，Bitmap 就是一串连续的二进制数字（0 和 1），每位所在的位置偏移量。在 Bitmap 上可以执行相关的位操作，如 AND、OR、XOR 等。

Bitmap 是定义在 String 类型上的一个面向字节操作的集合，它并不是实际的数据类型。使用 Bitmap 的最大好处就是节约内存空间。

13.4.1 二进制位数组

Redis 提供了 SETBIT、GETBIT、BITCOUNT 及 BITOP 4 个命令用于处理二进制位数组，又称位数组。

SETBIT 命令用于设置位数组指定偏移量上的二进制位的值。二进制位的值（value）可以是 1 或 0，如果为其他值将会报错；而位数组的偏移量从 0 开始计数。

SETBIT 命令的格式如下：

```
SETBIT key offset value
```

其中，offset 参数是偏移量。

GETBIT 命令用于获取位数组指定偏移量上的二进制位的值。

GETBIT 命令的格式如下：

```
GETBIT key offset
```

BITCOUNT 命令用于统计位数组中有多少个值为 1 的二进制位。

BITCOUNT 命令的格式如下：

```
BITCOUNT key [start end]
```

SETBIT、GETBIT、BITCOUNT 命令的用法如下：

```
127.0.0.1:6379> SETBIT bit1 0 1      #将bit1的第1个偏移量设置为1  0000 0001
(integer) 0
127.0.0.1:6379> SETBIT bit1 1 1      #将bit1的第2个偏移量设置为1  0000 0011
(integer) 0
127.0.0.1:6379> SETBIT bit1 2 0      #将bit1的第3个偏移量设置为0  0000 0011
(integer) 0
127.0.0.1:6379> SETBIT bit1 3 1      #将bit1的第4个偏移量设置为1  0000 1011
(integer) 0
127.0.0.1:6379> SETBIT bit1 3 0      #将bit1的第4个偏移量设置为0  0000 0011
(integer) 1
127.0.0.1:6379> GETBIT bit1 0        #获取bit1的第1个偏移量的值为1
(integer) 1
127.0.0.1:6379> GETBIT bit1 1        #获取bit1的第2个偏移量的值为1
(integer) 1
127.0.0.1:6379> GETBIT bit1 2        #获取bit1的第3个偏移量的值为0
(integer) 0
127.0.0.1:6379> GETBIT bit1 3        #获取bit1的第4个偏移量的值为0
(integer) 0
127.0.0.1:6379> BITCOUNT bit1        #获取bit1中二进制位的值为1的数量，这里为2
(integer) 2
127.0.0.1:6379> SETBIT bit1 4 1      #将bit1的第5个偏移量设置为1  0001 0011
(integer) 0
127.0.0.1:6379> SETBIT bit1 6 1      #将bit1的第7个偏移量设置为1  0101 0011
(integer) 0
127.0.0.1:6379> BITCOUNT bit1        #获取bit1中二进制位的值为1的数量，这里为4
(integer) 4
```

BITOP 命令用于进行二进制位运算，它可以对多个位数组进行按位与（AND）、按位或（OR）、按位异或（XOR）运算，以及对给定的位数组进行取反（NOT）运算。

BITOP 命令的格式如下：

```
BITOP operation destkey key [key ...]
```

其中，operation 是运算符（AND、OR、XOR、NOT）；destkey 是用于保存运算结果的一个 key。

BITOP 进行运算的实例如下：

```
127.0.0.1:6379> SETBIT a 1 1
(integer) 0
127.0.0.1:6379> SETBIT a 4 1
(integer) 0
127.0.0.1:6379> SETBIT a 6 1         #位数组a的值为 0101 0010
(integer) 0
```

```
127.0.0.1:6379> SETBIT b 0 1
(integer) 0
127.0.0.1:6379> SETBIT b 3 1
(integer) 0
127.0.0.1:6379> SETBIT b 5 1              #位数组b的值为 0010 1001
(integer) 0
127.0.0.1:6379> SETBIT c 0 1
(integer) 0
127.0.0.1:6379> SETBIT c 1 0
(integer) 0
127.0.0.1:6379> SETBIT c 6 1              #位数组c的值为 0100 0000
(integer) 0
127.0.0.1:6379> BITOP AND result1 a b c   #按位与运算 0000 0000
(integer) 1
127.0.0.1:6379> BITOP OR result2 a b      #按位或运算 0111 1011
(integer) 1
127.0.0.1:6379> BITOP OR result3 a c      #按位或运算 0101 0011
(integer) 1
127.0.0.1:6379> BITOP XOR result4 a b c   #按位异或运算 0011 1010
(integer) 1
127.0.0.1:6379> BITOP XOR result5 a b     #按位异或运算 0111 1011
(integer) 1
127.0.0.1:6379> BITOP NOT not-result a    #位数组a取反运算 1010 1101
(integer) 1
127.0.0.1:6379> BITCOUNT result1          #获取位数组中二进制位的值为1的数量
(integer) 0
127.0.0.1:6379> BITCOUNT result2
(integer) 6
127.0.0.1:6379> BITCOUNT result3
(integer) 4
127.0.0.1:6379> BITCOUNT result4
(integer) 4
127.0.0.1:6379> BITCOUNT result5
(integer) 6
127.0.0.1:6379> BITCOUNT not-result
(integer) 5
```

13.4.2 位数组的表示

Redis 的位数组是使用字符串对象来表示的，字符串对象底层使用的是 SDS 数据结构，它是二进制安全的，因此程序也可以直接使用 SDS 数据结构来保存位数组，并使用 SDS 数据结构的相关 API 函数来处理位数组。

实际上，位数组保存在 SDS 数据结构的 buf 数组中，而 buf 数组保存位数组的顺序是逆序的。比如，位数组为 1101 0011 1010 0011，在 buf 数组中保存的是 1100 0101 1100 1011。这样做的好处是可以简化 SETBIT 命令的实现。buf 数组的每个字节（8 位）都用一行来表示，每行以 buf[i]开头，表示这一行是 buf 数组的第几个字节，buf[i]之后保存的是这个字节中的 8 位二进制数。

有一个 2 字节长的位数组 a，用二进制表示为 0101 0011 1001 1101，使用 SDS 数据结构来表示，在 buf 数组中保存的是 1011 1001 1100 1010，如图 13.2 所示。

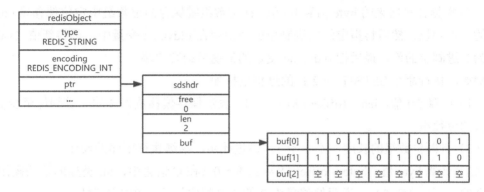

图 13.2　使用 SDS 数据结构表示 2 字节长的位数组

说明：

- type 的值为 REDIS_STRING，表示这是一个字符串对象。
- encoding 的值为 REDIS_ENCODING_INT，表示这个字符串对象采用的是 int 类型的编码方式。
- sdshdr.len 的值为 2，表示这个 SDS 数据结构保存的位数组长度是 2 字节。
- buf 数组中的 buf[0]、buf[1]分别保存了位数组的第 1、2 个字节。
- buf 数组中的 buf[2]字节是一个空字符串，它会保存 SDS 程序自动追加到值的末尾的空字符'\0'。

13.4.3　位数组的实现

位数组的实现过程就是位数组命令的实现过程。下面逐个讲解位数组命令的实现过程。

1. SETBIT 命令

SETBIT 命令用于设置位数组在偏移量（offset）上的二进制位的值（value），然后向客户端返回二进制位被设置之前的旧值。

SETBIT 命令的执行过程如下。

（1）通过偏移量来计算二进制位的字节长度，len = (offset / 8) + 1，len 值保存了偏移量 offset 指定的二进制位至少需要多少字节。

（2）判断位数组键保存的位数组（SDS）的长度是否小于 len。如果长度小于 len，则将 SDS 的长度动态扩展为 len 字节，然后将所有扩展出来的二进制位的值设置为 0；如果长度不小于 len 就跳过此步，继续执行下面的操作。

（3）计算 byte 值。byte 值用于记录偏移量（offset）指定的二进制位保存在位数组的哪个字节上，计算公式为：byte = offset / 8。

（4）计算 bit 值。bit 值用于记录偏移量（offset）指定的二进制位是 byte 字节的第几个二进制位，计算公式为：bit = (offset % 8) + 1。

（5）根据计算出来的 byte 值和 bit 值，在位数组键保存的位数组中定位偏移量（offset）指定的二进制位，然后将指定的二进制位的值保存在 oldvalue 变量中，再将新值（value）设置为二进制位的值，最后把 oldvalue 变量的值返回给客户端。

例如，执行命令 SETBIT bit 2 1 的过程剖析如下。

（1）计算 len 值，len = (offset / 8) + 1 = 1，表示保存偏移量为 2 的二进制位至少需要 1 字节长的位数组。

（2）判断位数组的长度，不小于 1，跳过此步，继续执行下面的操作。

（3）计算 byte 值，byte = offset / 8 = 2 / 8 = 0（在 C 语言中，int 类型的除法操作是向上取整的，因此 2/8=0），说明偏移量为 2 的二进制位位于 buf[0]字节处。

（4）计算 bit 值，bit = (offset % 8) + 1 = 3（取模运算），说明偏移量为 2 的二进制位是 buf[0]字节的第 3 个二进制位。

（5）根据计算出来的 byte 值和 bit 值，定位到 buf[0]数组的第 3 个二进制位上，将二进制位现在的值 0 保存到 oldvalue 变量中，然后将二进制位的值设置为 1，此时 buf[0]数组如图 13.3 所示。

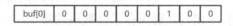

图 13.3　buf[0]数组

最后把 oldvalue 变量中保存的 0 返回给客户端。

2. GETBIT 命令

GETBIT 命令用于获取位数组在偏移量（offset）上的二进制位的值（value）。

GETBIT 命令的执行过程如下。

（1）根据 offset 计算 byte 值。byte 值用于记录偏移量（offset）指定的二进制位保存在位数组的哪个字节上，计算公式为：byte = (offset / 8)。

（2）计算 bit 值。bit 值记录了偏移量（offset）指定的二进制位是 byte 字节的第几个二进制位，计算公式为：bit = (offset % 8) +1。

（3）根据 byte 值和 bit 值，在位数组中定位偏移量（offset）指定的二进制位，并把这个二进制位上的值取出。

例如，执行命令 GETBIT bit 4 的过程剖析如下。

（1）计算 byte 值，byte = (offset / 8) = 4 / 8 = 0，表示偏移量（offset）指定的二进制位保存在位数组的 buf[0]字节上。

（2）计算 bit 值，bit = (offset % 8) +1 = (4 % 8) + 1 = 5，表示偏移量（offset）指定的二进制位是 byte 字节的第 5 个二进制位。

（3）根据 byte 值和 bit 值，定位到 buf[0]字节上，取出该字节上的第 5 个二进制位的值（从左往右数），然后返回给客户端。假如 bit 位数组的 buf[0]字节中保存的是 0011 1010，那么取出的值就是 1（从左往右数第 5 个）。

3. BITCOUNT 命令

BITCOUNT 命令用于统计指定位数组中二进制位的值为 1 的数量。

使用 BITCOUNT 命令统计位数组中二进制位的值为 1 的数量实例如图 13.4 和 13.5 所示。

| buf[0] | 1 | 1 | 1 | 0 | 1 | 1 | 1 | 1 |

图 13.4　BITCOUNT 命令的返回值为 7

buf[0]	1	0	1	1	1	0	0	1
buf[1]	1	1	0	0	1	0	1	0
buf[2]	1	0	0	0	1	0	0	0
buf[3]	0	0	1	0	1	1	0	1
buf[4]	1	1	0	0	0	1	0	1
buf[5]	空	空	空	空	空	空	空	空

图 13.5　BITCOUNT 命令的返回值为 19

那么，BITCOUNT 命令是怎么统计这些位数组中二进制位的值为 1 的数量的呢？

其实，BITCOUNT 命令的底层采用了二进制位统计算法来实现。

二进制位统计算法有多种，比如二进制位遍历算法、二进制位查表算法、variable-precision SWAR 算法等。而 Redis 位图中的 BITCOUNT 命令采用的是二进制位查表算法和 variable-precision SWAR 算法相结合实现的。

二进制位查表算法使用一个键长为 8 位的表，在这个表中存放了从 0000 0000 到 1111 1111 的所有二进制位的汉明重量（在数学上，统计一个位数组中非 0 二进制位的数量，就称为"计算汉明重量"）。

variable-precision SWAR 算法：在 BITCOUNT 命令每次循环中载入 128 个二进制位，然后调用 4 次 32 位 variable-precision SWAR 算法来计算这 128 个二进制位的汉明重量。

在执行 BITCOUNT 命令的过程中，程序会根据未处理的二进制位的数量来决定使用哪种算法。

- 如果未处理的二进制位的数量小于 128 位，就采用二进制位查表算法来统计。
- 如果未处理的二进制位的数量大于或等于 128 位，就采用 variable-precision SWAR 算法来统计。

关于更多二进制位统计算法的相关知识，请读者自行查阅相关资料学习。

4. BITOP 命令

BITOP 命令用于进行二进制位运算,它支持二进制与运算(AND)、二进制或运算(OR)、二进制异或运算(XOR)及二进制取反运算(NOT)。

因为 Redis 是采用 C 语言实现的,C 语言支持字节之间进行逻辑运算,包括逻辑与(&)、逻辑或(|)、逻辑异或(^)和逻辑非(~)运算,所以 BITOP 命令的位运算是基于 C 语言的逻辑运算实现的。

- 当 BITOP 命令进行与运算(AND)时,程序使用逻辑与运算(&)计算出二进制位的逻辑结果,并保存到指定的键上。
- 当 BITOP 命令进行或运算(OR)时,程序使用逻辑或运算(|)计算出二进制位的逻辑结果,并保存到指定的键上。
- 当 BITOP 命令进行异或运算(XOR)时,程序使用逻辑异或运算(^)计算出二进制位的逻辑结果,并保存到指定的键上。
- 当 BITOP 命令进行取反运算(NOT)时,程序使用逻辑非运算(~)计算出二进制位的逻辑结果,并保存到指定的键上。

以上位数组各个命令的实现过程组合起来就是位数组的实现。

至此,关于 Redis 的高级功能就介绍完了。接下来我们将会进入实战部分,带领读者在实际应用中熟练使用 Redis,展现 Redis 的强大功能及用途。

第三部分　Redis 实战篇

- 第 14 章　Java 操作 Redis
- 第 15 章　SpringBoot 操作 Redis
- 第 16 章　Python 操作 Redis

第 14 章 Java 操作 Redis

前面说了那么多关于 Redis 的命令及功能，相信各位读者已经迫不及待地想要进行实战了。本章我们以 Java 语言为主来操作 Redis，进行相关实战功能的学习。

14.1 Java 客户端 Jedis

在第 2 章中介绍了 Redis 的多个客户端，本章主要讲解 Redis 的 Java 客户端 Jedis，以实例为主，讲解 Jedis 的相关 API 及用法。

相关的环境说明如下。

- 操作系统：Windows。
- JDK 环境：JDK 1.8。
- Jedis 版本：Jedis 2.9.0。
- Redis 版本：Redis-x64-3.2.100。

14.1.1 Jedis 的获取

Jedis 集成了 Redis 的相关命令操作，它是 Java 语言操作 Redis 数据库的桥梁。在使用 Jedis 之前，我们需要下载 Jedis 的相关 JAR 包。

Jedis 的下载地址：http://www.mvnrepository.com/artifact/redis.clients/jedis。

Jedis 的源码地址：https://github.com/xetorthio/jedis。

如果你的项目采用的是 Maven 环境，则需要在 pom.xml 文件中引入 Jedis 的配置，操作如下：

```
01 <!-- https://mvnrepository.com/artifact/redis.clients/jedis -->
02 <dependency>
03     <groupId>redis.clients</groupId>
04     <artifactId>jedis</artifactId>
05     <version>2.9.0</version>
06 </dependency>
```

14.1.2 Jedis 的使用

本小节我们先创建 Maven 项目，然后使用 Jedis 来连接 Redis 数据库。

首先创建 Maven 项目，项目名为 JedisDemo，然后将 14.1.1 节中的 Jedis 配置引入项目的 pom.xml 文件中，创建 Java 类 JedisTest.java，连接 Redis 数据库，并与 Redis 建立服务连接。

代码如下：

```
01 package com.lhf.JedisDemo;
02
03 import redis.clients.jedis.Jedis;
04 /**
05  * Java 客户端 Jedis 连接 Redis 数据库
06  *
07  * @author liuhefei
08  * 2018 年 9 月 16 日
09  */
10 public class JedisTest {
11
12     public static void main(String[] args) {
13         //创建 Jedis 实例，连接本地 Redis 服务
14         Jedis jedis = new Jedis("127.0.0.1",6379);
15         System.out.println("连接成功");
16         //查看服务是否正在运行
17         System.out.println("服务正在运行: "+jedis.ping());
18     }
19
20 }
```

运行项目，可能会报错，错误信息如下：

```
Exception in thread "main" redis.clients.jedis.exceptions.
JedisConnectionException: java.net.ConnectException: Connection refused: connect
```

原因是没有开启 Redis 的服务。

进入 Redis 的安装目录，执行 redis-server.exe 文件，启动服务。再次运行项目，将会得到如下结果：

```
连接成功
服务正在运行: PONG
```

表示使用 Jedis 已经成功连接了 Redis 数据库。

14.1.3 Jedis 常用 API

Jedis 客户端封装了 Redis 数据库的大量命令，因此具有许多 Redis 操作 API，读者可以查阅 Jedis API 文档，网址为 http://tool.oschina.net/uploads/apidocs/redis/clients/jedis/Jedis.html。

在此我们演示几个 Jedis API 的使用，比如，为 Redis 数据库设置密码、获取客户端信息、查看 Redis 信息、清空数据库，以及获取数据库中键的数量、数据库名字、服务器时间等，代码仅供参考。

Jedis_TransactionTest.java 实例代码如下：

```java
01 package com.lhf.JedisDemo;
02
03 import redis.clients.jedis.Jedis;
04
05 /**
06  * Jedis API 操作实例
07  *
08  * @author liuhefei
09  * 2018年9月16日
10  */
11 public class JedisAPITest {
12     public static void main(String[] args) {
13         //创建Jedis实例，连接Redis本地服务
14         Jedis jedis = new Jedis("127.0.0.1",6379);
15         //设置Redis数据库的密码
16         System.out.println(jedis.auth("123456"));
17         //获取客户端信息
18         System.out.println(jedis.getClient());
19         //清空Redis数据库，相当于执行FLUSHALL命令
20         System.out.println(jedis.flushAll());
21         //查看Redis信息，相当于执行INFO命令
22         System.out.println(jedis.info());
23         //获取数据库中key的数量，相当于执行DBSIZE命令
24         System.out.println(jedis.dbSize());
25         //获取数据库名字
26         System.out.println(jedis.getDB());
27         //返回当前Redis服务器的时间，相当于执行TIME命令
28         System.out.println(jedis.time());
29     }
30 }
```

运行之后，部分效果如图14.1所示。

```
<terminated> JedisAPITest [Java Application] D:\soft\Java\jdk1.8\bin
redis.clients.jedis.Client@3cd1a2f1
OK
# Server
redis_version:3.2.100
redis_git_sha1:00000000
redis_git_dirty:0
redis_build_id:dd26f1f93c5130ee
redis_mode:standalone
os:Windows
arch_bits:64
multiplexing_api:WinSock_IOCP
process_id:21776
run_id:fc3ae724eec03cd92b287046c8a099ad0467b07e
tcp_port:6379
uptime_in_seconds:494
uptime_in_days:0
hz:10
lru_clock:12362655
executable:D:\softPackage\redis\redis-server.exe
config_file:
```

图14.1 Jedis API 实例效果图（部分）

关于更多 Jedis API 的使用方法，在此不再一一列举，感兴趣的读者可以自行学习。

14.1.4 Jedis 事务

在第 9 章中详细介绍了 Redis 的事务功能，我们已经知道一个事务的执行过程具体分为如下几步：

（1）使用 MULTI 命令开启事务。
（2）事务命令入队。
（3）使用 EXEC 命令执行事务。

下面使用 Java 代码来演示一个 Redis 事务的执行过程，实现连接 Redis 数据库，开启事务，并且让相关命令入队，然后提交执行事务，并获取相关的值信息。

Jedis_TransactionTest.java 实例代码如下：

```
01  package com.lhf.JedisDemo;
02
03  import redis.clients.jedis.Jedis;
04  import redis.clients.jedis.Transaction;
05  /**
06   * Jedis 事务
07   *
08   * @author liuhefei
09   * 2018年9月16日
10   */
11  public class Jedis_TransactionTest {
12
13      public static void main(String[] args) {
14          //创建Jedis 实例，连接Redis 本地服务
15          Jedis jedis = new Jedis("127.0.0.1",6379);
16          System.out.println("开启Redis 事务");
17
18          //1.使用MULTI 命令开启事务
19          Transaction transaction = jedis.multi();
20
21          //2.事务命令入队
22          transaction.set("userName", "liuhefei");       //设置键userName
23          transaction.set("age", "24");                  //设置键age
24          transaction.set("city", "shenzhen");           //设置键city
25          transaction.get("userName");                   //获取键userName 的值
26          //将userName 键所存储的值加上增量5，将会报错，事务执行失败
27          //原因是：值包含错误的类型，或字符串类型的值不能表示为数字
28          transaction.incrBy("userName", 5);
29          //将age 键所存储的值加上增量5，事务正确执行
30          transaction.incrBy("age", 5);
31
32          //3.使用EXEC命令执行事务
33          transaction.exec();
34          //取消执行事务
35          //transaction.discard();
```

```
36          System.out.println("Redis 事务执行结束");
37
38          //获取事务中的值
39          System.out.println("用户名："+jedis.get("userName"));
40          System.out.println("年龄："+jedis.get("age"));
41          System.out.println("所在城市："+jedis.get("city"));
42
43      }
44  }
```

打印结果如下：

开启 Redis 事务
Redis 事务执行结束
用户名：liuhefei
年龄：29
所在城市：shenzhen

这个实例验证了 Redis 数据库事务不具有回滚性，它不会因为某条命令的执行失败而终止执行整个事务。

下面演示一个实际生活中的例子。具体描述为：假如我的银行卡余额是 100 元，我要购买一本价值 40 元的图书和一个价值 70 元的书包。我先去购买图书，购买之后，余额为 60 元，再去购买书包，此时将会购买失败，因为银行卡余额不足。以此来说明 Redis 数据库具有一致性，也就是一个事务的执行，要么成功，要么失败，成功与失败都要保证数据库数据前后的一致性，也就是数据的完整性。

下面用代码来实现这个过程。Jedis_TransactionTest1.java 实例代码如下：

```
01  package com.lhf.JedisDemo;
02
03  import java.util.Scanner;
04
05  import redis.clients.jedis.Jedis;
06  import redis.clients.jedis.Transaction;
07
08  /**
09   * Jedis 事务
10   *
11   *
12   * @author liuhefei 2018年9月16日
13   */
14  public class Jedis_TransactionTest1 {
15      //创建 Jedis 实例
16      private static Jedis jedis = new Jedis("127.0.0.1", 6379);
17
18      /**
19       * 购物
20       *
21       * @param goodsName 购买的商品名称
22       * @param balanceA 付款方余额
```

```java
23      * @param price 购买的商品价格
24      * @param balanceB 收款方余额
25      * @return
26      * @throws InterruptedException
27      *
28      * @author liuhefei 2018年9月16日
29      */
30     public boolean shopping(String goodsName, int balanceA, int price, int balanceB)
throws InterruptedException {
31
32         //使用WATCH命令监控balanceA键
33         jedis.watch("balanceA");
34         //获取Redis数据库中balanceA键的值,并转化为整型
35         balanceA = Integer.parseInt(jedis.get("balanceA"));
36         //如果付款方余额小于所要购买的图书价格,则取消对balanceA键的监控
37         //提示余额不足,购买图书失败
38         if (balanceA < price) {
39             jedis.unwatch();
40             System.out.println("余额不足,购买" + goodsName + "失败");
41             return false;
42         } else {
43             System.out.println("*******开始购物*********");
44             System.out.println("购买:" + goodsName);
45             //1.使用MULTI命令开启事务
46             Transaction transaction = jedis.multi();
47             //2.事务命令入队
48             transaction.decrBy("balanceA", price);  //付款方余额减去支付的金额
49             transaction.incrBy("balanceB", price);  //收款方余额加上支付的金额
50             //3.使用EXEC命令执行事务
51             transaction.exec();
52             //购买成功之后
53             balanceA = Integer.parseInt(jedis.get("balanceA"));
54             balanceB = Integer.parseInt(jedis.get("balanceB"));
55
56             System.out.println(goodsName + "购买成功");
57             System.out.println("付款方余额: " + balanceA);
58             System.out.println("收款方余额: " + balanceB);
59
60             return true;
61         }
62     }
63
64     public static void main(String[] args) throws InterruptedException {
65         Jedis_TransactionTest1 goShopping = new Jedis_TransactionTest1();
66
67         int balanceA = 0;   //付款方账户余额
68         int balanceB = 0;   //收款方账户余额
69         int bookPrice = 40;  //图书价格
70         int bagPrice = 70;   //书包价格
71         String goodsName1 = "图书";
```

```
72          String goodsName2 = "书包";
73
74          //初始化银行卡余额为100元
75          jedis.set("balanceA", "100");
76
77          System.out.println("去购买图书");
78          goShopping.shopping(goodsName1, balanceA, bookPrice, balanceB);
79          System.out.println("\n\n去购买书包");
80          goShopping.shopping(goodsName2, balanceA, bagPricae, balanceB);
81      }
82  }
```

打印输出的结果如下:

去购买图书
********开始购物*********
购买：图书
图书购买成功
付款方余额：60
收款方余额：40
去购买书包
余额不足，购买书包失败

14.1.5 Jedis 主从复制

本小节在 Windows 环境下演示 Jedis 实现主从复制功能。在 Windows 环境中，Redis 的安装目录如图 14.2 所示。

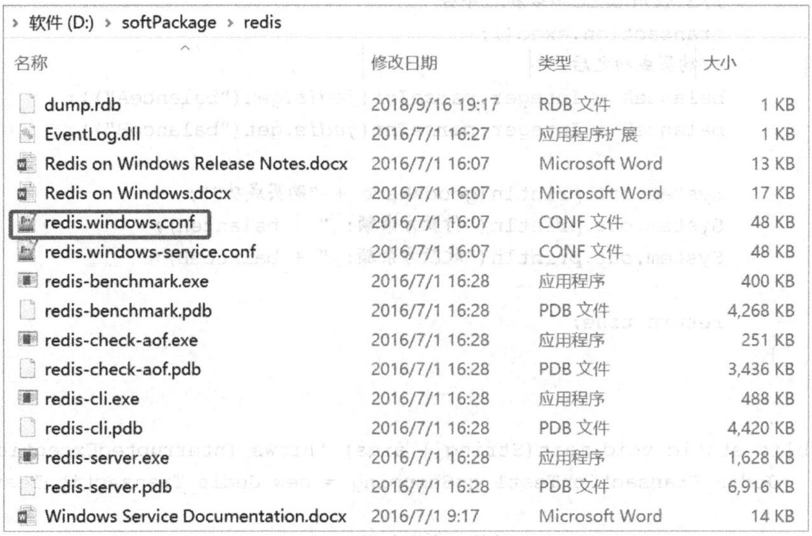

图 14.2 在 Windows 环境中 Redis 的安装目录

复制两份 redis.windows.conf 文件，分别命名为 redis.windows-6379.conf 和

redis.windows-6380.conf，然后修改 redis.windows-6380.conf 文件中的端口信息为 6380。

执行 cmd 命令，进入 Redis 的安装目录，开启两个窗口，分别执行以下命令启动这两个 Redis 服务：

```
./redis-server 'D:\softPackage\redis\redis.windows - 6379.conf'
./redis-server 'D:\softPackage\redis\redis.windows - 6380.conf'
```

再开启两个新窗口，执行以下命令进入服务的客户端：

```
./redis-cli -p 6379
./redis-cli -p 6380
```

当这两个 Redis 服务都成功启动之后，执行以下 Java 代码，实现一个简单的主从复制功能。Jedis_MasterSlaveTest.java 实例代码如下：

```
01  package com.lhf.JedisDemo;
02
03  import redis.clients.jedis.Jedis;
04
05  /**
06   * Jedis 实现主从复制
07   *
08   * @author liuhefei
09   * 2018年9月16日
10   */
11  public class Jedis_MasterSlaveTest {
12
13      public static void main(String[] args) {
14          //创建Jedis实例，连接Redis本地服务
15          Jedis jedis_master = new Jedis("127.0.0.1",6379);
16          Jedis jedis_slave = new Jedis("127.0.0.1",6380);
17
18          //设置6379服务器为主节点，使得6380服务器成为从节点
19          jedis_slave.slaveof("127.0.0.1", 6379);
20
21          //主节点写数据
22          jedis_master.set("userName", "liuhefei");
23          jedis_master.set("age", "24");
24
25          //从节点读数据
26          String userName = jedis_slave.get("userName");
27          String age = jedis_slave.get("age");
28
29          System.out.println("userName:"+userName+" ,age: " + age);
30
31      }
32  }
```

打印输出的结果如下：

```
userName:liuhefei ,age: 24
```

关于 Jedis 的主从复制功能，请读者根据实际情况进行开发，这里只进行演示。在实际

过程中，不可能在同一台 Redis 服务器上实现主从复制功能，那样做没有任何意义。在一般情况下，由多台 Redis 服务器来完成主从复制功能，主节点负责写数据，然后把数据同步到从节点上，从节点负责读数据，这样可以提高效率。

14.1.6　Jedis 的连接池

如果需要多个 Jedis 的实例，就需要使用 Jedis 的连接池（Jedis Pool）。Jedis 的连接池与 MySQL 的连接池很相似。使用连接池的好处是可以降低连接的创建次数，避免消耗大量的数据库资源，从而提高数据库效率。

1. Jedis Pool 的配置参数

- maxActive：最大实例个数，用于设置一个连接池最多可以分配多少个 Jedis 实例。如果它的值为-1，则表示分配的 Jedis 实例个数不限制；如果连接池已经分配了 maxActive 个 Jedis 实例，则此时连接池的状态为 exhausted。

  Jedis 实例可以通过 pool.getResource()函数来获取。
- maxIdle：最大空闲状态的实例个数，用于设置一个连接池最多有多少个空闲状态（idle）的 Jedis 实例。
- minIdle：最小空闲状态的实例个数，用于设置一个连接池最少有多少个空闲状态（idle）的 Jedis 实例。
- maxWait：最大等待时间，表示当创建一个 Jedis 实例时，如果超过这个最大等待时间，则直接抛出 JedisConnectionException 异常。
- whenExhaustedAction：表示当连接池中的 Jedis 实例都被分配完时，连接池将会采取以下 3 种操作。
  - ➢ WHEN_EXHAUSTED_FAIL：表示没有 Jedis 实例，它会抛出 NoSuchElementException 异常。
  - ➢ WHEN_EXHAUSTED_BLOCK：表示已经达到 maxWait 值或者发生了阻塞，它会抛出 JedisConnectionException 异常。
  - ➢ WHEN_EXHAUSTED_GROW：表示新建一个 Jedis 实例，而此时设置的 maxActive 将不起任何作用。
- timeBetweenEvictionRunsMillis：表示空闲对象两次扫描之间要休眠的毫秒数。
- numTestsPerEvictionRun：表示空闲对象每次扫描的最多的对象数。
- minEvictableIdleTimeMillis：表示一个对象停留在空闲状态的最短时间，然后才能被扫描并驱逐；这一项只有在 timeBetweenEvictionRunsMillis 大于 0 时才有意义。
- softMinEvictableIdleTimeMillis：在 minEvictableIdleTimeMillis 的基础上，向连接池中添加指定的最小空闲状态的实例个数。如果为-1，那么 evicted 不会根据 idle time 驱逐任何对象。如果 minEvictableIdleTimeMillis 大于 0，则此项设置无意义，且只

有在 timeBetweenEvictionRunsMillis 大于 0 时才有意义。
- lifo：当 borrowObject 返回对象时，默认采用后进先出（DEFAULT_LIFO）队列；如果为 False，则表示采用先进先出（FIFO）队列。
- testOnBorrow：在分配一个 Jedis 实例时，是否提前进行验证操作。如果其值设置为 true，则得到的 Jedis 实例都是可用的。
- testOnReturn：判断在返回给连接池时，是否提前进行验证操作。
- testWhileIdle：如果为 true，则表示有一个 idle object evitor 线程对空闲对象进行扫描。如果验证失败，那么此对象会被从连接池中删除；这一项只有在 timeBetweenEvictionRunsMillis 大于 0 时才有意义。

其中，JedisPoolConfig 对一些参数的默认设置如下：

```
testWhileIdle=true
minEvictableIdleTimeMills=60000
timeBetweenEvictionRunsMillis=30000
numTestsPerEvictionRun=-1
```

2. Jedis Pool 的应用实例

创建一个 Jedis 连接池，用于实现 Redis 数据库的初始化、获取 Jedis 的实例、释放 Jedis 资源等相关功能。JedisPoolUtils.java 实例代码如下：

```
01 package com.lhf.JedisDemo;
02
03 import redis.clients.jedis.Jedis;
04 import redis.clients.jedis.JedisPool;
05 import redis.clients.jedis.JedisPoolConfig;
06
07 /**
08  * Jedis 连接池
09  *
10  * @author liuhefei 2018年9月16日
11  */
12 public class JedisPoolUtils {
13     //Redis 服务器 IP 地址
14     private static String ADDR = "127.0.0.1";
15     //Redis 的端口号
16     private static int PORT = 6379;
17     //可用连接实例的最大数目，默认值为 8
18     //如果赋值为-1，则表示不限制
19     //如果连接池已经分配了 maxActive 个 Jedis 实例，则此时连接池的状态为 exhausted(耗尽)
20     private static int MAX_ACTIVE = 1024;
21     //控制一个连接池最多有多少个状态为 idle(空闲的)的 Jedis 实例，默认值也是 8
22     private static int MAX_IDLE = 200;
23     //等待可用连接的最大时间，单位为毫秒。默认值为-1，表示永不超时
24     //如果超过等待时间，则直接抛出 JedisConnectionException 异常
25     private static int MAX_WAIT = 10000;
26     //在分配一个 Jedis 实例时，是否提前进行验证操作
```

```
27      //如果为true，则得到的Jedis实例均是可用的
28      private static boolean TEST_ON_BORROW = true;
29      //在返回一个Jedis实例给连接池时，是否检查连接可用性（ping()）
30      private static boolean TEST_ON_RETURN = true;
31
32      private static JedisPool jedisPool = null;
33      /**
34       * 初始化Redis连接池
35       */
36      public static JedisPool getJedisPoolInstance()
37      {
38          if(null == jedisPool)
39          {
40              //同步锁
41              synchronized (JedisPoolUtils.class)
42              {
43                  if(null == jedisPool)
44                  {
45                      //Jedis连接池的配置
46                      JedisPoolConfig poolConfig = new JedisPoolConfig();
47                      poolConfig.setMaxTotal(MAX_ACTIVE);
48                      poolConfig.setMaxIdle(MAX_IDLE);
49                      poolConfig.setMaxWaitMillis(MAX_WAIT);
50                      poolConfig.setTestOnBorrow(TEST_ON_BORROW);
51                      poolConfig.setTestOnReturn(TEST_ON_RETURN);
52                      jedisPool = new JedisPool(poolConfig, ADDR, PORT);
53                  }
54              }
55          }
56          return jedisPool;
57      }
58
59      /**
60       * 获取Jedis实例
61       *
62       * @return
63       */
64      public synchronized static Jedis getJedis() {
65          try {
66              if (jedisPool != null) {
67                  Jedis resource = jedisPool.getResource();
68                  return resource;
69              } else {
70                  return null;
71              }
72          } catch (Exception e) {
73              e.printStackTrace();
74              return null;
75          }
76      }
```

```
77
78      /**
79       * 释放Jedis 资源
80       *
81       * @param jedis
82       */
83      public static void releaseResource(final Jedis jedis) {
84          if (jedis != null) {
85              jedisPool.close();
86          }
87      }
88
89      public static void main(String[] args) {
90          JedisPool jedisPool = JedisPoolUtils.getJedisPoolInstance();
91          JedisPool jedisPool2 = JedisPoolUtils.getJedisPoolInstance();
92
93          System.out.println(jedisPool == jedisPool2);
94
95          Jedis jedis = null;
96          try {
97              //获取Jedis 实例
98              jedis = JedisPoolUtils.getJedis();
99              jedis.set("message","Redis 连接池");
100             System.out.println(jedis.get("message"));
101         } catch (Exception e) {
102             e.printStackTrace();
103         }finally{
104             //释放Jedis 连接资源
105             JedisPoolUtils.releaseResource(jedis);
106         }
107     }
108 }
```

打印输出的结果如下：

```
true
Redis 连接池
```

更多关于Jedis 连接池的信息，请读者自行查阅相关资料学习。

14.2 Java 操作 Redis 数据类型

本书前面的章节详细介绍了 Redis 相关数据类型的命令，在这里不再多说，直接给出代码。

本实例展示了 Java 操作 Redis 的字符串、哈希表、列表、集合及有序集合等相关命令的用法。

14.2.1　Java 操作 Redis 字符串类型

该实例（RedisString.java）为读者展示了 Redis 字符串类型相关命令的用法，以及 Redis 键命令的用法，代码如下：

```
01 package com.lhf.dataType;
02
03 import redis.clients.jedis.Jedis;
04
05 /**
06  * Java 操作 Redis 字符串类型
07  *
08  * @author liuhefei
09  * 2018 年 9 月 17 日
10  */
11 public class RedisString {
12
13     public static Jedis getJedis(){
14         //连接 Redis 服务器
15         Jedis jedis = new Jedis("127.0.0.1",6379);
16         System.out.println("redis 服务器连接成功！");
17         return jedis;
18     }
19
20     /**
21      * Redis 的 key 类型
22      */
23     public void redisKey(){
24         Jedis jedis = getJedis();
25         jedis.set("mykey", "redis data type");
26         System.out.println("查看键为 mykey 的值是否存在："+jedis.exists("mykey"));
27         System.out.println("键 mykey 的值为："+jedis.get("mykey"));
28         System.out.println("查看键为 mykey 的类型："+jedis.type("mykey"));
29         System.out.println("随机获得一个 key:"+jedis.randomKey());
30         System.out.println("将 mykey 重命名为 mykey1:"+ jedis.rename("mykey","mykey1"));
31         System.out.println("删除 key 为 mykey:"+jedis.del("mykey"));
32     }
33
34     /**
35      * Redis 的 String 类型
36      */
37     public void redisString(){
38         Jedis jedis = getJedis();
39         System.out.println("设置 name: "+jedis.set("name", "小花"));
40         System.out.println("设置 name1: "+jedis.set("name1", "小花 1"));
41         System.out.println("设置 name2: "+jedis.set("name2", "小花 2"));
42         System.out.println("设置 name, 如果存在返回 0: "+jedis.setnx("name", "小花哈哈"));
```

```
43        System.out.println("获取key为name和name1的value值: "+jedis.mget("name",
"name1"));
44        System.out.println("自增1: "+jedis.incr("index"));
45        System.out.println("自增1: "+jedis.incr("index"));
46        System.out.println("自增2: "+jedis.incrBy("count", 2));
47        System.out.println("自增2: "+jedis.incrBy("count", 2));
48        System.out.println("递减1: "+jedis.decr("count"));
49        System.out.println("递减2: "+jedis.decrBy("index",2));
50        System.out.println("在name后面添加String: "+jedis.append("name", ",我爱你"));
51        System.out.println("获取key为name的值: "+jedis.get("name"));
52    }
53
54    public static void main(String[] args) {
55        RedisString redis = new RedisString();
56        redis.redisKey();
57        redis.redisString();
58    }
59
60 }
```

该实例代码运行后，效果如图14.3所示。

```
redis服务器连接成功!
查看键为mykey的值是否存在: true
键mykey的值为: redis data type
查看键为mykey的类型: string
随机获得一个key:list
将mykey重命名为mykey1:OK
删除key为mykey:0
redis服务器连接成功!
设置name: OK
设置name1: OK
设置name2: OK
设置name，如果存在返回0: 0
获取key为name和name1的value值: [小花, 小花1]
自增1: 1
自增1: 2
自增2: 2
自增2: 4
递减1: 3
递减2: 0
在name后面添加String: 16
获取key为name的值: 小花,我爱你
```

图14.3　Java操作Redis字符串类型实例效果

14.2.2　Java操作Redis列表类型

该实例（RedisList.java）为读者展示了Redis列表类型相关命令的用法，代码如下：

```
01 package com.lhf.dataType;
02
03 import java.util.List;
```

```java
04  import redis.clients.jedis.Jedis;
05
06  /**
07   * Java 操作 Redis 列表类型
08   *
09   * @author liuhefei
10   * 2018年9月17日
11   */
12  public class RedisList {
13
14      public static Jedis getJedis(){
15          //连接 Redis 服务器
16          Jedis jedis = new Jedis("127.0.0.1",6379);
17          System.out.println("redis服务器连接成功！");
18          return jedis;
19      }
20
21      /**
22       * Redis 的 list 类型
23       */
24      public void redisList(){
25          Jedis jedis = getJedis();
26          //在列表的头部添加数据
27          jedis.lpush("list", "姗姗","age","20","address","beijing");
28          //在列表的尾部添加数据
29          jedis.rpush("height", "170cm","cupSize","C罩杯");
30          //返回长度
31          System.out.println("列表长度：" + jedis.llen("list"));
32          System.out.println("列表list下标为2的元素：" + jedis.lindex("list", 2));
33          System.out.println("移除一个元素：" + jedis.lrem("list", 1, "age"));
34          System.out.println("将列表 key 下标为 index 的元素的值设置为 value: "
+ jedis.lset("list", 5, "hello world"));
35          System.out.println("移除并返回列表list的尾元素：" + jedis.rpop("list"));
36          //取值
37          List<String> list = jedis.lrange("list", 0, -1);
38          for(String str : list){
39              System.out.println(str);
40          }
41          //System.out.println("删除key为list的数据"+jedis.del("list"));
42          System.out.println("删除key为height的数据"+jedis.del("height"));
43      }
44
45      public static void main(String[] args) {
46          RedisList redis = new RedisList();
47          redis.redisList();
48      }
49
50  }
```

该实例代码运行之后，效果如图14.4所示。

```
redis服务器连接成功！
列表长度：13
列表list下标为2的元素：20
移除一个元素：1
将列表key  下标为index 的元素的值设置为value：OK
移除并返回列表list的尾元素：age
beijing
address
20
姗姗
beijing
hello world
20
姗姗
beijing
hello world
20
删除key为height的数据1
```

图 14.4　Java 操作 Redis 列表类型实例效果

14.2.3　Java 操作 Redis 集合类型

该实例（RedisSet.java）为读者展示了 Redis 集合类型相关命令的用法，代码如下：

```
01 package com.lhf.dataType;
02
03 import redis.clients.jedis.Jedis;
04
05 /**
06  * Java 操作 Redis 集合类型
07  *
08  * @author liuhefei
09  * 2018 年 9 月 17 日
10  */
11 public class RedisSet {
12
13     public static Jedis getJedis(){
14         //连接 Redis 服务器
15         Jedis jedis = new Jedis("127.0.0.1",6379);
16         System.out.println("redis 服务器连接成功！");
17         return jedis;
18     }
19
20     /**
21      * Redis 的 set 类型
22      */
23     public void redisSet(){
24         Jedis jedis = getJedis();
25         jedis.sadd("city", "北京","上海","广州","深圳","昆明","武汉","大理");
26         System.out.println("取出集合的头部元素：" + jedis.spop("city"));
27         System.out.println("随机取出一个值： "+ jedis.srandmember("city"));
```

```java
28      /*Redis Srem 命令用于移除集合中的一个或多个成员元素,不存在的成员元素会被忽略。
29        当 key 不是集合类型时,返回一个错误
30      */
31      jedis.srem("city", "北京");
32      //Redis Smembers 命令用于返回集合中的所有成员。不存在的集合 key 被视为空集合
33      System.out.println(jedis.smembers("city"));
34      //Redis Sismember 命令用于判断成员元素是否是集合的成员
35      //判断深圳是否是city集合的元素
36      System.out.println(jedis.sismember("city", "深圳"));
37      //Redis Srandmember 命令用于返回集合中的一个随机元素
38      System.out.println(jedis.srandmember("city"));
39      //Redis Scard 命令用于返回集合中元素的数量
40      System.out.println(jedis.scard("city"));
41
42      jedis.sadd("city2", "昆明","香港","澳门","台湾","上海","北京","成都");
43      System.out.println("交集: "+jedis.sinter("city","city2"));
44      System.out.println("并集: "+jedis.sunion("city","city2"));
45      System.out.println("差集: "+jedis.sdiff("city","city2"));
46    }
47
48    public static void main(String[] args) {
49      RedisSet redis = new RedisSet();
50      redis.redisSet();
51    }
52
53 }
```

该实例代码运行之后,效果如图 14.5 所示。

```
redis服务器连接成功!
取出集合的头部元素:深圳
随机取出一个值:广州
[大理, 上海, 广州, 昆明, 武汉]
false
昆明
5
交集:[上海, 昆明]
并集:[澳门, 香港, 台湾, 昆明, 武汉, 大理, 成都, 广州, 上海, 北京]
差集:[广州, 大理, 武汉]
```

图 14.5　Java 操作 Redis 集合类型实例效果

14.2.4　Java 操作 Redis 哈希表类型

该实例(RedisHash.java)为读者展示了 Redis 哈希表类型相关命令的用法,代码如下:

```java
01 package com.lhf.dataType;
02
03 import java.util.HashMap;
04 import java.util.List;
```

```java
05  import java.util.Map;
06  import redis.clients.jedis.Jedis;
07
08  /**
09   * Java 操作 Redis 哈希表类型
10   *
11   * @author liuhefei
12   * 2018年9月17日
13   */
14  public class RedisHash {
15
16      public static Jedis getJedis(){
17          //连接 Redis 服务器
18          Jedis jedis = new Jedis("127.0.0.1",6379);
19          System.out.println("redis 服务器连接成功！");
20          return jedis;
21      }
22
23      /**
24       * Redis 哈希（map）数据类型
25       */
26      public void redisMap(){
27          Jedis jedis = getJedis();
28          jedis.hset("bigCity", "big", "北京");
29          System.out.println("取值：" + jedis.hget("bigCity", "big"));
30          Map<String,String> map = new HashMap<String,String>();
31          map.put("big1", "上海");
32          map.put("big2", "香港");
33          map.put("big3", "武汉");
34          jedis.hmset("bigCity2", map);
35          List<String> list1 = jedis.hmget("bigCity2", "big1","big2","big3");
36          for(String str1 : list1){
37              System.out.println(str1);
38          }
39          //删除 map 中的某个键值
40          jedis.hdel("bigCity2", "上海");
41          System.out.println(jedis.hmget("bigCity2", "height"));  //因为删除了，所以返回的是 null
42          System.out.println(jedis.hlen("bigCity2"));  //返回 key 为 bigCity2 的键中存放的值的个数 2
43          System.out.println(jedis.exists("bigCity2"));//是否存在 key 为 bigCity2 的记录，返回 true
44          System.out.println(jedis.hkeys("bigCity2"));//返回 map 对象中的所有 key
45          System.out.println(jedis.hvals("bigCity2"));//返回 map 对象中的所有 value
46      }
47
48      public static void main(String[] args) {
49          RedisHash redis = new RedisHash();
50          redis.redisMap();
51      }
52  }
```

该实例代码运行之后，效果如图 14.6 所示。

```
redis服务器连接成功！
取值：北京
上海
香港
武汉
[null]
3
true
[big2, big3, big1]
[香港，武汉，上海]
```

图 14.6 Java 操作 Redis 哈希表类型实例效果

14.2.5 Java 操作 Redis 有序集合类型

该实例（RedisSortedSet.java）为读者展示了 Redis 有序集合相关命令的用法，代码如下：

```
01 package com.lhf.dataType;
02
03 import redis.clients.jedis.Jedis;
04
05 /**
06  * Java 操作 Redis 有序集合类型
07  *
08  * @author liuhefei
09  * * 2018年9月17日
10  */
11 public class RedisSortedSet {
12
13     public static Jedis getJedis(){
14         //连接Redis服务器
15         Jedis jedis = new Jedis("127.0.0.1",6379);
16         System.out.println("redis服务器连接成功！");
17         return jedis;
18     }
19
20     /**
21      * Redis SortedSet（有序集合）类型
22      *
23      */
24     public void redisSortedSet() {
25         Jedis jedis = getJedis();
26         jedis.zadd("math-score", 100, "小明");
27         jedis.zadd("math-score", 92, "张三");
28         jedis.zadd("math-score", 70, "李四");
29         jedis.zadd("math-score", 50, "小花");
30         //返回有序集合 math-score 中指定区间内的成员
31         System.out.println(jedis.zrange("math-score", 0, -1));
32         //返回有序集合math-score 的基数
```

```
33      System.out.println(jedis.zcard("math-score"));
34      //返回有序集合 math-score 中，score 值在 min 和 max 之间
35      //(默认包括 score 值等于 min 或 max)的成员的数量
36      System.out.println(jedis.zcount("math-score", 50, 90));
37      //为有序集合 math-score 的成员小花 的 score 值加上增量 15
38      System.out.println(jedis.zincrby("math-score", 15, "小花"));
39      //返回有序集合 math-score 中成员 member 的 score 值
40      System.out.println(jedis.zscore("math-score", "小花"));
41      //返回有序集合 math-score 中成员张三的排名
42      //其中有序集合成员按 score 值递增(从小到大)顺序排列
43      System.out.println(jedis.zrank("math-score", "张三"));
44      //返回有序集合 math-score 中指定区间内的成员
45      System.out.println(jedis.zrevrange("math-score", 90, 100));
46      //返回有序集合 math-score 中 score 值介于 max 和 min 之间
47      //(默认包括等于 max 或 min)的所有成员
48      System.out.println(jedis.zrevrangeByScore("math-score", 100, 60));
49      //移除有序集合 math-score 中的一个或多个成员，不存在的成员将被忽略
50      System.out.println(jedis.zrem("math-score", "小花","小五"));
51  }
52
53  public static void main(String[] args) {
54      RedisSortedSet redis = new RedisSortedSet();
55      redis.redisSortedSet();
56  }
57
58 }
```

该实例代码运行之后，效果如图 14.7 所示。

```
redis服务器连接成功!
[小花，李四，张三，小明]
4
2
65.0
65.0
2
[]
[小明，张三，李四，小花]
1
```

图 14.7 Java 操作 Redis 有序集合类型实例效果

关于 Redis 数据类型的命令，在本实例中没有全部为读者展示，请读者自行尝试使用。

14.3 Java 操作 Redis 实现排行榜

在实际生活中，排行榜的例子随处可见，如考试成绩排名、商品销量排名、游戏等级或积分排名，以及热门文章或帖子的点赞数、访问量等相关的排名等。要实现一个排行榜功能，可以利用 Redis 有序集合（SortedSet）类型中的相关命令。

下面为读者展示一个游戏玩家得分的排行榜实例。本实例利用 Redis 的有序集合命令，根据游戏玩家的得分进行排名，以及按照条件筛选出游戏玩家。

Jedis_RankingList.java 实例代码如下：

```java
01 package com.lhf.JedisDemo;
02
03 import java.util.ArrayList;
04 import java.util.List;
05 import java.util.Set;
06 import java.util.UUID;
07
08 import redis.clients.jedis.Jedis;
09 import redis.clients.jedis.Tuple;
10
11 /**
12  * Jedis 实现排行榜
13  * 实现王者荣耀手游按照积分排名
14  *
15  *
16  * @author liuhefei
17  * 2018年9月18日
18  */
19 public class Jedis_RankingList {
20     static int TOTAL_SIZE = 30;    //玩家总人数
21
22     public static void main(String[] args) {
23         //创建 Jedis 实例
24         Jedis jedis = new Jedis("127.0.0.1",6379);
25         System.out.println("Redis 连接成功");
26
27         try {
28             String key = "欢迎来到王者荣耀";
29             //清除可能已有的键
30             jedis.del(key);
31
32             //模拟生成多个游戏玩家
33             List<String> players = new ArrayList<String>();
34             for(int i=0;i<TOTAL_SIZE;++i) {
35                 //随机生成每个玩家的 ID
36                 players.add(UUID.randomUUID().toString());
37             }
38             System.out.println("-----玩家登录进入游戏-----");
39             //开始记录每个玩家的得分
40             for(int j=0;j<players.size();j++) {
41                 //模拟生成玩家的游戏得分
42                 int score = (int)(Math.random()*10000);
43                 String member = players.get(j);
44                 //打印玩家的游戏得分信息
45                 System.out.println("玩家ID: " + member + ", 玩家得分: " + score);
```

```java
46                //将玩家的ID和得分都加到对应key的SortedSet中去
47                jedis.zadd(key, score, member);
48            }
49            //打印出全部玩家排行榜
50            System.out.println();
51            System.out.println("----------"+key+"------------");
52            System.out.println("------------全部玩家排行榜-----------");
53            //从对应key的SortedSet中获取已经排好序的游戏玩家列表
54            Set<Tuple> scoreList = jedis.zrevrangeWithScores(key, 0, -1);
55            for(Tuple item : scoreList) {
56                System.out.println("玩家ID: " + item.getElement() + ", 玩家得分: "
57                    + Double.valueOf(item.getScore()));
58            }
59
60            //打印出排名前五的游戏玩家
61            System.out.println();
62            System.out.println("-----------"+key+"-------------");
63            System.out.println("--------王者荣耀排名前五玩家-----------");
64            scoreList = jedis.zrevrangeWithScores(key, 0, 4);
65            for(Tuple item : scoreList) {
66                System.out.println("玩家ID: " + item.getElement() + ", 玩家得分: "
67                    + Double.valueOf(item.getScore()));
68            }
69
70            //打印出得分在5000~8000分之间的玩家信息
71            System.out.println();
72            System.out.println("-----------"+key+"-------------");
73            System.out.println("--------王者荣耀得分在5000~8000分的玩家-----------");
74            scoreList = jedis.zrangeByScoreWithScores(key, 5000, 8000);
75            for(Tuple item : scoreList) {
76                System.out.println("玩家ID: " + item.getElement() + ", 玩家得分: "
77                    + Double.valueOf(item.getScore()));
78            }
79        } catch (Exception e) {
80            e.printStackTrace();
81        } finally {
82            jedis.quit();
83            jedis.close();
84        }
85    }
86 }
```

该实例的运行效果如图14.8所示。

```
<terminated> Jedis_RankingList [Java Application] D:\soft\Java\jdk1.8\bin\java
-----------欢迎来到王者荣耀-----------
--------王者荣耀排名前五玩家-----------
玩家ID: f8e206b5-56c0-48d8-9322-8d2626293198, 玩家得分: 9729.0
玩家ID: 9322e82a-007a-438f-bb47-8d52f2df535c, 玩家得分: 9365.0
玩家ID: 5cee96c0-d408-4978-8ee7-d14474473ae9, 玩家得分: 9332.0
玩家ID: 75fcec8b-075a-49d5-bca3-43edc76e5253, 玩家得分: 8950.0
玩家ID: 942668d3-fbbc-41bd-bb05-9d13f82093c4, 玩家得分: 7887.0

-----------欢迎来到王者荣耀-----------
--------王者荣耀得分在5000~8000分的玩家-----------
玩家ID: 42b284c5-7e11-41bd-9a55-1c99c1850211, 玩家得分: 5837.0
玩家ID: 49787f73-839d-49fb-a049-b4c4b2ddf1d0, 玩家得分: 6345.0
玩家ID: 4181de74-1ff2-410b-b3ba-385324383d1c, 玩家得分: 6835.0
玩家ID: 30030abc-39c8-40da-91aa-5f9969af1d0e, 玩家得分: 7024.0
玩家ID: de0a6e55-8a44-4a6b-be6c-680fcb3a92f9, 玩家得分: 7658.0
玩家ID: e10aaf66-4d6e-4ac2-b4f7-1a7cf97b2f13, 玩家得分: 7756.0
玩家ID: 942668d3-fbbc-41bd-bb05-9d13f82093c4, 玩家得分: 7887.0
```

图 14.8 Java 操作 Redis 实现排行榜运行效果图

14.4 Java 操作 Redis 实现秒杀功能

在实际生活中，秒杀功能也是比较常见的，如 12306 抢票、电商系统的秒杀活动等。所谓秒杀，从应用业务角度来看，是指在短时间内多个用户"争抢"某个资源，这里的资源在大部分秒杀场景里是商品；从技术角度来看，就是多个线程对资源进行操作。所以，要实现秒杀功能，就必须控制线程对资源的抢夺，既要保证高效、并发，又要保证操作的正确性，符合实际业务需要。

对于秒杀的优化思路有：

- 写入内存。
- 实现多线程异步处理。
- 实现分布式处理。

下面采用多线程的方式为读者展示一个 1000 人秒杀 100 部手机的实例，代码如下。

（1）秒杀实现（SecondKill.java）：创建多线程，并利用 Redis 的事务功能，实现秒杀功能。

```
01 package com.lhf.secondkill;
02
03 import java.util.List;
04
05 import redis.clients.jedis.Jedis;
06 import redis.clients.jedis.Transaction;
07
08 /**
09  * 秒杀抢购
10  *
11  *
12  * @author liuhefei 2018年9月19日
```

```java
13  */
14  public class SecondKill implements Runnable {
15
16      String iPhone = "iPhone";
17      Jedis jedis = new Jedis("127.0.0.1", 6379);
18      String userinfo;
19
20      public SecondKill() {
21
22      }
23
24      public SecondKill(String uinfo) {
25          this.userinfo = uinfo;
26      }
27
28      public void run() {
29          try {
30              jedis.watch(iPhone);// watchkeys
31
32              String val = jedis.get(iPhone);
33              int valint = Integer.valueOf(val);
34
35              if (valint <= 100 && valint >= 1) {
36              //1.使用MULTI命令开启事务
37                  Transaction tx = jedis.multi();
38              //2.事务命令入队
39                  tx.incrBy("iPhone", -1);
40              //3.使用EXEC命令执行事务
41              //提交事务。如果此时watchkeys被改动了，则返回null
42                  List<Object> list = tx.exec();
43
44                  if (list == null || list.size() == 0) {
45
46                      String failuserifo = "fail" + userinfo;
47                      String failinfo = "用户: " + failuserifo + " 商品争抢失败，抢购失败";
48                      System.out.println(failinfo);
49                      /* 抢购失败业务逻辑 */
50                      jedis.setnx(failuserifo, failinfo);
51                  } else {
52                      for (Object succ : list) {
53                          String succuserifo = "succ" + succ.toString() + userinfo;
54                          String succinfo = "用户: " + succuserifo +
55                  " 抢购成功,当前抢购成功人数:" + (1 - (valint - 100));
56                          System.out.println(succinfo);
57                          /* 抢购成功业务逻辑 */
58                          jedis.setnx(succuserifo, succinfo);
59                      }
60                  }
61              } else {
62                  String failuserifo = "kcfail" + userinfo;
```

```
63              String failinfo1 = "用户: " + failuserifo + " 商品被抢购完毕，抢购失败";
64              System.out.println(failinfo1);
65              jedis.setnx(failuserifo, failinfo1);
66              // Thread.sleep(500);
67              return;
68          }
69      } catch (Exception e) {
70          e.printStackTrace();
71      } finally {
72          jedis.close();
73      }
74  }
75 }
```

（2）主程序（SecondKillTest.java）：秒杀功能的入口程序，用于创建线程池，同时生成用户 ID，调用秒杀功能代码，完成秒杀任务。

```
01 package com.lhf.secondkill;
02
03 import java.util.Random;
04 import java.util.concurrent.ExecutorService;
05 import java.util.concurrent.Executors;
06
07 import redis.clients.jedis.Jedis;
08
09 /**
10  * Redis 秒杀功能的实现，1000 人抢购 100 部手机
11  *
12  * @author liuhefei 2018 年 9 月 19 日
13  */
14 public class SecondKillTest {
15    public static void main(String[] args) {
16        final String iPhone = "iPhone";
17        ExecutorService executor = Executors.newFixedThreadPool(20);//20 个线程池并发数
18
19        final Jedis jedis = new Jedis("127.0.0.1", 6379);
20        jedis.del(iPhone);           //先删除
21        jedis.set(iPhone, "100"); //设置起始的抢购数
22
23        jedis.close();
24
25        for (int i = 0; i < 1000; i++) {//设置1000人来发起抢购
26            executor.execute(new SecondKill("user" + getRandomString(6)));
27        }
28        executor.shutdown();
29    }
30
31    /**
32     * 生成用户 ID
33     * @param length
```

```
34       * @return
35       *
36       * @author liuhefei
37       * 2018年9月19日
38       */
39      public static String getRandomString(int length) {  // length是随机字符串长度
40          String base = "abcdefghijklmnopqrstuvwxyz0123456789";
41          Random random = new Random();
42          StringBuffer sb = new StringBuffer();
43          for (int i = 0; i < length; i++) {
44              int number = random.nextInt(base.length());
45              sb.append(base.charAt(number));
46          }
47          return sb.toString();
48      }
49  }
```

该实例运行效果如图 14.9 所示。

图 14.9　Java 操作 Redis 实现秒杀功能运行效果图

14.5　Java 操作 Redis 实现消息队列

本节为读者展示一个 Java 操作 Redis 实现消息队列的实例。

实例准备（在 Windows 环境下进行）：

（1）复制 redis.windows.conf 文件，分别命名为 redis.windows-6379.conf 和 redis.windows-6380.conf。

(2）修改 redis.windows-6380.conf 文件的端口号为 6380。

(3）分别启动两个 cmd 窗口，进入 Redis 的安装目录，分别运行以下命令启动 Redis 的服务：

```
./redis-server 'D:\softPackage\redis\redis.windows - 6379.conf'
./redis-server 'D:\softPackage\redis\redis.windows - 6380.conf'
```

本实例用到的 Redis 安装在 D:\softPackage\redis 目录中。

(4）启动项目代码，就可以看到项目处于消息订阅的状态中。

(5）再分别启动两个 cmd 窗口，切换到 Redis 的安装目录下，分别运行以下命令启动 Redis 的客户端：

```
./redis-cli -p 6379
./redis-cli -p 6380
```

分别在两个客户端中执行以下命令发送消息：

```
publish mychannel "hello redis"
publish mychannel.redis "hello redis"
```

在代码运行的控制台中就可以看到相关消息了。

实例代码如下。

消息发布者：实现消息的发布功能。

```
01 package com.lhf.messageQueue;
02
03 import redis.clients.jedis.Jedis;
04
05 /**
06  * 消息发布者
07  * 1.建立两个 Jedis 客户端，
08  * 2.建立两个发布/订阅监听器
09  * 3.启动两个线程，分别用于监听频道和模式
10  *
11  * @author liuhefei 2018年9月20日
12  */
13 public class MessagePublisher {
14     @SuppressWarnings("resource")
15     public static void main(String[] args) {
16         final Jedis jedis = new Jedis("127.0.0.1", 6379);
17         final Jedis pjedis = new Jedis("127.0.0.1", 6380);
18
19         final MessageSubscriber listener = new MessageSubscriber();
20         final MessageSubscriber plistener = new MessageSubscriber();
21
22         Thread thread = new Thread(new Runnable() {
23             public void run() {
24                 jedis.subscribe(listener, "mychannel");
25             }
26         });
27
```

```
28            Thread pthread = new Thread(new Runnable() {
29                public void run() {
30                    pjedis.psubscribe(plistener, "mychannel.*");
31                }
32            });
33
34            thread.start();
35            pthread.start();
36        }
37 }
```

消息订阅者：实现消息的订阅消费功能。

```
01 package com.lhf.messageQueue;
02
03 import redis.clients.jedis.JedisPubSub;
04
05 /**
06  * 消息订阅者
07  * 监听器会对频道和模式的订阅、接收消息和退订等事件进行监听，然后进行相应的处理
08  *
09  * @author liuhefei
10  * 2018年9月20日
11  */
12 public class MessageSubscriber extends JedisPubSub {
13     //消息订阅成功的处理
14     public void onMessage(String channel, String message) {
15         System.out.println("onMessage: " + channel + "=" + message);
16         if (message.equals("quit"))
17             this.unsubscribe(channel);
18     }
19
20     //订阅初始化
21     public void onSubscribe(String channel, int subscribedChannels) {
22         System.out.println("onSubscribe: " + channel + "=" + subscribedChannels);
23     }
24
25     //取消订阅
26     public void onUnsubscribe(String channel, int subscribedChannels) {
27         System.out.println("onUnsubscribe: " + channel + "=" + subscribedChannels);
28     }
29
30     //按模式的方式订阅
31     public void onPSubscribe(String pattern, int subscribedChannels) {
32         System.out.println("onPSubscribe: " + pattern + "=" + subscribedChannels);
33     }
34
35     //取消按模式的方式订阅
36     public void onPUnsubscribe(String pattern, int subscribedChannels) {
37         System.out.println("onPUnsubscribe: " + pattern + "="
38             + subscribedChannels);
```

```
39      }
40
41      //处理消息订阅模式
42      public void onPMessage(String pattern, String channel, String message) {
43          System.out.println("onPMessage: " + pattern + "=" + channel + "=" + message);
44          if (message.equals("quit"))
45              this.punsubscribe(pattern);
46      }
47 }
```

该实例运行效果如图 14.10 所示。

```
MessagePublisher [Java Application] D:\soft\Java\jdk1.8\bin\javaw.exe (2018年9月20日 下午11:18:12)
onSubscribe: mychannel=1
onPSubscribe: mychannel.*=1
onMessage: mychannel=hello redis
onMessage: mychannel=test test test.....
onPMessage: mychannel.*=mychannel.a=how are you
onPMessage: mychannel.*=mychannel.redis=hello redis
```

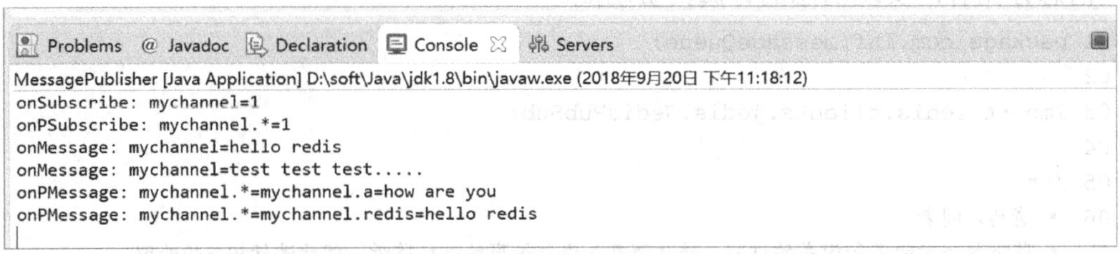

图 14.10　Java 操作 Redis 实现消息队列运行效果图

14.6　Java 操作 Redis 实现故障转移

本节通过一个 Java 实例来模拟实现 Redis 的故障转移功能。

实例准备（在 Linux 环境下进行）：

设置 3 个哨兵来监控一个主从复制（一主二从）模式。具体操作步骤如下。

（1）新建 3 个 Redis 配置文件，并编辑其内容。

- 文件名为 redis-6379.conf，使用 vim redis-6379.conf 命令编辑并保存，内容如下（主节点）：

```
port 6379
daemonize yes
pidfile /var/run/redis-6379.pid
logfile "6379.log"
dir "/home/redis/data"
```

- 文件名为 redis-6380.conf，使用 vim redis-6380.conf 命令编辑并保存，内容如下（从节点）：

```
port 6380
daemonize yes
pidfile /var/run/redis-6380.pid
logfile "6380.log"
dir "/home/redis/data"
slaveof 127.0.0.1 6379
```

- 文件名为 redis-6381.conf，使用 vim redis-6381.conf 命令编辑并保存，内容如下（从节点）：

```
port 6381
daemonize yes
pidfile /var/run/redis-6381.pid
logfile "6381.log"
dir "/home/redis/data"
slaveof 127.0.0.1 6379
```

(2) 新建 3 个 Redis Sentinel 配置文件,并编辑其内容。

- 文件名为 sentinel-26379.conf,使用 vim sentinel-26379.conf 命令编辑并保存,内容如下:

```
port 26379
daemonize yes
dir /home/redis/data
logfile "26379.log"
sentinel monitor mymaster 127.0.0.1 6379 2
sentinel down-after-milliseconds mymaster 30000
sentinel parallel-syncs mymaster 1
sentinel failover-timeout mymaster 180000
```

- 文件名为 sentinel-26380.conf,使用 vim sentinel-26380.conf 命令编辑并保存,内容如下:

```
port 26380
daemonize yes
dir /home/redis/data
logfile "26380.log"
sentinel monitor mymaster 127.0.0.1 6379 2
sentinel down-after-milliseconds mymaster 30000
sentinel parallel-syncs mymaster 1
sentinel failover-timeout mymaster 180000
```

- 文件名为 sentinel-26381.conf,使用 vim sentinel-26381.conf 命令编辑并保存,内容如下:

```
port 26381
daemonize yes
dir /home/redis/data
logfile "26381.log"
sentinel monitor mymaster 127.0.0.1 6379 2
sentinel down-after-milliseconds mymaster 30000
sentinel parallel-syncs mymaster 1
sentinel failover-timeout mymaster 180000
```

(3) 分别启动 3 台 Redis 服务器,启动命令如下:

```
redis-server /home/redis/redis-4.0.9/redis-6379.conf
redis-server /home/redis/redis-4.0.9/redis-6380.conf
redis-server /home/redis/redis-4.0.9/redis-6381.conf
```

(4) 分别启动 3 台 Redis Sentinel 服务器,开始监控主从服务器,启动命令如下:

```
redis-sentinel /home/redis/redis-4.0.9/sentinel-26379.conf
redis-sentinel /home/redis/redis-4.0.9/sentinel-26380.conf
```

```
redis-sentinel /home/redis/redis-4.0.9/sentinel-26381.conf
```

（5）执行 ps -ef | grep redis 命令，可以看到 6 个 Redis 进程，说明 Redis 的主从复制及哨兵模式已经成功启动。

（6）将 Java 代码打包发布到 Linux 环境下，启动运行。

pom.xml 文件的内容如下：

```
01 <dependency>
02     <groupId>org.slf4j</groupId>
03     <artifactId>slf4j-api</artifactId>
04     <version>1.7.6</version>
05 </dependency>
06 <dependency>
07     <groupId>ch.qos.logback</groupId>
08     <artifactId>logback-classic</artifactId>
09     <version>1.1.1</version>
10 </dependency>
11 <dependency>
12     <groupId>redis.clients</groupId>
13     <artifactId>jedis</artifactId>
14     <version>2.9.0</version>
15     <type>jar</type>
16     <scope>compile</scope>
17 </dependency>
```

本实例（RedisSentinelDemo.java）实现一个哨兵模式下的主从复制功能，模拟主服务器挂机后，哨兵会选举出新的 master 节点，来实现主从复制功能。代码如下：

```
01 package com.lhf.redisSentinelDemo;
02
03 import java.util.HashSet;
04 import java.util.Random;
05 import java.util.Set;
06 import java.util.concurrent.TimeUnit;
07
08 import org.slf4j.Logger;
09 import org.slf4j.LoggerFactory;
10
11 import redis.clients.jedis.Jedis;
12 import redis.clients.jedis.JedisSentinelPool;
13
14 /**
15  * 验证 Redis 的 Sentinel 监控主从复制实现故障转移功能
16  *
17  *
18  * @author liuhefei
19  * 2018年9月20日
20  */
21 public class RedisSentinelDemo {
```

```java
22      //定义一个日志
23      private static Logger logger LoggerFactory.getLogger(RedisSentinelDemo.class);
24
25      public static void main(String[] args) {
26
27          //定义master的名字
28          String masterName = "mymaster";
29          //定义一个Sentinel节点集合
30          Set<String> sentinels = new HashSet<String>();
31          //添加Sentinel地址
32          sentinels.add("127.0.0.1:26379");
33          sentinels.add("127.0.0.1:26380");
34          sentinels.add("127.0.0.1:26381");
35
36          JedisSentinelPool jedisSentinelPool = new JedisSentinelPool(masterName, sentinels);
37
38          int count = 0;  //定义一个计数器
39          while(true) {
40              count ++;
41              Jedis jedis = null;
42              try {
43                  //获取连接
44                  jedis = jedisSentinelPool.getResource();
45                  //随机拼接Redis的键和值
46                  int index = new Random().nextInt(100000);
47                  String key = "k-" + index;
48                  String value = "v-" + index;
49                  //添加到Redis数据库中
50                  jedis.set(key, value);
51                  //每100次打印一次日志数据
52                  if(count % 100 == 0) {
53                      logger.info("{} value is {}", key, jedis.get(key));
54                  }
55                  //设置一个休眠时间为10ms
56                  TimeUnit.MILLISECONDS.sleep(10);
57              }catch(Exception e) {
58                  logger.error(e.getMessage(),e);
59              }finally {
60                  if(jedis != null) {
61                      //关闭
62                      jedis.close();
63                  }
64              }
65          }
66      }
67  }
```

运行一段时间后，首先通过"ps -ef | grep redis"命令查看进程，然后通过"kill -9 主服务器进程 id"命令关闭主服务器来模拟主服务器宕机，以实现主从复制故障转移的目的。

由于打印的日志信息太多，在这里不易展示，因此省略效果图。

由于篇幅问题，更多 Java 操作 Redis 的相关功能在这里就不再介绍了，请各位读者自行学习，多敲多练，方能熟练掌握！

学虽易，学好不易，且学且珍惜！加油！相信你的付出终会获得回报！

第 15 章
SpringBoot 操作 Redis

SpringBoot 是一个开源的 Spring 框架，它极大地简化了 Spring 的配置。SpringBoot 具有以下特点：
- 基于 Spring 框架，使开发者快速入门，门槛较低。
- 它可以创建独立运行的应用而不依赖于容器。
- 简化了配置，使用方便，提高了效率，常用来做微服务程序等。

更多 SpringBoot 框架的相关知识，请读者自行学习。本章主要围绕利用 SpringBoot 操作 Redis 数据库进行讲解。

15.1 在 SpringBoot 中应用 Redis

在 SpringBoot 中应用 Redis，需要做 Redis 相关依赖的引入和配置文件的设置。一般项目是基于 Maven 搭建的工程，需要在工程的 pom.xml 文件中引入 Redis 的相关依赖及其他依赖。在项目的 resources 目录下做 Redis 的相关配置。

15.1.1 Redis 依赖配置

创建 Maven 项目工程，需要引入如下依赖：

```
01 <dependencies>
02     <dependency>
03         <groupId>org.springframework.boot</groupId>
04         <artifactId>spring-boot-starter-data-redis</artifactId>
05     </dependency>
06
07     <dependency>
08         <groupId>org.springframework.boot</groupId>
09         <artifactId>spring-boot-starter-web</artifactId>
10     </dependency>
11
12     <dependency>
13         <groupId>org.springframework.boot</groupId>
```

```
14        <artifactId>spring-boot-starter-test</artifactId>
15        <scope>test</scope>
16    </dependency>
17 </dependencies>
```

15.1.2 Redis 配置文件

在创建 SpringBoot 项目后，项目会自带一个属性配置文件 application.properties；SpringBoot 项目还支持另一种.yml 格式的配置文件 application.yml。

SpringBoot 操作 Redis 的相关配置具体如下。

application.properties 文件的内容如下：

```
# REDIS (RedisProperties)
# Redis 数据库索引（默认为 0）
spring.redis.database=0
# Redis 服务器地址
spring.redis.host=127.0.0.1
# Redis 服务器连接端口
spring.redis.port=6379
# Redis 服务器连接密码（默认为空）
spring.redis.password=
# 连接池最大连接数（使用负值表示没有限制）
spring.redis.pool.max-active=100
# 连接池最大阻塞等待时间（使用负值表示没有限制）
spring.redis.pool.max-wait=-1
# 连接池中的最大空闲连接
spring.redis.pool.max-idle=10
# 连接池中的最小空闲连接
spring.redis.pool.min-idle=5
# 连接超时时间（毫秒）
spring.redis.timeout=100
```

application.yml 文件的内容如下：

```
# REDIS (RedisProperties)
spring:
  redis:
    database: 0          # Redis 数据库索引（默认为 0）
    host: localhost      # Redis 服务器地址
    port: 6379           # Redis 服务器连接端口
    password:            # Redis 服务器连接密码（默认为空）
    timeout: 100         # 连接超时时间（毫秒）
    pool:
      max-active: 100    # 连接池最大连接数（使用负值表示没有限制）
      max-idle: 10       # 连接池中的最大空闲连接
      max-wait: -1       # 连接池最大阻塞等待时间（使用负值表示没有限制）
      min-idle: 5        # 连接池中的最小空闲连接
```

以上这两个配置文件是 SpringBoot 操作 Redis 的常用相关配置，读者可以根据自己的喜好，选择其中一个作为自己项目的配置文件。至于其他相关的配置，请读者自行学习 SpringBoot 的相关知识。

15.2 SpringBoot 连接 Redis

本节创建一个基于 Maven 的 SpringBoot 项目工程，主要实现 Redis 的 String 类型的相关操作，具体如下。

1. 工程结构

项目工程结构如图 15.1 所示。

图 15.1 SpringBoot 连接 Redis 项目工程结构

2. 项目配置

pom.xml 文件的配置如下：

```
01 <dependencies>
02   <dependency>
03     <groupId>org.springframework.boot</groupId>
04     <artifactId>spring-boot-starter-web</artifactId>
05   </dependency>
06 
07   <dependency>
08     <groupId>org.springframework.boot</groupId>
09     <artifactId>spring-boot-starter-test</artifactId>
10     <scope>test</scope>
11   </dependency>
12 
13   <!-- https://mvnrepository.com/artifact/redis.clients/jedis -->
```

```
14  <dependency>
15      <groupId>redis.clients</groupId>
16      <artifactId>jedis</artifactId>
17      <version>2.9.0</version>
18  </dependency>
19
20 </dependencies>
```

application.yml 文件的配置如下：

```
server :
    port : 8080      #指定服务的端口

jedis :
 pool :
    host : 127.0.0.1
port : 6379
config :
maxTotal: 100            # 连接池最大连接数（使用负值表示没有限制）
maxIdle: 10              # 连接池中的最大空闲连接
minIdle: 5               # 连接池中的最小空闲连接
maxWaitMillis : 100000   # 连接池最大阻塞等待时间（使用负值表示没有限制）
```

请注意格式的缩进。

3. 工程代码

RedisConfig.java 文件用于读取 application.yml 文件的配置信息。代码如下：

```
01 package com.lhf.config;
02
03 import org.springframework.beans.factory.annotation.Autowired;
04 import org.springframework.beans.factory.annotation.Qualifier;
05 import org.springframework.beans.factory.annotation.Value;
06 import org.springframework.context.annotation.Bean;
07 import org.springframework.context.annotation.Configuration;
08 import redis.clients.jedis.Jedis;
09 import redis.clients.jedis.JedisPool;
10 import redis.clients.jedis.JedisPoolConfig;
11
12 /**
13  * Redis 配置信息
14  * 作者：liuhefei
15  * 时间：2018-09-20
16  */
17 @Configuration
18 public class RedisConfig {
19     @Bean(name = "jedis.pool")
20     @Autowired
21     public JedisPool jedisPool(@Qualifier("jedis.pool.config")JedisPoolConfig config,
22                     @Value("${jedis.pool.host}")String host,
23                     @Value("${jedis.pool.port}")int port){
24         return new JedisPool(config, host,port);
```

```
25    }
26
27    @Bean(name="jedis.pool.config")
28    public JedisPoolConfig jedisPoolConfig(
29                  @Value("${jedis.pool.config.maxTotal}") int maxTotal,
30                  @Value("${jedis.pool.config.maxIdle}") int maxIdle,
31                  @Value("${jedis.pool.config.minIdle}") int minIdle,
32                  @Value("${jedis.pool.config.maxWaitMillis}") int maxWaitMillis){
33        JedisPoolConfig jedisPoolConfig = new JedisPoolConfig();
34        jedisPoolConfig.setMaxTotal(maxTotal);  // 连接池最大连接数（使用负值表示没有限制）
35        jedisPoolConfig.setMaxIdle(maxIdle);      //连接池中的最大空闲连接
36        jedisPoolConfig.setMinIdle(minIdle);      //连接池中的最小空闲连接
37        //连接池最大阻塞等待时间（使用负值表示没有限制）
38        jedisPoolConfig.setMaxWaitMillis(maxWaitMillis);
39        return jedisPoolConfig;
40    }
41 }
```

RedisUtil.java 用于实现 Redis 字符串类型的相关操作，比如，设置字符串值、根据键获取值、删除键、根据键获取对应值的长度等。代码如下：

```
01 package com.lhf.config;
02
03 import org.springframework.beans.factory.annotation.Autowired;
04 import org.springframework.stereotype.Component;
05 import redis.clients.jedis.Jedis;
06 import redis.clients.jedis.JedisPool;
07
08 /**
09  * Redis 操作工具类
10  * 作者:liuhefei
11  * 时间：2018-09-20
12  */
13 @Component
14 public class RedisUtil {
15    @Autowired
16    private JedisPool jedisPool;
17
18    /**
19     * 设置字符串值
20     * @param key
21     * @param value
22     * @throws Exception
23     */
24    public void set(String key, String value) throws Exception{
25        Jedis jedis = null;
26        try{
27            jedis = jedisPool.getResource();
28            jedis.set(key, value);
29        }catch (Exception e){
```

```
30              e.printStackTrace();
31          }finally {
32              jedis.close();
33          }
34      }
35
36      /**
37       * 获取值
38       * @param key
39       * @return
40       * @throws Exception
41       */
42      public String get(String key) throws Exception{
43          Jedis jedis = null;
44          try{
45              jedis = jedisPool.getResource();
46              return jedis.get(key);
47          }finally {
48              jedis.close();
49          }
50      }
51
52      /**
53       * 删除键
54       * @param key
55       * @return
56       */
57      public boolean del(String key) {
58          Jedis jedis = null;
59          boolean result = false;
60          try{
61              jedis = jedisPool.getResource();
62              jedis.del(key);
63              result = true;
64              return result;
65          }finally {
66              jedis.close();
67          }
68      }
69
70      /**
71       * 返回key所存储的字符串的长度
72       * @param key
73       * @return
74       */
75      public Long getStrLen(String key){
76          Jedis jedis = null;
77          long len = 0;
78          try{
79              jedis = jedisPool.getResource();
```

```
80          len = jedis.strlen(key);
81          return len;
82      }finally {
83          jedis.close();
84      }
85
86  }
87 }
```

RedisController.java 是 Redis 操作控制类，用于实现设置字符串值、根据键获取值、删除键、根据键获取对应值的长度等功能。代码如下：

```
01 package com.lhf.controller;
02
03 import com.lhf.config.RedisUtil;
04 import org.springframework.beans.factory.annotation.Autowired;
05 import org.springframework.web.bind.annotation.RequestMapping;
06 import org.springframework.web.bind.annotation.RestController;
07
08 /**
09  * 控制层
10  * 作者:liuhefei
11  * 时间:2018-09-20
12  */
13 @RestController
14 @RequestMapping(value="/redis")
15 public class RedisController {
16     @Autowired
17     private RedisUtil redisUtil;
18
19     /**
20      * http://localhost:8080/redis/set?key=name&value=liuhefei
21      * @param key
22      * @param value
23      * @return
24      * @throws Exception
25      */
26     @RequestMapping("/set")
27     public String set(String key, String value) throws Exception{
28         if(key == null || value == null){
29             return "参数错误";
30         }
31         redisUtil.set(key, value);
32         return "设置成功！";
33     }
34
35     /**
36      * http://localhost:8080/redis/get?key=name
37      * @param key
38      * @return
```

```java
39      * @throws Exception
40      */
41     @RequestMapping("/get")
42     public String get(String key) throws Exception{
43         if(key == null){
44             return "参数错误";
45         }
46         String value = redisUtil.get(key);
47         return "key = " + key + ", value = " + value;
48     }
49
50     /**
51      * http://localhost:8080/redis/del?key=name
52      * @param key
53      * @return
54      * @throws Exception
55      */
56     @RequestMapping("/del")
57     public String del(String key) throws Exception{
58         if(key == null){
59             return "参数错误";
60         }
61         boolean result = redisUtil.del(key);
62         if(result == true){
63             System.out.println("键"+key+"删除成功");
64         }
65         return "键" + key + "删除成功！";
66     }
67
68     /**
69      * http://localhost:8080/redis/len?key=name
70      * @param key
71      * @return
72      * @throws Exception
73      */
74     @RequestMapping("/len")
75     public String strLen(String key) throws Exception{
76         if(key == null){
77             return "参数错误";
78         }
79         Long len = redisUtil.getStrLen(key);
80         return "键" + key +"的值的长度为: " + len;
81     }
82 }
```

主程序SpringBootRedis3Application.java是项目的入口程序，运行该代码就可以启动项目，然后在浏览器中进行访问。代码如下：

```java
01 package com.lhf;
```

```
02
03 import com.lhf.config.RedisUtil;
04 import org.springframework.beans.factory.annotation.Autowired;
05 import org.springframework.boot.SpringApplication;
06 import org.springframework.boot.autoconfigure.SpringBootApplication;
07 import org.springframework.web.bind.annotation.RequestMapping;
08
09 @SpringBootApplication
10 public class SpringbootRedis3Application {
11
12   public static void main(String[] args) {
13     SpringApplication.run(SpringbootRedis3Application.class, args);
14   }
15 }
```

4．实例效果

启动运行主程序，到浏览器中进行访问，效果如图 15.2～图 15.5 所示。

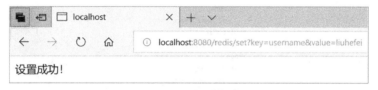

图 15.2　SpringBoot 连接 Redis——设置值

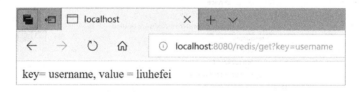

图 15.3　SpringBoot 连接 Redis——获取值

图 15.4　SpringBoot 连接 Redis——获取键对应值的长度

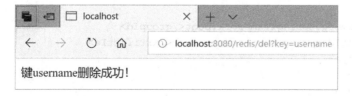

图 15.5　SpringBoot 连接 Redis——删除键

15.3 SpringBoot 整合 Redis 实现缓存

本节我们整合 SpringBoot 与 Mybatis 框架，采用 Redis 做缓存，实现用户数据的相关操作功能，比如，添加用户、根据用户 ID 查询用户信息、更新用户信息、根据用户 ID 删除用户及删除全部用户等。

1. 工程结构

项目工程结构如图 15.6 所示。

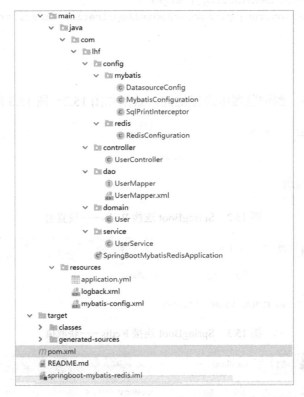

图 15.6　SpringBoot 整合 Redis 实现缓存项目工程结构

2. 项目配置

pom.xml 文件的配置如下：

```
01 <dependency>
02     <groupId>org.springframework.boot</groupId>
03     <artifactId>spring-boot-starter-web</artifactId>
04 </dependency>
05
06 <dependency>
07     <groupId>org.mybatis.spring.boot</groupId>
08     <artifactId>mybatis-spring-boot-starter</artifactId>
09     <version>1.3.0</version>
10 </dependency>
```

```xml
11
12  <dependency>
13      <groupId>org.springframework.boot</groupId>
14      <artifactId>spring-boot-starter-redis</artifactId>
15      <version>1.4.3.RELEASE</version>
16  </dependency>
17
18  <dependency>
19      <groupId>mysql</groupId>
20      <artifactId>mysql-connector-java</artifactId>
21  </dependency>
22  <dependency>
23      <groupId>com.alibaba</groupId>
24      <artifactId>druid</artifactId>
25      <version>1.1.10</version>
26  </dependency>
```

applicatiom.yml 文件的配置如下：

```yaml
logging:
     config: classpath:logback.xml
path: d:/logs
server:
  port: 8080
session-timeout: 60



mybatis:
mapperLocations: classpath:/com/lhf/dao/*.xml
typeAliasesPackage: com.lhf.dao
mapperScanPackage: com.lhf.dao
configLocation: classpath:/mybatis-config.xml

spring:
datasource:
        name: db
type: com.alibaba.druid.pool.DruidDataSource
url: jdbc:mysql://127.0.0.1:3306/springboot-redis?useUnicode=true&characterEncoding=UTF-8
username: root
password: root
driver-class-name: com.mysql.jdbc.Driver
minIdle: 5
maxActive: 100
initialSize: 10
maxWait: 60000
timeBetweenEvictionRunsMillis: 60000
minEvictableIdleTimeMillis: 300000
validationQuery: select 'x'
testWhileIdle: true
testOnBorrow: false
```

```yaml
testOnReturn: false
poolPreparedStatements: true
maxPoolPreparedStatementPerConnectionSize: 50
removeAbandoned: true
filters: stat # ,wall,log4j # 配置监控统计拦截的filters,去掉后监控界面SQL无法统计,'wall'
用于防火墙
connectionProperties: druid.stat.mergeSql=true;druid.stat.slowSqlMillis=5000 # 通过
connectProperties 属性来打开 mergeSql 功能；慢 SQL 记录
useGlobalDataSourceStat: true # 合并多个 DruidDataSource 的监控数据
druidLoginName: wjf          # 登录 druid 的账号
druidPassword: wjf           # 登录 druid 的密码
cachePrepStmts: true          # 开启二级缓存
redis:
    database: 0
host: 127.0.0.1
port: 6379
password:
    pool:
        max-active: 8
max-wait: -1
max-idle: 8
min-idle: 0
timeout: 0
```

3. 工程代码

RedisConfiguration.java 是 Redis 的工具类，主要用于实现缓存相关功能。代码如下：

```
01 package com.lhf.config.redis;
02
03 import com.fasterxml.jackson.annotation.JsonAutoDetect;
04 import com.fasterxml.jackson.annotation.PropertyAccessor;
05 import com.fasterxml.jackson.databind.ObjectMapper;
06 import org.springframework.cache.CacheManager;
07 import org.springframework.cache.annotation.CachingConfigurerSupport;
08 import org.springframework.cache.annotation.EnableCaching;
09 import org.springframework.cache.interceptor.KeyGenerator;
10 import org.springframework.context.annotation.Bean;
11 import org.springframework.context.annotation.Configuration;
12 import org.springframework.data.redis.cache.RedisCacheManager;
13 import org.springframework.data.redis.connection.RedisConnectionFactory;
14 import org.springframework.data.redis.core.RedisTemplate;
15 import org.springframework.data.redis.core.StringRedisTemplate;
16 import org.springframework.data.redis.serializer.Jackson2JsonRedisSerializer;
17
18 import java.lang.reflect.Method;
19
20 @Configuration
21 @EnableCaching
22 public class RedisConfiguration extends CachingConfigurerSupport{
23
```

```java
24    //缓存数据时key的生成器，可以依据业务和技术场景自行定制
25    @Bean
26    public KeyGenerator keyGenerator() {
27        return new KeyGenerator() {
28            @Override
29            public Object generate(Object target, Method method, Object... params) {
30                StringBuilder sb = new StringBuilder();
31                //类名+方法名
32                sb.append(target.getClass().getName());
33                sb.append(method.getName());
34                for (Object obj : params) {
35                    sb.append(obj.toString());
36                }
37                return sb.toString();
38            }
39
40        };
41    }
42
43    @SuppressWarnings("rawtypes")
44    @Bean
45    public CacheManager cacheManager(RedisTemplate redisTemplate) {
46        RedisCacheManager rcm = new RedisCacheManager(redisTemplate);
47        //设置缓存过期时间
48        //  rcm.setDefaultExpiration(60);//秒，便于测试
49        return rcm;
50    }
51
52    @Bean
53    public RedisTemplate<String, String> redisTemplate(RedisConnectionFactory factory) {
54        StringRedisTemplate template = new StringRedisTemplate(factory);
55        Jackson2JsonRedisSerializer jackson2JsonRedisSerializer = new Jackson2JsonRedisSerializer(Object.class);
56        ObjectMapper om = new ObjectMapper();
57        om.setVisibility(PropertyAccessor.ALL, JsonAutoDetect.Visibility.ANY);
58        om.enableDefaultTyping(ObjectMapper.DefaultTyping.NON_FINAL);
59        jackson2JsonRedisSerializer.setObjectMapper(om);
60        template.setValueSerializer(jackson2JsonRedisSerializer);
61        template.afterPropertiesSet();
62        return template;
63    }
64 }
```

User.java 是用户实体类，显示了用户的相关信息，如用户ID、用户名、年龄、性别、手机号码、用户地址、格言等。代码如下：

```
01 package com.lhf.domain;
02
03 /**
```

```
04  * 放进Redis中的对象,必须序列化
05  *
06  */
07 public class User {
08
09
10   private String id;
11
12   private String userName;
13
14   private int age;
15
16   private String sex;
17
18   private String iphone;
19
20   private String city;
21
22   private String article;
23
24   //省略了set和get方法
25 }
```

UserMapper.java是接口类,用于实现用户操作的相关功能,如添加用户、更新用户信息、删除用户、查询用户信息等。代码如下:

```
01 package com.lhf.dao;
02
03 import com.lhf.domain.User;
04 import org.apache.ibatis.annotations.*;
05
06 import java.util.List;
07
08 @Mapper
09 public interface UserMapper {
10
11   @Insert("insert user(id,userName,age,sex,iphone,city,article)
12   values(#{id},#{userName},#{age},#{sex},#{iphone},#{city},#{article})")
13   void insert(User u);
14
15   @Update("update user set userName = #{userName} where id=#{id} ")
16   void update(User u);
17
18   @Delete("delete from user where id=#{id} ")
19   void delete(@Param("id") String id);
20
21   @Select("select id,userName,age,sex,iphone,city,article from user where id=#{id} ")
22   User find(@Param("id") String id);
23
24   //注:方法名和要UserMapper.xml中的id一致
```

```
25  //List<User> query(@Param("userName") String userName);
26
27  @Delete("delete from user")
28  void deleteAll();
29 }
```

UserService.java 是服务层，调用实现了 UserMapper.java 类的方法，实现了接口中的相关功能，如添加用户、更新用户信息、根据用户 ID 查找或删除用户及删除所有用户等。代码如下：

```
01 package com.lhf.service;
02
03 import com.lhf.dao.UserMapper;
04 import com.lhf.domain.User;
05 import com.github.pagehelper.Page;
06 import com.github.pagehelper.PageHelper;
07 import com.github.pagehelper.PageInfo;
08 import org.springframework.beans.factory.annotation.Autowired;
09 import org.springframework.cache.annotation.CacheConfig;
10 import org.springframework.cache.annotation.CacheEvict;
11 import org.springframework.cache.annotation.CachePut;
12 import org.springframework.cache.annotation.Cacheable;
13 import org.springframework.stereotype.Service;
14 import org.springframework.transaction.annotation.Propagation;
15 import org.springframework.transaction.annotation.Transactional;
16
17 import java.util.ArrayList;
18 import java.util.List;
19
20 @Service
21 //本类内的方法指定使用缓存时，默认的名称就是 userCache
22 @CacheConfig(cacheNames="userCache")
23 @Transactional(propagation=Propagation.REQUIRED,readOnly=false,
24    rollbackFor=Exception.class)
25 public class UserService {
26
27  @Autowired
28  private UserMapper userMapper;
29
30  @CachePut(key="#p0.id")   //#p0 表示第一个参数
31  //必须有返回值，否则没有数据放到缓存中
32  public User insertUser(User u){
33    this.userMapper.insert(u);
34    //u 对象中可能只有几个有效字段，其他字段依靠数据库生成，如 id
35    return this.userMapper.find(u.getId());
36  }
37
38
39  @CachePut(key="#p0.id")
40  public User updateUser(User u){
```

```
41      this.userMapper.update(u);
42      //可能只是更新某几个字段而已,所以查询数据库把数据全部取出来
43      return this.userMapper.find(u.getId());
44    }
45
46    @Cacheable(key="#p0") // @Cacheable 会先查询缓存,如果缓存中存在,则不执行方法
47    public User findById(String id){
48      System.err.println("根据id=" + id +"获取用户对象,从数据库中获取");
49      return this.userMapper.find(id);
50    }
51
52    @CacheEvict(key="#p0")   //删除名为 userCache 的缓存,key 等于指定的 id 对应的缓存
53    public void deleteById(String id){
54      this.userMapper.delete(id);
55    }
56
57    //清空缓存名称为 userCache(看类名上的注解)下的所有缓存
58    //如果清空缓存操作失败,那么缓存是不会被清除的
59    @CacheEvict(allEntries = true)
60    public void deleteAll(){
61      this.userMapper.deleteAll();
62    }
63
64 }
```

UserController.java 是控制层,调用 UserService.java 类中的方法实现相关功能,如添加用户、查询用户信息、更新用户信息、删除用户信息等。代码如下:

```
01 package com.lhf.controller;
02
03 import com.lhf.domain.User;
04 import com.lhf.service.UserService;
05 import com.github.pagehelper.PageInfo;
06 import org.apache.ibatis.annotations.Param;
07 import org.springframework.beans.factory.annotation.Autowired;
08 import org.springframework.stereotype.Controller;
09 import org.springframework.web.bind.annotation.PathVariable;
10 import org.springframework.web.bind.annotation.RequestMapping;
11 import org.springframework.web.bind.annotation.ResponseBody;
12
13 import java.util.ArrayList;
14 import java.util.HashMap;
15 import java.util.List;
16 import java.util.Map;
17
18 @Controller
19 @RequestMapping("/user")
20 public class UserController {
21
22   @Autowired
```

```java
23    private UserService userService;
24
25    @RequestMapping("/hello")
26    @ResponseBody
27    public String hello(){
28        return "hello";
29    }
30
31    /**
32     * 添加用户
33     * http://localhost/user/add?id=4&userName=刘河飞&age=20&sex=男&iphone=1829441988
34     * @param userName
35     * @param age
36     * @param sex
37     * @param iphone
38     * @return
39     */
40    @RequestMapping("/add")
41    @ResponseBody
42    public Map<String,Object> add(@Param("id") String id, @Param("userName")
43    String userName, @Param("age") Integer age, @Param("sex") Integer sex,
44    @Param("iphone") String iphone){
45        User u = new User();
46        u.setId(id);
47        u.setAge(age);
48        if(sex == 0){
49            u.setSex("男");
50        }else if(sex == 1){
51            u.setSex("女");
52        }
53        u.setIphone(iphone);
54        u.setCity("深圳");
55        u.setArticle("没有了你,万杯觥筹只不过是提醒寂寞");
56        u.setUserName(userName);
57        this.userService.insertUser(u);
58
59        Map<String,Object> map = new HashMap<>();
60        map.put("userId", u.getId());
61        map.put("userName",u.getUserName());
62        map.put("age",u.getAge());
63        map.put("sex", u.getSex());
64        map.put("city",u.getCity());
65        map.put("iphone",u.getIphone());
66        map.put("article",u.getArticle());
67
68        return map;
69    }
70
71    /**
72     * 根据用户ID查询用户信息
73     * @param id
```

```
74     * @return
75     */
76    @RequestMapping("/get/{id}")
77    @ResponseBody
78    public Map<String,Object> findById(@PathVariable("id")String id){
79        User u = this.userService.findById(id);
80        Map<String,Object> map = new HashMap<>();
81        map.put("userId", u.getId());
82        map.put("userName",u.getUserName());
83        map.put("age",u.getAge());
84        map.put("sex", u.getSex());
85        map.put("city",u.getCity());
86        map.put("iphone",u.getIphone());
87        map.put("article",u.getArticle());
88
89        return map;
90    }
91
92    /**
93     * 更新用户信息
94     * @param id
95     * @param userName
96     * @return
97     */
98    @RequestMapping("/update")
99    @ResponseBody
100   public String update(@Param("id") String id, @Param("userName") String userName){
101       User u = new User();
102       u.setId(id);
102       u.setUserName(userName);
104       this.userService.updateUser(u);
105       return u.getId()+"    " + u.getUserName();
106   }
107
108   /**
109    * 根据用户 ID 删除用户
110    * @param id
111    * @return
112    */
113   @RequestMapping("/delete/{id}")
114   @ResponseBody
115   public String delete(@PathVariable("id")String id){
116       this.userService.deleteById(id);
117       return "success";
118   }
119
120   /**
121    * 删除全部用户
122    * @return
123    */
124   @RequestMapping("/deleteAll")
125   @ResponseBody
```

```
126   public String deleteAll(){
127       this.userService.deleteAll();
128       return "success";
129   }
130
131 }
```

主程序 SpringBootMybatisRedisApplication.java 是项目的入口程序，主要用于启动项目，项目启动之后，就可以在浏览器中进行访问操作了。代码如下：

```
01 package com.lhf;
02
03 import org.springframework.boot.SpringApplication;
04 import org.springframework.boot.autoconfigure.SpringBootApplication;
05 import org.springframework.boot.builder.SpringApplicationBuilder;
06 import org.springframework.boot.context.embedded.ConfigurableEmbeddedServletContainer;
07 import org.springframework.boot.context.embedded.EmbeddedServletContainerCustomizer;
08 import org.springframework.boot.web.support.SpringBootServletInitializer;
09 import org.springframework.context.annotation.ComponentScan;
10
11 @ComponentScan(basePackages={"com.lhf"})
12 @SpringBootApplication
13 public class SpringBootMybatisRedisApplication extends SpringBootServletInitializer
   implements EmbeddedServletContainerCustomizer {
14   @Override
15   protected SpringApplicationBuilder configure(SpringApplicationBuilder application) {
16     return application.sources(com.lhf.SpringBootMybatisRedisApplication.class);
17   }
18
19
20   public static void main(String[] args) throws Exception {
21       SpringApplication.run(com.lhf.SpringBootMybatisRedisApplication.class, args);
22   }
23
24   public void customize(ConfigurableEmbeddedServletContainer
      configurableEmbeddedServletContainer) {
25       // configurableEmbeddedServletContainer.setPort(9090);
26   }
27 }
```

由于篇幅问题，这里省略了大量的代码，还望读者见谅。

4. 实例效果

启动项目主程序，运行之后，效果如图 15.7～图 15.11 所示。

添加用户，访问路径：http://localhost/user/add?id=1&userName=liuhefei&age=24&sex=0&iphone=18295500000。

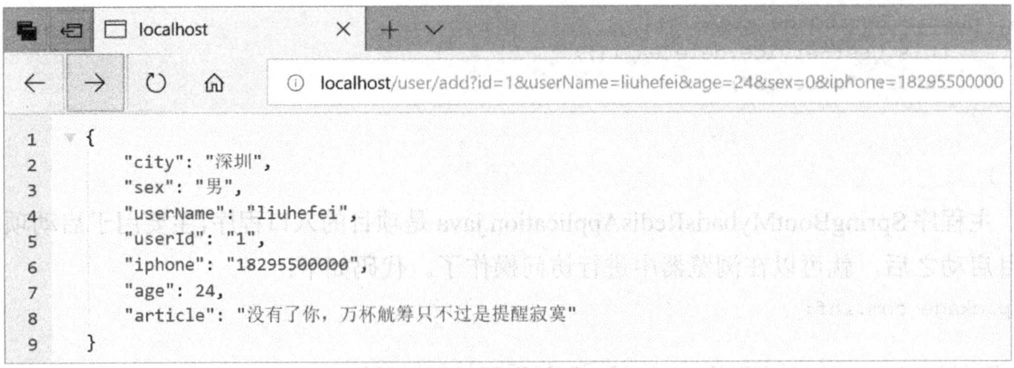

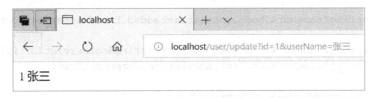

图 15.7　SpringBoot 整合 Redis 实现缓存——添加用户

根据用户 ID 更新用户名，访问路径：http://localhost/user/update?id=1&userName=张三。

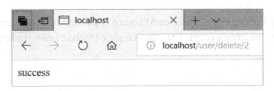

图 15.8　SpringBoot 整合 Redis 实现缓存——更新用户信息

根据用户 ID 删除用户，访问路径：http://localhost/user/delete/2。

图 15.9　SpringBoot 整合 Redis 实现缓存——删除用户

根据用户 ID 获取用户信息，访问路径：http://localhost/user/get/1。

图 15.10　SpringBoot 整合 Redis 实现缓存——根据用户 ID 获取用户信息

删除所有用户，访问路径：http://localhost/user/deleteAll。

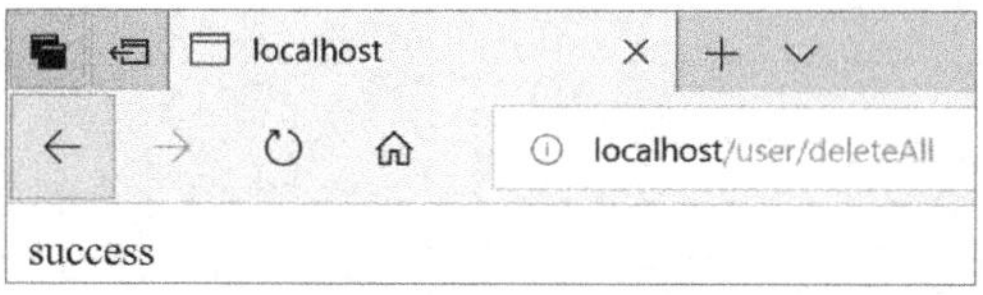

图 15.11　SpringBoot 整合 Redis 实现缓存——删除所有用户

更多关于 SpringBoot 操作 Redis 的实例，请读者自行学习。同时也希望读者多动手实践，做到应用自如。

第 16 章
Python 操作 Redis

Python 是目前比较流行的开发语言，它是一种面向对象、解释型的动态脚本语言。想要了解 Python 的更多语法知识，请读者自行学习。本章以 Python 3 操作 Redis 数据库为例进行讲解。

16.1 在 Python 中应用 Redis

本节首先介绍在 Python 开发工具 PyCharm 中安装 Redis 环境，因为只有安装好相关环境，才能进行后续操作，实现 Python 连接 Redis。话不多说，直接进行相关操作。

16.1.1 在 PyCharm 中配置 Redis

Python 的下载地址为 https://www.python.org/，请读者根据自己的计算机情况，选择合适的 Python 环境进行下载安装，这里不过多介绍。

Python 开发工具 PyCharm 的下载地址为 https://www.jetbrains.com/pycharm/，读者自行下载安装即可。

在 PyCharm 中配置 Redis 的相关命令有如下 3 种：

```
pip install redis
easy_install redis
python setup.py install
```

说一下第三种方式，这种方式首先需要下载 Redis 的安装包，进行解压之后，进入 Redis 的解压目录中，打开 cmd 命令窗口，切换到 Python 环境，再执行 Python setup py install 命令进行安装即可。

本小节我们采用第一种安装方式，直接在 PyCharm 的控制台中进行安装，具体如图 16.1 所示。

```
(venv) E:\code\python\python-redis-demo>pip install redis
Collecting redis
  Downloading https://files.pythonhosted.org/packages/3b/f6/7a76333cf0b9251ecf49efff635015171843d9b977e4ffcf59f9c4428052/redis-2.10.6-py2.py3-none-any.whl (64kB)
    100% |████████████████████████████████| 71kB 160kB/s
Installing collected packages: redis
Successfully installed redis-2.10.6
```

图 16.1　在 PyCharm 的控制台中安装 Redis 环境

16.1.2　Python 连接 Redis

Python Redis 环境配置好之后，启动 Redis 的服务，继续在 PyCharm 的控制台中编写如下代码来实现连接 Redis。

```
01 import redis
02 r = redis.StrictRedis(host='127.0.0.1',port=6379,db=1)
03 r.set('username','liuhefei')
04 r.get('username')
05 r.dbsize()
06 r.client_getname()
07 r.hset('user','name','liuhefei')
08 r.hget('user','name')
```

操作如图 16.2 所示。

```
>>> import redis
>>> r = redis.StrictRedis(host='127.0.0.1',port=6379,db=1)
>>> r.set('username','liuhefei')
True
>>> r.get('username')
b'liuhefei'
>>> r.dbsize()
1
>>> r.client_getname()
>>> r.hset('user','name','liuhefei')
1
>>> r.hget('user','name')
b'liuhefei'
```

图 16.2　在 PyCharm 的控制台中实现 Python 连接 Redis

除了在 PyCharm 的控制台中实现连接 Redis，也可以创建项目来实现连接 Redis。编写如下代码：

```
01 #!/usr/bin/python3
02 # -*- coding: UTF-8 -*-
03 #author:liuhefei
04
05 import redis
06
07 r = redis.StrictRedis(host='127.0.0.1', port=6379, db=2)
08 r.set('username', 'liuhefei')
```

```
09  r.set('age', '24')
10  r.set('sex', '男')
11  print('姓名: ', r.get('username'), ',年龄: ', r.get('age'), ',性别: ', r.get('sex'))
12
13  r.hset('user', 'name', 'liuhefei')
14  r.hset('user', 'age', '24')
15  r.hset('user', 'sex', '男')
16  print("用户信息: ", r.hgetall('user'))
17
18  r.client_setname('redisDB')  #设置数据库的名字
19  print("数据库名字: ", r.client_getname())
20
21  r.zadd('math-score', '100', 'xiaoming')
22  r.zadd('math-score', '60', 'xiaozhang')
23  r.zadd('math-score', '82', 'xiaohua')
24  print("有序集合math-score成员: ", r.zrange('math-score', 0, -1 ,withscores=True))
25
26  print('数据库键的数量: ', r.dbsize())
```

效果如图 16.3 所示。

```
pythonRedisDemo1
E:\code\python\python-redis-demo\venv\Scripts\python.exe E:/code/python/python-redis-demo/pythonRedisDemo1.py
姓名: b'liuhefei' ,年龄: b'24' ,性别: b'\xe7\x94\xb7'
用户信息: {b'name': b'liuhefei', b'age': b'24', b'sex': b'\xe7\x94\xb7'}
数据库名字: redisDB
有序集合math-score成员: [(b'xiaozhang', 60.0), (b'xiaohua', 82.0), (b'xiaoming', 100.0)]
数据库键的数量: 5

Process finished with exit code 0
```

图 16.3　创建项目来实现 Python 连接 Redis

redis-py 提供了两个类来实现 Redis 数据库的相关命令，这两个类是 Redis 和 StrictRedis。其中，StrictRedis 类实现了 Redis 数据库的大部分官方命令，并使用官方的语法格式；而 Redis 类是 StrictRedis 类的子类，它用于向后兼容 Python 的旧版本。

为了避免每次建立 Redis 的连接与释放所造成的开销，redis-py 使用连接池来管理对一个 Redis 服务的所有连接。在默认情况下，每个 Redis 实例都会维护一个自己的连接池。我们可以直接建立一个连接池来作为 Redis 实例的参数，实现多个 Redis 实例共享一个连接池。

下面我们提供一个 Python 操作 Redis 的连接池实例，实现一个 Redis 连接池功能，代码如下：

```
01  #!/usr/bin/python3
02  # -*- coding: UTF-8 -*-
03  #author:liuhefei
04
05  import redis
```

```
06
07 pool = redis.ConnectionPool(host='127.0.0.1', port=6379, db=3)
08 r = redis.Redis(connection_pool=pool)
09
10 r.set('message', 'hello, python redis')
11 print(r.get('message'))
12
13 r.hset('user','name','liuhefei')
14 r.hset('user','age','24')
15 r.hset('user','city','beijing')
16 print('用户信息: ', r.hgetall('user'))
17 print('name是否存在: ',r.hexists('user','name'))
18 print('哈希表 user 中域的数量:', r.hlen('user'))
19 print('哈希表 user 中的所有域', r.hkeys('user'))
20
21 print('当前数据库的 key 的数量:' , r.dbsize())
```

实例运行效果如图 16.4 所示。

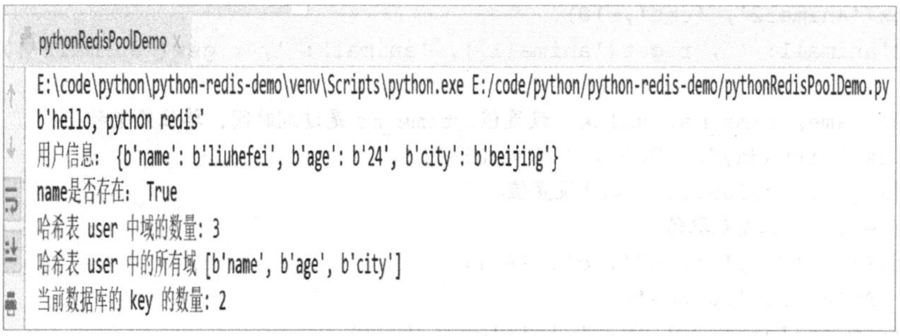

```
E:\code\python\python-redis-demo\venv\Scripts\python.exe E:/code/python/python-redis-demo/pythonRedisPoolDemo.py
b'hello, python redis'
用户信息: {b'name': b'liuhefei', b'age': b'24', b'city': b'beijing'}
name是否存在: True
哈希表 user 中域的数量: 3
哈希表 user 中的所有域 [b'name', b'age', b'city']
当前数据库的 key 的数量: 2
```

图 16.4　Python 操作 Redis 的连接池运行效果

16.2　Python 操作 Redis 数据类型

本节展示 Python 操作 Redis 数据库的 5 种数据类型，具体如下。

16.2.1　Python 操作 Redis String 类型

Python 操作 Redis String 类型的实例（Redis_String.py）为读者展示了 String 类型相关命令的具体用法，实例代码如下：

```
01 #!/usr/bin/python3
02 # -*- coding: UTF-8 -*-
03 #author:liuhefei
04 import redis
05
06 pool = redis.ConnectionPool(host='127.0.0.1', port=6379)
07 r = redis.Redis(connection_pool=pool)
```

```python
08
09  #Redis 字符串类型
10  def redis_string():
11      #set(name, value, ex=None, px=None, nx=False, xx=False) #设置值
12      # ex, 过期时间（秒）
13      r.set('juck-food1', 'Pork', ex=10)
14      # px, 过期时间（毫秒）
15      r.set('juck-food2', 'mutton', px = 100)
16      # nx, 如果设置为 True, 则只有当 name 不存在时, 当前 set 操作才执行
17      r.set('juck-food3', 'fish', nx = True)
18      # xx, 如果设置为 True, 则只有当 name 存在时, 当前 set 操作才执行
19      r.set('juck-food4', 'beef', xx = False)
20      print("键juck-food1: ", r.get('juck-food1'),"键juck-food2: ", r.get('juck-food2'))
21      print("键juck-food3: ", r.get('juck-food3'), "键juck-food4: ", r.get('juck-food4'))
22
23      #setnx(name, value) 设置值, 只有当 name 不存在时, 才执行设置操作（添加）
24      r.setnx('animal1', 'dog')
25      #setex(name, value, time) 设置值, time 是过期时间, 单位为秒
26      r.setex('animal2', 'cat', 10)
27      print('animal1: ' , r.get('animal1'), 'animal2: ', r.get('animal2'))
28
29      #psetex(name, time_ms, value) 设置值, time_ms 是过期时间, 单位为毫秒
30      r.psetex("birthday", 10000, '1994-01-01')
31      #mset(key..., value...)  批量设置值
32      #mget(key...)  批量获取值
33      r.mset({'a':'96','b':'97','c':'98'})
34      r.mset(A='65',B='66',C='67')
35      print(r.mget('a= ','a','b= ','b','c= ','c'))
36      print(r.mget(['A','C','B']))
37
38      #getset(name, value) 设置新值并获取原来的值
39      print(r.getset('animal1','tiger'))
40
41      #getrange(key, start, end) 获取子序列（根据字节获取, 非字符
42      r.set('mess','How are you?')
43      print('mess = ',r.getrange('mess', 0, -1))
44      print('mess = ', r.getrange('mess', 0, 3))
45
46      #修改字符串内容, 从指定字符串索引开始向后替换（当新值太长时, 向后添加）
47      #setrange(name, offset, value)
48      #参数: offset, 字符串的索引, 字节（每个汉字占 3 字节）; value, 要设置的值
49      r.setrange('mess', 3, 'come on!')
50      print('mess = ' , r.get('mess'))
51
52      #对 name 对应值的二进制表示的位进行操作
53      #setbit(name, offset, value)
54      #参数: name, Redis 的 name
55      # offset, 位的索引（将值转换成二进制后再进行索引）
56      # value, 值, 只能是 1 或 0
57
```

```python
58      # 对应UTF-8编码，每个汉字占3字节
59      str = "没有了你"
60      # 对于汉字，for循环会按照字节迭代，先将字节转换为十进制，再转换为二进制
61      for i in str:
62          num = ord(i)
63      print(bin(num).replace('a',''))
64
65      #获取name对应值的二进制表示中的某位的值（0或1）
66      #getbit(name, offset)
67      #a对应的二进制位，第6位是0或1
68      print('a 的二进制：', r.getbit('a', 6))
69
70      #获取name对应值的二进制表示中1的个数
71      #bitcount(key, start=None, end=None)
72          print('animal2= ', r.get('animal2'), 'animal2 对应的值的二进制1 的个数：', r.bitcount('animal2', 0,-1))
73
74      #获取多个值，并将值做位运算，将最后的结果保存至新的name对应的值中
75      #bitop(operation, dest, *keys)
76      #参数：operation,AND（并）、 OR（或）、 NOT（非）、 XOR（异或）
77      #dest，新的Redis的name；*keys, 要查找的Redis的name
78      print('位运算：',r.bitop("OR", 'color', 'red', 'blue', 'yellow', 'green'))
79
80      #strlen(name) 返回name对应值的字节长度（每个汉字占3字节）
81      #append(key, value) 在Redis name对应的值后面追加内容
82      r.set('article','没有了你，万杯觥筹只不过是提醒寂寞')
83      print('字节长度：',r.strlen('article'))
84      print('追加内容：', r.append('article', '天国虽热闹'))
85      print('article = ', r.get('article'))
86
87      #自增name对应的值。当name不存在时，创建name=amount；否则，自增。整数型
88      #incr(self, name, amount=1)
89      #自减name对应的值。当name不存在时，创建name=amount；否则，自减。
90      #decr(self, name, amount=1)
91      r.set('age','5')
92      print('age = ', r.incr('age', 10))
93      print('age = ', r.incr('age', amount= 5))
94      print('age = ', r.decr('age', amount= 6))
95
96      #自增name对应的值。当name不存在时，创建name=amount；否则，自增。浮点型
97      #incrbyfloat(self, name, amount=1.0)
98      r.set('price', '5.6')
99      print('price = ', r.incrbyfloat('price', 3.3))
100     print('price = ', r.incrbyfloat('price', amount= 2.4))
101
102     if __name__ == "__main__":
103         redis_string()
```

启动Redis 服务器之后，运行本实例代码，效果如图16.5 所示。

```
Redis_String
E:\code\python\python-redis-demo\venv\Scripts\python.exe
键juck-food1:  b'Pork' 键juck-food2:   b'mutton'
键juck-food3:  b'fish' 键juck-food4:   b'beef'
animal1:  b'dog' animal2:  b'cat'
[None, b'96', None, b'97', None, b'98']
[b'65', b'67', b'66']
b'dog'
mess =  b'How are you?'
mess =  b'How '
mess =  b'Howcome on!?'
0b100111101100000
a的二进制:  0
animal2=  b'cat' animal2对应的值的二进制1的个数:   11
位运算:  0
字节长度:  51
追加内容:  66
article =  b'\xe6\xb2\xa1\xe6\x9c\x89\xe4\xba\x86\xe4\xbd
 \xaf\xe6\x8f\x90\xe9\x86\x92\xe5\xaf\x82\xe5\xaf\x9e
age =  15
age =  20
age =  14
price =  8.899999999999999
price =  11.299999999999999
```

图 16.5　Python 操作 Redis String 类型效果图

16.2.2　Python 操作 Redis List 类型

Python 操作 Redis List 类型的实例（Redis_List.py）为读者展示了 List 类型相关命令的具体用法，实例代码如下：

```
01  #!/usr/bin/python3
02  # -*- coding: UTF-8 -*-
03  #author:liuhefei
04  import redis
05
06  pool = redis.ConnectionPool(host='127.0.0.1', port=6379)
07  r = redis.Redis(connection_pool=pool)
08
09  #Redis 列表类型
10  def redis_list():
11      #在 name 对应的 list 中添加元素，每个新的元素都添加到列表的最左边
12      #lpush(name,values)
13      #返回列表 name 中指定区间内的元素，区间由偏移量 start 和 end 指定
14      #lrange(name,start,end)
15      #llen(name)  获取列表 name 的长度
16      r.lpush('myList', 100,200,300,400,500)
17      print('列表 Mylist 元素: ', r.lrange('myList',0, -1))
18      print('列表 MyList 的长度: ', r.llen('myList'))
19
20      #rpush(name,values)   向列表 name 的右边添加多个值
21      r.rpush('list1',1,2,3,4,5,6,6,6)
22
23      #在 name 对应的 list 中添加元素，只有当 name 已经存在时，值才添加到列表的最左边
```

```
24  #lpushx(name,value)
25  r.lpushx('list-1',70)  #list-1 不存在
26  print('list-1 = ', r.lrange('list-1',0,-1))
27
28  #向已经存在的 name 列表的右边添加元素，一次只能添加一个元素。如果 name 列表不存在，则是无法创建的
29  #rpushx(name,value)
30  r.rpushx('list1',64)
31  print('list1 = ', r.lrange('list1', 0, -1))
32
33  #在 name 对应的列表的某个值前或后插入一个新值
34  #linsert(name, where, refvalue, value))
35  # 参数：name, redis 的 name；where, BEFORE 或 AFTER ；
36  # refvalue，标杆值，即在它前后插入数据；value，要插入的数据
37  #向列表中左边第一个出现的元素"3"后面插入元素"100"
38  r.linsert('list1','after',3, 100)
39  print('list11 = ', r.lrange('list1', 0, -1))
40
41  #对 name 对应的 list 中的某个索引位置重新赋值
42  #r.lset(name, index, value)
43  #参数：name, Redis 的 name；index, list 的索引位置；value, 要设置的值
44  r.lset('list1', 1, 10000)
45  print('list111 = ', r.lrange('list1', 0, -1))
46
47  #r.lrem(name, value, num)在 name 对应的 list 中删除指定的值
48  #value，要删除的值；num， num=0，删除列表中所有的指定值；
49  # num=3，从前到后，删除 3 个； num=1，从前到后，删除左边第 1 个
50  # num=-3，从后向前，删除 3 个
51  # 将列表中左边第一次出现的"1"删除
52  r.lrem('list1', '1', 1)
53  # 将列表中所有的"6"删除
54  r.lrem('list1', '6', 0)
55  print('list12 = ', r.lrange('list1', 0, -1))
56
57  #在 name 对应的列表的左侧获取第一个元素并在列表中移除，返回值是第一个元素
58  #lpop(name)
59  r.lpop('list1')
60  print('list13 = ', r.lrange('list1', 0, -1))
61
62  #在 name 对应的列表中移除没有在 start 与 end 索引之间的值
63  #ltrim(name, start, end)
64  r.ltrim('list1',3, 12)
65  print('list14 = ', r.lrange('list1', 0, -1))
66  #lindex(name, index)在 name 对应的列表中根据索引获取列表元素
67  print('list1 索引为 5 的元素：', r.lindex('list1', 5))
68
69  #rpoplpush(src, dst)从一个列表中取出最右边的元素，同时将其添加到另一个列表的最左边
70  #参数：src，要取数据的列表的 name； dst，要添加数据的列表的 name
71  r.rpoplpush('list1','list2')
72  print('list2 = ', r.lrange('list2', 0, 5))
73  #从一个列表的右侧移除一个元素，并将其添加到另一个列表的左侧
```

```
74  #brpoplpush(src, dst, timeout=0)
75  # 参数：src，取出并要移除元素的列表对应的name；dst，要插入元素的列表对应的name
76  # timeout，当src对应的列表中没有数据时，阻塞等待其有数据的超时时间（秒）
77  # 0 表示永远阻塞
78  r.brpoplpush('list1','list3', timeout= 4)
79  print('lsit3 = ', r.lrange('list3', 0, -1))
80  #blpop(keys, timeout)将多个列表排列，按照从左到右的顺序去删除对应列表的元素
81  # 参数：keys, Redis 的 name 的集合；
82  # timeout，超时时间，当获取完所有列表的元素之后，阻塞等待列表内有数据的时间（秒）
83  # 0 表示永远阻塞
84  r.lpush('list4',3,4,5,6)
85  r.lpush('list5',7,8,9,10)
86  r.blpop(['lsit4','list5'], timeout= 4)
87  print('list4 = ', r.lrange('lsit4',0,-1), 'lsit5 = ', r.lrange('list5', 0, -1))
88
89  if __name__ == "__main__":
90      redis_list()
```

启动 Redis 服务器之后，运行本实例代码，效果如图 16.6 所示。

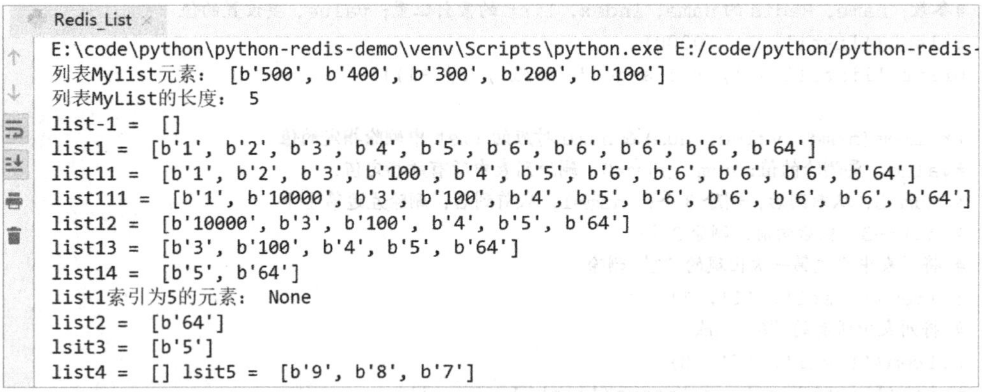

```
E:\code\python\python-redis-demo\venv\Scripts\python.exe E:/code/python/python-redis-
列表Mylist元素：  [b'500', b'400', b'300', b'200', b'100']
列表MyList的长度：  5
list-1 =  []
list1 =   [b'1', b'2', b'3', b'4', b'5', b'6', b'6', b'6', b'6', b'64']
list11 =  [b'1', b'2', b'3', b'100', b'4', b'5', b'6', b'6', b'6', b'6', b'64']
list111 = [b'1', b'10000', b'3', b'100', b'4', b'5', b'6', b'6', b'6', b'6', b'64']
list12 =  [b'10000', b'3', b'100', b'4', b'5', b'64']
list13 =  [b'3', b'100', b'4', b'5', b'64']
list14 =  [b'5', b'64']
list1索引为5的元素：  None
list2 =   [b'64']
lsit3 =   [b'5']
list4 =   [] lsit5 =  [b'9', b'8', b'7']
```

图 16.6 Python 操作 Redis List 类型效果图

16.2.3 Python 操作 Redis Set 类型

Python 操作 Redis Set 类型的实例（Redis_Set.py）为读者展示了 Set 类型相关命令的具体用法，实例代码如下：

```
01  #!/usr/bin/python3
02  # -*- coding: UTF-8 -*-
03  #author:liuhefei
04  import redis
05
06  pool = redis.ConnectionPool(host='127.0.0.1', port=6379)
07  r = redis.Redis(connection_pool=pool)
08
09  #Redis 集合（set）无序
```

```python
10  def redis_set():
11      #sadd(name,values)向name对应的集合中添加元素
12      #scard(name)  获取name对应的集合中元素的个数
13      #smembers(name)  获取name对应的集合中所有的成员
14      #获取集合中所有的成员--元组形式
15      #sscan(name, cursor=0, match=None, count=None)
16      #获取集合中所有的成员--迭代器的方式
17      #sscan_iter(name, match=None, count=None)
18      r.sadd('set1', 100,98,60,56,88,70,93,40)
19      r.sadd('set2', 89, 70, 44, 30, 67, 80, 93, 1, 5)
20
21      print('集合的长度: ', r.scard('set1'))
22      print('集合中的所有成员: ', r.smembers('set1'))
23      print('集合中所有的成员--元组形式: ', r.sscan('set1'))
24      for i in r.sscan_iter('set1'):
25          print('集合set1: ', i)
26
27      #sdiff(keys, *args)
28      #差集,在第一个name对应的集合中且不在其他name对应的集合中的元素集合
29      #sdiffstore(dest, keys, *args)
30      #获取在第一个name对应的集合中且不在其他name对应的集合中的元素集合,
31      #再将其加入dest对应的集合中
32      print('set1和set2的差集: ', r.sdiff('set1', 'set2'))
33      print('set1和set2的差集,并存入set3: ', r.sdiffstore('set3', 'set1', 'set2'))
34      print('set3 = ', r.smembers('set3'))
35
36      #sinter(keys, *args)
37      #交集,获取多个name对应集合的交集
38      #sinterstore(dest, keys, *args)
39      #获取多个name对应集合的并集,再将其加入dest对应的集合中
40      print('set1和set2的交集: ', r.sinter('set1', 'set2'))
41      print('set1和set2的交集,并存入set4: ', r.sinterstore('set4','set1','set2'))
42      print('set4 = ', r.smembers('set4'))
43
44      #sunion(keys, *args)
45      #并集,获取多个name对应集合的并集
46      #sunionstore(dest, keys, *args)
47      #获取多个name对应集合的并集,并将结果保存到dest对应的集合中
48      print('set1和set2的并集: ', r.sunion('set1','set2'))
49      print('set1和set2的并集,并存入set5: ', r.sunion('set5', 'set1', 'set2'))
50      print('set5 = ', r.smembers('set5'))
51
52      #sismember(name, value)
53      #判断value是否是name对应的集合的成员,结果为True和False
54      print('元素100是否在集合set1中: ', r.sismember('set1', '100'))
55      #smove(src, dst, value)
56      #将某个成员从一个集合移动到另一个集合中
57      r.smove('set4', 'set5',100)
58      print('集合元素移动set4: ', r.smembers('set4'))
59      print('集合元素移动set5: ', r.smembers('set5'))
```

```
60
61  #spop(name)
62  #从集合中移除一个成员,并将其返回。由于集合是无序的,所以是随机删除的
63  print('随机返回一个集合元素: ', r.spop('set1'))
64  #srem(name, values)在 name 对应的集合中删除某些值
65  print('删除指定的值: ', r.srem('set1', 100))
66
67  if __name__ == "__main__":
68      redis_set()
```

启动 Redis 服务器之后,运行本实例代码,效果如图 16.7 所示。

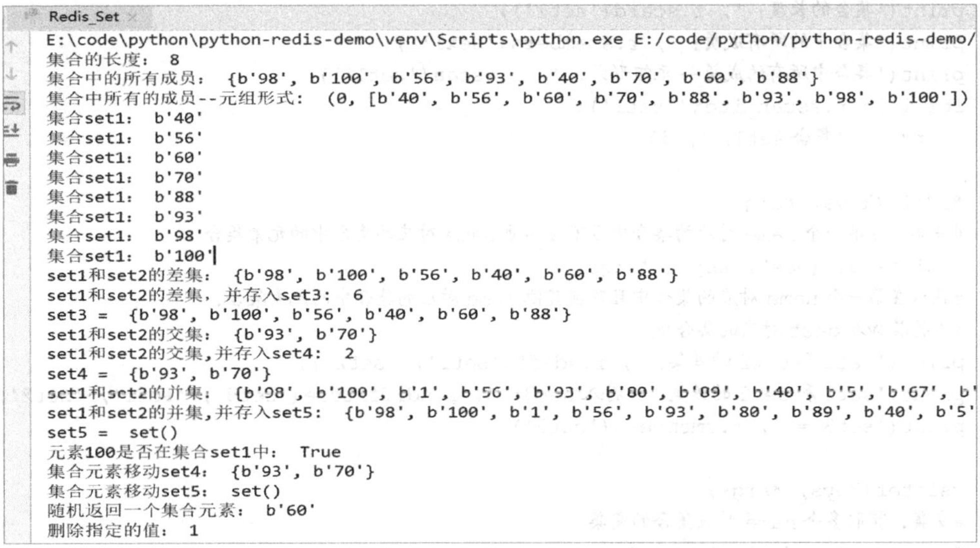

```
Redis_Set
E:\code\python\python-redis-demo\venv\Scripts\python.exe E:/code/python/python-redis-demo/
集合的长度: 8
集合中的所有成员: {b'98', b'100', b'56', b'93', b'40', b'70', b'60', b'88'}
集合中所有的成员--元组形式: (0, [b'40', b'56', b'60', b'70', b'88', b'93', b'98', b'100'])
集合set1: b'40'
集合set1: b'56'
集合set1: b'60'
集合set1: b'70'
集合set1: b'88'
集合set1: b'93'
集合set1: b'98'
集合set1: b'100'
set1和set2的差集: {b'98', b'100', b'56', b'40', b'60', b'88'}
set1和set2的差集,并存入set3: 6
set3 = {b'98', b'100', b'56', b'40', b'60', b'88'}
set1和set2的交集: {b'93', b'70'}
set1和set2的交集,并存入set4: 2
set4 = {b'93', b'70'}
set1和set2的并集: {b'98', b'100', b'1', b'56', b'93', b'80', b'89', b'40', b'5', b'67', b'
set1和set2的并集,并存入set5: {b'98', b'100', b'1', b'56', b'93', b'80', b'89', b'40', b'5'
set5 = set()
元素100是否在集合set1中: True
集合元素移动set4: {b'93', b'70'}
集合元素移动set5: set()
随机返回一个集合元素: b'60'
删除指定的值: 1
```

图 16.7 Python 操作 Redis Set 类型效果图

16.2.4 Python 操作 Redis Hash 类型

Python 操作 Redis Hash 类型的实例(Redis_Hash.py)为读者展示了 Hash 类型相关命令的具体用法,实例代码如下:

```
01  #!/usr/bin/python3
02  # -*- coding: UTF-8 -*-
03  #author:liuhefei
04  import redis
05
06  pool = redis.ConnectionPool(host='127.0.0.1', port=6379)
07  r = redis.Redis(connection_pool=pool)
08
09  #Redis Hash 类型
10  def redis_hash():
11      #hset(name, key, value)
12      #在 name 对应的 hash 中设置一个键值对(不存在,则创建;否则,修改)
```

```
13  #hget(name,key)在 name 对应的 hash 中根据 key 获取 value
14  #hmset(name, mapping) 在 name 对应的 hash 中批量设置键值对
15  #hmget(name, keys, *args)在 name 对应的 hash 中获取多个 key 的值
16  #hkeys(name)   获取 name 中的所有键
17  r.hset('user','name','xiaosan')
18  r.hset('user','city','beijing')
19  print('用户信息: ', r.hget('user','name'),'---',r.hget('user', 'city'))
20  r.hmset('user', {'age':'23','sex':'男','birthday':'1996-08-08'})
21  r.hmset('user',{'height':'180','weight':'140'})
22  print('用户信息1: ', r.hmget('user','age','sex','birthday','height','weight'))
23  print('用户信息2: ',r.hmget('user', ['age', 'sex', 'birthday'], 'height', 'weight'))
24  print('获取 user 中的所有键: ', r.hkeys('user'))
25  #hgetall(name)获取 name 对应的 hash 中的所有键值对
26  print('user 中的所有键值对: ',r.hgetall('user'))
27  #hlen(name)获取 name 对应的 hash 中键值对的个数
28  print('获取 user 对应的 hash 中键值对的个数: ', r.hlen('user'))
29  #hvals(name)获取 name 对应的 hash 中所有的值
30  print('获取 user 对应的 hash 中所有的值: ', r.hvals('user'))
31  #hexists(name, key) 检查 name 对应的 hash 中是否存在当前传入的 key
32  print('检查 user 对应的 hash 是否存在当前传入的 city: ', r.hexists('user', 'city'))
33  #hdel(name,*keys)将 name 对应的 hash 中指定 key 的键值对删除
34  print('删除键值对: ', r.hdel('user', 'city'))
35  #hincrby(name, key, amount=1)
36  #自增 name 对应的 hash 中指定 key 的值,不存在则创建 key=amount
37  print('用户年龄加 10,身高减 5: ', r.hincrby('user','age', 10),
38       r.hincrby('user', 'height',amount=-5))
39  #hincrbyfloat(name, key, amount=1.0)
40  #自增 name 对应的 hash 中指定 key 的值,不存在则创建 key=amount
41  print('用户的体重加 3.6,身高减 1.5: ', r.hincrbyfloat('user', 'weight',3.6),
42       r.hincrbyfloat('user','height',amount=-1.5))
43
44  #hscan(name, cursor=0, match=None, count=None)
45  #(取值查看--分片读取)增量式迭代获取,对于大数据量的数据操作非常有用
46  #hscan 可以实现分片获取数据
47  #参数: cursor,游标(基于游标分批获取数据)
48  # match,匹配指定 key,默认 None 表示所有的 key
49  #count,每次分片最少获取个数,默认 None 表示采用 Redis 的默认分片个数
50  print(r.hscan('user', cursor=2, count= 4))
51  #hscan_iter(name, match=None, count=None)
52  #利用 yield 封装 hscan 创建生成器,实现分批去 Redis 中获取数据
53  #参数: match,匹配指定 key,默认 None 表示所有的 key
54  # count,每次分片最少获取个数,默认 None 表示采用 Redis 的默认分片个数
55  for item in r.hscan_iter('user'):
56      print('item = ', item)
57  print(r.hscan_iter('user'))
58
59  if __name__ == "__main__":
60      redis_hash()
```

启动 Redis 服务器之后,运行本实例代码,效果如图 16.8 所示。

```
Redis_Hash ×
E:\code\python\python-redis-demo\venv\Scripts\python.exe E:/code/python/python-redis-demo/
用户信息: b'xiaosan' --- b'beijing'
用户信息1: [b'23', b'\xe7\x94\xb7', b'1996-08-08', b'180', b'140']
用户信息2: [b'23', b'\xe7\x94\xb7', b'1996-08-08', b'180', b'140']
获取user中的所有键: [b'name', b'city', b'age', b'sex', b'birthday', b'height', b'weight']
user中的所有键值对: {b'name': b'xiaosan', b'city': b'beijing', b'age': b'23', b'sex': b'\x
  b'140'}
获取user对应的hash中键值对的个数: 7
获取user对应的hash中所有的值: [b'xiaosan', b'beijing', b'23', b'\xe7\x94\xb7', b'1996-08-08
检查user对应的hash是否存在当前传入的city: True
删除键值对: 1
用户年龄加10, 身高减5: 33 175
用户的体重加3.6, 身高减1.5: 143.6 173.5
(0, {b'name': b'xiaosan', b'age': b'33', b'sex': b'\xe7\x94\xb7', b'birthday': b'1996-08-0
item = (b'name', b'xiaosan')
item = (b'age', b'33')
item = (b'sex', b'\xe7\x94\xb7')
item = (b'birthday', b'1996-08-08')
item = (b'height', b'173.5')
item = (b'weight', b'143.59999999999999')
<generator object StrictRedis.hscan_iter at 0x000001A0C9FC7930>
```

图 16.8 Python 操作 Redis Hash 类型效果图

16.2.5 Python 操作 Redis SortedSet 类型

Python 操作 Redis SortedSet 类型的实例（Redis_Sortedset.py）为读者展示了 SortedSet 类型相关命令的具体用法，实例代码如下：

```
01 #!/usr/bin/python3
02 # -*- coding: UTF-8 -*-
03 #author:liuhefei
04 import redis
05
06 pool = redis.ConnectionPool(host='127.0.0.1', port=6379)
07 r = redis.Redis(connection_pool=pool)
08
09 #Redis 有序集合（SortedSet）
10 def redis_sortedset():
11     #zadd(name, *args, **kwargs)向 name 对应的有序集合中添加元素
12     #zcard(name)获取 name 对应的有序集合中元素的数量
13     #zrange( name, start, end, desc=False, withscores=False, score_cast_func=float)
14     # 按照索引范围获取 name 对应的有序集合中的元素
15     #参数：name, Redis 的 name; start, 有序集合索引起始位置（非分数）
16     # end, 有序集合索引结束位置（非分数）
17     #desc, 排序规则，默认按照分数从小到大排序；withscores, 是否获取元素的分数,
18     # 默认只获取元素的值
19     # score_cast_func, 对分数进行数据类型转换的函数
20     r.zadd('zset1', a1=100, a2=80, a3=90, a4=70, a5=60)
21     r.zadd('zset2', 'b1', 45,'b2', 70, 'b3', 100, 'b4', 60, 'b5', 90, 'b6',75)
22     print('集合 zset1 的长度: ', r.zcard('zset1'))
23     print('获取有序集合中所有元素和分数: ', r.zrange('zset1', 0, -1, withscores=True))
24
```

```python
25  #zrevrange(name, start, end, withscores=False, score_cast_func=float)
26  # 从大到小排序（同zrange，集合是从大到小排序的）
27  print('集合从大到小1: ', r.zrevrange('zset1', 0, 1))
28  #获取有序集合中所有的元素和分数，分数倒序
29  print('集合从大到小2: ', r.zrevrange('zset1', 0, 1,withscores=True))
30
31  #zrangebyscore(name, min, max, start=None, num=None, withscores=False, score_cast_func=float)
32  #按照分数范围获取name对应的有序集合中的元素
33  for i in range(1,50):
34      param = 'p' + str(i)
35      r.zadd('zset3', param, i)
36  print('取出分数在20~30分之间的元素: ', r.zrangebyscore('zset3', 20, 30))
37  print('取出分数在 10~40 分之间的元素（带分数）: ', r.zrangebyscore('zset3', 10, 40, withscores=True))
38   #zrevrangebyscore(name, max, min, start=None, num=None, withscores=False, score_cast_func=float)
39  #按照分数范围获取有序集合中的元素并排序（默认从大到小排序）
40  print('取出分数在 40~20 分之间的元素（逆序）: ', r.zrevrangebyscore('zset3',40, 20, withscores=True))
41  #zscan(name, cursor=0, match=None, count=None, score_cast_func=float)
42  #获取所有元素——默认按照分数顺序排序
43  print('获取所有元素: ', r.zscan('zset2'))
44  #zscan_iter(name, match=None, count=None,score_cast_func=float)
45  # 获取所有元素——迭代器的方式
46  for i in r.zscan_iter('zset2'):
47      print('zset2 = ', i)
48
49  #zcount(name, min, max)
50  # 获取name对应的有序集合中分数在 [min,max]之间的个数
51  print('分数在30~70分之间的元素个数: ', r.zcount('zset2', 30, 70))
52
53  #zincrby(name, value, amount)
54  # 自增name对应的有序集合中 name对应的分数
55  r.zincrby('zset2', 'b1', amount= 5)  #每次将b1的分数值加5
56  r.zincrby('zset2', 'b2', amount= -5) #每次将b1的分数值减5
57  print('zset2 =' , r.zrange('zset2', 0, -1, withscores=True))
58
59  #zrank(name, value)
60  # 获取某个值在 name对应的有序集合中的索引（从 0 开始）
61  #zrevrank(name, value)
62  # 获取某个值在 name对应的有序集合中的索引，从大到小排序
63  print('获取a1在对应的有序集合zset1中的索引: ',r.zrank('zset1', 'a1'))
64  print('获取a1在对应的有序集合zset1中的索引(倒序): ', r.zrevrank('zset1', 'a1'))
65
66  #zrem(name, values)
67  # 删除name对应的有序集合中值是values的成员
68  r.zrem('zset1', 'a1')
69  print('删除a1的zset1 = ', r.zrem('zset1', 'a1'))
70  #zremrangebyrank(name, min, max)
```

```
71    # 根据排行范围删除，按照索引号来删除
72    r.zremrangebyrank('zset2',0,1)
73    #删除有序集合中索引号是0和1的元素
74    print('删除集合 zset2 中索引为0和1的元素：', r.zrange('zset2',0, -1))
75    #zremrangebyscore(name, min, max)
76    # 根据分数范围删除
77    r.zremrangebyscore('zset2', 70,80)
78    # 删除有序集合中分数是 70～80 分的元素
79    print('删除有序集合中的分数是70～80分的元素：', r.zrange('zset2',0, -1))
80
81    #zscore(name, value)
82    # 获取 name 对应的有序集合中 value 对应的分数
83    print('b4的分数值：', r.zscore('zset2', 'b4'))
84
85    if __name__ == "__main__":
86        redis_sortedset()
```

启动 Redis 服务器之后，运行本实例代码，效果如图 16.9 所示。

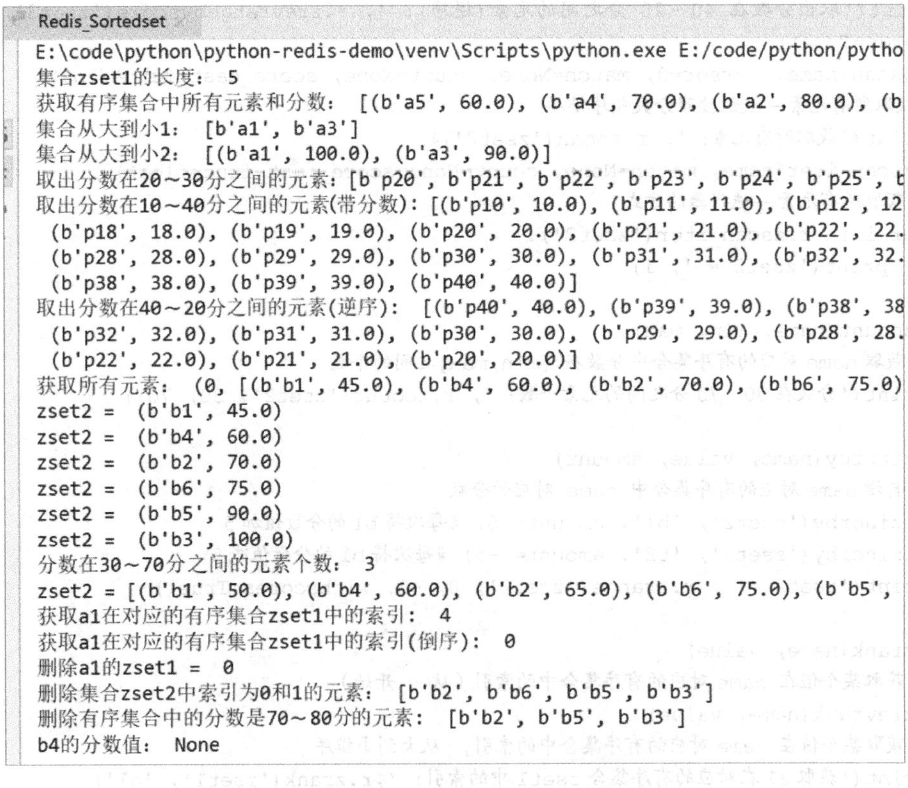

```
Redis_Sortedset
E:\code\python\python-redis-demo\venv\Scripts\python.exe E:/code/python/pytho
集合zset1的长度： 5
获取有序集合中所有元素和分数： [(b'a5', 60.0), (b'a4', 70.0), (b'a2', 80.0), (b
集合从大到小1： [b'a1', b'a3']
集合从大到小2： [(b'a1', 100.0), (b'a3', 90.0)]
取出分数在20～30分之间的元素: [b'p20', b'p21', b'p22', b'p23', b'p24', b'p25', b
取出分数在10～40分之间的元素(带分数)： [(b'p10', 10.0), (b'p11', 11.0), (b'p12', 12
 (b'p18', 18.0), (b'p19', 19.0), (b'p20', 20.0), (b'p21', 21.0), (b'p22', 22.
 (b'p28', 28.0), (b'p29', 29.0), (b'p30', 30.0), (b'p31', 31.0), (b'p32', 32.
 (b'p38', 38.0), (b'p39', 39.0), (b'p40', 40.0)]
取出分数在40～20分之间的元素(逆序)： [(b'p40', 40.0), (b'p39', 39.0), (b'p38', 38
 (b'p32', 32.0), (b'p31', 31.0), (b'p30', 30.0), (b'p29', 29.0), (b'p28', 28.
 (b'p22', 22.0), (b'p21', 21.0), (b'p20', 20.0)]
获取所有元素： (0, [(b'b1', 45.0), (b'b4', 60.0), (b'b2', 70.0), (b'b6', 75.0)
zset2 = (b'b1', 45.0)
zset2 = (b'b4', 60.0)
zset2 = (b'b2', 70.0)
zset2 = (b'b6', 75.0)
zset2 = (b'b5', 90.0)
zset2 = (b'b3', 100.0)
分数在30～70分之间的元素个数： 3
zset2 = [(b'b1', 50.0), (b'b4', 60.0), (b'b2', 65.0), (b'b6', 75.0), (b'b5',
获取a1在对应的有序集合zset1中的索引： 4
获取a1在对应的有序集合zset1中的索引(倒序)： 0
删除a1的zset1 = 0
删除集合zset2中索引为0和1的元素： [b'b2', b'b6', b'b5', b'b3']
删除有序集合中的分数是70～80分的元素： [b'b2', b'b5', b'b3']
b4的分数值： None
```

图 16.9 Python 操作 Redis SortedSet 类型效果图

16.2.6 Python 操作 Redis 的其他 key

Python 操作 Redis 的其他 key 的实例（Redis_key.py）为读者展示了 Redis key 相关命

令的具体用法，实例代码如下：

```python
01 #!/usr/bin/python3
02 # -*- coding: UTF-8 -*-
03 #author:liuhefei
04 import redis
05 import time
06
07 pool = redis.ConnectionPool(host='127.0.0.1', port=6379)
08 r = redis.Redis(connection_pool=pool)
09
10 #Redis 其他操作键
11 def redis_key():
12     #delete(*names)
13     # 删除Redis中的任意数据类型（String、Hash、List、Set、SortedSet）
14     r.delete('name')
15     #exists(name)检测Redis的name是否存在，存在返回True,返回False表示不存在
16     print('user是否存在: ', r.exists('user'))
17     #keys(pattern='') 根据模型获取Redis的name,模糊匹配
18     #KEYS * 匹配数据库中的所有 key
19     print('模糊匹配: ', r.keys('*'))
20     #expire(name ,time)为某个Redis的某个name设置超时时间
21     r.lpush('Mylist', 0,1,2,3,4)
22     r.expire('Mylist', time= 10)
23     print('Mylist = ', r.lrange('Mylist', 0, -1))
24     time.sleep(10)
25     print('10秒后, Mylist = ', r.lrange('Mylist', 0, -1))
26     r.set("user","liuhefei")
27     #rename(src, dst) 对Redis的name重命名
28     r.rename('user','userInfo')
29     print('user中的所有键值对: ', r.hgetall('user'))
30     print('user的值: ', r.get('userInfo'))
31     #randomkey() 随机获取一个Redis的key（不删除）
32     print('随机获取一个key: ', r.randomkey())
33     #type(name) 获取name对应值的类型
34     print('age的类型: ', r.type('age'))
35
36 if __name__ == "__main__":
37     redis_key()
```

启动 Redis 服务器之后，运行本实例代码，效果如图 16.10 所示。

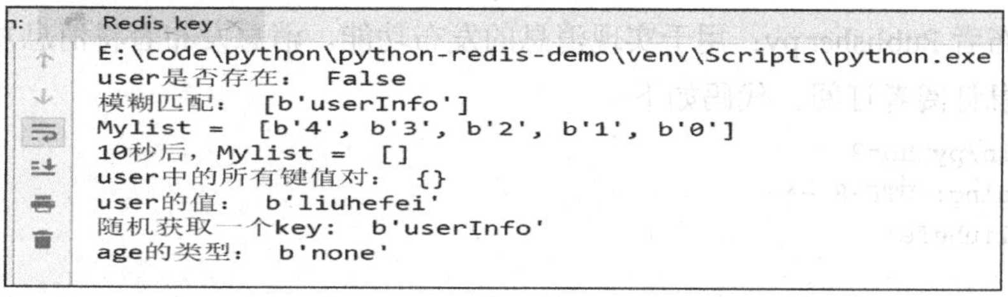

```
E:\code\python\python-redis-demo\venv\Scripts\python.exe
user是否存在: False
模糊匹配: [b'userInfo']
Mylist = [b'4', b'3', b'2', b'1', b'0']
10秒后, Mylist = []
user中的所有键值对: {}
user的值: b'liuhefei'
随机获取一个key: b'userInfo'
age的类型: b'none'
```

图 16.10　Python 操作 Redis key 效果图

本节展示了 Python 操作 Redis 数据库的大部分命令，还有一部分没有实现，请读者自行学习。

16.3 Python 操作 Redis 实现消息订阅发布

本节为读者展示一个 Python 操作 Redis 实现消息订阅发布功能的实例，具体代码如下。

消息订阅者 Subscriber.py：用于订阅消息发布者发布到消息频道的消息。消息发布者将消息发布到频道之后，消息订阅者就能够订阅到消息。代码如下：

```python
01 #!/usr/bin/python3
02 # -*- coding: UTF-8 -*-
03 #author:liuhefei
04
05 #消息订阅者
06 import redis
07
08 #Redis 连接池
09 pool = redis.ConnectionPool(host='127.0.0.1',port=6379,db=5)
10 r = redis.StrictRedis(connection_pool=pool)
11
12 #列举当前的消息频道
13 p = r.pubsub()
14 print('频道：', p)
15 #订阅给定的一个或多个频道的消息
16 p.subscribe('CCTV1 News','CCTV2 News', 'CCTV3 News')
17 #循环监听订阅消息
18 for item in p.listen():
19     print("Listen on channel : %s "%item['channel'].decode())
20     if item['type'] == 'message':
21         data = item['data'].decode()
22         print("From  %s  get  message : %s"%(item['channel'].decode(),item['data'].decode()))
23         if item['data'] == 'over':
24             print(item['channel'].decode(),'消息发送完毕')
25             break
26 #退订消息频道
27 p.unsubscribe('CCTV1 News')
28 print('取消订阅')
```

消息发布者 Publisher.py：用于实现消息的发布功能。消息发布者将消息发布到消息频道，以供消息订阅者订阅。代码如下：

```python
01 #!/usr/bin/python3
02 # -*- coding: UTF-8 -*-
03 #author:liuhefei
04
05 #消息发布者
06 import redis
```

```
07
08  #Redis 连接池
09  pool = redis.ConnectionPool(host='127.0.0.1', port = 6379, db = 5)
10  r = redis.StrictRedis(connection_pool=pool)
11
12  #循环选择消息频道发送消息
13  while True:
14      chan = input("请选择频道：1(CCTV1 News), 2(CCTV2 News), 3(CCTV3 News) : \n")
15      print(type(chan))
16      if chan == '1':
17          msg = input("发布消息: ")
18          if msg == "over":
19              print("消息发送完毕")
20              break
21          r.publish("CCTV1 News", msg)
22      elif chan == '2':
23          msg = input("发布消息: ")
24          if msg == "over":
25              print("消息发送完毕")
26              break
27          r.publish("CCTV2 News", msg)
28      else:
29          msg = input("发布消息: ")
30          if msg == "over":
31              print("消息发送完毕")
32              break
33          r.publish("CCTV3 News", msg)
```

该实例运行效果如图 16.11 所示。

```
Subscriber (1)    Publisher (1)
E:\code\python\python-redis-demo\venv\Scripts\python.exe E:/code/python/python-redis-demo/pubsub1/Publisher.py
请选择频道：1(CCTV1 News), 2(CCTV2 News), 3(CCTV3 News) :
1
<class 'str'>
发布消息: hello redis
请选择频道：1(CCTV1 News), 2(CCTV2 News), 3(CCTV3 News) :
2
<class 'str'>
发布消息: How are you? Come on!
请选择频道：1(CCTV1 News), 2(CCTV2 News), 3(CCTV3 News) :
3
<class 'str'>
发布消息: python redis
请选择频道：1(CCTV1 News), 2(CCTV2 News), 3(CCTV3 News) :
2
<class 'str'>
发布消息: no pains, no gains
请选择频道：1(CCTV1 News), 2(CCTV2 News), 3(CCTV3 News) :
1
<class 'str'>
发布消息: over
消息发送完毕
```

（a）消息发布者

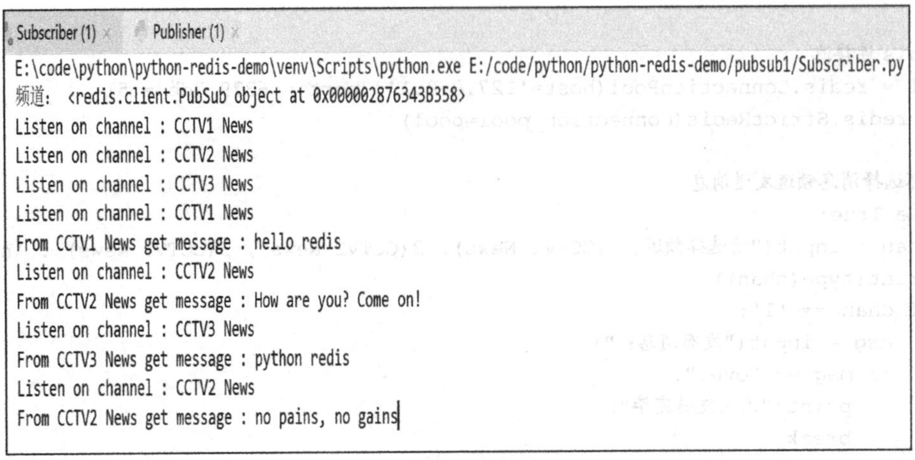

```
Subscriber (1)      Publisher (1)
E:\code\python\python-redis-demo\venv\Scripts\python.exe E:/code/python/python-redis-demo/pubsub1/Subscriber.py
频道： <redis.client.PubSub object at 0x0000002876343B358>
Listen on channel : CCTV1 News
Listen on channel : CCTV2 News
Listen on channel : CCTV3 News
Listen on channel : CCTV1 News
From CCTV1 News get message : hello redis
Listen on channel : CCTV2 News
From CCTV2 News get message : How are you? Come on!
Listen on channel : CCTV3 News
From CCTV3 News get message : python redis
Listen on channel : CCTV2 News
From CCTV2 News get message : no pains, no gains
```

(b) 消息订阅者

图 16.11　Python 操作 Redis 实现消息订阅发布效果图

本章关于 Python 操作 Redis 的实例就介绍到这里，要想了解更多实例，请读者自行研究学习。

相信自己的付出，未来是不会辜负你的！希望努力的你离成功越来越近！

反侵权盗版声明

电子工业出版社依法对本作品享有专有出版权。任何未经权利人书面许可,复制、销售或通过信息网络传播本作品的行为;歪曲、篡改、剽窃本作品的行为,均违反《中华人民共和国著作权法》,其行为人应承担相应的民事责任和行政责任,构成犯罪的,将被依法追究刑事责任。

为了维护市场秩序,保护权利人的合法权益,我社将依法查处和打击侵权盗版的单位和个人。欢迎社会各界人士积极举报侵权盗版行为,本社将奖励举报有功人员,并保证举报人的信息不被泄露。

举报电话:(010)88254396;(010)88258888

传　　真:(010)88254397

E－mail: dbqq@phei.com.cn

通信地址:北京市万寿路173信箱　电子工业出版社总编办公室

邮　　编:100036